미래전과 군사혁신

編著 권영근

연경문화사

目　次

제1부　군사혁신의 문제

제1장　개 요·15

제2장　군사혁신·22
　　　　1. 서 언/22
　　　　2. 과거의 군사혁신이 주는 교훈/25
　　　　3. 미래의 경쟁자/30
　　　　4. 새로운 형태의 전쟁영역/35
　　　　5. 함축적 의미/56
　　　　6. 결언/60

제3장　전쟁양상의 혁신·62
　　　　1. 서언/62
　　　　2. 오늘날의 군사혁신/62
　　　　3. 외부 요인에 의한 군사혁신/64
　　　　4. 군사혁신이 주는 의미/67
　　　　5. 전환기의 질서/81
　　　　6. 결 언/84

제4장　군사혁신(정보의 측면)·86
　　　　1. 서언/86
　　　　2. 전장 성격의 변화/90
　　　　3. 부상하고 있는 작전개념/102
　　　　4. 정보전/111
　　　　5. 결언/125

제2부   정보전의 문제

제1장 개 요 · 129

제2장 정보전-사이버워(Cyberwar)-넷워(Netwar) · 133
   1. 서언/133
   2. 수천대의 탱크보다 한장의 그림이 보다 위력적이다/140
   3. 진실이란?/142
   4. 전략적 의미/148
   5. 결언/151

제3장 정보전쟁: 효과와 우려 · 155
   1. 서언/155   ,
   2. 정보전에 관한 구개념과 신기술/156
   3. 제2차 세계대전 당시의 정보전/159
   4. 걸프전에서 정보기술이 끼친 효과/172
   5. 미래가 안고 있는 것은?/179
   6. 결언/187

제4장 정보작전 · 190
   1. 서언/190
   2. 정보작전/191
   3. 결언/204

제3부   항공력의 문제

제1장 개 요 • 209

제2장 21세기에 대비한 항공이론 • 214
　　1. 서언/214
　　2. 오늘날의 전쟁 양상/216

제3장 병행전과 Hyperwar • 245
　　1. 서언/245
　　2. 병행전이란?/247
　　3. 병행전 이론에서 새로운 점은 무엇인가?/250
　　4. 병행전 이론의 장단점/255
　　5. 병행전을 무력화시키기 위한 방법/268
　　6. 결언/273

제4장 현대 항공력 이론(전략적 마비) • 276
　　1. 서언/276
　　2. 여타의 전쟁 형태/279
　　3. 전략적 마비/281
　　4. 전략적 마비에 필요한 요소/305
　　5. 결언/311

제4부　지휘통제의 문제

제1장　개 요·315

제2장　정보화시대의 지휘통제·323
　　　　1. 서언/323
　　　　2. 지휘통제 일반/326
　　　　3. 지휘통제 개관/330
　　　　4. 정보화시대의 지휘통제 특성/337
　　　　5. 미래전에 대비한 각군의 지휘통제 성향/350
　　　　6. 결언/357

제3장　항공력에 관한 갈등(공지전투)·359
　　　　1. 서언/359
　　　　2. 항공력에 대한 원초적 갈등/362
　　　　3. 육군과 공군의 합동작전/366
　　　　4. 공지전투/368
　　　　5. 결언/382

제4장　합동전력 발휘를 위한 지휘통제체계 구축방안·385
　　　　1. 서언/385
　　　　2. 합동전략(Joint Strategy)과 지휘통제/390
　　　　3. 합동작전/396
　　　　4. 체계통합이란?/399
　　　　5. 상급제대에 의한 정보체계 획득: 무엇이 문제인가?/404
　　　　6. 유일한 해결안: 각군 주도에 의한 구축/412
　　　　7. 결언/414

제5장　지휘통제체계 사례 연구(공군)·417
　　　　1. 서언/417
　　　　2. 공군에 필요한 지휘통제체계/422
　　　　3. ITO 생산을 위한 공군 지휘통제체계의 확보 방안/429
　　　　4. 결언 및 제언/440

제5부   국방력 건설의 문제

제1장 개 요 • 461

제2장 한국군 C4I구현을 위한 "정보화잠재능력" • 464
    1. 서언/464
    2. 정보 · C4I · 무기 체계의 관계/466
    3. 획득의 측면에서 정보체계와 주요 무기체계의 차이점/468
    4. 군이 구비해야 할 "정보화 잠재능력"/471
    5. 결언/486

제3장 오늘날의 군에는 왜 고도의 전문성이? • 489
    1. 서언/489
    2. 산업화시대의 군/490
    3. 정보화시대의 군/464
    4. 결언/500

제4장 국방력 건설은 왜 각군의 몫인가? • 504
    1. 서언/504
    2. 이들 체계는 왜 각군이?/506
    3. 특정군이 획득 및 운영하는 경우에도
       정보를 공유할 수 있을 섯인가?/511
    4. 결언/513

머 리 말

1991년도의 걸프전은 전쟁 양상에 일대 혁신이 진행되고 있음을 보여준 전쟁이었다. 지구상 곳곳에 생중계된 당시의 전쟁에서 미국을 중심으로 한 다국적군은 크루즈 미사일과 같은 정밀유도무기, 첨단의 지휘통제체계, 인공위성과 같은 감지체계, 그리고 항공력을 중심으로 전쟁을 수행하였는데, 다수의 전문가들에 의한 암울한 예상과는 달리 다국적군은 150명 미만의 경미한 인명 피해를 입으면서 이라크군을 쿠웨이트 국경으로부터 몰아내고 이라크군 수십만을 포로로 생포하는 등 전쟁 초에 의도하였던 목표를 완벽히 달성하였다.

당시 이라크군은 8년이란 기간 동안 이란과 분쟁을 수행해본 경험을 갖고 있었을 뿐만 아니라 보유하고 있는 무기(항공기 · 탱크 · 함정 등)의 측면에서도 전세계 4번째의 강대국이었다. 그럼에도 불구하고 이처럼 전혀 예상할 수 없었던 결과가 유발되었던 것은 당시의 이라크군이 항공기 · 탱크 · 함정을 중심으로 한 산업화군이었던 반면에 다국적군은 컴퓨터 및 데이터통신을 기반으로 한 정보화군이었기 때문이다.

이들 양군간의 전력을 비교하면서 미 국방장관을 역임한 바 있는 페리(William, Perry)는 다국적군의 군사력이 적어도 1,000배는 되었을 것이라고 말하고 있다. 또한 미 합참차장을 역임한 바 있는 예르미아(David E. Jeremiah)는 "정보화군과 산업화군간의 격돌은 한편은 눈을 뜬 반면에 다른 한편은 눈을 감고 장기를 두거나, 또한 한편은 한번에 몇 수씩 두는 반면에 나른 한편은 한번에 오직 한 수만을 두는 것과 같다"면서 "이들 군간의 전력은 전혀 비교할 수 없을 정도다."고 말하고 있다.

이같은 현상을 목격한 전세계 각군은 정보화군으로의 전환을 강력히 추진하고 있는데, 우리의 주변국인 일본 및 중국의 경우도 예외는 아니다. 이같은 관점에서 볼 때, 정보화군으로의 전환은 국가의 존망지추(存亡之秋)가 걸려있는 중차대(重且大)한 일이다. 필자가 이 책을 저술하게 된 것은 이같은 인식에서다. 이 책에서는 정보기술에 근거한 오늘날의 군사혁신을 고려하여 국방력을 건설하고자 할 때 도움이 될 수 있도록 관련 분야별 주요 현안을 개념적 측면에서 서술하였다.

제1부에서는 군사혁신의 문제를 조명하였다. 『군사혁신(RMA: Revolution In Military Affairs)'이란 신기술을 혁신적으로 적용하고, 기술에 발 맞추어 교리·작전개념·조직개념 등을 갱신하여 군 작전의 성격을 근본적으로 바꾸어 주는 것』이라고 미 국방부 '망 평가실(Office of Net Assessment): 각국의 군사능력을 평가'의 책임자인 마샬(Andrew Marshall)은 말하고 있다. 정보기술에 기반을 둔 오늘날의 군사혁신에 동참할 수 있으려면 군사혁신에 편승하겠다는 강력한 의지가 있어야 할뿐만 아니라 군사 혁신을 가능토록 하는 체계를 구축할 수 있는 능력 그리고 구축된 체계에 상응하여 교리·작전개념·조직개념 등을 갱신할 수 있는 능력이 있어야 할 것이다.

제2부에서는 정보전의 문제를 살펴보았다. 오늘날 정보전이 국방 분야에서 중요한 사안으로 급부상하고 있다. 정보전이란 "적이 보유하고 있는 정보를 오염 또는 파괴하여 이들로 하여금 정보를 사용하지 못하도록 하고, 이들의 정보를 교묘한 방식으로 이용하는 한 편, 적의 이같은 행위로부터 아측을 보호하며, 정보작전(Information Operation)을 적극적으로 활용하는 것"으로 정의된다. 정보전에서는 상황을 관찰한 후 조치를 취하기까지의 일련의 과정인 '관찰·상황파악·판단·행위(OODA: Observe, Orient, Decision, Action)'의 측면에서 적의 반응 속도를 지연시키고, 아측의 반응 속도를 촉진시키는 데에 초점을 두고 있다. 향후의 전쟁에서는 정보능력의 측면에서 우세를 확보하지 못하게 되면 공중우세(Air Superiority)를 확보하지 못한 경우 이상으로 심각한 난관에 직면하게 될 것이다.

제3부에서는 항공력의 문제를 고찰하였다. 1991년도의 걸프전과 1999년도의 유고사태 그리고 최근 지구상 곳곳의 분쟁에서 목격된 바와 같이 오늘날의 전쟁에서 항공력은 매우 중요한 역할을 담당하고 있다. 오늘날 군사혁신의 유형을 거론할 때 항공력에 의한 혁신이 언급될 정도로 항공력은 향후의 전쟁에서 또한 매우 중요한 역할을 담당할 것이다. 오늘날의 전쟁에서 항공력이 그 위력을 발휘하고 있는 이유는 정보기술에 기반을 둔 오늘날의 체계들을 가장 효율적

으로 활용할 수 있는 군사력이 항공력이라는 점뿐만 아니라 항공력을 이용하게 되면 최소의 인명 피해로 의도하는 바를 달성할 수 있기 때문이다. 1991년도의 걸프전에서 결정적인 역할을 담당한 바 있는 항공작전을 기획하였던 미 공군대령 와든(John A. Warden III)은 적어도 향후 50년 동안은 항공력이 전쟁에서 주도적인 역할을 수행할 것이라고 주장하고 있다.

제4부에서는 지휘통제의 문제를 고찰하였다. 전통적으로 군은 근육(항공기·탱크·함정)과 신경(지휘통제체계 등)을 중심으로 전쟁을 수행해 왔는데, 컴퓨터 및 데이터통신 분야가 비약적으로 발전하게 된 최근까지만 해도 군 전력을 평가하는 주요 수단은 보유하고 있는 근육의 정도를 비교하는 것이었다. 사람의 경우를 예로 들면, 사람은 5감을 통해 상황을 감지한 후 감지된 내용을 신경 조직을 통해 뇌로 운반하고 있다. 뇌에서는 자신의 경험 등을 바탕으로 상황을 파악하여 조치를 취한다. 조치된 내용은 다시 신경 조직을 통해 전달되는데 구체적인 조치는 근육을 통해 이루어진다. 이와 마찬가지로 오늘날의 군은 AWACS, JSTARS 그리고 레이더 등에서 수집한 적 정보 그리고 현존 자료(군수·인사 등)에서 얻은 아측 정보를 통신망을 통해 컴퓨터로 가져온 후 컴퓨터에서 종합적으로 상황을 파악해 조치를 취하게 된다. 조치된 결과는 다시 지휘통제체계를 통해 항공기·탱크·함정 등과 같은 타격체계로 전달되는데, 이들 매체를 통해 구체적인 행위가 이루어진다. 오늘날의 군에서는 보유하고 있는 신경의 정도가 군 전력을 좌우하는 핵심 요체가 되고 있다.

끝으로 제5부에서는 정보화시대 국방력 건설(획득)의 문제를 다루었다. 오늘날 군사력의 중심이 근육에서 신경으로 이전되고 있는데, 군이 사용하는 근육과 신경조직간에는 근본적인 차이가 있다. 그 중 대표적인 차이는 획득의 측면에서다. 컴퓨터와 데이터통신을 기반으로 한 첨단 지휘통제체계 및 감지체계를 획득하는 과정에서는 무기의 경우와는 달리 군에 엄청날 정도의 능력이 요구된다. 예를 들면, 이는 정보기술·군사사상·'군 구조'·인력체계·군수체계 등 군이 하는 모든 행위를 이론적으로 정립할 수 있는 능력이 없이는 불가능한 일이다. 더욱이, 『각군의 '군 구조'·인력체계·군수체계 등 군의 모든 행위는 해당 군의 군사이론과 밀접한 관계가 있다』

머리말

지난 20여 년 간 국방정보화 분야에 근무해오고 있는 한 사람으로서, 필자는 오늘날 국방체계를 획득하는 과정에서 문제가 있다면 이는 기술이 아니고 군사 사상을 포함한 군의 제도·절차에 문제가 있기 때문이라는 인식에서 이를 해소할 수 있는 방책을 학술지 내지 전문지에 발표해 왔다. 이 책은 그 동안 발표된 글들을 수정·보강하고, 정보화시대의 국방력 건설에 도움이 될 것이라고 사료되는 글을 모아서 단행본으로 만든 것이다. 미흡한 부분에 대해서는 강호제현 (江湖諸賢)의 질책과 좋은 의견을 겸허하게 수용하여 고쳐 나갈 것을 약속드린다. 국가안보의 문제에 관심을 갖고 있는 분들에게 본 책자가 조금이라도 도움이 될 수 있기를 기대하면서 본 책자의 출간에 기꺼이 동의해 준 연경문화사의 이정수 사장님께 심심한 감사를 드린다.

편저자 권영근

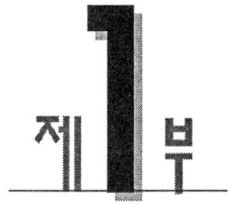

제 1 부

군 사 혁 신

1. 개요
2. 군사혁신
3. 전쟁양상의 혁신
4. 군사혁신(정보의 측면)

1 개 요

군사혁신에 관한 첫 번째 논문인 '군사혁신'에서는 군사혁신이란 신기술과 체계뿐만 아니라 군 조직을 혁신적으로 갱신할 때 유발된다는 점을 역사적 사례를 통해 설명하고 있다.

미 국방부의 '망 평가실(Office of Net Assessment): 각국의 군사능력을 평가'의 책임자인 마샬(Andrew Marshall)은 『'군사혁신 (RMA: Revolution In Military Affairs)'이란 신기술을 혁신적으로 적용하고, 기술에 발 맞추어 교리·작전개념·조직개념 등을 갱신하여 군 작전의 성격을 근본적으로 바꾸어 주는 것』이라고 정의하고 있다.

군사혁신의 형태는 다양하지만, 이들 혁신에 지대한 영향을 미치는 주요 요소는 신기술과 체계이다. 제1·2차 세계대전중 독일 육군이 고안한 장갑차 중심의 전투, 미 해병대가 창안한 수륙양용전, 미 해군에서 출현한 항공모함 중심의 전쟁, 그리고 미 공군의 전략폭격 개념은 여러 체계가 결합하여 유발된 '복합체계 군사혁신(Combined-System RMA)'이란 특징을 갖고 있다. 이같은 혁신이 가능했던 것은 여러 군사체계들을 적절히 결합하여 사용했기 때문이었다.

군사혁신이 유발되려면 기술과 체계란 요소가 있어야 하지만, 이같은 요소가 충족된다고 군사혁신이 유발되는 것은 아니라는 점을 명심할 필요가 있다. 과거의 경우를 보면, 군사혁신은 기존 관행의 한계를 극복할 수 있도록 군 조직을 혁신적으로 갱신하면서 일어났다. 전략·작전·전술적 요구사항에 따라서 채택해야 할 기술의 형태 그리고 그 사용방식이 달라질 수밖에 없다. 이들 분야에 대한 혁신이 없이는 혁신적인 기술을 보유하고 있다고 할지라도 군사혁신은 요원한 이야기일 수밖에 없다.

지난날의 군사혁신에서는 군 조직에 대변화가 있기 이미 10여 년 전부터 군사혁신과 관련된 주요 체계의 대부분이 전투 또는 민간 분야에서 활용되고 있었다. 예를 들면, 1830년도 당시 철도는 이미 민수물자를 운송할 목적으로 사용되고 있었다. 그러나 군사적 측면에서 철도를 최초로 활용한 것은 1860년대 당시의 프러시아군이었다. 몰트케(Moltke) 장군 휘하의 프러시아군은 철도를 이용하여 군수물자와 부대를 매우 쉽게 이동하였는데, 그 결과 독일은 작전적 측면에서 엄청날 정도의 이득을 보았다.

군사혁신의 범위와 이것이 끼칠 잠재적 효과를 평가하려면 미래의 적이 누구인지를 염두에 두어야 할 것이다. 이들 경쟁자에 의한 위협의 성격과 이들의 취약점에 따라서 군사혁신의 방향이 크게 달라질 것임은 분명한 사실이다.

일단 잠재적 경쟁국가의 특성을 이해하게 되면, 이들 국가가 군사혁신을 달성할 수 있을 것인지를 세 가지의 측면에서 분석해 볼 필요가 있다. 첫 번째는 군사혁신을 이루겠다는 국가적 차원의 의지를 갖고 있는지의 여부이다. 두 번째는 군사혁신을 유발하기 위한 기술적 체계를 획득할 수 있는 능력이 있는지의 여부이다. 마지막으로, 군사혁신에 함축되어 있는 잠재성을 활짝 꽃피우게 하는 요소인 혁신적 기술에 부응하여 조직 및 작전 개념을 갱신할 능력이 있는지의 여부이다.

제1·2차 세계대전에서와 마찬가지로, 오늘날의 군사혁신으로 인해 새로운 형태의 전쟁이 출현할 수 있을 것이다. 전쟁의 영역이란 독특한 군사 목적을 띠고 있는 전쟁의 형태로서, 특정 군 또는 특정 체계와 연관하여 나타나는 것이 보통이다.

오늘날 4 종류의 전쟁 영역을 예상할 수 있는데, 장거리 정밀폭격(Long-Range Precision Bomb), 정보전(Information Warfare), 주

도적 기동(Dominating Maneuver), 그리고 우주전이 바로 그것이다.

전쟁사를 보면, 전쟁 양상을 혁신적으로 변모시킬 수 있을 정도의 의미 있는 영역임에도 불구하고 이들 전쟁 영역을 뒷받침해 줄 교리를 개발하지 못하여 꽃을 피우지 못한 경우도 종종 있었다. 그러나, 단기적 차원에서 기술과 교리가 준비되어 있지 않은 관계로 인해 제대로 활용할 수 없었다고 하여, 새로운 형태의 전쟁 영역의 절대적 중요성이 감소되지는 않을 것이다.

정보기술에 근거한 새로운 형태의 군사혁신의 결과로 출현하게 될 전쟁의 영역이 어떠할 것인지에 대해 완전히 파악하고 있지는 못하지만 현시점에서 내릴 수 있는 결론 중 하나는 둘 이상의 전쟁 영역이 결합될 때 혁신적인 효과가 유발될 것이라는 점이다.

정밀공격·정보전·주도적기동 그리고 우주전이 함께 결합하여 사용될 때 전쟁에서 혁신적인 효과가 유발될 것이다. 이들 네 가지 형태의 전장 영역을 작전계획 차원에서 통합하여 운영하면 결과는 아닐지라도, 과정의 측면에서 엄청날 정도의 효과가 있을 것이다.

21세기의 전장에 대비하려면 여러 측면에서 변해야 할 것이다. 우선, 전쟁을 준비하는 방식을 바꾸어야 할 것이다. 변화의 물결이 군에서 소기의 결실을 맺으려면 최고지휘관부터 변해야 할 것이다. 변화를 유발하는 원동력은 교육체계로부터 나와야 한다. 최고지휘관에 의한 적극적인 지원 및 격려와 전 요원의 적극적인 협조가 없이는 군은 변하지 못할 것이다.

군사혁신에 관한 두 번째 논문인 '전쟁양상의 혁신'에서는 군사혁신을 구소련인의 시각, 항공력 그리고 오웬(Owens)이 제창한 개념의 측면에서 뿐 아니라 조직의 관점에서도 살펴보고 있다. 오늘날의 군사혁신으로 전투를 수행하는 형태, 군의 조직 구조, 군을 이끌어 가는 엘리트 집단 그리고 지휘의 성격 등이 크게 변할 것이라는 주장이다.

오늘날의 군사혁신을 최초로 목격한 사람은 1980년대 초 당시의 소련군 총참모장(Chief of General Staff) '니콜라이 오가로프(Nikolai Orgarkov)' 원수였다. 오늘날의 정보기술을 활용하면 수백 마일 떨어져 있는 곳에서 작전을 수행하고 있는 기갑부대를 발견한 직후 30분 이내에 자체 유도되는 대 탱크용 미사일을 이용하여 공격이 가능하다는 개념이었다. 소련인들이 구상한 군사혁신은 지나치게 협의의 개념이었다. 그들은 중부 유럽이라는 단일의 전구에서 벌어지는 단일의 전투 형태에 초점을 맞추었으며, 마르크스-레닌주의의 유물사관(唯物史觀)에 입각하여 무기와 기술에 역점을 두었다. 따라서 조직이 전쟁에 미치는 효과는 등한시하였다.

『군사혁신이 매우 중요한 의미를 갖고 있는 개념이다』는 점을 절실히 깨닫게 한 것은 1991년에 수행된 걸프전이었다. 항공력을 옹호하는 자들은 「제1 · 2차 세계대전 사이의 기간 중에 구체화된 항공작전이 추구하였던 이상」을 뒷받침해 줄 수 있는 기술이 걸프전에서 선을 보였다고 호언하였다. 『혁신적인 기술에 힘입어 지난 50년간 기다려 왔던 그 순간, 다시 말해, 항공력이 전쟁에서 결정적인 역할을 감당할 수 있게 된 순간이 도래하였다』고 그들은 주장하였다.

세 번째 유형의 군사혁신 개념은 미군에서 나왔다. 미 합참차장이었던 오웬(William A. Owens) 제독은 '복합체계로 구성된 체계(System of Systems)'를 구상하였는데, 이는 인공위성에서부터 탑재 레이더, 무인항공기에서부터 원거리에 위치한 음향탐지장비에 이르는 다양한 유형의 센서를 이용하여 자료를 수집하고, 이들 자료를 컴퓨터로 처리하여 생산된 정보(Information)를 사용자들에게 적시에 적합한 형태로 공급한다는 개념이었다.

군사혁신이 시작되었다는 것은 명백한 사실이지만 전쟁영역(Domain of Warfare)밖에서 작용하는 강력한 힘이 군사혁신의 성격을 좌우할 것이다. 프랑스 혁명군에 의해 도입된 총력전이란 개념, 기차, 전보 등에서 볼 수 있듯이 군이 아닌 여타의 영역에서 진행된 사항들이 전쟁의 결과를 획기적으로 바꾸어 놓은 경우도 없지 않다. 오늘날의 군사혁신으로 인해 군에 다수의 변화가 예상되고 있는데, 이는 다음과 같다.

첫째, 전투의 형태가 획기적으로 변하게 될 것이다. 이는 공격과 방어, 시간과 공간, 화력과 기동간의 관계가 근본적으로 변환됨을 의미한다. 예를 들면, 오늘날의 전투장에서는 『확인된 물체는 공격 가능하며, 공격한 물체는 100% 완벽하게 파괴할 수 있게 되었다』는 것은 이미 진부(陳腐)한 표현이 되었다. 20세기초에는 전선에 배치되어 있는 적의 보병에 대해서만 이와 같은 표현을 적용할 수 있었다. 오늘날에는 전선에 배치된 적의 장비뿐만 아니라 후방에 위치한 적 지원군에 대해서도 이들 개념을 적용할 수 있게 되었다.

둘째, 군의 조직 구조가 크게 변하게 될 것이다. 예를 들면, 오늘날에는 군의 비중이 전문가 집단으로 이동하고 있다. 지난 200여 년간 군은 징집되어 군에 들어온 다수의 단기 복무자들에게 대량으로 생산된 무기로 무장시켜서 전쟁을 수행하였다. 오늘날 이런 시대는 종말(終末)을 고하고 있다. 또한 미래의 군은 보다 '합동군(Joint Force)' 형태가 될 것이다. 아마도, 지금까지 유지되어 왔던 육·해·공군과 같은 단위 군 위주의 작전은 크게 회석될 것이다.

셋째, 군을 이끌어 가는 엘리트들의 성격이 변하게 될 것이다. 예를 들면, 미 공군은 조종사들이 주도하고 있는 집단인데, 1950년대와 60년대에는 폭격기 조종사가, 그리고 그후에는 전투기 조종사들이 주도적 역할을 담당해 오고 있다. 오늘날에는 전투조종사가 아닌 장교로서 중요한 역할을 담당하는 장교들의 수가 증가하고 있다. 향후에는 조종사 출신이 아닌 일반 장교가 공군의 지휘관이 되는 경우가 다수 있을 것이다.

넷째, 군을 지휘하는 형태가 크게 변하게 될 것이다. 산업화시대의 전쟁 양상이 종료되면서 일종의 '최고사령부(Supreme Command)' 또한 사라지고 있다. 1866년도 당시 오스트리아와의 전쟁에 대비하여 모병 (募兵)을 지시한 직후, 프러시아의 총참모장 몰트케는 소파에 누워 소설 을 읽고 있었다. 노르망디 상륙작전을 수행하기 바로 전 날 연합군 최고 사령관인 아이젠하워 장군도 소파에 누워 소설을 읽었다. 이들 두 사건 간에는 80여 년의 시간적 공백이 있었지만, 최고사령부의 형태에는 거 의 변함이 없었다. 총참모장과 참모들이 군사를 동원하고, 이들 군사를 활용하기 위한 기획문서를 작성하면, 작전이 수행되기 하루 또는 이틀 전에는 특별한 조치 없이 사전 계획한 대로 일이 진행되었다. 오늘날의 야전 지휘관들은 전자(電子)체계가 구비된 지휘소를 왕래하면서 TV화면 을 살펴보고, 전선에 배치된 조종사 또는 탱크부대 지휘관과 라디오로 교신하는 등 분주히 활동할 것이다.

군사혁신에 관한 세 번째 논문인 '군사혁신: 정보의 측면'에서는 데이 터통신 및 컴퓨터와 같은 정보기술로 인해 정밀유도무기, 첨단의 감지체 계 그리고 첨단의 지휘통제체계가 출현하면서 군에 대혁신이 유발되고 있다는 점을 밝히고 있다. 이미 앞의 두 논문에서와 마찬가지로 이같은 기술적 측면뿐만 아니라 기술에 상응하여 작전개념·군구조 등과 같은 제도적 측면을 획기적으로 개선하지 않는 경우에는 군사혁신이 가능하지 않다는 점을 역사적 사실을 통해 설명하고 있다.

필자는 또한 정보기술에 기반을 둔 오늘날 군사혁신의 성격과 의미를 파악한다는 차원에서 군 작전에 정보기술이 끼친 효과와 정보기술로 인 해 탄생된 군의 체계들을 거론하고 있다. 이같은 맥락에서, 정보기술이 전장의 성격을 어떻게 변화시켰으며 변화시키고 있는가를 서술하고, 미 래의 군 작전에서는 우수한 정보체계를 보유하는 것과 이들 정보체계 내 에서 정보가 원활히 유통될 수 있도록 하는 것이 매우 중요하다는 점을 강조하고 있다. 한편, 전쟁의 성격과 수행방식이 획기적으로 변하고 있다는 점과 정보가 원활히 유통될 때만이 군 작전이 순조롭게 진행될 수 있다는 차원에서, '정보공간(Information Space)'이 군에서 새로운 전쟁영역으로 부상하고 있으며, 향후에는 군사 분쟁에서뿐만 아니라 국가 안보의 측면에서도 정보전이 매우 중요한 의미를 갖게 될 것이라는 논리를 전개하고 있다.

2 군사혁신

1. 서 언

미 국방부 '망 평가실(Office of Net Assessment): 각국의 군사능력을 평가'의 책임자인 마샬(Andrew Marshall)은 "군사혁신(RMA: Revolution In Military Affairs)이란 신기술을 혁신적으로 적용하고, 기술에 발 맞추어 교리·작전개념·조직개념 등을 갱신하여 군 작전의 성격을 근본적으로 바꾸어 주는 것"이라고 정의하고 있다. 오늘날 이같은 군사혁신이 진행되고 있는데, 이것을 올바로 이해하고, 최대한 활용하는 자는 미래의 전장에서 압도적인 격차로 승리할 수 있을 것이다.

군사이론가들은 새로운 기술과 무기체계의 출현에 따른 전쟁행위의 불연속성을 이미 오래 전부터 주목해왔다. 소련인들은 이같은 불연속성을 '군사기술혁신(MTR: Military-Technical Revolution)'이라고 지칭하였다. 최근 들어 미국의 분석가들은 이것을 군사혁신이라고 부르기 시작하였다. 미국이 이처럼 용어를 바꾼 이유는 군에서 매우 중요한 역할을 담당하고 있는 조직·작전 개념과 같은 비 기술적인 측면까지도 포함하고자 하는 의도였다.

이같은 불연속성의 본질은 군사혁신 이후의 전쟁이 그 이전의 전쟁과는 근본적으로 다르다는 점이다. 역사적으로 볼 때, 이같은 군사혁신은 여러 번 있었다. 서구 사회에서 화약은 초기의 군사혁신을 유발한 주체인데, 화약의 출현으로 지·해상전의 성격이 크게 변하였다. 19세기 당시 산업혁명의 부산물인 철도·전보·스팀엔진·라이플 총 그리고 철갑선으로 인해 전쟁에 일대 혁신이 있었다. 제1·2차 세계대전 중에는 전투장이 기계화되면서 전격전(電擊戰)·'항공모함 상의 항공기를 이용한 공격'·수륙양용전 그리고 전략폭격이란 개념이 대두하였다.

군사혁신을 유발하는 기술들로 인해 군뿐만 아니라 민간 사회에도 엄청날 정도의 변화가 진행되고 있다. 예를 들면, 수송의 혁신을 유발한 철도의 출현으로 민간의 경제체계가 대폭 바뀌었을 뿐 아니라 군사력을 보다 멀리, 보다 빨리, 그리고 보다 오랜 기간 기동할 수 있게 되었다. 더욱이 이같은 사회적 변화로 인해 일련의 작전 및 전략적 표적들이 출현하였다. 오늘날 우리는 이같은 형태의 군사혁신을 '사회-군사적 혁신(Social-Military Revolution)'이라고 지칭하고 있다.

지금까지 군사혁신과 연관된 대부분의 지적 및 물질적 측면에서의 발전은 새로운 체계와 기술에 관한 것이었다. 그러나 오늘날 우리에게 필요한 것은 새로운 체계 및 기술의 잠재성을 최대한 활용할 수 있도록, 새로운 작전개념과 조직을 창안해내는 일이다. 이처럼 군사혁신을 위한 새로운 개념과 조직을 창안한다는 차원에서 군사혁신이 전개되는 터전인 역사 및 지전략적(地戰略的: Geo-Strategic) 맥락을 그 시점으로 하여 문제를 접근해 볼 필요가 있을 것이다.

오늘날까지 전쟁의 행태에 변화를 유발시킨 요인은 무엇인가? 향후 우리가 대적해야 할 적은 누구인가? 그들의 정치 및 군사적 목표는 무엇인가? 목표 달성을 위해 그들이 사용할 조직과 무기의 형태는? 미래전의 행태는 어떻게 변화될까? 정보기술에 근거한 오늘날의 군사혁신을 반영한 전쟁영역을 규명하고, 여기에 필요한 군사능력의 성격을 파악하려면 이같은 의문점을 해소할 수 있어야 할 것이다.

그러나 답변에 앞서서 주의를 기울여야 할 부분이 있는데, 이는 우리가 정보기술에 기반을 둔 군사혁신의 시발점에 있다고는 하지만, 오늘날의 군사혁신이 시작된 시점, 이같은 군사혁신이 어느 정도까지 지속될 것인지, 향후에 출현할 적대국의 유형과 이들의 출현 시기, 출현할 전쟁

영역의 형태 등 여타의 핵심적 질문들에 대해 확실히 단언할 수 없다는 점이다. 간단히 말해, 오늘날의 군사혁신이 어느 정도까지 영향을 끼칠 것인가?, 얼마나 빠른 속도로 진행될 것인가?, 그리고 이것이 주는 의미가 무엇인지에 대해 우리는 확실히 알지 못하고 있다.

  그러나 군사혁신이 시작되고 있는 초기 단계에서도 몇몇 주목할 만한 점이 없지 않다. 제1차 세계대전 당시와 종전(終戰) 직후, 영국육군의 풀러(J. F. C. Fuller) 장군과 미 해병대의 엘리스(Earl Ellis) 소령처럼 미래에 대한 안목을 구비하고 있던 장교들은 장갑차를 중심으로 한 전쟁과 수륙양용전의 기본을 구상한 바 있다. 이같은 전쟁을 수행하기에 필요한 체계가 출현하기 이미 수십 년 전에 이들은 새로운 형태의 전쟁 개념을 구상하였는데, 당시는 전쟁이 발발될 것인지도 불분명한 때였다.

  최근 들어, 미래전에서 요구되는 능력의 형태에 대해 연구하고 있는 작가들이 있는데, '우주선 군단(Starship Trooper-1955년)'을 집필한 하인리인(Robert Heinlein)과 '종말자의 게임(Ender's Game-1977년)'을 저술한 카드(Orson Scott Card)가 이들이다. 이들은 자신들의 저서에서 오늘날의 인공지능(Artificial Intelligence)과 가상현실(Virtual Reality)에 해당하는 무기체계들을 언급하고 있다. 이들이 언급한 체계는 당시에는 환상처럼 보였지만, 이들 중에서 현실화된 것이 적지 않다. 군의 장교 그리고 작가들이 미래를 바라보고, 이미 현실이 되었거나, 향후 실현 가능한 전쟁의 형태를 구상할 수 있었다는 점에서 21세기의 '비전'을 제시하는 일에 종사하는 우리들은 많은 것을 느끼게 된다.

2. 과거의 군사혁신이 주는 교훈

군사혁신을 유발하는 요인은 매우 다양하다. 이들 요인 중에 기술적 요소가 많은 것은 사실이지만, 기술 외적인 요소도 간과할 수는 없을 것이다. 프랑스혁명 당시와 나폴레옹 시대의 전쟁에서는 사회적 변화로 인해 군사혁신이 유발되었는데, 전쟁을 전 국민이 동원되는 형태인 총력전으로 전환시킨 시민군 개념의 출현이 바로 그것이었다.

군사혁신에 기여한 기술적 요인은 매우 다양하였다. 예를 들면, 제1차 세계대전 당시에는 화학과 물리학이 엄청날 정도로 발전하면서, 전쟁에 일대 혁신이 있었다. 화약을 중심으로 한 당시의 전쟁에서는 무기의 발사속도 · 사거리의 정도에 따라서 전투의 승패가 좌우되었는데, 이들 요소를 갱신시킨 주요 요인은 화학에 관한 기술이었다.

화학 분야의 발전에 의한 군사혁신에 이어서 물리학에 근거한 군사혁신이 출현하였는데, 물리학 이론을 이용하여 항공기 · 라디오 · 레이더 등이 출현하였으며, 제2차 세계대전 말에 가서는 엄청날 정도의 파괴력을 보유하고 있는 핵무기도 개발할 수 있게 되었다.

오늘날의 군사혁신은 새로운 형태의 물리학 원리에 기반을 두고 있는데, 레이저와 입자빔 기술이 대표적인 사례이다. 기술의 발전추세로 볼 때, 다음에는 생물학에 근거한 군사혁신이 출현할 것이다. 이들 분야 중 '생체감응장치(Biosensor)', '생체전자', '나노기술(Nanotechnology)', 분산체계, '신경망' 그리고 '성과향상약제(Performance-Enhancing Drugs)'가 매우 빠른 속도로 발전을 거듭하고 있다.

군사혁신의 형태는 다양하지만, 이들 혁신에 지대한 영향을 미치는 주요 요소는 신기술과 체계이다. 제1 · 2차 세계대전중 독일 육군이 고안한 장갑차 중심의 전투, 미 해병대가 창안한 수륙양용전, 미 해군에서 출현한 항공모함 중심의 전쟁, 그리고 미 공군의 전략폭격 개념은 여러 체계가 결합하여 유발된 '복합체계 군사혁신(Combined-System

RMA)'이란 특징을 갖고 있다. 이같은 혁신이 가능했던 것은 여러 군사체계들을 적절히 결합하여 사용했기 때문이었다.

또 다른 형태의 군사혁신에 '단일체계 군사혁신(Single-System RMA)'이 있다. 예를 들면, 1940년대와 50년대에는 핵무기에 의한 혁신이 있었는데, 이를 가능하게 한 것은 핵의 분리와 융합에 관한 기술이었다. 탄약에 의한 혁신 또한 단일체계 군사혁신의 사례인데, 공성포(Siege gun), 야포(Field artillery), 보병화기(Infantry Firearm) 그리고 함포(Naval artillery)를 통해, 탄약이 지·해상전의 성격에 일대 혁신을 유발하였다.

오늘날 진행되고 있는 군사혁신은 여러 체계가 결합된 형태도, 그리고 단일체계에 의한 것도 아닌 '통합된 체계에 의한 군사혁신(Integrated-System RMA)'이다. 오늘날에는 신기술의 급속한 발전으로 다양한 형태의 무기체계가 출현될 전망이다.

새롭게 출현하고 있는 무기체계에 발맞추어 작전·조직 개념을 갱신할 수 있을 때만이 통합된 체계가 형성될 수 있을 것이다. 제1·2차 세계대전 사이에 있었던 발전과 비교할 때, '복합체계로 구성된 체계(System-of-Systems)'가 추구하는 바는 여러 다양한 성능을 동시에 활용할 때 나타나는 승수효과를 최대한 살리겠다는 것이다.

제2차 세계대전 당시에 출현한 전쟁들은 나름의 공간에서 진행되었다는 특징을 갖고 있다. 예를 들면, 장갑차를 중심으로 한 전쟁은 육지에서, 전략폭격은 적국의 상공에서, 항공모함전은 바다에서, 그리고 수륙양용전은 바다와 땅이 교차하는 곳에서 진행되었다. 다시 말해, 2개 이상의 전역에서 수행되는 전쟁의 형태는 당시에는 거의 없었다. 오늘날의 군사혁신에서는 인공위성과 같은 감지체계, 첨단의 지휘통제체계, 그리고 정밀유도무기가 결합되는 현상에서 볼 수 있듯이, 여러 다양한 체계의 가치를 최대한 활용할 수 있도록 이들 체계의 통합이 필수적이다.

오늘날의 군사혁신에서는 체계통합이 필수적이라고 말했지만, 그렇다고 단일체계에 의한 군사혁신이 불가능하다는 의미는 아니다. 전혀 예기치 못한 방식으로 공격해 오는 경우에 대비하려면 정보기술(Information Technology), 유전공학(Biogenetic) 등과 같은 주요 기술분야에서 진행되고 있는 혁신을 지속적으로 살펴보아야 할 것이다. 이들 분야에서의 예기치 못한 발전으로 엄청날 정도의 변화가 유발될 수도 있기 때문에, 이처럼 혁신을 이룬 나라는 군사적 측면에서 독보적인 우위를 점유할 수도 있을 것이다.

복합체계에 의한 군사혁신에서도 동일한 논리를 적용할 수 있을 것이다. 더욱이, 정보기술 분야의 혁신으로 보다 광범위한 형태의 사회적 변화가 초래되면서 '사회-군사적 혁신'이 유발될 가능성도 없지 않다. 오늘날 정보기술 분야의 혁신으로 인해 전쟁의 성격에 일대 변화가 유발될 가능성은 매우 높다.

군사혁신이 유발되려면 기술과 체계란 요소가 있어야 하지만, 이같은 요소가 충족된다고 군사혁신이 야기되는 것은 아니라는 점을 명심할 필요가 있다. 과거의 경우를 보면, 군사혁신은 기존 관행의 한계를 극복할 수 있도록 군 조직을 혁신적으로 갱신하면서 일어났다. 전략·작전·전술적 요구사항에 따라서 채택해야 할 기술의 형태 그리고 그 사용방식이 달라질 수밖에 없다. 이들 분야에 대한 혁신이 없이는 혁신적인 기술을 보유하고 있다고 할지라도 군사혁신은 요원한 이야기일 수밖에 없다.

이같은 경우의 대표적인 사례는 16 및 17세기 당시의 화약에 의한 군사혁신에서 찾아볼 수 있다. 당시 비슷한 군사력을 보유하고 있던 유럽 국가들에서는 상호간 끊임없는 대립으로 인해 화약을 이용한 무기를 지속적으로 발전시켰기 때문에 다수의 전쟁 영역(기동전·포위전·해전)에서 엄청날 정도의 변화가 있었다. 유럽과 비교할 때 이미 100여 년전에 중국은 화약과 소화기(小火器)를 개발하였지만, 군사분야에서의 정체

(停滯)를 면하지 못했는데, 그 주요 원인은 방대한 인구를 보유하고 있다는 점으로 인해 이들 인력을 이용하여 바다와 육지를 통해 침입해 오는 적을 어렵지 않게 제압할 수 있었기 때문이었다.

중국과는 달리 아시아에 위치한 약소국들은 자국 방어의 절실함으로 인해 엄청날 정도의 혁신을 단행하였다. 16세기 당시의 일본은 여러 군주들이 패권을 다투고 있는 형국이었는데, 이들이 사용한 소화기는 유럽의 경우를 모방한 것이었다. 1500년대 후반 일본은 단일 국가로 통일되었다. 1590년 당시 한국은 통일 일본의 위협에 대응하여 거북선을 만들었는데, 이 거북선이 안겨준 기술적 우위를 이용하여 한국은 세 차례에 걸친 일본의 침략을 분쇄할 수 있었다.

이와 비슷한 사례를 제1 · 2차 세계대전에서도 찾아볼 수 있다. 당시 주요 강대국들은 거의 비슷한 수준의 기술을 보유하고 있었지만, 이들 중에서 기술에 상응할 정도의 작전개념과 조직을 창안해낸 국가들은 극소수였다. 예를 들면, 태평양에서의 해전에 대비하여 일본과 미국은 항공모함을 발전시켰다. 반면에 지중해와 같은 비좁은 해역에서의 전투와 공해(公海) 상에서 독일 함선의 공격에 대항해 싸우는 것이 주 임무였던 영국 해군의 경우에는 항공모함을 발전시킬 수 없었다.

장갑차를 중심으로 한 전투의 경우에서도 유사한 사례를 찾아볼 수 있다. 탱크 · 라디오 그리고 항공기와 관련된 기술들은 제1차 세계대전 이후에 보편화되어 있었지만, 1940년 당시 이들 기술에 상응한 개념을 고안하여 새로운 방식으로 이들 기술을 이용한 국가는 독일뿐이었다. 독일은 사방이 적으로 둘러 쌓여 있었기 때문에 이같은 기술을 군사적으로 활용해야 할 필요성을 절실히 느끼고 있었다. 이같은 지정학적 이유로 인해 독일은 상대방 국가를 신속히 선제 공격하여 격파할 필요가 있었다. 따라서 독일의 경우에는 방어보다는 공격에 중점을 둘 수밖에 없었으며, 그 결과 신속한 이동성, 강력한 화력, 그리고 자국을 적으로부터 보호하기 위한 전술적 요구사항이 생겨나게 되었다.

이처럼 독일은 탱크·보병 그리고 포병을 작전적 차원에서 통합하고, 근접항공지원으로 이들을 보완하였는데, 오늘날 우리는 이것을 '판저사단(Panzer Division)'이라고 지칭하고 있다. 독일과는 달리 영국과 프랑스는 지상전투에 관한 전략 및 작전 개념을 방어적 차원에서 생각하는 등 혁신을 도모하지 않은 결과로 인해 1940년 5월 혹독한 대가를 지불하였다.

오늘날의 군사혁신을 준비하는 과정에서 과거 군사혁신에서의 교훈이 커다란 도움이 되고 있다. 지난날의 군사혁신에서는 군 조직에 대변화가 있기 이미 10여 년 전부터 군사혁신과 관련된 주요 체계의 대부분이 전투 또는 민간 분야에서 활용되고 있었다. 예를 들면, 1830년도 당시 철도는 이미 민수품(民需品)을 운송할 목적으로 사용되고 있었다. 그러나 군사적 측면에서 철도를 최초로 활용한 것은 1860년 당시의 프러시아군이었다. 몰트케(Moltke) 장군 휘하의 프러시아군은 철도를 이용하여 군수물자와 부대를 매우 쉽게 이동하였는데, 그 결과 독일은 작전적 측면에서 엄청날 정도의 이득을 보았다.

탱크·라디오 그리고 근접지원용 항공기는 제1차 세계대전 당시에 이미 보편화되어 있었다. 그러나 이들은 독일이 이들 장비를 운용하기 위한 새로운 조직과 작전개념을 창안해 내었던 1930년도에 접어들면서 그 진가를 발휘할 수 있었다. 이들 사례에서 볼 수 있듯이, 군사혁신과 관련된 주요 무기체계와 장비가 출현하여 오랜 기간이 경과된 이후에 가서야 이들 체계를 지원하기 위한 혁신적인 작전 및 조직 개념이 대두하였다. 새로운 첨단 무기체계와 미래의 발전상황을 고려한 군사혁신을 위해서는 향후 몇십 년 후 예를 들면, 2020년도에 예상되는 전투의 형태를 염두에 둘 필요가 있다.

3. 미래의 경쟁자

군사혁신의 범위와 이것이 끼칠 잠재적 효과를 평가하려면 미래의 적이 누구인지를 염두에 두어야 할 것이다. 이들 경쟁자에 의한 위협의 성격과 이들의 취약점에 따라서 군사혁신의 방향이 크게 달라질 것임은 분명한 사실이다.

우리가 고려해야 할 경쟁자의 성격이 정치·경제 그리고 군사 분야와 관련이 있는 것은 사실이다. 그러나 여기서는 정치적 또는 경제적 측면이 아니고 군사적 측면에서의 경쟁자들에 대해 논의하고 있다는 점을 명심할 필요가 있다. 어느 정도의 미래까지 예측이 가능할 것인지, 미래 경쟁자의 성격은 어떠한지, 그리고 그들이 운영할 것으로 예상되는 군 구조 및 작전 형태는 어떠한 것인지를 평가하는 행위는 정교한 과학의 세계와는 거리가 멀다. 지난 수년간의 경험에서 볼 때, 오늘날의 접근 방법으로 미래를 예측한다면 별다른 성과를 얻지 못할 것이다.

지금으로부터 25년 후 우리와 동급의 경쟁자가 될 수 있는 국가가 어느 나라인지를 정확히 예측한다는 것이 불가능한 것은 아니지만, 이는 매우 어려운 일일 것이다. 그러나 1개국 이상의 국가가 결합하여 미국의 국가안보에 위협이 될 정도로 성장하는 경우는 어렵지 않게 상상해 볼 수 있을 것이다. 잠재적인 경쟁자들이 지역에서의 패권을 걸머지는 단계를 거쳐서 대등한 수준의 경쟁 상대로 등장하게 된 경우가 적지 않다는 점을 우리는 역사를 통해 잘 알고 있다. 제2차 세계대전 이전의 독일과 일본은 정신력과 희생을 강요하여 짧은 순간에 경쟁 상대로 부상한 경우이다. 향후 25년 뒤, 대등한 경쟁자가 나타날 가능성이 없다고 속단함은 역사를 무시하는 처사이다.

대등한 경쟁자가 출현할 것이라고 가정할 때, 누가 경쟁자일 것인지가 아니라, 그 경쟁자의 성격이 어떠할 것인지가 보다 중요한 사항일 것이다. 미래의 경쟁 양상을 예측함에 있어서 탁월한 식견을 갖고 있는 전문

가들이 있는데, 이들은 예상되는 경쟁자들의 유형에 관해서 깊은 통찰력
을 보이고 있다.

예일대학의 브래컨(Paul Bracken) 박사는 '이후의 군대(The Military After Next)'[1] 라는 논문에서 경쟁 국가의 유형을 A, B 및 C로 분류하였다. A 형태의 국가는 대등한 수준의 경쟁자로서, 지구상 곳곳에서 미국과 모든 형태의 군사 분야에서 경쟁할 능력이 있는 경우이다. B 형태의 국가는 지역적 차원의 경쟁자로서, 특정 지역 또는 특정의 군사 분야에서만 경쟁할 수 있는 경우이다. 브래컨이 말하는 C 형태의 경쟁자는 테러주의자, 저강도 분쟁을 유발하는 국가, 마약사범의 왕초 등과 같은 경우이다. 이같은 형태의 경쟁자는 국가안보 차원의 경쟁자이 기보다는 정치적 차원의 경쟁자라고 말할 수 있을 것이다. C 형태의 경쟁자는 '틈세 경쟁자(Niche Competitor)'라고 말할 수 있을 것이다. 이 같은 경쟁자들은 미군에 지대한 효과가 있을 것으로 생각되는 특정의 군사 분야를 선택하여 이 분야에 집중적으로 투자하는 국가들이다. 군사적 측면에서 경쟁 상대의 범위를 제한하고자 할 때, 브래컨이 제시한 분류 방법은 어느 정도 효과가 있어 보인다.

하버드대학의 로젠(Stephen Rosen) 박사는 세계를 평화와 혼돈이란 두 지역으로 나누어서, 미래 경쟁자들을 논의하기 위한 틀을 설정하였다.[2] 그는 산업화된 민주국가들은 평화지역으로, 그리고 여타의 국가들 은 혼돈지역으로 분류하였다. 그는 자신의 이론에서 분쟁은 혼돈 상태에 있는 국가들간에 또는 혼돈 상태에 있는 국가와 평화 상태에 있는 국가

---

1) Paul Bracken, "The Military After Next," Washington Quarterly, 16, no. 4(Autumn 1993) 157-174.

2) Stephen Peter Rosen, Briefing on Future Competitors, US Army Roundtable Conference on the Revolution in Military Affairs, HQ US Army TRADOC, Fort Monroe, Virginia, 27 September 1993.

간에 일어날 가능성이 가장 높다고 말하고 있다. 반면에, 평화 상태에 있는 국가간에는 전쟁이 유발될 가능성이 거의 없다고 그는 주장하고 있다.

예를 들면, 로젠 박사는 미국과 민주화된 일본 또는 독일간에 전쟁이 일어날 수 있다고는 생각하지 않았다. 국가간의 관계가 경쟁 상태로 발전할 것인 지의 여부는 정치적 전통, 문화적 규범, 경제력, 동맹관계 등을 포함한 여러 요소들에 의해 결정된다는 점을 로젠 박사는 상기시켜 주고 있다. 더욱이 국가들이 평화와 혼돈 지역을 왕래할 수도 있으며, 목표 및 방향을 획기적으로 변경시키거나 군사 능력을 획득 또는 손실할 수도 있기 때문에 전략적 측면을 고려한 기획이 보다 어려워지고 있다.

미래 경쟁자의 성격을 규명하고, 그들의 출현에 대비하여 전략을 수립하려면 대상 국가들의 성격을 이해할 필요가 있을 것이다. 국가의 성격이란 돌아가는 시계 바늘처럼 현재와 미래에 걸쳐 이들 국가를 특정분야에만 국한된 경쟁자에서 지역경쟁자로, 그리고 동급의 대등한 경쟁자로 변모해 가게 하는 요인을 말한다.

한 국가의 성격을 규정짓는 요인에는 대략 다음과 같은 것들이 있다.

■ 역사적 맥락
  · 문화 및 사회적 신념(사회적 관행)
  · 인구 통계학(변화율, 국민의 평균연령)
  · 지리(내륙국가, 접근 가능한 항구, 농업)
  · 경제적 발전의 정도(무역, 산업기지)
  · 정치체제(민주, 독재, 안정성)
  · 외국의 시장 및 기술에 접근할 수 있는 능력(정보기술의 발전 정도)
  · 군사력 구조(배치, 훈련)
  · 동맹관계(전통/비전통적 적대관계, 상호우호조약)

요컨대, 한 국가의 성격이 어떻게 변모될 것인지를 보다 정확히 평가하려면 그 국가 또는 지역의 성격을 이해할 필요가 있다는 논지이다.

국가의 성격이나 기질을 이해하고 있다고 문제가 모두 해결되는 것은 아니다. 사실, 이들은 문제 해결을 위한 극히 일부분의 요소에 불과하다. 국가의 성격을 규정짓는 여러 요소들과 상호 작용하면서 그 국가로 하여금 경쟁의 상태로 몰고 가는 요소인 국가적 · 지역적 또는 지구적 경향에 대한 이해가 그에 못지 않게 중요하다. 경제 · 기술 혁신의 진행 속도, 무기체계의 발전 정도, 새로운 조직 및 운용을 구비해 가는 정도, 그리고 군사체계와 과학기술의 확산 등과 관련된 경향들이 국가의 성격 및 지구상 여타 국가에서 발생하는 사건과 상호작용을 하게 된다.

일본 및 중국과 같은 국가들이 경쟁국으로 부상할 것이라고 예측하는 분석가들이 있는데, 이같은 예측에는 신중을 기해야 한다. 여러 성향들이 결합하여 거의 예측이 불가능할 정도의 방식으로 국가를 변화시킬 수도 있기 때문에 다수의 예상하지 못한 경쟁 상대국들이 출현하기도 한다. 그럼에도 불구하고 국가의 성격 특성에 대한 분석은 경쟁국가들의 유형을 분류하는 과정에서 크게 도움이 될 수 있을 것이다.

일단 잠재적 경쟁국가의 특성을 이해하게 되면 이들 국가가 군사혁신을 달성할 수 있을 것인지를 세 가지의 측면에서 분석해 볼 필요가 있다. 첫 번째는 군사혁신을 이루겠다는 국가적 차원의 의지를 갖고 있는지의 여부이다. 두 번째는 군사혁신에 필요한 기술적 체계를 획득할 수 있을 정도의 능력이 있는지의 여부이다. 마지막으로, 군사혁신에 함축되어 있는 잠재성을 활짝 꽃피우게 하는 요소인 혁신적 형태의 기술에 부응하여 조직 및 작전 개념을 갱신할 능력이 있는지의 여부이다.

오늘날의 군사혁신이 완전히 꽃을 피우기까지에는 수십 년의 기간이 소요될 수도 있을 것이다. 향후의 경쟁 상대국이 누구인지를 분석 및 예측하는 일은 수많은 노력을 투자하여 장기적이고도 지속적으로 진행해야 할 과업이다. 오늘날의 입장에서 볼 때, 향후 미국과 동급의 경쟁자로 부상할 가능성이 있는 나라를 몇몇 생각해 볼 수 있는데(러시아 · 일본 · 중국 · 독일 · 통일 한국 · 아시아 연합 등), 이들 국가가 그러한 위치에 도달하게 될 것인지도 아직은 의문이다. 1940년 당시의 일본의 경우와 마찬가지로 21세기초의 특정분야에만 국한된 경쟁자에서, 지역 경쟁자를 거쳐 동급의 경쟁자로 급부상하는 국가가 있을 수도 있다는 점을 명심해야 할 것이다. 향후 얼마 동안 미국은 동급의 경쟁자가 아닌 몇몇의 지역 경쟁자들과 대적하게 될 것이다. 그러나 막강한 형태의 능력을 보유하고 있는 동급의 경쟁자가 필연적으로 부상할 것이라는 점을 역사는 말해주고 있다. 이같은 동급의 경쟁자가 모든 주요 영역에서 미국과 거의 대등한 수준이 되기 이전에, 예상되는 동급 경쟁자에 의한 위협의 형태를 평가해 보는 것은 국익의 측면에서 매우 중요한 일일 것이다.

경쟁자의 성격을 이해해야 하는 이유는, 성격 특성에 따라서 전쟁의 형태가 달라질 수 있기 때문이다. 과거 군사혁신의 사례에서 볼 때, 신기술에 상응한 활용 개념을 창안해낼 수 있는 국가만이 군사혁신을 달성할 수 있을 것이다. 제1 · 2차 세계대전 중 탱크의 활용에 관한 독일 · 영국 그리고 프랑스의 접근방식은 서로 같지 않았다. 또한, 미국 해군과 영국 해군이 항공모함을 발전시키는 방식에는 커다란 차이가 있었다. 탱크와 항공모함을 발명한 것은 영국이었지만, 이들을 가장 훌륭한 형태로 발전시킨 국가는 영국이 아니었다는 점에서 볼 수 있듯이, 관련 부문에서 가장 앞선 기술을 보유하고 있는 국가에서 체계를 가장 효율적으로 활용하기 위한 방안이 출현하지만은 않을 것이다. 여러 대립되는 교리간에 조화를 이룰 수 있는 국가가 최종적으로 승리할 가능성이 높다. 군사혁신을 통해 동급의 경쟁자가 우위를 점유할 정도로 성장할 수 있을 것인 지의 여부는 이들 국가의 성향과 밀접한 관계가 있는 문제이다.

4. 새로운 형태의 전쟁영역

제1 · 2차 세계대전에서와 마찬가지로, 오늘날의 군사혁신으로 인해 새로운 형태의 전쟁이 출현할 수 있을 것이다. 전쟁의 영역이란 독특한 군사 목적을 띠고 있는 전쟁의 형태로서, 특정 군 또는 특정 체계와 연관하여 나타나는 것이 보통이다. 제1 · 2차 세계대전 사이에 출현한 전쟁의 영역으로는 장갑차를 중심으로 한 전쟁, 항공모함전, 수륙양용전 그리고 전략폭격이 있다. 오늘날 4 종류의 전쟁 영역을 예상할 수 있는데, 장거리 정밀폭격(Long-Range Precision Bomb), 정보전(Information Warfare), 주도적 기동(Dominating Maneuver), 그리고 우주전이 바로 그것이다.

앞에서 언급한 4 종류의 전쟁영역 중에서 정밀폭격은 다수의 분석 작업이 남아 있기는 하지만 개념적으로는 가장 발전된 분야이다. 정보전 분야에서도 다수의 성과가 있었지만, 정보전은 아직까지도 그 개념이 정확히 정립되어 있지 않은 분야이다. 주도적 기동과 우주전에 대한 분석은 초기 단계의 수준이다.

앞에서 언급한 전쟁영역들은 가까운 미래에 완전히 개발될 수 없을 지는 모르지만, 분명히 부상하게 될 것이다. 교리의 발전은 오랜 시간이 소요되는 불확실한 과정이다. 전쟁사를 보면, 전쟁 양상을 혁신적으로 변모시킬 수 있을 정도의 의미 있는 전쟁 영역임에도 불구하고 이들 영역을 뒷받침해 줄 교리를 개발하지 못하여 꽃을 피우지 못한 경우도 종종 있었다. 매우 의미 있는 형태의 전쟁 영역임에도 불구하고 꽃도 피우지 못한 경우는 보통 기술적 제약성, 현존 교리와의 갈등 또는 전략적 목적이 분명하지 않기 때문이었다.

19세기 당시 프랑스의 예네홀(Jeunehole)은 상대방 국가의 상선을 기습 공격하고, 해안을 경비할 목적의 작고도 저렴한 어뢰정을 이용하여 영국의 해상 제패에 도전하고자 하였다. 그러나 이같은 노력은 십여 년 동안 해전에 관한 교리에 불확실성을 유발시켰는데, 당시 어뢰와 어뢰정이 비효율적이었다는 점, 해양력(Sea Power)을 저술한 알프레드 마한(Alfred Mahan)의 영향력이 급부상하였다는 점, 그리고 영-불 협정(Entente)으로 인해 20세기 초에 실패로 끝났다.

6.25사변 이후 미 육군의 가빈(James Gavin) 대장을 중심으로 한 몇몇 사람들은 헬리콥터를 활용한 새로운 형태의 지상전을 구상하였다. 이들은 헬리콥터를 이용하면 전략적 차원에서 전구(Theater)간에 신속히 이동할 수 있을 뿐만 아니라 전장(戰場)에서 또한 상대방보다 빠른 속도로 움직일 수 있을 것이라고 생각하였다. 이같은 생각에서 이들은 분쟁지역에 신속히 배치되어 빠르게 움직이면서 정찰·추적뿐만 아니라 적의 진격을 지연시킬 수 있도록 헬리콥터를 중심으로 한 단위부대를 편성하였다. 그러나 헬리콥터로 무장한 항공대를 육군의 일부로 만드는 데에는 성공하였지만, 육군은 독립적인 단위부대가 아니고 결합된 육군부대의 일원으로서 헬리콥터를 발전시켰다. 월남전 이후 헬기를 이용하여 공중에서 공격하는 형태로 부대를 배치한 경우는 오직 한 번 있었다. 그 이유는 방공(防空: Air Defence)에 헬기가 매우 취약하다는 점과 오늘날의 육군 교리에서는 포병 및 보병의 역할이 절대적이라는 인식 때문이었다.

기술과 교리가 준비되어 있지 않은 관계로 인해 단기적 차원에서 제대로 활용할 수 없었다고 하여, 새로운 형태의 전쟁 영역의 절대적 중요성이 감소되지는 않을 것이다. 특정 상황하에서 유산되었던 전쟁 영역으로서 기술적 한계성을 극복하고, 교리적 측면에서의 필요성으로 인해 새로운 상황하에서 재 부상된 경우도 없지 않다. 예네홀의 아이디어는 제1차 세계대전 중 독일에서 재차 부각되었는데, 여기서는 실용성이 있을 정도의 잠수함의 건조에 필요한 기술이 출현하였다는 점이 이러한 아이디어의 기술적 한계성을 극복해 준 요소였다면, 영국 함선의 목을 조여야 할 필요성이 교리적 측면에서의 필요성을 제기해 준 요소였다.

앞의 경우와 유사한 사례에 장갑차 중심의 전쟁이 있다. 풀러 장군이 고안한 바 있는 장갑차전과 '솔즈베리 기동(Salisubury Maneuver)'은 영국에서는 꽃을 피우지 못하고, 독일 육군에서 재차 부각되었다. 영국과 프랑스에서는 무용화된 개념들이 잠수함전과 독일 육군의 판저사단의 기본을 마련해 주었다는 점에서 알 수 있듯이, 올바른 개념은 언젠가는 반드시 사용될 것이다.

(1) 정밀공격

향후 예상되는 군사혁신 분야 중에서 정밀공격은 아마도 가장 잘 파악되어 있는 전쟁 영역일 것이다. 이는 1970년도 이후, 정밀공격에 필요한 체계를 미국이 주도적으로 개발 및 배치하고 있기 때문일 것이다. 정밀공격에 필요한 기술 능력이 출현한 것은 냉전시대의 후반기에 접어들면서부터 인데, 정밀공격은 소련의 군사사상에 깊은 영향을 끼쳤다.

구 소련군들은 정밀공격에 필요한 기술의 개발과 관련하여 지나칠 정도의 공로를 미국에게 돌리고 있다. 1970년도 중반, '국방첨단연구소(DARPA: Defence Advanced Research Projects Agency)'에서는 상대방에 의한 공격을 차단하기 위한 목적의 미사일체계를 시험한 적이 있는데, 소련은 이것을 보고 미사일의 실전배치가 임박한 것으로 생각했던 것 같다. 역설적인 것은, 이같은 미사일 체계들이 미래전에서 혁신적인 역량을 발휘할 것이라는 점을 미국의 군부보다는 소련의 군부가 완벽하게 이해하고 있었다는 점이다.

정밀공격은 그 이전에 정립된 '후속군의 공격(FOFA: Follow-on Forces Attack)', 그리고 '합동정밀차단(Joint Precision Interdiction)'과 같은 개념을 훨씬 뛰어넘는 개념이다. '합동정찰 표적 공격체계(JSTARS: Joint Surveillance Target Attack Radar System)' 그

리고 '육군의 전술미사일체계(ATACMS: Army Tactical Missile System)'와 같은 정밀 공격체계를 개발한 목적은 나토의 지상군들이 기동의 측면에서 우위를 유지할 수 있도록 하기 위함이었다.

이들을 개발한 목적은 바르샤바 조약군 기계화 부대의 제2 및 제3 제대가 전선(戰線)에 도착하기 이전에 저지 및 분쇄함으로서 병력과 무기의 측면에서 열세에 놓여 있던 나토군을 바르샤바 조약군이 제압하지 못하도록 할 의도였다. 이처럼 상대방 국가의 종심을 공격하게 되면 전장이 자연스럽게 확장될 것이다. 이같은 공격이 의도하는 바는 미 본토에 위치한 증원군이 전장에 도착하기까지 충분할 정도의 시간을 확보하겠다는 것이었다. 정밀공격이 의도하는 바는 기계화된 장비를 이용한 바르샤바 조약군의 공격을 재래식 방식의 역공격으로 무력화시킨다는 것이었다.

1991년도의 걸프전에서는 이같은 종심공격(Deep Strike)을 통해 기동의 측면에서 우위를 확보할 수 있었는데, 종심공격은 그 자체로도 전쟁에 결정적인 효과가 있었다. 컴퓨터 및 데이터통신과 같은 정보기술에 기반을 둔 오늘날의 군사혁신의 관점에서 볼 때, 정밀공격은 엄청날 정도로 가치가 있는 분야이다. 긴급히 공격을 요하는 고정 및 이동 표적의 위치를 파악하여 이들을 파괴하고, 아측에 대한 피해 뿐 아니라 적의 역공격 가능성을 최소화하는 종심공격을 작전 및 전략적 차원에서 정확한 시간 내에 수행할 수 있게 된 것은 정보기술에 기반을 둔 오늘날의 군사혁신 덕분이다. 2020년경에는 대륙간 거리에 위치한 표적도 정밀하게 공격할 수 있을 정도의 기술이 출현할 것이기 때문에 정밀공격으로 인해 전략적 차원의 효과까지도 유발할 수 있게 될 것이다.

정밀공격에 의한 효과가 엄청날 것이라는 점은 전략적 차원의 표적에 대한 공격 능력이 급신장하고 있다는 점에서 잘 알 수 있다. 1943년도 1년간 미 8공군은 전략적 표적을 50회 정도 공격하였다. 1991년도 걸프전이 발발한 지 하루만에 연합 공군은 이라크에 위치한 전략적 표적을 150회 이상 공격하였는데, 이는 1943년도 당시와 비교할 때 공격 능력의 측면에서 천 배 이상 증가하였음을 의미하였다. 2020년경에는 전쟁 발발 수 분 이내에 500여 개의 전략적 표적을 공격할 수 있게 될 것인데, 이는 1991년도의 걸프전 당시와 비교할 때 전략공격 능력의 측면에서 5천 배 이상 급증할 것임을 의미하는 것이다.

정밀공격을 적절히 활용하게 되면 핵전쟁으로까지 비화(飛火)하지 않으면서도 핵무기에 못지 않을 정도의 효과를 얻을 수 있을 것이다. 상대방 국가의 중심(Center of Gravity)을 정밀하게 공격할 수 있다면 전쟁의 승패에 결정적인 효과를 유발할 수 있을 것이다. 그러나 상대방 국가의 중심을 정밀하게 공격할 수 있으려면, 이들 중심을 규명하는 방법, 그리고 이같은 표적을 공격하고자 할 때 필요한 수단이 무엇인지를 분명히 알고 있어야 할 것이다.

정밀공격을 위한 방안을 조직적으로 수립하고 실천할 필요가 있는데, 이는 쉬운 일이 아니다. 정밀공격을 위한 체계들은 작전 및 전략적 차원에서 통합될 때만이 그 효과가 결정적이다. 이는 1991년도의 걸프전 당시와 마찬가지로, '지구적 차원의 사령관(Global Commander)'이 정밀공격에 필요한 체계를 통제해야 함을 의미하는 것이다.

오늘날 정밀공격에 필요한 체계를 발전시키는 과정에서의 문제점은 각군 또는 국방부 차원에서의 부처별 이기주의로 인해 체계 개발 과정을 제대로 감독하고 있지 못하다는 점이다. 이같은 군별 및 부처별 이기주의로 인해 상호 보완적이기 보다는 중복되는 체계를 획득 및 유지하게 되는 경우도 없지 않은 실정이다. 각군이 정밀공격을 위한 체계를 획득하는 과정에서 상호 경쟁함으로서 얻을 수 있는 장점이 없는 것은 아니지만, 오늘날의 예산으로는 이같은 경쟁으로 비생산적인 결과가 유발될 가능성도 없지 않다.

정밀공격에 대비한 프로그램의 관리 방안을 합참차원에서 연출해낼 수 있다고는 하지만 정밀공격에 필요한 기술과 체계를 발전시키는 과정에서 개개 부서의 '체계구조(System Architecture)'간에 일관성이 없을 수도 있기 때문에, 여기에도 문제는 있다. 이같은 방식으로 체계를 개발하게 되면 이들 체계간에는 호환성이 거의 없을 것이기 때문에 이들은 독자적으로 움직이는 여러 구성 요소에 불과할 수도 있다. 오늘날 우리 군에는 정밀공격을 위한 기술 및 체계의 발전을 주도하기 위한 체계구조가 절실히 필요한 실정이다. 정밀공격이 가능하려면 인공위성 등과 같은 감지체계, 첨단의 지휘통제체계, 그리고 정밀유도무기를 상호 연계한 '복합체계로 구성된 체계(System of Systems)'가 절실히 요구된다.

정밀공격이 가능하려면 작전 및 전략적 차원에서 적을 감지하고, 적의 작전개념 및 전략적 의도를 파악하여 우선 순위에 따라서 적의 표적을 선별적으로 공격할 수 있어야 한다. 이같은 일련의 행위가 의도하는 바는 전쟁에서 결정적인 효과를 얻기 위함이기 때문에, 이러한 공격은 시간 및 공간적 측면에서 상호 조화 있게 실시될 필요가 있다.

정밀공격이란 개념이 전쟁의 결과에 엄청날 정도의 효과를 유발할 수 있을 것이라는 점을 최초로 실감한 것은 1991년도의 걸프전에서였다. 당시 정밀공격이 가능할 수 있었던 것은 광범위한 지역에 대해 지속적으로 정찰하여 실시간에 표적을 파악할 수 있도록 하여준 인공위성과 같은 감지체계, 지휘관이 시의 적절하게 판단을 내릴 수 있도록 도와준 첨단의 지휘통제체계, 상대방 국가의 영공(領空)을 커다란 위험 없이도 침투할 수 있도록 한 스텔스 기술, 그리고 주변 물체에 부수적 피해를 전혀 유발하지 않으면서도 표적을 정확히 공격할 수 있도록 한 정밀유도무기가 있었기 때문이었다.

이같은 기술이 제 기능을 발휘하려면 전쟁 수행방식을 획기적으로 바꾸어야 할 것이다. 정밀공격 능력을 주도적 기동 및 정보전과 결합해 사용한다면 보다 강력한 형태의 군사혁신도 가능할 것이다.

향후에는 인공위성과 같은 감지체계를 정밀유도무기와 같은 공격수단과 상호 연계해야 할 것이다. 이처럼 감지에서 공격에 이르는 과정을 연결하게 되면 유사시 즉각적으로 대응할 수 있기 때문에 과거와는 달리 공격을 목적으로 군사력을 멀리 떨어진 지역으로 기동시킬 필요는 없을 것이다. 그 대신, 화력에 의한 기동을 활용하여 적의 핵심 표적을 동시 다발적으로 공격할 수 있을 것이다.

오늘날 정밀공격이 가능한 것은 첨단의 과학기술 덕분이다. 예를 들면, 광범위한 지역을 정찰하여 정확하게 표적을 선정하고 공격할 수 있도록 하는 수단인 컴퓨터와 데이터통신, 정밀유도무기를 표적으로 운반하기 위한 수단(예: 항공기), 정밀유도무기 등이 바로 그것이다. 정밀공격이라는 새로운 형태의 전장영역에서 우위를 확보·유지할 수 있으려면 '지속적인 상황파악 능력(Continuous Situation Awareness)', '데이터융합 능력(Data Fusion)', 임무기획능력 그리고 '전투피해의 정도를 측정(BDA: Battle Damage Assessment)'할 수 있는 능력을 확보하고 있어야 할 것이다.

정밀공격이 가능하려면 그에 상응한 형태로 작전개념과 군 구조를 창안해낼 수 있어야 하는데, 여기에도 각별한 노력이 요구된다. 여타의 전장 영역에서와 마찬가지로 군사적 효과를 획기적으로 갱신하는 과정에서는 체계도 중요하지만 이들 체계를 이용하여 작전을 수행하는 방법과 조직 차원에서의 적응방안이 보다 중요하다는 점을 명심해야 할 것이다.

(2) 정보전(Information Warfare)

오늘날의 전장터에 혁신적인 변화를 몰고 오는 분야에 정보전이 있다. 오늘날의 전쟁에서는 데이터통신 및 컴퓨터와 같은 정보기술이 엄청날 정도의 효과를 발휘하고 있는데, 정보전은 이들 기술에 기반을 둔 정보체계(Information System)를 중심으로 전개되고 있다. 정보전이란 둘 이상의 상호 대립되는 집단이 '정보전장(The Information Battle-space)'에서의 주도권을 장악하기 위해 정보체계를 중심으로 전개하는 투쟁이라고 정의할 수 있을 것이다.

정보전이 전개되는 공간에는 군 내부뿐만 아니라 민간의 정보체계(예: 은행의 컴퓨터체계 등)도 포함되기 때문에 정보전은 전략적 차원의 전쟁이라고 말할 수 있을 것이다. 오늘날의 선진 사회는 컴퓨터 및 데이터통신과 같은 정보체계에 크게 의존하고 있는데, 이같은 정보체계는 정보전에 매우 취약한 실정이다. 따라서, 정보체계를 극도로 활용하고 있는 아측의 사회 및 경제체계를 보호하는 반면에 상대방 적이 운영하고 있는 이같은 체계를 어떻게 공격할 수 있는지는 정보전을 기획하는 사람들이 가장 고심하고 있는 부분이다. 군 작전의 측면에서 볼 때, 컴퓨터와 데이터통신에 기반을 둔 오늘날의 군 지휘통제체계가 정보전에 매우 취약하다는 점으로 인해 정보전은 향후의 전쟁 양상에 획기적인 변화를 유발할 수 있는 분야일 것이다.

오늘날 미군은 정보체계에 함축되어 있는 엄청날 정도의 능력을 흡수·반영하여 전쟁에서 기필코 승리하겠다는 일념에서 군의 조직을 바꾸고 있다. 다시 말해, 군에 보다 많은 정보체계가 등장할 것이기 때문에, 이들 정보체계를 중심으로 한 정보전은 보다 가속화될 전망이다. 향후에는 군에서 정보전이 매우 중요한 분야가 될 것이기 때문에, 오늘날 각군이 보유하고 있는 장비가 다양한 것 이상으로 이들 군의 구조 또한 매우 다양해 질 것이다.

항공기·탱크·함정 등을 중심으로 한 산업화시대의 전쟁에서는 전쟁 발발의 징후를 즉시 파악할 수 있었지만, 컴퓨터와 데이터통신 체계를 중심으로 전개되는 정보전의 경우에는 전쟁 발발의 여부를 판단하기가 쉽지만은 않을 것이다. 예를 들어, 상대방 국가가 컴퓨터 바이러스를 이용하여 아측의 정보체계를 공격해 온다고 가정할 때, 공격 자체를 감지하기도 어려울 뿐만 아니라 이것이 아측에 대한 선전포고인지를 판단하기는 보다 어려울 것이다. 다시 말해, 정보전에서는 전·평시를 구분하기가 쉽지 않을 것이다.

전·평시를 구분할 수 없을 정도의 모호성, 그리고 상대방 체계를 컴퓨터 바이러스를 이용하여 공격하였음에도 불구하고 그 사실을 부인할 수 있다는 점을 정보전에서 목격할 수 있는데, 이는 전혀 새로운 현상이 아니다. 오늘날의 근대화된 국가들은 국가의 핵심 체계인 통신과 은행을 포함한 여타의 기반시설들이 컴퓨터와 데이터통신망으로 상호 연결되고 있기 때문에 정보전에 매우 취약한 실정이다. 더욱이, 정보전의 속성상 사전 경고도 없이, 거의 자취를 남기지 않으면서 표적을 신속하고도 참담할 정도로 공격할 수 있다는 점에서 정보전은 심각한 우려를 자아내는 전쟁 영역이다. 따라서, 정보전에서는 전쟁의 시작을 의미하는 경고나 전쟁 발발의 징후를 판단하는 표시도 그 개념을 달리해야 할 것이다. 오늘날까지 우리는 미래전이 갖는 이같은 특성을 충분히 검토하지 못하고 있다.

정보전은 희비(喜悲)를 자아낼 수 있는 형태의 전쟁 영역이다. 희소식은 정보전 분야에서 크게 앞서 있는 미국과의 전쟁이 결코 바람직하지 못하다는 점을 살상을 유발하지 않으면서도 적으로 하여금 깨닫도록 하는 새로운 도구가 탄생했다는 점이고, 슬픈 소식은 앞에서 말한 정보전의 모호성 때문이다. 다시 말해, 향후에 전개될 정보전에서는 아측의 의도를 상대방 적에게 전달하기가 보다 어려워질 가능성도 있다. 경우야

어떠하든, 위협을 검증하는 방법, 교전법칙 등에 대해 보다 많은 검토가
필요할 것이다.

아날로그 통신체계를 이용하여 휘하의 병사를 지휘·통제하였을 당시
에도 상대방 국가가 보유하고 있는 지휘통제체계는 공격을 위한 중요한
표적이었다. 항공기·미사일 등과 같은 물리적 수단을 이용하여 미 본토
를 공격해 오는 경우에는 이들 체계를 도중에서 요격할 수 있기 때문에
미 본토에 위치하고 있는 체계들은 비교적 적의 공격에 취약하지 않았
다. 그러나 오늘날의 통신망이 데이터통신으로 전환되고 있으며, 이들
데이터 통신망은 상호 연결되는 속성을 갖고 있다는 점에서 향후에는 통
신망을 통해 아측이 보유하고 있는 모든 형태의 정보체계를 흔적도 없이
공격할 수 있을 것이다. 역설적인 논리이지만, 컴퓨터와 데이터통신과
같은 정보기술의 발전으로 인해 통신망과 같은 국가의 정보기반체계들이
적의 공격에 보다 취약하게 되었다.

정보전이 전개되는 공간에 은행 등과 같은 민간의 체계가 포함되어 있
다는 점으로 인해 정보전은 국가적 차원에서 위협을 유발하고 있다. 따
라서 정보전의 문제는 새로운 형태의 군 조직을 만든다고 해결될 수 있
는 성질의 것이 아니다. 그 이유는 정보전이 국방의 영역을 벗어나서 국
가안보에 직접 관련이 있는 하부구조에까지 영향을 미치고 있기 때문이
다. 각국의 정보기반체계가 발전해 가는 과정에서 전세계의 정보기반체
계와 상호 연결되기 때문에 정보전은 일개 집단 또는 단일의 국가가 통
제할 수 있는 성격의 전쟁 영역이 아니다.

오늘날의 정보체계는 통신망으로 상호 연결되어 있기 때문에 원거리에
서도 원하는 체계에 쉽게 접근할 수가 있다. 따라서, 체계를 선별적으로
사용할 수 있도록 한다는 것이 쉽지 만은 않을 것이다. 이같은 관점에서
볼 때 합참 및 각군을 중심으로 한 오늘날의 군 조직이 정보전에 적합한
형태의 것인지는 단언할 수 없을 것이다.

정보전과 관련하여 오늘날 우리 군이 직면하고 있는 또 다른 문제점은 공격 및 방어를 포함해 문제를 전략적 차원에서 일관성 있게 접근하지 못하고 있다는 점이다. 오늘날의 군 조직에는 공세 및 방어적 성격의 정보전을 통합하기 위한 구심점이 없다.

미래전에서는 정보의 활용이 엄청날 정도로 높아질 뿐 아니라 이들 정보가 통신망을 통해 유통될 것이다. 때문에 충분할 정도의 통신채널을 확보하고 있지 않은 상태에서는, 그리고 통신채널의 전반적인 구조·성격 그리고 특성을 고려하지 않고는 전쟁의 기획이 불가능할 것이다. 미래전에서 전략 및 작전을 효과적으로 집행할 수 있으려면 전쟁을 기획 및 운영하는 분들은 사령부간의 상호 관계를 확실히 파악하고 있어야 할 것이다.

군이 정보체계에 대해 명확히 인식하고 있지 못할 때 예상되는 문제점들이 다수 있는데, 여기서는 두 가지 사례만을 들어보자. 첫째, 군 작전의 성공 여부에 결정적인 역할을 담당하는 병참 관련 정보체계에 대해 생각해 보자. 이들 정보체계는 임무 수행 과정에서 매우 중요한 역할을 담당하고 있음에도 불구하고, 여타의 정보체계와 비교할 때 보안이 엄격하지 않은 실정이다. 사실, 컴퓨터 암호 기법을 이용한 보안의 측면에서도 군수 관련 정보체계는 작전을 지원하는 체계와 비교할 때 매우 뒤쳐져 있다. 그러나 이들 정보체계의 취약점은 여기서 끝나지 않고 있다. 컴퓨터 암호 기법을 이용한 보안의 측면 외에도 군수 관련 정보체계는 여타 형태의 보안에 매우 취약한 실정이다. 군수 관련의 자료를 전송하고 있는 통신망을 간섭하여 정보가 원활히 유통될 수 없도록 하면 군의 작전능력이 크게 손상될 것인데, 사실 이같은 성격의 일들을 매우 쉽게 수행할 수 있다는 점에서 문제의 심각성이 있다.

두 번째 사례는 전장에 수많은 자동화체계가 출현함으로서 파생될 수 있는 문제에 관한 것이다. 향후에는 이같은 자동화체계가 전장터에서 매우 보편화될 것이다. 휘하의 인적 자원은 파악하면서 자동화체계를 제대로 이해하지 못하고 있는 지휘관은 상대방에 의한 기습 공격으로 인해 전쟁에서 패배할 가능성이 매우 높다. 자동화체계를 이해하려면 컴퓨터 소프트웨어 체계의 이해는 필수적이다.

오늘날의 군 지휘관은 무인항공기·무인잠수함·지능형 지뢰(Smart Mines) 그리고 크루즈 미사일과 같은 다양한 형태의 자동화체계를 이용하고 있는데, 자신이 운영하고 있는 자동화체계에서 컴퓨터 소프트웨어가 담당하는 역할 뿐 아니라 병참과 관련된 정보체계를 상세히 파악하고 있지 못한 지휘관은 향후의 정보전에 취약할 수밖에 없을 것이다.

오늘날의 미군은 정보기술에 기반을 둔 군사혁신에 대비하여 통신 능력의 개선에 각고의 노력을 경주하고 있다. 이들이 의도하는 바는 우선 현 조직 내에서 개선 가능한 요소들을 발굴하여 개선하겠다는 것이다. 여기서 중요한 것은 오늘날의 군 구조하에서 획득할 수 없는 체계는 무엇이며, 이들 체계의 능력은 어떠한지를 심각히 고려해야 한다는 점이다. 이는 매우 중요한 문제이다. 오늘날까지 군은 정보통신을 포함한 정보임무(Information Service)를 무기를 발사하고, 군을 기동시키며, 적을 공격하는 등과 같은 전투 행위를 옆에서 지원하는 성격의 임무로 간주해 왔는데, 정보전의 출현으로 이같은 개념이 근본적으로 뒤바뀌고 있다.

향후의 전쟁에서는 컴퓨터 및 데이터통신에 기반을 둔 정보체계가 지원적 성격의 일에 머무르지 만은 않을 것이다. 다시 말해, 미래전에서는 정보체계를 중심으로 한 정보전이 선도적인 역할을 담당할 가능성이 있다. 따라서, 정보전에 대비하여 군의 조직을 갱신할 필요가 있는데, 이는 매우 어려운 일이다. 미래에는 오늘날과 같은 계층적(Hierarchical) 형태의 지휘통제체계가 진부(陳腐)하게 되는 그러한 군이 분명히 출현할 것이다. 정보기술의 출현으로 오늘날의 조직은 그 대부분이 탈집중화 또는 분산화의 경향을 보이고 있다. 오늘날의 사회에서는 분산체계가 매우 보편화되고 있으며, 인터넷상에서 볼 수 있는 가상조직(Virtual Organization)이 매우 빠른 속도로 성장하고 있는데, 이들 모두는 정보기술의 덕분이다. 군은 이처럼 빠른 속도로 성장하고 있는 새로운 유형의 조직을 각별한 관심을 갖고 관찰해야 할 것이다.

(3) 주도적 기동(Dominating Maneuver)

주도적 기동은 최근에 규명된 전쟁 영역이지만 그 잠재성은 결코 적지 않다. 과거의 전쟁에서도 기동은 매우 중요한 요소였다. 그러나 정보기술에 기반을 둔 오늘날의 군사혁신으로 인해 소수의 정예화된 군을 지구상 곳곳에 매우 빠른 속도로 기동시킬 수 있게 되었다.

주도적 기동이란 정밀공격 · 우주전 · 정보전 개념과 결합하여 결정적으로 중요하다고 생각되는 표적을 공격하고, 적의 심장부를 격파하여 전쟁에서 의도하는 바를 달성할 수 있도록 군을 적절한 위치에 배치하는 행위라고 말할 수 있다.

정밀공격 및 정보전이 의도하는 바가 상대방 적의 자산을 파괴하고, 적의 상황인식을 혼란시키는 것인 반면에 주도적 기동이 의도하는 바는 적의 심장부를 강타하여 적으로 하여금 아측이 제시한 요구 사항에 순종할 수밖에 없도록 만드는 것이다.

전쟁사를 살펴보면, 거의 노력도 하지 않으면서도 엄청날 정도의 효과를 유발한 경우가 없지 않았다. 이같은 관점에서, 전쟁이란 비선형(非線形: Nonlinear)적 특성이 내재되어 있는 활동이라고 말할 수 있을 것이다. 기상학에서는 비선형성을 나비효과(Butterfly Effect)로 설명하고 있다. 나비효과란 『남극에서 한 마리의 나비가 날개를 젖는 결과로 인해 북극에서는 강력한 폭풍이 유발될 수도 있다』는 논리이다.

19세기 초 클라우제비츠(Karl von Clausewitz)는 전쟁에서 승리하기 위한 전략에 관해 토론하면서 나비효과와 유사한 다음과 같은 논리를 전개하였다. 『다수의 전투에서 이긴다고 또는 적을 초토화 시킨다고 전쟁에서 승리할 수 있는 것은 아니다. 전쟁에서 승리하려면 상대방 적의 전략적 중심(Center of Gravity)을 공격해야 하는데, 이들 중심은 적국의 군대·수도·최고지휘관 또는 주요 동맹국일 수도 있다』. 20세기를 거치면서 군이 운용하는 체계들이 복잡해짐에 따라, 전쟁 양상 또한 엄청날 정도로 복잡성을 더해 가는 것 같다.

전쟁 양상이 복잡해지면서 전쟁에서 비선형성의 요소 또한 증대하는 것같다. 주도적 기동이 의도하는 바는 증대일로에 있는 전쟁의 복잡성과 비선형성을 최대한 활용하여 적의 전략적 중심을 직접 공격함으로서 이들을 신속히 몰락시키겠다는 것이다.

주도적 기동과 우리가 알고 있는 기동간에는 적지 않은 차이가 있다. 지금까지 우리가 말하고 있는 의미에서의 기동이란 『적과 비교할 때 상대적으로 유리한 위치를 점유할 수 있도록 화력 등의 수단까지 겸비해서 전투장에서 이동하는 행위』라고 정의할 수 있다.[3]

주도적 기동에서 병력의 위치는 중요한 요소가 아니다. 다시 말해, 이들이 전투장에 반드시 위치하고 있을 필요는 없다. 주도적 기동에 의한 효과는 정밀공격·우주전 그리고 정보전과 결합된다는 측면에서 이동과 화력의 결합을 추구하는 기동에 의한 효과를 훨씬 능가하고 있다. 주도적 기동은 전쟁 및 전장에서의 목표를 직접 달성하고자 한다는 점에서 기동에 의한 효과보다 훨씬 뛰어난 결과를 유발하고 있다.

주도적 기동을 위해 전투장 곳곳에서 우세를 유지하거나 또는 개개의 기동 과정에서 주도권을 행사할 필요는 없다. 향후에는 전투지역에 미군이 전개하여 군사력을 구축하는 과정에서 장시간이 소요되도록 방해하

---

3) Department of Defence Directory of Military and Associated Terms, 1 December 1989, p. 218.

고, 미 본토의 정보 기반체계를 공격하여 야전군의 지원을 어렵게 하는 그러한 적이 출현할 것이다. 더욱이 향후에는 미 본토를 주요 근거지로 삼아 전투를 수행해야 할 것이기 때문에 미군은 1991년도의 걸프전과는 비교할 수 없을 정도의 광범위한 지역으로까지 기동할 수 있어야 할 것이다. 이같은 상황에서는 전투장을 지상군이 주도할 수 없을 것인데, 이 같은 경우에도 주도적 기동이란 개념을 이용하게 되면 성공적으로 작전을 수행할 수 있을 것이다. 주도적 기동이란 개념을 활용할 수 있도록 작전·조직·기술적 측면에서 군을 갱신할 필요가 있을 것이다.

주도적 기동에서는 시간이란 요소가 매우 중요한 의미를 갖고 있는데, 여기서 말하는 기동이란 순차적이 아니고 동시다발적인 성격의 기동이 될 것이다. 미래전에서는 상대방 군사력을 간헐적이면서도 순차적으로 공격하는 것이 아니고, 정보전·우주전·정밀공격 그리고 적의 결정적인 지점에 대한 주도적 기동을 통해 작전 및 전략적 목표를 달성해야 할 것이다.

1940년도 4월, 독일은 소규모의 군사력을 동원하여 노르웨이를 침공하였는데, 당시의 침공은 주도적 기동과 유사한 형태의 것이었다. 1940년 4월 9일 한 대의 독일 항공기가 오슬로(Oslo) 상공으로 기동하자, 오슬로 시의 수비대는 전의(戰意)를 상실하고 항복하였다. 그후 6주간 노르웨이 변방에서 전투가 지속되었지만, 전쟁의 승패에 결정적 역할을 한 것은 항공기를 이용한 공중 기동이었다. 공중 기동으로 인해 독일 지휘관들은 시간의 측면에서 우위를 확보할 수 있었으며, 이같은 우위를 활용하여 독일은 노르웨이가 병력을 동원하고, 연합군이 투입 및 전개되기 이전에 군사력을 신속히 보완할 수 있었다. 더욱이, 오슬로 시의 수비대가 항복하면서 노르웨이 왕국이 더불어 항복하였으며, 그 결과 연합국은 스칸디나비아 반도에 깊숙이 관여할 수 있는 명분을 잃게 되었다.

한국전 당시의 인천 상륙작전은 주도적 기동의 저변에 숨어있는 전쟁

원칙을 설명하고자 할 때 사용되는 또 다른 형태의 사례이다. 인천에 상륙하여 서울을 탈환하겠다는 발상은 북한군의 결정적인 취약점을 강타한 것이었다. 인천 상륙작전 당시 맥아더 장군이 의도한 바는 적을 점차적으로 격퇴시켜서 북쪽으로 진격하는 것이 아니고 병참선을 차단하여 북한군을 매우 취약한 상태로 몰아넣겠다는 것이었다. 연합군이 인천에 상륙함에 따라 이미 지나칠 정도로 늘어진 북한군의 병참선은 심각한 타격을 받았다. 때문에 북한군은 반격조차 제대로 한 번 해보지 못하고 무질서하게 후퇴하는, 조직이 와해된 군으로 전락하였다.

주도적 기동이 가능하려면 지상군을 신속히 이동할 수 있도록 하는 새로운 형태의 수단을 강구해야 할 것이다. 상대방이 상상하지 못할 정도의 기발한 형태의 이동 개념을 개발할 수 있다면 주도적 기동에 크게 일조할 수 있을 것이다. 1940년 5월 독일이 노르웨이를 침공할 당시의 경우에서처럼 군사력 이동에 상응하는 개념을 구상할 수 있다면 결정적으로 승리할 수 있을 것이다. 독일은 전투력을 빠르게 집중시킬 수 있도록 탱크를 중심으로 한 결합된 단위부대를 구성하여 지상전에서의 주도권을 확보할 수 있었는데, 근접항공지원의 형태로 이 부대를 항공력이 지원하였다. 또한 호전성을 강조하고, 지휘통제에서의 우위를 확보한다는 차원에서 신속하게 지휘통제하기 위한 체계를 개발하였으며, 항공차단을 이용하여 연합국의 이동력을 크게 저하시켰다.

정보기술에 기반을 둔 오늘날의 군사혁신이 가능하려면 신기술·신 작전개념 그리고 신 조직에 근거한 새로운 형태의 기동이 출현해야 할 것이다. 더욱이 주도적 기동을 지원할 수 있도록 첨단의 병참체계가 필요할 것이다. 전쟁에서 병참의 중요성을 보여주는 대표적인 사례는 1941년도 당시 소련과 전쟁을 수행하고 있던 독일군의 경우에서 찾아볼 수 있을 것이다. 당시의 전쟁에서, 독일은 소련군과 비교할 때 완벽한 형태의 주도적 기동을 구사하였기 때문에 소련의 공군과 지상군은 빠르게 진격하는 독일군의 기갑부대를 저지할 수가 없었다. 독일은 주도적 기동을 이용하여 소련군을 무력화시키고, 모스크바를 점령하여 소련의 운송망을 차단함으로서 소련의 정치기구를 마비시키고자 하였다. 이같은 주도적 기동에도 불구하고, 독일은 광활한 소련 영토에서 빠르게 진격하고 있는 군을 지원할 수 있을 정도의 우수한 병참능력이 없었기 때문에 전쟁에서 패배할 수밖에 없었다. 향후의 주도적 기동에서도 병참은 매우 중요한 요소일 것이다.

　주도적 기동에서 이동성과 병참능력이 매우 중요하게 됨에 따라, 비교적 소규모의 군대를 편성하고, 새로운 운송수단을 강구할 필요가 있을 것이다. 오늘날 전략적 차원에서 신속히 이동하기 위한 방안에 대해 연구하고 있는 분들이 있는데, 이들이 추구하는 목표는 중무장된 여단을 15일, 중무장된 군단을 75일 만에 대륙에서 또 다른 대륙으로 배치할 수 있도록 하겠다는 것이다. 미래에는 군단 규모의 부대를 바다를 통해 1주일 이내에 이동할 수도 있을 것이다. 이같은 능력을 구비하려면 100노트 이상의 속도로 신속히 이동할 수 있는 함정뿐만 아니라 항공기, 초음속 수송과 같은 운송수단을 이용하여 지금까지는 전혀 생각하지 못했던 방식으로 신속히 전개가 가능한 전투 능력을 구비한 소규모의 단위부대를 창출해 내어야 할 것이다.

　이같은 지상군을 지원하기 위한 조직 및 전술을 가시화 한다는 것이 쉬운 일은 아닐 것이다. 독일이 제1차 세계대전 당시에 개빌한 허티어(Hutier) 전술의 변형된 형태가 도움이 될 것이라고 말하는 분도 있다. 이 전술에서는 상대방의 강력한 거점을 침투 및 공격하면서 기만과 폭격이란 요소를 결합해 활용하고 있다. 여기서 말하는 지상군이란 수송기를 이용해 적진 깊숙이 침투할 능력이 있는 보병·해병대 또는 특수 요원으로 구성된 소규모의 군인데, 우주 또는 대기권에 기반을 두고 있는 공격체계와 기술적으로 연결되어 있어서 상황을 감지한 즉시 실시간에 공격할 수 있는 능력까지도 겸비하고 있는 그러한 군이다.

주도적 기동이란 개념을 채택하여 근접전투에서의 우위를 유지하고자 한다면, 새로운 기술이 필요할 것이다. 인공위성과 같은 첨단 감지체계와 재래식 무기의 능력이 크게 신장되면서 상대방의 사정거리 밖에서 작전을 수행할 수 있는 국가들이 증가할 것이다. 따라서 이같은 분야에서 앞서갈 수 있도록 획기적인 형태의 기술 확보에 주력해야 할 것이다. 주도적 기동을 위해서는 스텔스기처럼 적 방공망에 거의 포착이 되지 않으면서도 적진에 침투해 들어 갈 수 있도록 하는 기술을 활용해야 할 것이다. 전투기와 같이 고도의 기동성이 있는 무기체계에 속도와 작전반경의 측면을 보강하려면 첨단의 추진기술을 개발해야 할 것이다. 또한, 탄약의 치명성을 제고시켜 줄 수 있는 방법과 보유하고 있는 물자 및 체계의 방호 특성을 향상시킬 혁신적인 방법이 필요할 것이다.

이같은 개념과 기술적 영역을 발전시킬 수 있다면 오늘날의 군사혁신에서 기동이 매우 비중 있는 역할을 담당할 수 있을 것이다. 경우에 따라서는 정밀공격이나 정보전으로 인해 기동할 필요가 없는 경우도 있을 것이며, 이같은 영역에서 상대방이 비약적인 발전을 거듭함에 따라 아측의 기동이 어려워지는 경우도 있을 것이다. 그러나 기동군을 이용하지 않고는 공격이 어려운 경우, 적의 전략적 요충지를 공격하지 않으면 항복하지 않을 적에 대해서는 기동이 필수적 요소일 것이다. 주도적 기동은 우주전·정보전 그리고 정밀공격과 결합하여 미래전에서 '적의 숨통을 끊는 최후의 일격'으로서의 역할을 담당할 것이다.

(4) 우주전(Space Warfare)

우주전은 미래의 전쟁 영역에서 4번째로 중요한 개념인데, 우주전이란 전 방위에서, 그리고 지구적 차원에서 군사작전이 가능하도록 우주 환경을 이용하는 행위로 정의할 수 있다. 우주전에는 앞에서 언급한 미래전의 3가지 영역에서 볼 수 있는 면들이 없지 않다. 그러나 우주전에는 여타의 전쟁 영역과 구분해 주는 요소들이 있다.

오늘날에는 작전 및 분쟁을 수행하는 과정에서 우주에 기반을 둔 체계에 크게 의존하고 있는데, 그 결과로 우주 작전의 중요성이 새롭게 부각되고 있다. 그러나 미래에는 지상전투를 지원하는 차원만이 아닌 그 이상의 역할을 우주가 담당하게 될 것이다. 우주 환경을 적절히 활용하게 되면 작전을 지구적 차원에서 신속히 수행할 수 있을 것이다.

항공기가 출현할 당시인 20세기 초, 사람들은 항공력의 중요성을 매우 빠르게 인지하였다. 그와 마찬가지로 오늘날의 작전에서 우주가 엄청나게 중요하다는 점을 사람들은 곧 바로 간파하였다. 제1차 세계대전 당시 항공기는 정찰, 적군에 의한 정찰 방해, 그리고 대지 공격과 통신 임무 등의 방식으로 지상군과 해군을 지원하였다. 제1·2차 세계대전 중에는 민간인과 군인을 수송하기 위한 대형의 항공기들이 등장하였는데, 이들은 제2차 세계대전을 거치면서 크게 발전하였다. 더욱이, 제1·2차 세계대전 당시 미국과 영국은 지상군과 해군에 의한 능력을 훨씬 능가할 정도로 항공력을 발전시켰다. 당시에 정립된 전략폭격 이론은 제2차 세계대전 당시에는 그 효과가 제한적이었다. 그러나 대륙간 핵 억제를 위한 개념으로 발전시킴에 따라 전략폭격 이론은 그 효과가 절정에 달하였다.

제1차 세계대전 당시의 항공작전의 경우와 마찬가지로 우주에서의 작전은 지상군의 작전에 필수적인 요소이다. 오늘날에는 인공위성을 이용하여 지구적 차원에서 실시간에 교신할 수 있을 뿐만 아니라 표적을 감지할 수 있게 되었다. 제1차 세계대전 당시의 관측용 풍선 및 항공기와 마찬가지로 인공위성을 활용하게 되면 전장을 주도적으로 인지하고, 지구적 차원에서 조화를 유지하면서 의도하는 표적을 자로 재듯이 정확히 공격할 수 있을 것이다.

상대방 국가의 인공위성을 공격하고자 할 때 필요한 능력을 구비하게 되면 우주를 통제할 수 있을 뿐만 아니라 우주에서 상대적 우위를 확보할 수 있을 것이다. 이 경우 우주권 내외에서 적의 작전능력을 박탈할 수 있을 것이다. 제1차 세계대전 당시 제공권(制空權) 확보를 위해 치열한 공중전을 전개하였던 바와 마찬가지로 오늘날에는 우주에서의 우위를 확보하기 위한 피눈물나는 투쟁이 예상되고 있다. 그러나 우주에서의 작전은 항공작전과는 전혀 다른 특성을 갖고 있다. 우선, 우주상에서의 거리의 개념은 지구상의 경우와는 근본적으로 다르다. 우주 궤도에서 순항하려면 시간당 17,000여 마일의 속도로 움직일 수 있어야 하는데, 이는 대기권에서는 전혀 상상할 수 없을 정도의 매우 빠른 속도이다.

따라서, 적절한 위치에 진입시켜서 올바로 활용할 수만 있다면 우주 공간의 자산들은 첨단의 항공기와 비교할 때 훨씬 짧은 순간에 임무를 수행할 수 있을 것이다. 우주에 위치한 자산을 이용해 수행할 수 있는 임무 중 하나는 국가적 목표(작전 또는 전술적)를 쟁취할 수 있도록 우주군을 이용하여 특정 전구에 군사력을 투사하는 것이다. 인공위성 또는 대기권의 운반체를 이용하여 우주에서 공격을 감행하게 되면 지금까지는 전혀 상상할 수 없을 정도의 효과를 유발할 수 있을 것이다. 아직까지 제약 요인이 없는 것은 아니지만, 우주선을 이용하여 물체를 운송하게 되면 해상 및 항공을 이용한 경우보다 훨씬 빠른 속도로 주요 전력과 장비를 이동할 수 있을 것이다. 이처럼 우주공간을 이용하여 작전을 수행하게 되면 시간에 민감한 상황에서 결정적인 이득을 볼 수 있을 것이다. 더욱이 우주에서는 정찰할 수 있는 범위가 크게 신장되기 때문에 우주 자산을 이용하게 되면 매우 쉽게 지휘·통제할 수 있을 것이다. 사실, 지상에 위치한 체계를 이용하여 지휘·통제하는 경우에는 거리 및 지형적 요소로 인해 임무수행에 어려움이 적지 않다.

그러나 군사적 목적으로 우주를 사용하고자 하는 경우 제약이 되는 요소가 몇몇 있다. 우선 우주는 사람이 살기에 적합하지 못하기 때문에 우주에서의 작전을 목적으로 유인 물체를 우주에 상주시키는 데에는 한계가 있다. 따라서, 우주 작전을 위한 체계를 개발한다면, 출현할 체계는 무인우주선이 될 가능성이 높다. 이외에도, 우주에서는 빠른 속도로 움직인다는 점과 오늘날의 기술 및 에너지원을 이용하여 우주선을 궤도에 진입시키는 과정에서 방대한 규모의 연료가 필요하다는 점 때문에 우주선을 궤도에 진입시키는 것이 용이한 일은 아닐 것이다.

따라서, 지구상에 위치하고 있는 표적을 우주에서 공격하고, 상대방 국가의 인공위성 체계를 교란하며, 우주선을 이용하여 물체를 수송할 수 있으려면 다수의 기술적 난제를 해결해야 할 것이다. 우주에서의 작전이 현실화되려면 대기권 운반체, 궤도에 진입하기 위한 장비, 우주에서 사용이 가능한 방향성 에너지 무기, 운동 역학을 이용한 에너지 무기, 우주에 위치한 탄도미사일 방어체계, 인공위성 방어체계, 소규모의 인공위성, 그리고 우주자산의 취약성을 극복하기 위한 우주 또는 지상에 위치한 분산통신망이 개발되어야 할 것이다. 그러나 이러한 체계가 제 기능을 발휘하려면, 무게가 가벼우면서도 보다 내연성이 있는 신물질의 출현이 요구되며, 재래식 연료보다 훨씬 강력하면서도 효율적인 화학 연료원이 필요할 것이다.

우주전은 지상작전을 지원하기 위한 수단이 아니고 우주에서 나름의 목표를 달성하기 위한 수단이 될 때만이 독사적 형태의 전쟁 영역이 될 수 있을 것이다. 이를테면 우주에만 존재하고 있는 자원(예를 들면, 달에 있는 He3)을 사용해야 한다면 우주상에 설치된 기업, 지휘통제소 또는 우주 식민지를 방어하고, 지원하기 위한 기술과 작전 개념을 개발해야 할 것이다. 이같은 경우 우주작전은 전통적인 항공작전과 무관한 독특한 형태의 전쟁영역이 될 것이다.

5. 함축적 의미 (전장공간에 대한 주도적 인식의 필요성)

정보기술에 기반을 둔 오늘날 군사혁신의 결과로 출현하게 될 전쟁의 영역이 어떠할 것인지에 대해 완전히 파악하고 있지는 못하지만 현 시점에서 내릴 수 있는 결론 중 하나는 둘 이상의 전쟁 영역이 결합될 때 혁신적인 효과가 유발될 것이라는 점이다. 예를 들면, 우주전과 정보전을 적절히 결합하게 되면 각각의 능력으로는 얻을 수 없는 전혀 새로운 형태의 이점을 확보할 수 있을 것이다. 다시 말해, 적의 정보 유통을 크게 저하시키고, 아측의 정보 유통을 획기적으로 향상시킴으로서 정보의 측면에서 적을 압도하여 아측의 정보능력을 한 단계 신장시킬 수 있을 것이다.

이처럼 몇몇 체계를 결합하여 새로운 형태의 체계를 만들어내게 되면 보다 큰 능력을 발휘할 수 있을 것이다. 일례로 우주전과 정보전에 관한 능력을 결합하면 '전장공간 전반에 걸친 주도적 인식(DBA: Dominant Battlespace Awareness)'이 가능할 것이다. 이같은 인식으로 적 정보(Intelligence)를 완벽하게 파악할 수 있는 것은 아니지만, 관측 가능한 현상은 모두 포착할 수 있을 것이다.

이러한 정보를 이용하게 되면 적의 위치와 특성을 파악해낼 수 있을 것이다. 더욱이, 전장공간을 주도적으로 인식할 수 있으려면 공격체계에 정보를 직접 배분해 주는 메커니즘과 '공격에 의한 피해를 지속적으로 평가(BDA: Battle Damage Assessment)'하기 위한 체계도 구비하고 있어야 할 것이다.

전장공간에 대한 주도적 인식을 통해 얻을 수 있는 이점을 최대한 활용하려면 방대한 규모의 데이터를 감지·분석·전송할 수 있는 체계가 필요할 것이다. 따라서, 특정 분쟁에서 전장공간을 주도적으로 인식하려면 국가적 차원의 자산뿐만 아니라 여타의 전장에 할당된 자산도 활용할 필요가 있을 것이다.

자료수집의 측면에서 보면 우주에 기반을 둔 체계의 경우 상대방 적에 의한 공격 가능성에 끊임없이 대비해야 할 것이기 때문에 대기권 또는 지상에 위치한 센서를 사용하는 방향으로 점차 전환될 것이다. 향후에는 정보수집 과정에서 고공을 비행하는 스텔스 성능의 무인 항공기가 유인 항공기보다 훨씬 더 기여하게 될 것이다.

정보수집체계에서 획득한 자료를 항공기와 같은 공격수단으로 직접 전달할 수 있게 되었을 뿐 아니라 정보처리 능력이 크게 신장되면서 자료를 신속히 분석할 수 있게 되었다. 오늘날에는 정보수집 수단과 공격수단을 통신망으로 직접 연계할 수 있게 되었는데, 정보수집용 정찰기의 레이더 노출단면을 줄여서 적의 공격에 대비한다면 군의 공격능력은 크게 신장될 것이다.

전장공간을 주도적으로 인지할 수 있다는 점이 입증된 현 시점에서, 이것이 미래 경쟁자와의 지역 분쟁에서 주는 의미는 무엇일까? 적은 신속히 돌파하여 아측의 전력이 보강되기 이전에 우리를 몰아내고자 할 것이다. 전장공간에 대한 주도적 인식 능력을 아측이 보유하고 있다는 점을 알고 있을 뿐 아니라 주도적 인식능력에 따른 효과에 대해 우려하고 있다면, 적은 보다 빠른 속도로 돌파하여 보다 신속히 우리를 축출하려할 것이다. 오늘날의 전쟁에서는 사상자의 수는 극소화하면서 최단 시간 내에 공격을 완료할 필요가 있는데, 전장 공간을 주도적으로 인식할 수 있는 경우 전투가 시작되기 24시간 이진에 이미 사태를 파악할 수도 있을 것이다.

전장공간을 주도적으로 인식할 수 있게 되면 야전에 배치될 무기체계의 성격 뿐 아니라 이러한 무기체계를 활용하기 위한 개념 또한 영향을 받게될 것이다. 또한, 주도적 인식을 가능하도록 하는 체계와 다수의 장거리 공격체계를 상호 연결하게 되면 재래식 전력과 비교할 때 훨씬 치명적인 효과를 유발할 수 있을 것이다. 전장공간의 주도적 인식에 관한 능력을 공유할 수 있다면, 적의 위치를 파악하고, 공격 시기를 결정하며, 공격을 감행하고, 공격에 의한 피해 정도의 측정에 이르기까지 분쟁의 전반적 과정이 보다 매끄럽게 진행될 수 있을 것이다. 표적선정을 신속히 하고, 표적에 대비한 적절한 형태의 화력을 선택하며, 자원을 재분배하고, 공격에 의한 피해를 거의 실시간에 평가할 수 있게 됨에 따라 정밀 공격에 의한 전쟁수행 능력이 크게 신장될 수 있을 것이다.

반면에, 주도적으로 전장공간을 인식할 수 있게 됨에 따라 군이 새로운 문제에 직면하게 될 가능성도 없지 않다. 먼저, 주도적 인식을 통해 확보된 표적의 수가 너무도 많기 때문에 이들 모두를 공격하기에는 능력이 크게 부족할 수도 있을 것이라는 점이다. 장거리 정밀유도무기를 중심으로 군을 재편성하는 경우 이같은 문제를 모두 극복할 수는 없겠지만, 그에 따른 효과는 적지 않을 것이다. 둘째, 이처럼 화력 중심의 군을 유지하려면 보다 많은 양의 탄약을 비축해야 할 것이라는 점이다. 1991년도의 걸프전에서 파악된 이같은 문제점들을 해결하지 못하게 될 가능성도 없지 않다.

전장공간을 주도적으로 인식하기 위한 능력을 보유하게 됨에 따른 효과가 장거리 공격능력의 증진만은 아닐 것이다. 예를 들면, 주도적으로 전장공간을 인식할 수 있게 되면 군 구조의 측면에서도 적지 않은 이득을 볼 수 있을 것이다. 다시 말해, 보다 작은 규모의 군사력으로도 보다 큰 능력을 발휘할 수 있을 것이다. 전장공간을 주도적으로 인식하여 적의 주력이 공격해 오는 방향을 정확히 파악할 수 있다면, 보다 작은 규모의 군사력으로도 적의 예봉(銳鋒)을 분쇄할 수 있을 것이다.

이와 비슷한 개념으로, 전장공간을 주도적으로 인식하게 되면 수륙양용 또는 공중기동과 같은 주도적 기동을 위한 형태의 군사력으로도 적을 몰아내고, 이동 중에 있는 표적 또한 신속히 공격할 수 있을 것이다. 더욱이, 주도적으로 기동하게 되면 위협이 없는 지점을 사전에 파악할 수 있기 때문에 비교적 위험 부담이 없는 상태에서 작전을 수행할 수 있을 것이다. 마지막으로, 적의 저항이 가장 적은 경로를 알 수 있으며, 화력을 집중시킬 수 있고, 예비 전력을 보다 정확한 시기에 적절한 방식으로 투입할 수 있기 때문에 보다 적은 군사력으로도 역공을 겸비한 방어를 오늘날보다 훨씬 신속히 그리고 성공적으로 완료할 수 있을 것이다.

전장공간에 대한 주도적 인식이 제 효과를 발휘하기가 힘든 표적도 적지 않다는 점을 명심할 필요가 있는데, 대량의 핵 또는 생화학 무기를 보유하고 있는 국가가 그 대표적인 경우이다. 이같은 적은 대량파괴무기를 이용하여 항구나 공군기지를 제한적으로 공격할 수 있을 것인데, 주도적으로 전장공간을 인식할 수 있다고 할지라도 이같은 핵 및 생화학 무기를 상대방 적이 사용할 것인지를 파악할 수는 없을 것이다. 더욱이 지하 깊숙한 곳에 핵 및 생화학 무기가 비축되어 있는 경우 또는 지하 깊숙한 곳에 위치한 표적은 주도적으로 인식하기가 쉽지 않을 것이다.

전장공간에 대한 주도적 인식으로 적지 않은 득을 볼 수 있는 영역에 근접전투가 있다. 전투를 통해 적을 성공적으로 격멸시켰다고 할지라도, 지상에 잔류하고 있는 적군과 조우할 가능성은 항상 있게 마련인데, 이같은 접전은 너무도 협소한 지역에서 진행되기 때문에 주도적 인식에 근거하여 정밀유도무기를 발사해도 그 효과는 크지 않을 것이다. 그러나 전장공간을 주도적으로 인식할 수 있다고 가정할 때 앞에서 열거한 의미를 면밀히 고려하면 인명 손실을 거의 유발하시 않으면서도 적을 신속히 격파할 수 있을 것이다.

6. 결언

군사 혁신에 관해 다수의 사항을 언급하고 있지만, 이들 모두가 반드시 그렇게 될 것이라고 단정지을 수는 없을 것이다. 이 글을 쓸 당시 의도했던 바는 21세기의 전쟁 양상을 규명하고, 미래에 대비하여 참신한 사고를 촉진하겠다는 것이었다.

정밀공격·정보전·주도적기동 그리고 우주전이 함께 결합하여 사용될 때 전쟁에서 혁신적인 효과가 유발될 것이다. 이들 네 가지 형태의 전장 영역을 작전계획 차원에서 통합하여 운영하게 되면 결과는 아닐지라도, 과정의 측면에서 엄청날 정도의 효과가 있을 것이다.

정밀공격을 이용하게 되면 적의 사정거리 밖에서도 작전 및 전략적 차원에서 의미 있는 표적들을 격파할 수 있을 것이다. 정보전을 적절히 활용하면 상대방이 전장 상황을 전혀 인지하지 못하도록 할 수 있을 것이다. 전쟁에는 '안개'가 존재한다고 클라우제비츠는 말하였는데, 정보전을 통해 상대방 국가의 정보능력을 무력화시키게 되면 전장에 대해 이들 국가가 느끼는 감정은 '안개'의 정도가 아니고, 전혀 감지할 수 없다는 차원일 것이다. 주도적 기동이 의도하는 바는 심리적 측면에서 적을 격파하고, 궁극적으로는 완벽한 패배로 유도한다는 차원에서 적정 규모의 군을 적소에 배치할 수 있도록 하는 것이다. 우주전이 추구하는 바는 유사시에 대비하여 군사력을 신속히 투사할 수 있도록 하면서, 이같은 능력을 적이 보유하지 못하도록 하는 것이다.

21세기의 전장에 대비하려면 여러 측면에서 변해야 할 것이다. 우선, 전쟁을 준비하는 방식을 바꾸어야 할 것이다. 소위 말해, 사물을 바라보는 시각을 새롭게 해야 할 것이다. 과거와는 달리 오늘날의 군에서는 자유롭게 사고할 수 있는 분위기, 자신의 실수를 부담 없이 인정할 수 있는 분위기, 실험 정신이 크게 칭찬 받을 수 있는 분위기, 그리고 모험 정신에 찬사를 보낼 수 있는 분위기가 조성되어야 할 것이다. 군은 규격화된 틀에서 과감히 탈피하여 새로운 미래를 구상하고, 과거에는 상상할 수 없었던 것까지도 생각할 수 있는 그러한 분위기를 조성해야 할 것이다.

변화가 이처럼 중요한 이유는 무엇인가? 변화하지 않는 경우에 초래될 수 있는 결과는 무엇인가? 첫째, 변화하지 않는다면 오늘날의 군사혁신에 의한 효과를 최대한 향유할 수 없을 것이다. 변화하지 못하면 새롭게 부상하고 있는 기술들을 효과적으로 이용하지 못할 것이다.

상상력이 없으면 1991년도의 걸프전에서 누릴 수 있었던 강점을 유지할 수 없을 것이다. 구태의연(舊態依然)한 방식으로 문제를 접근하게 되면 단기적 차원에서는 효과가 있을지는 모르지만 장기적으로는 우리의 잠재 역량을 소모토록 함으로서 미래의 적에 효율적으로 대응할 수 없을 것이다. 우리가 향유하고 있는 것 이상으로 군사혁신의 가능성이 있는 경쟁자가 출현할 수도 있다는 점을 염두에 둔다면 생각하는 방법과 기획하는 방식을 근본적으로 갱신할 필요가 있을 것이다.

변화의 물결이 소기의 결실을 맺으려면 최고지휘관부터 변해야 할 것이다. 변화를 유발하는 원동력은 교육체계로부터 나와야 한다. 최고지휘관에 의한 적극적인 지원 및 격려와 전 요원의 적극적인 협조가 없이는 군은 변하지 못할 것이다. 변화가 소기의 결실을 맺으려면 우리에게 다가올 미지의 세계에 대처할 수 있을 정도의 충분하고도 광범위한 전략을 개발해야 한다. 목표를 분명히 설정할 필요가 있다. 바람직한 목표를 향해 나아갈 수 있도록 타당성 있는 전략을 개발할 필요가 있다.

이들 중 어느 것 하나 쉽지는 않을 것이다. 그러나 국방부 차원에서 지속적이고도 조화 있게 그리고 집중적으로 노력한다면 상상할 수 없을 정도의 엄청난 성과를 거둘 수 있을 것이다.

3 전쟁양상의 혁신

1. 서언

지난 십여 년간, 미 국방의 기획가들은 '군사기술혁신(MTR: Military -Technical Revolution)'이라고 보통 지칭되는 '군사혁신(Revolution in Military Affairs)'이 곧 다가올 것이라고 예견해 왔다. 이같은 혁신을 통해 미 국방 조직이 근본적으로 바뀌게 될 것이다. 예를 들면, 이들 혁신으로 군이 대폭 감축되고, 기존의 군 조직이 붕괴되며, 새로운 조직이 탄생될 뿐 아니라 오늘날의 군 구조에 대한 지원이 줄어들면서, 연구 개발 분야의 예산이 대폭 증강될 가능성도 있다.

이들 군사혁신으로 군의 모든 분야가 영향을 받게 될 것이다. 크루즈 미사일과 무인 항공기들이 전투기와 탱크를 대신하여 군사력을 평가하는 핵심 요소가 될 것이다. 사단·함대·비행단과 같은 오늘날의 군 조직은 사라지고 매우 색 다른 형태의 조직이 탄생하게 될 가능성도 없지 않다. 군의 형태가 바뀜에 따라 새로운 분야가 출현하고, 교육의 중요성이 강조됨에 따라 군에서 핵심적 역할을 담당하는 사람의 유형도 바뀌게 될 것이다. 새로운 유형의 군사 엘리트들이 중요한 위치를 차지하게 될 것이다. 예를 들면, 전투조종사와 탱크 요원이 아닌 '정보전사(Information Warrior)' 집단에서 다수의 군 지도자들이 배출될 것이다.

이와 같이 주장하는 사람들은 군에 혁신적인 변화가 요구되는 자신들의 견해를 입증하기 위해 역사적 사례를 인용하고 있다. 따라서 역사적 사실이 이들 주장을 구체적으로 뒷받침하고 있는가를 반문해 볼 필요가 있다.

'백년전쟁(A Hundred Years of War) : 1850-1950'이란 1953년도의 저서에서 아래와 같이 기술한 시릴 폴스(Cyril Falls)의 견해에 이견(異見)을 표명하는 군인은 거의 없을 것이다.

군 현상을 분석하는 자들은 자신이 살고 있는 시대의 전투 양상이 과거와는 획기적으로 다르다고 기술하고 있는데, 이들 주장을 경계할 필요가 있다. 「전쟁의 수행 방법이 불연속적으로 발전할 수 있다」는 가정은 군 관련 기술 및 전술에 관한 역사를 모르기 때문에 발생하는 오류이다.

변화 자체를 부정하는 것은 아니지만, 어느 정도 신중한 군 역사가 또는 군인이라면 혁신적인 변화를 예고하는 자들을 의구심을 갖고 바라보게 마련이다. 군 관련 기술이 답보(踏步) 상태에 있지 않다는 것은 분명한 사실이다. 예를 들면, 18세기 당시 포신(砲身)과 이들 포를 운반하는 수단을 약간 개선하고 포의 구경을 표준화하면서 프랑스 혁명군과 혁명을 저지하고자 하였던 주변의 제국 군대가 발사하는 포의 양이 엄청나게 증가하였다. 반면에, 오늘날의 전쟁에서 급격한 변화가 진행되고 있는 것은 사실이지만, 이를 자세히 살펴보면 허구적인 측면도 없지 않다는 생각이다. 예를 들면, 1991년도의 걸프전에서 사용된 '두뇌가 있는 포탄(Smart Bomb)'에 대해 언론이 많은 지면을 할애하고 있다. 그러나 당시에 사용된 포탄의 대부분은 1950년대의 기술로 생신된 비유도(非誘導)무기이며, 이들 무기를 운반한 전투기도 1960년대 또는 70년대에 개발된 것들이다. 사실이 그러하건 데, 미국이 군사혁신의 와중(渦中)에 있다는 주장은 어디서 연유한 것일까?

2. 오늘날의 군사혁신 : 러시아인이 최초로 목격하다.

1980년대 초, 당시의 소련군 '총참모장(Chief of General Staff)' 니콜라이 오가로프(Nikolai Orgarkov) 원수를 중심으로 한 미래전 평론가들은 새로운 형태의 '기술혁신' 개념을 발전시켰는데, 이들 개념을 활용하여 출현 가능한 재래식 무기의 성능은 규모가 작은 전술 핵무기에 결코 뒤지지 않았다. 수백 마일 떨어져 있는 곳에서 작전을 수행하고 있는 기갑부대를 발견한 직후 30분 이내에 자체 유도되는 대 탱크용 미사일을 이용하여 공격이 가능하다는 개념이었다. 서 유럽 전쟁에 대비한 소련의 군사전략은 전진 배치되어 있는 대량의 탱크와 기갑부대에 의존하고 있었기 때문에 소련의 입장에서 보면 미래가 암담해 보였다. 개인용 컴퓨터에 관한 소련의 제조 능력은 우수한 편이 아니었다. 따라서, 『정보기술(Information Technology)'이 주도하는 이와 같은 유형(類型)의 '무기경쟁'에서 앞서갈 수 없다』고 소련인들은 생각하였다.

소련이 정립한 '군사기술혁신'이란 개념은 미 국방부와 국방장관실의 '망 평가부서(Net Assessment): 각국의 군사력을 평가'를 통해 서방으로 전파되었다. 소련인들이 구상한 군사혁신은 지나칠 정도로 협의의 개념이었다. 그들은 중부 유럽이라는 단일의 전구에서 벌어지는 단일의 전투 형태에 초점을 맞추었으며, 마르크스-레닌주의의 유물사관(唯物史觀)에 입각하여 무기와 기술에 역점을 두었다. 따라서 조직이 전쟁에 미치는 효과는 등한시하였다. 미 군사기획가들로 하여금 『군사혁신이 매우 중요한 의미를 갖고 있는 개념이다』는 점을 절실히 깨닫게 한 것은 1991년에 수행된 걸프전이었다.

항공력을 옹호하는 자들은 「제1·2차 세계대전 사이의 기간 중에 구체화된 항공작전이 추구하였던 이상」을 뒷받침해 줄 수 있는 기술이 걸프전에서 선을 보였다고 호언하였다. 『혁신적인 기술에 힘입어 지난 50년간 기다려 왔던 바로 그 순간, 다시 말해, 항공력이 전쟁에서 결정적인 역할을 담당할 수 있게 된 순간이 도래하였다」고 그들은 주장하였다. 그러나 전쟁 수행방식의 측면에서 보면, 걸프전은 초기의 항공전 이론가들이 구상하였던 작전 형태와는 거의 관계가 없는 듯 보인다. 『인구 밀집 지역에 위치하고 있는 통신체계를 파괴하고, 광범위한 작전을 수행하면서도 인명에 전혀 피해를 주지 않을 수 있다』고 생각한 군 이론가는 1920년대에는 없었다. 「현대전에서 항공력이 매우 중요한 요소이다」는 점을 걸프전이 입증한 것은 사실이지만, 걸프전은 미국에 매우 유리한 조건하에서 진행된 전쟁이었음을 명심할 필요가 있다. 소련과의 전쟁에 대비해 준비한 훈련받은 군인들을 미국은 걸프 지역에 투입하였으며, 모든 형태의 군사 및 재정적 지원을 받은 상태에서 이상적인 시간과 장소를 선택하여 항공작전을 수행하였다. 항공력을 이용한 군사혁신이 걸프전에서 선을 보였는가에 대해 의구심을 표명하는 군사 평론가들도 있다.

세 번째 유형의 군사혁신 개념은 미군에서 나왔다. 미 합참차장을 역임한 바 있는 오웬(William A. Owens) 제독은 '복합체계로 구성된 체계(System of Systems)'를 구상하였는데, 이는 인공위성에서부터 탑재 레이더, 무인 항공기에서부터 원거리에 위치한 음향탐지장비에 이르는 다양한 유형의 센서를 이용하여 자료를 수집하고, 이들 자료를 컴퓨터로 처리하여 생산된 정보(Information)를 사용자들에게 적시에 적합한 형태로 공급한다는 개념이었다. 따라서 항공납재 레이더 또는 인공위성에서 제공하는 영상정보를 이용하여 수십 마일 떨어져 있는 탱크를 헬리콥터가 미사일로 공격할 수 있다는 것이었다. 군사혁신에 대한 세 번째 시각은 전쟁 지역에 무관하게 방대한 양의 정보를 수집·처리하여 실시간에 활용할 능력을 미국이 보유하고 있기 때문에 가능한 개념이다(오웬 제독은 200 mile × 200 mile 지역 내의 모든 정보를 실시간에 감지하여 처리할 수 있어야 한다고 주장).

'복합체계로 구성된 체계'라는 개념을 의혹의 눈초리로 바라본 것은 지상군이었다. 이들은 『클라우제비츠가 언급한 바 있는 '전쟁의 불투명성 (Fog of War)'을 기술을 이용하여 완전히 제거할 수 있을 것인가』에 대해 의문을 가졌으며, 『적이 자군을 은폐하거나, 자신들을 관찰하는 정보체계(Information System)를 공격해 오면 상황은 어떻게 될 것인가』고 반문하였다. '복합체계로 구성된 체계'란 개념이 처음 제기된 해상 전투에서조차, 폭풍이 몰아치는 바다의 특성으로 인해 오웬이 제창한 200 mile × 200 mile 지역 내에서 벌어지는 모든 사항을 간파한다는 것은 거의 불가능한 일이다. 오웬 제독이 제창한 세 번째 유형의 군사혁신은 기술적 측면에 중점을 두고 있으며, 눈에 보이지 않는 전쟁의 이면 (裏面)을 경시하고 있다. 오웬이 제창한 개념은 아직까지는 이상에 불과하며, 「아측 정보체계를 조직적으로 공격하여, 정보를 사용하지 못하도록 할 수 있을 정도의 능력을 여타의 국가들이 보유하고 있지 않아야 한다」는 점을 전제(前提)로 한 개념이다.

군사혁신을 소련인의 시각, 항공력 그리고 오웬이 제창한 개념이라는 세 가지 측면에서 바라보았는데, 오늘날 진행되는 변혁을 이들 만으로 모두 설명할 수 있는 것은 아니다. 군사혁신이 시작되었음은 명백한 사실이다. 그러나 '전쟁영역(Domain of Warfare)' 밖에서 작용하는 강력한 힘이 군사혁신의 성격을 좌우할 것이다. 군사혁신의 결정판은 조직의 변화를 통해 가능할 것인데, 조직의 변화 중 일부는 수십 년 전에 시작된 경우도 있을 것이다. 조직의 변화를 통해 군사혁신이 가능하다는 점을 역사를 통해 살펴보자.

3. 외부 요인에 의한 군사혁신

전쟁에 내재되어 있는 요소들이 상호작용을 일으킨 결과로 획기적인 변화가 일어난 경우가 종종 있었다. 군 내부에서 추진된 연구개발 사업의 결과로 '핵 혁신(Nuclear Revolution)'이 일어났다. 우주탐사를 추진하는 과정에서 민간 분야에서 진행된 요소들이 다수 영향을 미친 것도 사실이지만 초창기 우주 탐사를 주도한 것은 군이었다. '잠수함전(Submarine Warfare)'을 시도하면 여타 분야의 해군력에서 열세한 경우에도 막강한 해군력을 보유하고 있는 군을 크게 위협할 수 있는데, 이들 개념도 군에서 출발하였다. 그러나 전쟁 행위를 변화시키는 주도적인 요인들이 정치 및 경제 분야에서 유발된 경우도 적지 않다.

19세기에 있었던 전쟁 양상의 일대 혁신은 오늘날의 전략가들에게 암시하는 바가 적지 않다. 『프랑스혁명 초기 오스트리아와 프러시아는 프랑스와 적대 관계에 있었는데, 이들 두 국가는 18세기 당시 유럽에서 보편화되어 있었던 '제한전(Limited War)'을 전개할 생각이었다』고 클라우제비츠는 그의 저서 '전쟁론(On War)'에서 적고 있다.

> 이들 양국은 『제한전으로는 문제를 해결할 수 없다』는 점을 곧 깨닫게 되었다….『프랑스 육군은 매우 형편없을 것이다』고 양국은 생각했었다. 1793년 프랑스군은 상상을 불허할 정도로 막강하였다. 국가의 모든 국민, 다시 말해 3000만 프랑스 국민들이 총동원되는 형태의 전쟁이 되었다… 동원 가능한 자원의 측면에서 상상을 불허하였다. 전쟁 양상이 격렬해지면서 프랑스를 공격하던 이들 국가들이 위기에 처하게 되었다.

전 국민이 동원 대상이 됨에 따라 병력의 수가 크게 증가하였을 뿐 아니라 군의 내구력도 크게 보강되었다. 프랑스 혁명군이 승리하게 된 비결은 새로운 기술을 전투장에 적용하였기 때문이 아니었다. 징집 대상을 전 국민으로 확장함에 따라 전선에 추가 병력을 지속적으로 투입할 수 있었기 때문이었다. 즉「군이 대규모화되는 시대」가 도래하였던 것이다. 전쟁 양상을 혁신적으로 변모시키는데 민간 분야의 기술이 크게 일조하였다. 19세기 당시 대량으로 소총이 생산되면서 군의 전술이 매우 복잡해졌다. 철도와 전신기가 출현하면서 전쟁 양상에 보다 큰 변화가 있었다. 철도의 출현으로 수주 이내에 대규모의 군대를 한 전구(戰區)에서 다른 전구로 이동할 수 있게 되었는데, 그 대표적인 사례는 남북전쟁에서 찾아볼 수 있다. 당시 북군은 철도를 이용하여 25,000여 병력과 다수의 야포 및 화물을 버지니아에서 출발하여 1,100마일 떨어져 있는 테네시의 챠타누가(Chattanooga)로 12일도 채 안되는 기간에 이송하였다. 다수의 군을 철도로 운반할 수 있게 됨에 따라 개전(開戰) 초 어느 정도로 신속히 군을 동원할 수 있는가가 군 조직의 효율성을 평가하는 중요한 요소가 되었다.

전신기의 출현으로 군과 정부 뿐 아니라 신문 또한 영향을 받게 되었다. 전신기로 인해, 상호 협조가 용이해 지면서 군의 동원이 신속해졌을 뿐 아니라 대규모의 군부대를 한 지역에서 다른 지역으로 쉽게 이동할 수 있게 되었다. 또한 전선의 상황을 신속히 전파할 수 있게 됨에 따라 전시(戰時) 민군간에 갈등이 유발되었다. 예를 들면, 신문이 대량으로 유포되면서 전선에서 벌어지고 있는 상황을 국민들이 곧 바로 인지할 수 있게 됨에 따라 국가의 정책 결정권자들이 곤혹스러워 하는 경우가 생겼다. 전신기는 정치 지도자들이 야전의 장군들과 대화하기 위한 수단이 되었으며, 정치가들은 이들 수단을 최대한 활용하였다. 남북전쟁 당시 북군은 15,000마일에 이르는 전신선(電信線)을 설치하여 군에 전신체계를 구축하였는데 이들 체계를 민간 조직이 관장하도록 하였다. 당시의 '전쟁장관(Secretary of War)' 에드윈 스탄톤(Edwin M. Stanton)은 전신선이 휘하의 장군들에게는 연결되지 못하도록 하였다. 『전선(戰線)

에서 벌어지는 상황을 정치가들이 알고 있는 정도에 따라 간섭하는 횟수가 증가하게 된다」고 북군의 장군들은 생각하였다. 다수의 단위 국가로 분열되어 있던 독일을 통일하기 위한 전쟁을 지휘하면서, 야전군 원수인 몰트케(Helmuth Graf von Moltke)는 휘하의 부하들에게 전보를 이용해 비스마르크가 전쟁에 대해 조언하는 것을 보면서 북군의 장군들이 생각했던 것과 유사한 감정을 느꼈다. 따라서 전신선을 타고 정보가 외부에서 군부대로 자유롭게 흘러 들어오지 못하도록 하였다.

19세기의 경우와 마찬가지로 오늘날의 군사혁신은 민간 분야에서 유래(由來)하고 있는데, 구체적으로 두 분야의 발전이 이를 주도하고 있다. 그 첫 번째는 정보기술인데, 이들 기술로 인해 경제 및 사회가 일대 변혁을 겪고 있다. 군 조직에 정보기술이 미치는 효과는 매우 지대하다. 상대방 적의 표적(標的)을 향해 자체 유도(誘導)되어 날아가는 '두뇌가 있는 무기'가 개발될 수 있었던 것도 정보기술 때문이었다. 정보(Intelligence)의 수집 수단이 다양화되고 있을 뿐 아니라 그 성능 또한 크게 향상되고 있다. 또한 다양한 형태의 다량의 정보를 컴퓨터를 이용하여 사용자들에게 신속히 분배할 수 있게 되었는데, 이들 또한 '정보혁신(Information Revolution)'이 없었다면 전혀 불가능했을 것이다. 정보(Information)는 금융시장에서 생명줄과 같은 역할을 담당하고 있다. 이같은 이유로 뉴욕의 증권거래소에는 다량의 정보를 수집·처리·전파하기 위한 체계가 있다. 이들 체계를 살펴볼 목적으로 다수의 해병대 장군들이 뉴욕의 증권거래소를 방문한 바가 있다.

두 번째 요소는 미국과 같은 나라에서 자본주의가 극도로 번성하고 있다는 사실이다. 제2차 세계대전 이후, 구 소련을 포함한 동구권의 국가들뿐만 아니라 서방 국가들 또한 방대한 규모의 예산을 국방에 투자하였는데, 이들은 군에서 필요로 하는 사항과 기능을 지원할 목적으로 방대한 규모의 조직을 만들었다. '脫산업화시대(Postindustrial)'인 오늘날,

자본주의 사회에서 벌어지고 있는 현상은 어느 누구도 막을 수 없다. 정부 소유의 방위산업을 민간에 매각하고 있는데 이는 전 세계적인 현상이다. 또한 군의 고유 기능을 민간에 이관하는 사례가 크게 늘고 있다. 아이티와 소말리아에서 미군 작전을 지원하기 위한 병참활동의 대부분을 민간 업체들이 담당한 바 있는데, 이는 한 예에 불과하다. 오늘날에는 상용(商用)의 인공위성을 이용하여 고화질의 영상정보를 어느 누구나 받아 볼 수 있게 되었다. 그러나 이는 얼마 전까지만 해도 강대국들만이 누리던 특권이었다. 이처럼 상황이 급변함에 따라 군은 통신 및 정보수집 분야에 대한 개발 투자는 줄이고, 상용의 체계를 보다 많이 이용하게 되었다. 한편, 냉전의 종식으로 군수 시장이 개방되었다. 따라서 적절한 규모의 예산만 확보하고 있다면 군과 관련된 거의 모든 것을 획득할 수 있게 되었다. 예를 들면, 첨단의 무기를 운영·유지하기 위한 전문 인력도 돈만 주면 어렵지 않게 확보할 수 있게 되었다. 과거에는 민간 분야에서는 자본주의를 고수하면서도, 군 관련 분야에서는 이들 능력이 외부에 유출되지 않도록 극도로 노력하여 왔다는 측면에서 사회주의적 색채가 농후하였는데, 더 이상 이것이 가능치 않게 되었다.

오늘날의 군사혁신의 진면목(眞面目)을 제대로 파악하려면 다음과 같은 네 가지 점을 숙고해 볼 필요가 있다. 군사혁신으로 전투 양상에 변화가 있을 것인가? 군 구조가 변하게 될 것인가? 군에 새로운 형태의 엘리트들이 등장할 것인가? 국가간 힘의 역학 관계가 변하게 될 것인가? 이들 모두를 곰곰이 살펴보면서 느끼는 감정은, 전쟁 양상에 대변혁이 전개되는 문턱에 와 있다는 점이다. 변화의 양상이 어떠할 것인지는 확실치 않지만, 일대 변화가 있을 것이라는 점은 분명한 듯 하다.

4. 군사혁신이 주는 의미

(1) 전투의 형태

전투 형태의 측면에서 일대 혁신이 일어난다 함은 공격과 방어, 시간과 공간, 화력과 기동간의 관계가 근본적으로 변화됨을 의미한다. 항공모함을 중심으로 한 전투 형태의 출현은 그 중 한 사례이다. 전투함 중심의 시대에는 전투가 가시거리 범주 내에서 수행되었다. 당시에는 전투대형을 엄격히 유지하는 일련의 함정들이 거포를 이용하여 상대방을 공격하는 형국이었다. 항공모함의 등장으로 수백 마일 떨어진 위치에서도 상대방 함대를 공격할 수 있게 되었는데, 공격 수단은 항공기 군단(群團)이었다. 『전투 비행단이 출현하면서 짧은 순간에 어느 측이 보다 많은 화력을 퍼부을 수 있는가가 전쟁의 승패를 좌우하는 요소가 되었다』고 웨인 휴즈(Wayne Hughs)는 1986년에 출간한 '함대 전술(Fleet Tactics)'이라는 책에서 밝히고 있다. 19세기 후반 당시에는 '화력에 의한 혁신(Firepower Revolution)'이 있었는데 라이플 총의 출현, 무연(無煙) 탄약 및 후장식(Breechloading)의 발명, 그리고 탄약통을 철제로 교체함에 따른 무기의 발전이 혁신을 유발한 주요 요인이었다. 요약해 말하면, 미국의 남북전쟁 당시에는 단위 면적 당 병사들의 밀집 정도가 매우 높았는데, 오늘날에는 그 정도가 매우 희박해 지고 있다. 따라서 거의 200여 년 동안 지속되이 있던 진형적인 전술인 「내랑의 무리들이 떼를 지어 움직이는 형태」는 사라지고 소규모의 병사들이 짝을 지어 이동하게 되었다.

오늘날에는 전투 형태 또한 이와 못지 않게 획기적으로 변하고 있다. 오늘날의 전투장에서는 『확인된 물체는 공격 가능하며, 공격한 물체는 100% 완벽히 파괴할 수 있게 되었다』는 것은 이미 진부(陳腐)한 표현이 되었다. 20세기초에는 전선에 배치되어 있는 적의 보병에 대해서만 이와 같은 표현을 적용할 수 있었다. 오늘날에는 전선에 배치된 적의 장비뿐만 아니라 후방에 위치한 적 지원군에 대해서도 이들 개념을 적용할 수 있게 되었다. 항공기와 미사일을 이용해 운반이 가능한 장사정 정밀 유도무기와 원격 조정이 가능한 '두뇌가 있는 지뢰(Intelligent Mines)'가 출현함에 따라, 현대화된 군은 이동 중에 있는 대규모의 중무장한 군에 치명적인 형태로 공격할 수 있게 되었다. 이동중이 아닌 고정된 물체 또한 공격에 매우 취약해졌다.

1991년도 당시 쿠웨이트와 이라크의 사막에서는 미국을 중심으로 한 다국적군의 육군이 대규모로 짝을 지어 기동한 바가 있는데, 19세기 당시의 기마 부대들이 생존을 위한 최후의 몸부림을 전개하였던 것과 마찬가지로 화력이 크게 보강되었다는 측면에서 보면 이는 매우 이례적(異例的)인 현상이다. 미래전에서는 기동 또는 대형(隊形)을 정비하는 것과 같은 장기(Chess)에서 볼 수 있는 유형의 행위는 크게 감소할 것이다. 반면에, 최첨단의 무기와 이들의 운반 수단인 항공기 또는 미사일 등을 이용하여 공격하는 형태의 행위가 크게 증가할 것이다. 우주에 위치한 정찰체계, 그리고 무인항공기와 같은 새로운 형태의 항공력을 대부분의 국가들이 보유하게 되면, 노출되지 않은 상태에서 중무장한 대규모의 병사를 이동시키거나 후방 지역에 대규모의 탄약고를 건설하는 행위는 거의 불가능해 질 것이다.

19세기 중반에서 최근에 이르기까지 전투의 승패는 양측이 보유하고 있는 「프렛홈(Platform) : 항공기 · 탱크 또는 함정 등의 유형」이 무엇인가에 따라 좌우되었다. 상대방보다 우수한 형태의 항공기 · 탱크 또는 함정을 보유하게 되면 상대방을 쉽게 제압할 수 있었으며, 이 경우 상대방이 보유하고 있는 장비들은 폐품 처리될 수밖에 없었다. 그러나 항상 그렇지 만은 않았다. 예를 들면, 18세기 중엽부터 1830년대까지 해양과 관련된 기술은 거의 변함이 없었다. 1805년 넬슨 제독은 트라팔가

제3장 · 전쟁양상의 혁신

해전에서 승리를 거두었지만, 이들 승리를 뒷받침해 준 함정은 1759년에 개발이 시작되어 1765년에 진수(進水)되었으며, 그 진가(眞價)는 1835년도에 발휘되었다. 다시 말해 처음 진수되어 제대로 그 진가를 발휘하기까지 70여 년의 시간이 소요되었다. 스팀 엔진과 금속을 활용한 함정이 등장하면서 상황은 급변하였다. 어느 측이 최신의 전투함을 건조하는 가에 따라 '해양우세(Naval Superiority)'가 뒤바뀌는 시대가 도래하였다. 기술을 적용하는 즉시 그 효과가 나타나는 시대가 되었다.

오늘날은 상황이 급전(急轉)하는 시대이다. 전쟁의 결과에 프렛홈이 미치는 효과는 크게 감소하고 있는 반면, 프렛홈 내에 내장되어 있는 센서 · 탄약 그리고 전자장비 등의 품질 정도가 매우 중요한 요소가 되었다. 출현한지 30년이 경과된 노후한 기종(機種)이라고 할지라도 최신의 공대공 미사일을 장착하고 공중 조기경보기로부터 적절한 정보를 제공받게 되면 출현한지 10년밖에 되지 않았지만 무장과 유도의 측면에서 뒤처진 항공기를 격파할 수 있게 되었다. 두뇌가 있는 장거리 정밀 유도무기가 주도적 역할을 담당하는 오늘날과 같은 시대에는 처음 일격(一擊)이 매우 중요하다. 첨단의 항공기를 이용한 공격으로 인해 개전(開戰)한지 몇 시간도 채 안되어 이라크의 방공체계(防空體系)가 붕괴(崩壞)되었는데, 이는 전쟁의 승패에 처음 일격이 결정적인 영향력을 발휘한 대표적인 사례이다. 따라서 오늘날에는 누가 먼저 공격할 수 있는가가 전쟁의 결과에 지대한 영향을 미치고 있다. 칼로 무장한 기사들이 수십 야드 떨어진 위치에서 근접해 오는 경우에는 칼집에서 누가 먼저 칼을 빼는가는 격투의 결과에 거의 영향을 미치지 못한다. 그러나 이들이 총으로 무장되어 있다면 총집에서 누가 먼저 총을 빼는가는 매우 중요한 요소가 된다.

더욱이, 선제 공격의 성격도 변할 가능성이 있다. 컴퓨터체계들에 대한 사보타지와 같은 정보전(Information Warfare)이 새로운 전투 유형으로 부상함에 따라, 상대방을 은밀한 방식으로 선제 공격할 수 있게 될 것이다. 미국과 같이 정보에 대한 의존도가 높은 사회는 이와 같은 형태의 공격에 매우 취약하다. 정보전은 탱크·항공기·함정에 의한 제2물결 형태의 공격과는 달리 미 국민과 미 본토를 위협할 수 있으며, 이는 미사일이나 폭격기와 같은 장거리 공격 수단을 보유하고 있지 않은 국가의 전력을 크게 보완해 주는 수단이 될 것이다. 「상대방 국가가 보유하고 있는 정보체계에 대한 공격을 그 시점으로 하여 시작되는 정보전이 어떻게 전개될 것인가」는 현재로서는 매우 불투명하다.

(2) 군의 조직 구조

전쟁에 혁신적인 변화를 유발하는 요인에는 항공기와 탱크처럼 전투에 직접 사용되는 도구 외에 조직이란 요소가 있다. 탱크가 발명되었다는 사실만으로 기갑전에 의한 군사혁신이 유발된 것은 아니며, 탱크를 가장 많이 보유하고 있던 국가가 그 능력을 가장 잘 활용한 것도 아니었다. 전격전(電擊戰)의 개념은 독일에 대한 최후 공격에 대비해 영국 육군을 위한 '기획 1919(Plan 1919)'를 구상하였던 풀러(J.F.C. Fuller)가 1918년 초에 제안한 것이었다. 그러나 군이 전격전 개념을 실행에 옮기기까지에는 20년 이상의 기간이 소요되었다. 1940년 당시의 영국 및 프랑스와 비교해 볼 때 독일이 보유하고 있던 탱크의 대수는 결코 많지가 않았다. 보유하고 있는 탱크의 성능 또한 어떤 면에서는 열세하였다. 독일이 전쟁에서 승리할 수 있었던 것은 물적 자원의 측면에서 상대방보다 우세하였기 때문이 아니었다. 독일이 승리할 수 있었던 것은 탱크의 내부에 라디오를 비치하는 발상, 조직·운영 개념 그리고 독일군의 지휘 문화 또는 분위기와 같은 여러 요소들을 올바로 정립하였기 때문이었다.

독일은 '판저사단(Panzer Division)'을 구성하였는데, 이는 근대전에 필요한 요소들을 충분히 고려해 만든 것이었다. 프랑스와 영국이 탱크만으로 구성된 기갑 사단을 조직한 반면에 독일은 탱크를 중심으로 여러 무기들을 통합(統合)시켰다. 독일은 단위 탱크 당 일련의 기술자와 보병 요원들을 배당하여 탱크의 전력이 최대한 발휘될 수 있도록 하였다. 판저사단과 같은 새로운 형태의 조직이 제 기능을 발휘할 수 있도록 독일은 독특한 지휘 분위기(雰圍氣)를 고안해 내었다. 1930년대 당시 미국의 한 연락 장교는 미군과 비교할 때 독일군이 매우 쉽게 의사를 결정하고 있다는 점에 주목하였다.

아무리 중요한 사안이라고 할 지라도 지휘관은 몇 분 이내에 의사를 결정할 수 있어야 하며, 『적에 대한 공격과 관련된 사안에 대해서는 최선은 아닐 지라도 적시에 판단하는 것이 중요한데, 이는 시간이 지난 상태에서의 완벽한 의사결정보다 훨씬 바람직하다』고 독일인들은 생각하였다. 근대전에서는 상황이 급변한다는 점을 고려하여 그들은 적절한 형태로 지휘구조와 참모 조직을 변형하였다.

판저사단이란 개념은 독일이 처해 있던 상황을 충분히 고려한 것이었다. 오늘날의 군사혁신에 대비하여 독일이 창안한 판저사단과 비슷한 형태의 조직이 나와야 할 것이지만, 그 과정은 보다 고통스러울 것이다. 「미래에 요구되는 형태의 판저사단이 어떠한 모습일 것인가」, 그리고 「이들 소식을 어떻게 창출해낼 수 있을 것인가」에 내해 현새로서는 확실히 알 수가 없다. 그러나 「21세기의 군이 어떠한 모습을 갖게 될 것인가」를 시험적으로 구상해 볼 수는 있을 것이다. 우선, 향후의 군은 장기 복무자가 주축이 될 것이다. 질이 떨어지는 다수의 병력을 보유하는 것보다는 소수의 정예를 활용하여 질로 보충하는 것이 훨씬 바람직한 시대가 되었다. 과거의 군은 징집되어 온 집단(예: 사병)과 군을 자원하여 들어온 '전문가 집단(Professional)'으로 구성되어 있었다. 오늘날에는 군의 비중이 전문가 집단으로 이동하고 있다. 지난 200여 년간 군은 징집되어 군에 들어온 다수의 단기 복무자들을 대량 생산된 무기로 무장시켜서 전쟁을 수행하였다. 그러나 오늘날 이런 시대는 종말(終末)을 고하고 있다.

미래의 군은 보다 '합동군(Joint Force)' 형태가 될 것이다. 아마도, 지금까지 유지되어 왔던 육·해·공군과 같은 단위 군 위주의 작전은 크게 희석될 것이다. 오늘날에는 육·해·공군간의 구분이 불분명해 지고 있다. 오늘날에는 항공작전과 지상작전을 분리해 생각할 수 없게 되었다. 마찬가지로 해군력을 이용하여 지상에 위치한 적의 표적을 공격하기도 한다. 「각군에 준하는 군(Quasi Services)」이 등장하고 있다. 첨단 수준의 군을 유지하고 있는 국가들에서는 영국의 '특수공군(Special Air Services)', 그리고 이에 상응하는 미국 및 이스라엘의 경우를 모방한 특수군들이 등장하고 있다. 정규 보병부대 또한 특수군의 전술을 받아 들여서 소규모의 단위로 부대를 분산시키고, 후방지역에서 발사되는 광범위한 형태의 화력뿐만 아니라 항공력의 지원을 받으면서 작전을 수행하고 있다. 여타의 '각군에 준하는 군'에는 우주 및 정보전을 수행하는 조직, '항공기를 정비하고, 비행장을 건설하며, 작전 결과를 분석해 주는 조직' 등이 있다.

이외에도 군 구조에 변화가 예상되는 분야가 또 있다. 1950년대 당시에는 육군의 군단 구조와 미국의 선두 기업인 제너럴모터스 간에 다수의 유사한 점이 있었다. 이들 조직은 전통적으로 피라미드 구조를 형성하고 있어서, 피라미드 형태의 조직을 따라서 아래서 위로 내용이 보고되었다. 육군의 군단 구조는 그후 변함이 없다. 오늘날 미국의 첨단 기업은 제너럴모터스가 아니다. 마이크로소프트 또는 모토롤라가 미국의 선두 기업이 되었는데, 이들 조직의 유형은 오늘날 육군의 군단 조직과는 매우 다르다. 오늘날의 기업에는 중간 관리계층이 존재하지 않고 있다. 오늘날의 기업에서는 산업화시대의 대표적 특징인 사무직과 관리직간의 구분을 줄이거나 없애 버렸다. 그러나 군 조직은 과거와 거의 다를 바가 없다. 아직도 군은 장교와 준사관으로 구분된 두 집단이 관리하고 있는데, 준사관의 경우 제2차 세계대전 당시와는 다른 형태의 역할을 수행하고 있지만 이들의 근본적인 기능에는 변함이 없다. 군사혁신을 촉진(促進)하기 위해서는 이들 구조를 근본적으로 갱신해야 하는데, 이는 그리 쉬운 일이 아니다.

(3) 군 엘리트의 성격

전쟁의 형태가 혁신적으로 변환되는 시대에는 군에서 총수(總帥)가 되는 사람의 출신 성분 또한 달라질 수밖에 없다. 예를 들면, 항공력이 부상하면서 해군 및 육군과는 전혀 다른 형태의 조직이 탄생하였다. 공군에서의 전투원은 구성원 중 극히 일부분인 장교 출신의 조종사들인데, 이들을 다수의 준사관 및 사병으로 구성된 기술자들이 지원하고 있다. 또 다른 사례를 19세기 후반에서 찾아볼 수 있다. 당시에는 예비군을 징집해 철도를 이용하여 배치한다는 것이 매우 어려운 문제였다. 따라서, 전문 기술자들이 다수 요구되었다. 미국의 남북전쟁과 보불전쟁에서 입증된 바와 같이 기차의 운행시간을 계획하고, 고장난 부품을 고친다는 것이 용기와 집념만으로 해결될 수 있는 성질의 것은 아니었다. 따라서 병참관리자는 일반참모부에 없어서는 안될 필수적 존재가 되었으며, 잘 훈련된 일반참모가 군 조직에 매우 필요하게 되었다.

이와 비슷한 형태의 변화가 오늘날 진행되고 있다. 미 공군은 조종사들이 주도하고 있는 집단인데, 1950년대와 60년대에는 폭격기 조종사가, 그리고 그후에는 전투기 조종사들이 주도적 역할을 담당해 오고 있다. 오늘날에는 전투조종사가 아닌 장교로서 중요한 역할을 담당하는 장군들의 수가 증가하고 있다. 신기술의 출현으로 미사일 운영, 우주 관련 전문가 또는 전자전 분야 등의 전문가들이 부상하고 있는데, 전통적 의미에서 이들은 전투원이 아니다. 이들 중 많은 부분을 여자들이 감당하게 될 날이 곧 도래할 것이다. 군에는 현재도 그러하지만 미래에도 전투에 직접 참여하는 전문가들이 다수 필요할 것이다. 사실, 전투기 한 대가 가할 수 있는 치명성은 증대되고 있으며, 이들 전투기를 운영하는 조종사에게 요구되는 육체 및 지적 능력 또한 크게 높아지고 있는 실정이다. 그러나 공군 조직에서 전투조종사들이 차지하는 비중은 절대 및 상대적 측면 모두에서 감소하고 있으며, 이와 같은 현상은 향후에도 지속될 것이다. 향후에는 조종사 출신이 아닌 일반 장교가 공군의 지휘관이되는 경우가 다수 있을 것이다. 이런 상황에서 조종사들의 전투 정신을 지속적으로 유지하는 문제는 공군 조직이 극복해야 할 문화적 도전이 될 것이다.

(4) 지휘의 성격

전쟁 양상이 변하게 되면 군을 지휘하는 형태도 바뀌게 된다. 산업화 시대의 전쟁 양상은 종료되고 있으며, 이와 함께 일종의 '최고사령부 (Supreme Command)' 또한 사라지고 있다. 1866년도 당시 오스트리아와의 전쟁에 대비하여 모병(募兵)을 지시한 직후, 프러시아의 총참모장 몰트케는 소파에 누워 소설을 읽고 있었다. 노르망디 상륙작전을 수행하기 바로 전 날 연합군 최고 사령관인 아이젠하워 장군도 소파에 누워 소설을 읽었다. 이들 두 사건간에는 80여 년의 시간적 공백이 있었지만, 최고사령부의 형태에는 거의 변함이 없었다. 총참모장과 참모들이 군사를 동원하고, 이들 군사를 활용하기 위한 기획문서를 작성하면, 작전이 수행되기 하루 또는 이틀 전에는 특별한 조치 없이 사전 계획한 대로 일이 진행되었다. 오늘날의 야전 지휘관들은 전자(電子) 체계가 구비된 지휘소를 왕래하면서 TV화면을 살펴보고, 전선에 배치된 조종사 또는 탱크 부대 지휘관과 라디오로 교신하는 등 분주히 활동할 것이다.

야전의 지휘관들이 조종사 또는 탱크부대의 지휘관들에게 일일이 지시할 수 있게 됨에 따라 '권한의 집중(Centralization of Authority)'이란 심각한 문제가 야기되고 있다. 『권한은 가능한한 최하위 사령부에 이관되어야 한다』고 모든 군사조직들이 이구동성(異口同聲)으로 말하고는 있지만, 하급부대에서 진행되고 있는 상황을 파악하게 되면, 간섭하고자 하는 충동이 생길 것인데, 이를 자제하기는 쉽지 않을 것이다. 하급부대에서 진행되고 있는 상황을 파악하기가 용이할수록, 지휘관들이 하급부대의 활동에 간섭하고자 할 것이다. 정치 지도자들 또한 이와 비슷한 충동을 느끼게 될 가능성이 있다. 군 작전에 간섭하고자 하는 정치 지도자는 오늘날 거의 없지만, 이같은 상황이 반전(反轉)될 가능성도 없지 않다.

(5) 국가간 힘의 역학 관계

16세기와 17세기초의 군사혁신은 근대 유럽의 초기에 역사가들이 가장 관심을 보였던 분야였다. 당시 일련(一連)의 획기적인 변화로 인해 힘의 균형이 유럽 지역으로 이동하였다. 「전문 장교의 지휘하에 엄격한 규율을 준수하면서 훈련을 받는 근대화된 군」이 창설되고, 병력과 자원을 동원할 능력이 있는 정부가 출현하면서 국제 질서가 일대 변환을 겪게 되었다. 당시의 군사혁신의 결과로 인해 홀란드가 부상하고 오토만 제국이 몰락하였다.

현대화된 고가(高價)의 무기를 구입할 수 있을 정도의 재원(財源)과 이들 무기를 적절히 활용할 능력을 겸비한 국가에게 오늘날의 군사혁신은 의미하는 바가 적지 않다.

예를 들면, 1973년 당시와 비교할 때 이스라엘의 군사력은 이웃 아랍 국가들에 비해 월등히 증강되었다. 타이완·싱가포르 그리고 오스트레일리아와 같은 국가들의 군사력 또한 이들의 주변국에 비교해 보면, 지난

30년 전에는 상상할 수 없을 정도로 증강되었다. 이미 언급한 바와 같이, 『오늘날의 군사혁신이 자국에 불리한 방향으로 진행되고 있다』고 소련군의 지휘부는 생각하였다. 오늘날의 군사혁신을 최대한 활용하기 위한 능력을 보유하고 있는 국가는 미국뿐이다. 미국의 군사비는 두 번째 강대국이 지출하는 군사비의 4배에 이를 정도로 엄청난 규모이다. 또한 대규모의 복잡한 체계를 통합하기 위한 능력의 측면에서도 미국은 타의 추종을 불허할 정도이다.

특정 군사분야에 변혁이 일어난다고 여타 분야의 것들이 모두 무의미하게 되지는 않을 것이다. 핵무기가 출현한 이후에도 재래식 무기의 의미는 반감(半減)되지 않았다. 그와 마찬가지로, 오늘날의 군사혁신에 관계없이 게릴라 전술, 테러 또는 대량파괴무기는 지속적으로 그 효과를 발휘할 것이다. 혁신적인 변화가 진행되는 와중에서도 구시대의 전술 체계들 또한 그 효과를 발휘할 것이다. 해상 전투에 항공모함이 출현한 이후에도 전투함은 바다에서 사라지지 않았다. 오히려, 함포 사격 그리고 바다에 떠 있는 상태에서 방공(防空)을 수행하는 등과 같은 두 가지 형태의 새로운 임무를 담당하게 되었다. 자신의 전성기가 50여 년이 지난 최근의 페르시아만 전쟁에서도 전투함은 임무를 성공적으로 수행하였다.

군사혁신을 유발하는 힘이 민간에서 나올수록, 새로운 형태의 군사력이 신속히 부상할 가능성은 높아진다. 일본 또는 향후 몇 년 후의 중국은 군사분야에 민간의 기술력을 적용하여 기술 능력에 상응(相應)할 정도의 군사력을 보유하게 될 것이다. 1930년대의 독일은 10년도 채 안 되는 짧은 기간에 근대화된 항공력을 확보할 수 있었다. 민간과 군의 항공 기술이 크게 다를 바가 없었던 당시, 독일은 민간의 항공 기술을 활용하여 막강한 형태의 군사 능력을 어렵지 않게 건설할 수 있었다. 냉전 시대에는 군수산업과 민간산업이 상호 독립적인 관계를 유지하면서 발전해 왔다. 그러나 시계의 추는 다시 반전(反轉)되고 있으며, 그 결과 경제력이 있는 국가 또한 적절한 형태의 군사력을 어렵지 않게 확보할 수 있게 되었다.

5. 전환기의 질서

오늘날에는 '전쟁술(Art of War)'이 획기적으로 변하고 있는데, 그 이유를 끊임없이 발전하고 있는 기술의 측면에서 단순히 찾고자 하는 자세는 바람직하지 않다. 「전쟁을 수행하는 궁극적 목적인 정치적 목적」을 달성할 수 있도록 군사적 수단을 적응해 가는 과정에서 전쟁술이 변할 수 있다는 점을 명심할 필요가 있다. 제1·2차 세계대전 사이의 기간 중 기갑전 개념은 영국과 프랑스에서는 꽃도 피우지 못하고 시들어 버렸다. 그 이유는 『유럽 대륙에서의 전쟁에는 기갑전과 같은 공세적 형태의 작전이 필요하지 않다』고 이들 정부가 생각하였기 때문이었다. 반면에 소련과 독일은 과거에 빼앗겼던 영토를 되찾거나, 새로운 영토를 점유하고자 하는 공세적 목표를 갖고 있었다. 따라서, 이들은 여타의 국가들보다도 기갑전 개념을 발전시킬 수 있었다.

오늘날의 군사혁신을 미국이 주도할 수도 있다. 그러나 혁신을 통해 확보 가능한 군사력을 어떠한 목적으로 사용할 것인지에 대해 명확한 개념이 있어야 하는데, 오늘날의 미국은 이와 같은 개념을 갖고 있지 않다. 1993년도 당시의 클린턴 행정부는 국방정책을 구상하면서 '바텀업 리뷰(Bottom Review)'를 제안하였는데, 이는 1991년도의 걸프전과 유사한 형태의 두 개의 지역 분쟁에서 동시에 싸워 승리할 수 있을 정도의 능력을 미국이 보유하고 있어야 한다는 발상이었다. 1991년도의 이라크와 유사한 형태의 적(방대한 기갑 전력과 3등급 수준의 방대한 규모의 항공력을 보유)을 목표로 하여 구상하였기 때문에 클린턴 행정부가 집권 초에 약속한 바와 같은 정도의 군사력을 확보하고자 한다면, 완벽한 재평가가 필요한 실정이다. 이런 이유로, 오늘날의 군사혁신이 절정에 이르는 순간은 1980년대에 소련이 예상한 것보다는 지연될 전망이다. 미국을 위협할 능력이 있는 국가를 자극하여 지나칠 정도의 군비 경쟁을 유발하는 것은 바람직하지 않다. 이런 이유로 인해 미국이 가용한 기술을 군사적 목적으로 최대한 활용하지 않는 경우도 있을 것이다. 평화시의 군 조직은 급격한 변화보다는 점진적인 진화를 선호하는 경향이 있다.

국제정치 또한 군사혁신에 영향을 미치는 요소이다. 향후에는 제한된 성격의 정치적 목표를 달성하기 위한 재래식 형태의 전쟁이 주종을 이룰 것이다. 20세기 전반 50여 년과 냉전시대 당시, 미군과 소련군의 기획가들은 전쟁을 '총력전(Total War)'의 관점에서 바라보았다. 예외가 없는 것은 아니지만, 향후의 전쟁은 제한된 목표를 달성하기 위한 형태의 전쟁이 될 것이다.

미래의 군사 질서를 예견해 주는 매우 적절한 비유를 중세에서 찾아볼 수 있다. 오늘날과 마찬가지로 중세시대에는, 주권이 전적으로 국가에 부여되어 있었던 것이 아니고 정치 · 시민 그리고 종교 단체에 분산되어 있었다. 당시에는 전쟁 수행의 주체가 국가만은 아니었다. 종교 집단 또는 사적인 단체들이 전쟁을 주도하기도 하였다. 지난 200여 년의 경우와는 달리, 당시에는 전투를 수행하는 조직에 따라 사용하는 군사기술의 형태가 매우 달랐다. 영국의 화살병과 기사(騎士)들이 싸우는 방식은 아랍의 전사(戰士) 또는 징기스칸의 기병(騎兵)들이 사용하는 방식과는 매우 달랐다. 따라서 군사력을 서로 비교한다는 것이 거의 불가능하였다. 대적하는 상대와 대적 장소가 어디인가에 따라 전투 능력이 다르게 나타났다. 따라서 전투력에 대한 평가는 상대적일 수밖에 없었다.

오늘날 군사혁신의 와중에서 괴로운 사항 중 하나는, 각군의 전투 능력을 평가한다는 것이 매우 어려워졌다는 점이다. 걸프전에서의 사상자

규모에 대해 다수의 전문가들이 예견하였지만 이들 모두는 실제의 결과와 커다란 차이가 있었다. 이는 그들이 무능하거나 사상자의 수를 충분히 늘려 잡아서 예측하였기 때문에 생긴 결과가 아니다. 이는 산업화 군의 전투력을 평가하기 위해 개발한 평가 방법을 걸프전 당시의 미군, 즉 정보화 군에 그대로 적용하면서 생긴 결과이다. 『탱크와 항공기의 대수, 병력의 수 또는 이보다 정확한 판단 기준인 화력에 근거한 전투력의 평가 방법이 의미가 있는가』라고 의문을 제기한 사람들이 과거에도 다수 있었다. 그러나 오늘날 이같은 수치는 전투력을 평가하는 과정에서 전혀 도움이 되지 않는다. 항공기·탱크·함정 등과 같은 프렛홈의 의미가 퇴색되고, 이들에 내장되어 있는 탄환의 종류, 특히도 정보 (Information)처리 능력이 중요한 요소가 되고 있는 오늘날, 각국의 전투력을 비교·평가한다는 것은 용이한 일이 아니다. 오웬 제독의 견해가 옳다고 한다면, 오늘날의 군사혁신으로 '전투장의 불투명성이' 제거되어 전술적으로는 투명해 질 것이다. 그러나 「각국의 전투력을 비교·평가하는 것이 매우 어려워졌다」는 측면에서 전략적 차원에서는 암영(暗影)이 짙어질 수도 있다.

19세기 및 20세기초에는 보다 많은 규모의 군사력을 유지하고 있는 측이 전쟁에서 대부분 승리하였다. 16~17세기 스위스의 창병(槍兵)들은 산의 통로를 가로막아 상대방이 이들 통로를 지나가지 못하도록 하는 방식으로 스위스를 방어하였다. 또한 『견고하게 구축된 성(城) 하나가 오랜 기간에 걸쳐 대군(大軍)을 곤경에 빠뜨릴 수 있다』는 것도 사실이다. 이와 마찬가지로, 신기술을 활용하게 되면 약간의 군사 능력을 보유하고 있는 국가도 방대한 규모의 군사 능력을 유지하고 있는 나라를 견제할 수 있을 것이다. 미군은 제한적 성격의 정치 목표를 달성하기 위해 「군사력을 투사(Power Projection): 미 본토에 위치한 군사력을 분쟁지역에 투사」해야 하는데, 이와 같은 미국의 시도를 특별한 어려움 없이 방해할 수 있는 국가가 출현할 수도 있을 것이다. 치명적이지는 못하지만, 어느 정도의 심각한 공격을 전개하여 미국이 분쟁 지역에 개입하지 못하도록 하는 집단도 있을 것이다. 오늘날 미국은 획득 및 운영 유지에 막대한 규모의 비용이 소요되는 항공모함 또는 인공위성 등과 같은 대규모의 체계를 유지하고 있는데, 미국은 이들 능력의 측면에서 절대적인 우위를 유지하고 있다. 이와 같은 미국의 우위를 분쇄하는 수단으로 크루즈 미사일과 같은 기술이 효과적일 것이다.

6. 결 언

향후에는 제한된 성격의 정치적 목표를 달성하기 위한 전쟁이 주종을 이룰 것이며, 다량의 정보(Information)가 중앙으로 집중되고, 군 전력에 대한 평가·분석이 매우 어려울 것이기 때문에, 민군간의 관계가 보다 난처해질 소지가 있다. 정치가들은 제대로 이해도 하지 못하는 내용을 화면을 통해 보고는 지시하고자 할 것이다. 장군들 또한 올바로 이해도 하고 있지 못한 상태에서 휘하의 군사력을 지휘해야 할 것이다. 기능에 따라 여러 형태로 군이 분할될 것이며, 이들을 지휘하는 장군들의 유형도 크게 달라질 것이다.

전쟁의 수행 방식에 혁신적인 변화가 있었던 시절에는 군의 지도자들이 큰 실수를 범하곤 하였다. 제1차 세계대전 당시, 근대화된 화력체계에 대항하여 전투를 수행하였던 유럽 전장에서는 막대한 규모의 인명이 손실되었다. 이는 당시의 장군들이 무능력하였기 때문이기도 하지만, 새로운 형태의 전쟁에 대처하기 위한 방법을 이들이 숙지하고 있지 못하였기 때문이었다. 제2차 세계대전 당시 일본 해군을 태평양에서 몰아내는 과정에서 항공모함의 역할은 지대하였다. 그러나 미 해군이 이들 항공모함을 건설하는데는 적지 않은 시간이 소요되었다. 1942년도의 미드웨이

해전을 통해 얻은 교훈은 「항공모함을 집중시키면 장점도 있지만, 항공기에 탄약과 연료를 재 공급하는 시간대에 항공모함이 적의 공격에 취약하다」는 것이었다. 따라서, 제2차 세계대전 초기의 경우에서처럼 다수의 위험에도 불구하고 항공모함을 집중시킬 수밖에 없었던 경우이거나 또는 다수의 항공모함을 보유하고 있어서 그 중 몇 대가 손상을 입어도 크게 문제가 되지 않는 경우가 아니라면 항공모함 중심의 전쟁은 용이하지가 않다. 미 해군은 제2차 세계대전이 시작된지 2년이 지나서야 항공모함 중심의 전쟁을 수행할 수 있을 정도의 항공모함을 보유할 수 있었다.

오늘날 군사혁신이 진행되고 있다. 군사혁신을 추진하는 과정에서 군인 뿐 아니라 정치 지도자들 또한 상상할 수 없을 정도의 대변혁이 요구될 수도 있다. 오늘날의 군사혁신으로 미국은 지구상 어느 누구도 감히 도전할 수 없을 정도의 군사력을 21세기에도 유지할 수 있을 듯 보인다. 군사혁신을 최대한 활용하여 국가 목표를 달성하기 위한 이론을 군사 이론가들이 정립하고 있는데 이는 당연한 일이다. 혁신에는 신속하고도 격렬한, 그리고 예상치 못한 형태의 변화가 동반되기 마련이다. 전쟁사를 통해 얻을 수 있는 교훈 중에서 아마도 이는 가장 중요한 교훈일 것이다.

4 군사혁신 : 정보의 측면

1. 서언

지난 수백 년간의 군 역사를 돌이켜 보면, '끊임없이 변화가 있어 왔다'는 점을 주목하게 된다. 군과 관련된 기술의 줄기찬 발전으로 탱크·총·항공기 그리고 함정의 성능이 크게 향상되었다. 이들 무기의 크기가 과거보다 크거나 작아진 경우도 없지는 않지만, 이들의 성능은 지속적으로 발전하였다. 이들 신무기의 특성을 활용하겠다는 일념에서 군은 조직과 교리를 갱신하였다.

그러나 이같은 변화의 과정이 순조롭지 만은 않았다. 지난 수십 년간의 경험에서 알 수 있듯이, 기술이 혁신적으로 발전하는 경우에는 과거에는 볼 수 없었던 전혀 새로운 형태의 능력이 출현하거나 현존체계의 특성이 획기적으로 개선되었다. 단일의 무기체계에 변화가 있는 경우에는 신기술을 활용한다는 차원에서 현존 교리를 수정 및 보완하여 이에 대처하였다. 그러나 다수의 체계가 동시에 바뀌는 경우에는 주변 환경이 혁신적으로 뒤바뀌기 때문에 군의 교리를 근본적이고도 끊임없이 갱신하지 않을 수 없을 것이다.

지난 20년간을 회고해 보면, 기술의 혁신적인 발전으로 군 체계의 성격이 획기적으로 변하였음을 알게된다. 오늘날의 군사혁신은 컴퓨터 및 데이터통신과 같은 정보기술이 주도하고 있다. 우주에 위치하고 있는 '정찰·감시 체계(Reconnaissance and Surveillance)', 무인 항공기 그리고 레이더와 같은 지상 감지체계의 출현으로 지난 십여 년 전에는 감히 상상도 할 수 없었던 '정보·정찰·감시 체계(ISR: Intelligence,

Surveillance and Reconnaissance)'가 대두하였다. 지구상 어느 곳이든 전송이 가능한 디지털통신과 '실시간' 전송을 가능하게 하는 광대역 전송체계의 출현으로 지휘통제의 개념이 근본적으로 뒤바뀌고 있다. 미사일·포탄·보병화기 등에서 볼 수 있는 '두뇌가 있는 무기(Smart Weapon)'가 출현하면서 정밀유도무기라고 지칭되는 새로운 유형의 무기가 탄생하여 『감지된 것은 모두 공격 가능하며, 공격한 것은 100% 파괴할 수 있다』는 새로운 환경이 조성되었다. 군 역사에서 지난 10여 년간 발생한 획기적인 사건들의 이면(裏面)에는 이같은 기술이 숨어 있었고 또한 이들 기술로 인해 군사혁신이 유발되었다.

마치 군의 역사에 종말이 다가온 듯이 정보기술에 의한 오늘날의 군사혁신이 마지막의 혁신일 것처럼 논리를 전개하는 사람들도 없지 않다. 그러나 이는 지나친 비약이다. 오늘날에는 감히 상상조차 할 수 없을 정도의 새로운 형태의 기술이 출현하면서 미래전에서 대변혁이 야기될 소지는 충분히 있다.[4] 오늘날 군사혁신의 특징은 이들 혁신이 현존 기술, 그리고 이미 만들어져 있거나 만들고 있는 무기에 의해 유발될 것이라는 점이다. 더욱이 군의 체계에 대변혁을 유발하는 주체는 폭발적으로 발전하고 있는 오늘날의 정보기술인데, 이는 전혀 놀랄 일이 아니다. 예를 들면, 자료의 수집·저장·처리 분야가 발전하면서 소위 말해 '정보·정찰·감시 체계'의 출현이 가능했으며, 지휘관의 지휘통제 방식을 근본적으로 개선힐 수 있었딘 것도 데이터동신 매체의 선송 속노가 수억 배 이상 증가하였기 때문이었다. 또한 정밀유도무기의 정확도를 획기적으로

---

4) 이미 언급한 바와 같이 오늘날의 군에서 가장 중요한 특징중 하나는 다양한 형태의 군사혁신을 동시에 경험하는 그러한 시대에 우리가 살고 있다는 점이다. 정보를 중심으로 한 군사혁신과 더불어 우주기술, 생체기술(Biotechnology), 에너지무기(Directed Energy Weapon)뿐만 아니라 다양한 형태의 기술에 근거한 군사혁신이 부상하고 있다. 이같은 상황하에서 승리하려면 상대방보다 신속하게 획득정책, 작전개념 및 조직을 시대에 걸맞게 변형시킬 수 있어야 할 것이다.

향상시킬 수 있었던 것도 컴퓨터의 처리·저장 능력이 크게 발전하였기 때문이었다. 오늘날 우리는 정보에 기반을 둔 군사혁신의 시대에 살고 있다.

그러나 새로운 기술을 군에 단순히 접목시킨다고 군사혁신이 유발되는 것은 아니다. 첨단의 기술을 군에 접목시키는 경우 일의 효율성은 높아지겠지만, 일을 처리하는 방식과 조직 구조를 근본적으로 바꾸지 않고는 군사혁신은 가능하지 않다. 예를 들면, 데이터 통신망과 개인용 컴퓨터가 사무실에 출현하면서 일의 효율성은 크게 향상되었다. 워드프로세서가 출현하면서 참모들뿐만 아니라 의사결정권자들 또한 문서를 스스로 작성할 수 있게 되면서 대규모의 자료를 비서들이 타이핑할 필요가 없게 되었다. 전자메일의 출현으로 동료간에 의사를 매우 쉽게 전달할 수 있게 되었으며, 컴퓨터 통신망이 출현하면서 사무처리에 소요되는 비용과 시간이 크게 개선되었다. 그러나 아퀼라와 론펠트(Arquilla and Ronfeldt)가 언급한 바와 같이 신기술의 출현으로 생각할 수 있는 최상의 효과가 효율성의 증진은 아닐 것이다.[5] 기업에서 정보기술에 의한 혁신은 기업의 리엔지니어링, 다시 말해, 기업의 조직을 바꾸고 업무를 재분배하면서 비로소 나타났다.

이는 군의 환경에도 똑같이 적용되는 논리이다. 신기술을 수용한다는 차원에서 군의 교리를 단순히 수정한다고 군사혁신이 유발되는 것은 아니다. 군사혁신은 군의 체계들에 신기술을 적용함과 동시에 작전개념과 조직을 혁신적으로 갱신하여 분쟁의 성격과 수행방법을 근본적으로 바꿀 수 있을 때만이 가능하다. 이러한 혁신을 통해서만이 군의 효율과 전투능력이 획기적으로 발전하게 된다.[6]

---

5) John Arquilla and David Ronfeldt, *"Cyber War is Coming!"*, Comparative Strategy, Vol. 1, No. 2, p.143.

6) Andrew F. Krepinevich, *"Cavalry to Computer: The Pattern of Military Revolution"*, The National Interest, No. 37(Fall) 1994, p. 30.

따라서 진정한 의미에서의 군사혁신이란 작전개념과 군의 조직 구조를 근본적으로 바꿀 수 있을 때만이 가능하다. 예를 들어보자, 1916년도의 제1차 세계대전에 참여했던 주요 국가들은 탱크·항공기·라디오와 같이 당시의 기준으로 볼 때 첨단의 장비를 보유하고 있었으며, 이들을 캄브라이(Cambrai) 전투에서 실제로 사용하였다. 그러나 탱크는 보병의 지원용으로, 라디오는 상급 부대간의 지휘통제 용으로, 항공기는 항공정찰과 후방차단 임무를 위한 목적으로 주로 활용하였다. 이들의 잠재 능력을 파악하고 이들 체계에 맞추어 작전개념과 조직구조를 바꾸는 데는 20년이란 기간이 소요되었다. 오늘날 우리는 당시의 작전개념을 '전격전(電擊戰: Blitzkrieg)' 그리고 전격전을 가능하도록 한 당시의 군 구조를 '판저사단(Panzer Division)'이라고 부르고 있다. 그 결과 군의 전투역량과 효율이 획기적으로 향상되었다. 이와 비슷하게, 미 해군은 제1차 세계대전이 발발되기 이전에 이미 항공모함·구축함·순양함을 보유하고 있었다. 그러나 항공모함은 정찰용이고 전투함이 해군 함대의 근간이라는 인식을 갖고 있었다. 해군력 증강의 측면에서 항공기와 항공모함의 중요성을 간파하여 새로운 작전개념을 도출하고, 이들을 항공모함 중심의 전투 군단으로 조직화하여 해전의 성격과 수행방식을 변화시키는 데는 20여 년의 기간이 소요되었다.

정보기술에 기반을 둔 오늘날 군사혁신의 성격과 의미를 파악한다는 차원에서 본 논문에서는 군 작전에 정보기술이 끼친 효과와 정보기술로 인해 탄생된 군의 체계들을 살펴볼 것이다. 이같은 맥락에서, 첫째 정보기술이 전장의 성격을 어떻게 변화시켰으며, 변화시키고 있는가를 살펴볼 것이다. 둘째, 미래의 군 작전에서는 우수한 형태의 정보체계를 보유하는 것과 이들 정보체계 내에서 정보가 원활히 유통될 수 있도록 하는 것이 매우 중요하다는 점을 강조할 것이다. 셋째, 전쟁의 성격과 수행방식이 획기적으로 변하고 있다는 점과 정보가 원활히 유통될 때만이 군 작전이 순조롭게 진행될 수 있다는 인식 하에서, '정보공간(Information Space)'이 군에서 새로운 영역으로 부상하고 있으며, 향후에는 군사 분쟁에서뿐만 아니라 국가 안보의 측면에서도 정보전이 매우 중요한 의미를 갖게 될 것이라는 논리를 전개할 것이다.

2. 전장 성격의 변화

컴퓨터와 데이터통신을 중심으로 한 오늘날의 정보기술로 인해 전장의 성격이 크게 변하고 있다. 오늘날에는 전장을 '시간'·'공간' 그리고 '군사력'의 측면에서 바라볼 수 있는데, 이들에 대한 개념이 끊임없이 변하고 있다. 『상황을 인지한 후 조치에 이르기까지에 소요되는 시간이 크게 단축되고 있으며, 전쟁이 수행되는 공간도 우주라는 요소를 포함하여 대폭 확장되고 있다. 더욱이 정보화시대인 오늘날 군사력를 평가하는 척도 또한 크게 바뀌고 있는 실정이다.』

(1) 시간

제2차 세계대전 당시 몇 일이 소요되던 일들이 미래에는 몇 시간, 몇 시간 걸리던 일은 몇 분, 그리고 몇 분 걸리던 일은 수 초 내에 완료될 수 있을 것이다. 이들이 군의 작전개념과 조직에 끼치는 영향은 지대하다.

정보기술의 발전으로 전장터에서 시간의 개념이 크게 단축되고 있다. 예를 들면, 영국전투(Battle of Britain) 당시 영국 공군은 날아오는 적 항공기를 레이더를 이용해 식별할 수 있었다. 적 항공기가 레이더에 포착되면 비행단에 비상을 걸어서 적 항공기가 날아오는 방향으로 전투기를 유도하였다. 특별한 이상이 없는 한 영국의 공군 조종사들은 적기를 요격·격추한 후 비행기지로 무사히 귀환할 수 있었다. 그러나 미래의 항공작전은 적 항공기의 식별·통보·접전에 관한 사항들이 인간의 능력만으로는 결정할 수 없을 정도로 매우 빠르게 진행될 것이다. 따라서, 페트리오트 미사일의 경우에는 자동 발사가 가능하도록 특수 '모드'가 있어서, 이 '모드'로 설정하게 되면 발사 과정에서 사람이 개입될 필요가 없기 때문에 의사를 신속히 결정할 수 있다. 다시 말해, 목표물의 위치를 파악하여 추적·식별·접전에 이르는 과정이 자동으로 처리되고 있다. 미래에는 해상 및 지상 전투 또한 이 같은 방식으로 진행될 것이다. "지휘통제체계를 이용해 감지체계와 공격체계를 연결(Sensor-to-Shooter Link)"할 수 있게 됨에 따라 미래에는 표적의 식별에서부터 무기의 발사에 이르기까지 소요되는 시간이 크게 단축될 것이다.

미래에는 '정보·정찰·감시 체계'의 출현으로 빠르게 날아오는 다수의 표적을 거의 실시간에 식별하여 자동화된 의사결정체계에 관련 정보를 전송할 수 있을 것이다. 여기서는 미리 작성된 소프트웨어에 근거하여 접전(接戰)을 할 것인지, 접전을 하는 경우 사용할 체계는 무엇인지, 그리고 재 접전의 유무를 결정할 것이다. 너무도 빠른 속도로 전쟁이 진행될 것이기 때문에 접전의 유무를 사람이 판단할 수는 없을 것이다.

이는 작전적 차원에서도 그대로 적용되는 현상이다. 퇴역 미 육군참모총장 설리반(Gordon R. Sullivan) 대장은 『Military Review』에 게재한 논문에서 전장에서 시간의 의미가 크게 변하고 있다는 점을 도표를 이용하여 설명하고 있다.

[표 1] 시간과 지휘통제

	프랑스혁명 전쟁	남북전쟁	제2차 세계대전	걸프전	미래의 전쟁
관 찰	망원경	전 보	라디오/무선	거의 실시간	실시간
상황파악	몇 주	몇 일	수 시간	몇 분	지속적
의사결정	몇 달	몇 주	몇 일	몇 시간	즉 시
행 위	한 계절	한 달	일 주일	하 루	한 시간이내

존 보이드의 OODA 모델을 이용하여 설리반 대장은 프랑스혁명 전쟁 이후 관찰 · 상황파악 · 의사결정 · 행동에 이르기까지에 소요되는 시간이 크게 줄어들고 있음을 설명하고 있다. "1991년도의 걸프전에서는 프랑스혁명 당시 한 계절이 소요되었던 전투 준비 기간이 하루로 단축되었다."고 그는 말하고 있다. 이런 추세로 나아가면 "미래전에서는 적대 행위가 시작된 지 불과 몇 시간 이내에 전투 준비가 완료될 것이다"고 그는 말하고 있다. 그는 도표를 이용하여 "전장에서 시간의 개념이 변하고 있다."[7]는 사실을 설명하였다.

날씨에 상관없이 미래에는 밤낮으로 군 작전을 지속할 수 있을 것이다. 예를 들면, 1991년도의 걸프전 당시 미 7군단은 90시간 이상 지속적으로 작전하면서 12개 이상의 이라크 사단, 1,300대 이상의 탱크, 1,200여 대의 전투장비, 285문의 야포와 100여 개의 방공망체계를 격파 또는 파괴하였으며 22,000여 명의 포로를 생포하였다.[8] 또한 시정(視程)에 무관하게 표적을 찾아 날아가는 크루즈 미사일과 정밀유도무기를 이용하여 미국을 중심으로 한 다국적군은 야간에도 이라크의 수도를 공격할 수 있었다. '야간에도 대낮처럼 볼 수 있도록 하는 체계(Night Vision System)', 정밀 레이더 그리고 일련의 기술로 인해 지속적으로 작전을 수행할 수 있게 되었다.

필요한 정보를 충분히 받아볼 수 있는 경우에는 시간에 관한 전통적 관념이 대폭 바뀌어야 할 것이다. 향후에는 제2차 세계대전 당시 몇 일이 소요되던 일은 몇 시간, 몇 시간 걸리던 일은 몇 분 그리고 몇 분 걸리던 일은 수 초 이내에 달성할 수 있을 것이다. 이같은 사실들이 군의 작전개념 및 조직에 끼치는 의미는 매우 지대하다.

---

7) General Gordon R. Sullivan and Colonel James M. Dubik, *War in the Information Age*, Military Review, April 1994, p. 47.

8) U. S. Government, Department of Defence, Conduct of Gulf War Campaign, Washington, DC: USGPO, April 1992, pp. 291-292..

(2) 공 간

오늘날에는 전장이 3차원 공간으로 확장되고 있다. '21세기의 지상전' 이란 제목의 팜플렛에서 설리반 대장은 도표를 이용하여 이같은 변화를 설명하였다.[9] 예를 들면, 1973년도의 10월 전쟁 이후 10만 명의 군인 이 점유하는 전장 공간이 종횡으로 크게 확장되었다. 이처럼 전장 공간 을 종횡으로 크게 확장할 수 있었던 것은 정보기술의 발전으로 인해 군 인들이 양질의 정보를 원활히 받아볼 수 있게 되었기 때문이기도 하다. 깃발을 이용하여 지휘하던 시절의 지휘관은 휘하의 장병들을 내려다 볼 수 있는 위치에서 지휘를 하였다. 이동형 라디오가 출현하면서 지휘관들 은 이들 라디오를 이용해 자신이 교신할 수 있는 범위까지 지휘할 수 있 게 되었다. 그러나 오늘날에는 디지털 통신과 인공위성의 출현으로 광범 위한 지역으로 산개(散開)되어 있는 휘하의 장병들과 지휘관이 교신할 수 있게 되었다. 통신 기술이 비약적으로 발전하면서 산개 정도에 무관 하게 부대를 지휘할 수 있게 되었다. 사실 설리반 대장은 주로 육군의 입장에서 생각하였기 때문에, 전장 공간의 확장 정도를 과소 평가한 측 면도 없지 않다. 오늘날에는 해안으로부터 멀리 떨어진 곳에 위치한 함 정에서 발사된 미사일과 원거리에서 발진한 항공기들을 이용하여 전술 및 작전적 차원의 효과를 유발할 수 있게 되었다.

전장 공간이 종 · 횡으로 뿐만 아니고 수직으로도 확장되고 있다. 물론 제1차 세계대전 이전에는 전장이 2차원 평면에 국한되어 있었다. 항공기 가 출현하면서 전장이 3차원으로 확장되었다. 최근 들어 전장의 영역이 3차원 공간으로 크게 확장되고 있다. 오늘날에는 데이터통신과 정보위성 의 출현으로 전장이 3차원 영역을 넘어서 우주로까지 확장되고 있다.

---

9) Generl Gordon R. Sullivan and Lieutenant Colonel James M. Dubik, Land Warfare in the 21st Century, Carisle Barracks, PA: Strategic Studies Institute, 1993, pp. 12-14.

1991년도의 걸프전에서 다국적군은 하늘과 우주 공간을 완벽히 장악할 수 있었는데, 이는 매우 중요한 의미를 갖는 사건이었다. 당시의 전쟁에서 다국적군은 상대방을 완벽히 파악한 상태에서, 전혀 제약을 받지 않으면서 이라크를 공격할 수 있었을 뿐만 아니라 자유롭게 교신할 수도 있었는데, 이는 다국적군이 우주 공간을 장악하고 있었기 때문이었다. 다국적군은 인공위성을 이용하여 정보 및 영상을 받아 볼 수 있었으며, 막강한 지휘통제체계를 유지할 수 있었다. 또한 당시의 전쟁에서는 '위치파악체계(GPS: Global Positioning System)'가 중요한 역할을 담당하였는데, 이들 체계를 다국적군이 활용할 수 있었던 반면에 사담은 이용할 수가 없었다. 향후의 전쟁에서는 이처럼 우주 공간이 중요한 역할을 담당할 것이기 때문에 지휘관이 관심을 표명해야 할 전장 공간이 수천 평방 마일로 확장될 것이다. 따라서 군의 지휘관들은 적이 보유하고 있는 정찰위성의 궤적(軌跡)을 파악하고 있어야 할 것이다. 또한 전장의 지휘관들은 상대방 적의 통신 및 항법 능력, 그리고 아측 인공위성 체계에 대한 이들의 공격 능력에 대해서도 잘 알고 있어야 할 것이다. 자신이 운영하고 있는 체계의 성능을 파악하고 있어야 함은 물론이다. 오늘날에는 전장 공간이 대기권을 넘어서 외계로까지 확장되고 있다.

(3) 군사력

과거의 전쟁에서는 전쟁 당사국들이 보유하고 있는 병력·기마병·화포의 수를 계산하여 어느 편이 승리할 것인지를 대략 예측할 수 있었다. 기술 및 무기 체계의 현대화 정도가 중요한 요소로 부상하고 있는 오늘날, 전쟁의 승패를 예측한다는 것이 쉬운 일은 아닐 것이다. 제2차 세계대전 당시의 전투폭격기 군단들과 비교할 때 단 한 대의 전투기가 정밀유도무기를 이용하여 임무를 보다 완벽히 완수할 수 있게 된 시대, 이동 중에 있는 기계화 부대를 우주의 자산을 이용해 파악하여 몇 발의 무기로 격파할 수 있게 된 시대, 지휘통제체계를 공격하여 상대방 적에게 치명적인 효과를 유발할 수 있는 그러한 시대에 우리는 접어들고 있다. 설리반 대장의 말처럼 우리는 오늘날 '발상의 전환(Paradigm Shift: 사물을 바라보는 관점의 전환)'이 절실히 요구되는 그러한 시대에 살고 있다. 오늘날 지상전의 전투력 지수를 산출하기 위한 법칙들의 대부분이 그 의미를 이미 상실하였다.[10] 군사력에 대한 개념을 재검토해야 하는 그러한 시대가 되었다.

  군사력의 문제를 거론하면서, '전력의 배가 요소(Force Multiplier)'라는 표현을 사용하는 분석가들이 있는데, 이는 새로운 형태의 군사 능력 및 기술의 출현에 의해 야기된 엄청날 정도의 효과를 충분히 대변하는 표현이 아니다. 오늘날에는 군사력을 배가(倍加)시키는 차원을 넘어서 기하급수적으로 증진시키는 기술도 있다. 더욱이, 난해한 비선형의 형태로 군사력을 증진시키는 기술도 없지 않다. 경우에 따라서는 무기체계와 동일한 형태의 역할을 담당하는 정보능력도 있는 실정이다. 이러한 시대에 군사력간의 관계를 바라보는 척도는 무엇인가? 특정 군사력을 여타의 군사력과 어떻게 비교할 수 있을 것인가? 전투력 지수를 계산하기 위한 방법은 무엇인가?

  정보와 정보체계들이 전쟁에 끼친 효과를 알고자 한다면 이들의 출현으로 전장 공간이 어떻게 변화되고 있는지를 알 필요가 있을 것이다. 육·해·공군이 사용하는 개개의 기능을 총체적으로 망라해 보는 것도 의미가 없지는 않겠지만, 전장의 특정 기능을 분석하는 과정에서 각군이 서로 상이한 방식을 사용하고 있다는 점으로 인해 이는 쉬운 일이 아니다. 미 육군은 7 가지의 전장 체계를 운영하고 있는 데, 이들 중 정보·병참·지휘통제·화력지원과 같은 4 종류의 체계는 정보 및 정보체계와 밀접한 관계가 있다.

---

10). Sullivan and Dubik, Land Warafre in the 21st Century, p. 22.

　오늘날에는 자료의 수집·저장·처리·분배에 관한 혁신적인 기술들이
출현하면서 군 첩보(Intelligence)의 성격이 획기적으로 뒤바뀌고 있다.
오늘날의 인공위성은 그 성능이 매우 뛰어나기 때문에 이것을 이용해 촬
영한 사진의 해상도가 현저히 높아지고 있는 실정이다. 이처럼 적의 주
요 표적을 선명히 보여주는 고화질의 사진을 실시간에 받아볼 수 있게
됨에 따라 오늘날의 지휘관들은 전장 공간을 완벽히 파악할 수 있게 되
었다. 예를 들면, 미 합참은 퇴역 합참차장 오웬(William A. Owens)
제독의 주장을 수용하여, 200 mile × 200 mile 내의 전투 공간에 위
치하고 있는 모든 표적들을 실시간에 관찰할 수 있어야 한다는 의미에서
'전장공간에 대한 주도적 인식(DBA: Dominant Battlespace Aware-
ness)'을 교리 및 군 구조에 반영하고 있다. 영상정보·신호정보 등 정
보와 관련되는 분야들이 크게 발전하면서 미군은 적군의 조직을 거의 완
벽하게 파악할 수 있게 되었다. 또한 AWACS와 JSTARS의 덕분으로
지상 및 하늘에서 움직이는 모든 형태의 표적들을 정확히 규명할 수 있
게 되었다. 우주에 기반을 둔 체계, 그리고 아직은 그 수준이 초보적 단
계이지만 무인 항공기를 이용하여 적 후방 깊숙이 수천 마일까지도 관찰
할 수 있게 되었다. 그러나 이들 능력도 오늘날 개발되고 있는 체계들에
비교한다면 '빙산의 일각'이라고 말할 수 있을 것이다.
　첨단의 감지 장비를 탑재한 상태에서 공중에 장기간 체류할 수 있는
무인 항공기가 출현하게 될 날도 멀지 않았다. 이처럼 노출되지 않는 체
계들을 이용하여 전투 상공에서 적의 위치와 활동을 관찰할 수 있을 것
이다. 우주에 위치하고 있는 체계 그리고 JSTARS 및 AWACS를 이들
과 함께 사용한다면 전장 공간을 거의 실시간에 완벽히 파악할 수 있을
것이다. 이들 정보수집 수단을 이용해 획득한 정보를 적절히 가공하여
지휘관들이 그 내용을 쉽게 파악할 수 있도록 해야 할 것이다. 이들 정
보를 가공하는 과정에서도 데이터통신 및 컴퓨터와 같은 정보기술이 절

대적인 역할을 담당할 것이다. 현존의 컴퓨터보다 수십 배에서 수백 배가 빠른 컴퓨터들을 이용하여 생산된 디지털 정보 중 필요한 부분을 쉽게 찾아볼 수 있도록, '인터넷'에서 사용되고 있는 지능을 구비한 '탐색장비(Search Engine)'란 개념을 이용할 수도 있을 것이다.

정보수집 수단뿐만 아니라 수집된 정보의 처리를 위한 장비들의 성능이 급격히 개선되면서 『1991년도의 걸프전 당시 미군은 의미 있는 현상의 15% 정도를 기후에 상관없이 실시간에 지속적으로 관찰할 수 있었다. 1995년도에는 그 수치가 20~30% 정도로 높아질 것이며, 2000년도에는 50% 이상이 될 것이다.[11] 더욱이 2005년이 되면 군사적으로 중요한 표적의 90% 이상을 실시간에 규명할 수 있을 것이다.[12]』고 오웬 제독은 예상하고 있다. 오늘날에는 군 정보(Intelligence)의 성격이 획기적으로 변하고 있다.

정보를 수집하여 처리하는 것만으로는 충분하지 않을 것이며, 필요한 사람들에게 정보가 적시에 전달될 수 있어야 할 것이다. 필요한 사람들에게 적시에 정보가 전달될 수 있도록 한다는 차원에서, 미 육군은 '정보의 회전목마'[13] 를 구상하고 있다. 미 공군은 정보수집 수단을 통해 획득한 최신의 정보를 조종사들이 직접 받아볼 수 있도록 하기 위한 체계

---

11) Admiral William A. Owens, *"System of Systems"*, Armed Forces Journal International, January 1996, p. 47.

12) Cited in, Kenneth Allard, Col, USA, *"Information Warafre and the Challenge to Corporate Culture"*, Presentation to the Annual Convetion of the Electronic Industries Association, Phoenix AZ, October 11, 1995.

13) See US Army Training and Doctrine Command Pamphlet 525-5, Force XXI Operations: A Concept for the Evolution of the Full-Dimensional Operations for the Strategic Army of the Early Twenty-First Century, Ft. Monroe, VA: Headquarters, US Army Training and Doctrine Command, 1994

를 구상 중이다. 간단히 말해, 첨단 정보체계의 출현으로 군 정보의 성격에 일대 혁신이 일어나면서 지휘관들이 다량의 정보를 정확히 받아볼 수 있게 되었다.

오늘날의 첨단 정보기술을 이용하게 되면 군의 병참체계를 획기적으로 개선할 수 있다. 군 작전의 특성으로 인해 미국의 '월마트'와 같은 대형의 체인점에서 사용되고 있는 기술들을 그대로 적용할 수는 없지만, '적시 배달', '총체적 재고 파악'과 같은 기술의 저변에 숨어 있는 원리는 이들 민간 업체에서 뿐 아니라 군에서도 적용될 수 있을 것이다. 군은 정보기술에 기반을 둔 병참체계의 저력을 어느 정도까지는 피부로 감지하고 있는 실정이다. 이같은 과정이 지속된다면, 전장터 근처에 대형의 저장소를 유지해야만 하였던 과거의 관행은 종말을 고하게 될 것이다. 사실 이들 저장소를 공격하게 되면 그 효과가 엄청날 것이기 때문에 이들은 공격에 좋은 표적이다. 또한 중대 · 대대 · 연대 · 사단 · 군단과 같은 부대들이 이동하는 과정에서는 수십 만 톤에 달하는 물자를 이동할 필요가 있는데, 앞에서 언급한 바 있는 민간의 병참 개념을 도입할 수 있다면 물자 운반에 따른 불편이 전혀 없이 신속히 움직일 수 있을 것이다.[14] 이들 개념을 이용하게 되면 육 · 해 · 공군의 전투 장비에 이상이 있는 경우 이들을 수리하는 과정에서 소요되는 시간을 크게 단축할 수 있을 것이기 때문에 전투 효율이 획기적으로 개선될 수 있을 것이다. 조직의 리엔지니어링을 통해 민간 조직의 성격이 크게 변하였듯이 정보기술에 기반을 둔 병참체계들의 도입으로 군 작전의 성격이 획기적으로 변화될 가능성이 있다.

실시간에 가까운 첩보(Intelligence)와 다량의 정보를 보유하고 있는 경우에도 지휘통제 수단 및 방법을 통해 전쟁에서 이들을 활용할 수 없다면 커다란 의미가 없을 것이다. 오늘날 정보통신망의 전송 속도와 컴

---

14) 중대 및 대대라는 과거의 조직 관행에서 탈피할 필요가 있을 수도 있다.

퓨터의 처리 속도가 획기적으로 개선되면서 이같은 문제가 해결되고 있
다. 오늘날의 지휘관들은 '모래로 만든 테이블'을 이용하지 않고도 작전
계획을 설명할 수 있으며, '모의실험(Simulation)'을 이용하여 평시에도
작전을 연습할 수 있을 것이다. 더욱이 작전기획 단계에서조차도 수천
마일 떨어져 있는 곳에 위치하고 있는 전문가의 자문을 받을 수 있기 때
문에 단순한 기획 과정에서 또는 진행 중인 작전을 추적하는 과정에서
필요했던 다수의 참모진들이 크게 줄어들 수 있을 것이다. 1991년도의
걸프전에서 주목된 바와 같이 『보다 효과적으로 작전을 수행할 수 있다
는 차원만이 아니다. 정보통신과 컴퓨터의 출현으로 혁신적인 방식으로
일을 처리할 수 있게 되었다. 예를 들면, 전장터에서 7,000마일 이상
떨어진 곳에 위치하고 있는 자원들로부터도 지휘관과 참모가 도움을 받
을 수 있게 되었다.[15]』

이처럼 과거에는 상상도 할 수 없었던 새로운 능력들을 이용하게 되면
지휘의 개념 자체를 획기적으로 바꿀 수 있을 것이다. 이들 체계를 이용
하면 모든 제대의 지휘관들이 거의 실시간에 전장을 인식할 수 있다는
점에서 군의 전형적 지휘 형태인 계층적 지휘구조는 오늘날 적합하지 않
다고 생각하는 군사 전문가들도 있다. 미 육군에서 발간된 팜플렛에는
다음과 같은 내용의 글이 적혀 있다. 『신기술의 출현으로 육군은 전투
지휘에 관한 지금까지의 관점을 재평가해야 할 것이다. 미래의 군 작전
에서는 상하 제대간의 지휘 절차뿐만 아니라 동료들 간의 수평적인 관계
도 고려해야 할 것이다. 따라서 미래에는 명령 계통이 매우 복잡해질 가
능성이 있다.[16]』

정밀유도무기가 그 위력을 유감없이 발휘하였던 1991년도의 걸프전

---

15) Joseph S. Toma, *Desert Storm Communication* in Alan D. Campen,
The First Information War, Fairfax, VA: AFCEA International Press,
1992, p. 5.

16) TRADOC Pamphlet 525-5, Force XXI Operation, p. 1-5.

이후, 전장에서의 정밀화력지원이란 개념이 종종 거론되고 있다. 분명히, 이들 정밀화력지원체계 중에는 전투장에서 제 기능을 발휘하지 못할 부분도 없지 않다. 그러나 보다 노력한다면 정밀유도무기의 가격은 크게 저하시키면서도 이들의 성능은 크게 개선시킬 수도 있을 것이다. 상대방 국가의 핵심 표적을 정확히 공격할 수 있도록 하였다는 점만으로도 정밀유도무기가 전쟁을 혁신시켰다고 주장하는 사람도 있다. 정밀유도무기를 이용하면 공격해야 할 대상만을 정확히 공격하여 격파할 수 있기 때문에 전쟁에서 소요되는 비용이 크게 감소할 것이다. 이같은 이유로 오늘날의 전쟁은 과거의 경우와는 크게 다를 것이다.

정밀유도무기의 위력은 말로 다 표현할 수 없을 정도로 지대하다. 예를 들면, 걸프전이 발발한지 24시간도 채 안된 짧은 기간 동안 다국적군은 1943년도 당시 미 제8공군이 1년 동안 공격하였던 독일 내의 표적의 3배 이상의 이라크 내의 표적을 공격할 수 있었다. 더욱이, 무기의 정밀도가 크게 개선되면서 공격에 의한 부수적인 피해가 거의 없었으며, 의도하는 표적을 정확히 공격할 수 있었다. 그 결과 이라크 내의 대부분의 공장이 무력화되었다. 또한 이라크가 보유하고 있던 항공력의 대부분은 제대로 사용해 보지도 못한 채 지상에서 파괴되었다. 당시의 전쟁에서 다국적군은 이라크군이 전혀 예상하지 못한 장소와 시간에 이들을 공격할 수 있었는데, 이는 다국적군이 장거리 정밀화력체계를 보유하고 있었기 때문이었다. 이같은 공격으로 인해 이라크군이 보유하고 있던 전투장비들의 대부분이 대파되었다. 또한 '청천 하늘에서의 날벼락'과 같은 형태로 자신들의 탱크가 파괴되는 것을 목격한 이라크군은 말로 형언할 수 없을 정도의 심각한 충격을 받았다. 총 한 번 제대로 쏘아보지도 그리고 다국적군의 모습은 보지도 못한 채 이라크의 전 부대가 궤멸되었다.

이처럼 군의 전투능력이 크게 개선될 수 있었던 것은 오늘날의 첨단

정보체계(Information System)가 있었기 때문이었다. 그러나 이같은
효과를 개별적으로 고려해서는 정보화시대의 전쟁의 본질을 제대로 파악
할 수 없을 것이다. 소위 말해 군사혁신은 이같은 다수의 효과들이 결합
되어 승수 효과를 일으킬 때 창출되기 때문이다. 첩보(Intelligence)체
계의 성능이 개선됨에 따라 상대방 국가의 핵심 표적들을 정밀유도무기
를 이용하여 보다 많이, 그리고 보다 정확하게 공격할 수 있게 되었다.
과거에는 적에 관한 정보가 부정확하였으며, 포탄의 정밀도 또한 크게
미흡하였기 때문에 의도하는 목표를 달성하려면 다량의 포탄을 특정 지
역에 집중적으로 투하하여 이들 지역을 초토화시킬 필요가 있었다. 그러
나 오늘날에는 우수한 첩보체계의 출현으로 상대방을 정확히 파악할 수
있을 뿐만 아니라 무기의 정밀도가 크게 개선되었기 때문에 이같은 공격
이 그 의미를 상실하였다. 의도하는 표적을 격파하는 과정에서 소요되는
무기의 양이 크게 감소하였기 때문에 미래에는 병참체계 또한 매우 간편
해질 것이다. 병참체계의 개선으로 인해 지상군은 보다 작은 규모의 군
사력으로도 신속히 이동하면서 의도하는 목표를 달성할 수 있을 것이다.
우수한 정보를 이용하여 이들 지상군은 공격에 의한 효과가 극대화될 수
있는 위치를 정확히 공격할 수 있을 것이다.

3. 부상하고 있는 작전개념

이미 언급한 바와 같이, 신기술과 신무기 체계가 출현한다고 군사혁신이 유발되는 것은 아니다. 신기술을 제대로 활용할 수 있도록 작전개념과 조직구조를 갱신할 때만이 이들 기술은 제 효과를 발휘할 수 있을 것이다. 오늘날 몇몇의 상이한 작전개념들이 출현하고 있다. 이들 작전개념을 모두 설명할 수는 없기 때문에 여기서는 대표적인 것 몇 개만을 설명하겠다. 이들 작전개념은 크게 두 종류로 분류할 수 있다.

첫 번째 부류는 '전략적 표적의 공격을 통한 방안(Strategic Attack Paradigm)'인데 『기술환경의 변화로 인해 적의 군사력을 돌파해 들어갈 필요 없이 정밀유도무기를 이용하여 이들의 핵심 표적을 공격하거나, 상대방 국가의 정보체계를 '해킹'과 같은 '정보무기(Information Weapon)'를 이용해 공격하면 전쟁에서 승리할 수 있다』는 주장이다.

두 번째 부류는 '작전적 표적인 군사력을 공격하여 목표를 달성하는 방안(Operational Attack Paradigm)'인데 『군사력은 아직도 국가의 '중심(Center of Gravity)'이기 때문에 군사력을 격파하지 않고는 전쟁에서 승리할 수 없다』는 주장이다. 이 '페러다임(Paradigm: 사물을 바라보는 관점)'의 문제점은 오늘날의 최신 기술을 최대로 반영한 새로운 형태의 작전개념을 개발해야 한다는 점이다.

(1) 전략적 표적의 공격을 통한 방안

1991년도의 걸프전에서 항공작전을 기획한 바 있는 미 공군의 가장 뛰어난 전략 사상가인 와든(John Warden) 대령은 『현대 국가를 포함한 모든 조직은 다섯 개의 상호 의존적인 체계들로 구성되어 있다』고 주장하였다.

그는 이들 상호 의존적인 다섯 체계들을 동심원(同心圓)으로 배열하였
는데, 이들 중 가장 내부의 원이 지휘부이고 그 다음이 체계핵심(예를
들면 통신체계), 기반구조, 국민 그리고 군대의 순이다. 그는 『'분열도
형'과 마찬가지로 개개의 원은 자체 내에 다섯 개의 비슷한 체계들을 갖
고 있다』고 주장하였다. 따라서 군에 해당하는 원은 또 다시 하급 지휘
부, 체계핵심, 기반구조, 병력 그리고 야전군으로 나눌 수 있다는 논리
였다.

역사적으로 볼 때, 적을 격파하기 위한 유일한 방안은 최 외곽에 위치
하고 있는 원(圓)인 군사력에 대적하는 것이었다. 최 외각의 원을 격파
했을 때 비로소 내부에 위치하고 있는 여러 원들을 공격할 수 있었다.
이는 적의 가장 강력한 부분에 대적해야 한다는 의미일 뿐 아니라 와튼
의 표현에 의하면 체계들을 '순차적(Serial)'으로 공격한다는 의미였다.
『오늘날의 항공력을 정보체계와 결합하게 되면 적의 막강한 외부 원을
공격하지 않고도 보다 취약한 내부의 원을 공격할 수 있다』고 그는 주
장하였다. 따라서 적의 군사력에 해당하는 원을 뚫고 들어가기보다는 지
휘부에 해당하는 가장 내부의 원을 직접 공격할 수 있다는 논리이다. 더
욱이 『이같은 공격은 '순차적'이 아니고 거의 병행적으로 수행이 가능하
며, 공격에 의한 효과로 적은 쉽게 무기력하게 된다』고 그는 주장하고
있다. 무기력에 대해 와튼은 자신의 견해를 다음과 같이 피력하고 있다.

"무기력을 유도하기 위한 방법은 매우 간단하다. 적을 하나의 시스템으로
본다면, 아측에 해가 되는 행위를 적이 할 수 없도록, 필요한 부분을 집중적
으로 공격하는 것이다. 적의 지휘부가 자신들에게 필요한 정보를 수집 및 처
리하여 사용할 수 없다면, 이들은 전략적 측면에서 마비된 것과 다름이 없
다. 따라서 무기력을 유도하기 위한 최선의 방법은 지휘부를 중심으로 집중
적으로 공격하는 것이다." [17]

와든이 제시한 작전개념은 오늘날과 같은 우수한 정보체계가 있기 때문에 가능한 이론임을 명심할 필요가 있다. 동심원에 근거한 그의 이론은 개개의 원간에 정보가 원활히 유통될 것임을 전제로 하고 있다. 예를 들면, 지휘부와 야전군이 상호 교신할 수 없는 국가는 이미 의미 있는 형태의 적이 아니다는 주장이다. 더욱이 작전개념 그 자체도 정보에 의존하고 있다. 공격하는 측은 상대방 국가를 동심원으로 표현하였을 때 개개 원의 내부에 위치하고 있는 표적들에 관한 정확하고도 시의 적절한 정보를 갖고 있어야 한다. 정밀유도무기를 이용하여 표적을 공격하는 과정에서도 정보는 필수적이다. 첨단 정보체계에 근거한 정보능력을 보유하고 있지 않다면 21세기에 대비한 와든의 이론은 그 실행이 용이하지 않을 것이다.

'전략적 차원의 표적을 공격하는 방안'에 관한 두 번째 작전개념에 '전략적 차원의 정보전(Strategic Information Warfare)'이 있다. 이 이론을 옹호하는 사람들은 『오늘날의 근대화된 국가들은 첨단의 정보체계에 크게 의존하고 있다』고 주장하고 있다. 재정·상업·수송·산업·통신·발전소·군대 등은 오늘날의 국가에서 핵심적인 역할을 담당하고 있는데, 이들은 시기 적절하고도 효율적인 방식으로 정보가 유통될 때만이 제 기능을 발휘할 수 있다. 더욱이 이들 체계는 상호 의존적이다. 예를 들면, 전기망이 두절되면 수송망에 이상(석유가 전기적으로 움직이는 펌프에 의해 전달되기 때문)이 생기며, 식료품의 분배체계가 붕괴되고, 은행의 마비로 인해 기업 활동이 중단되며, 그 결과로 도시는 사람이 살지 못하는 폐허로 전락하게 된다. 이처럼 상대방 국가의 통신체계를 공격하면 재정·상업·수송·산업·통신·발전소·군대 등이 차례로 붕괴된다.

<hr>

17) Col. John A. Warden III, *"Air Power for the Twenty-First Century"*, in Barray R. Schneider and Lawrence E. Grinter, BattleField of the Future:21st Century Warfare Issues, Maxwell AFB, AL:Air University Press, 1995, p. 114.

전기시설과 같은 국가의 정보 기반체계를 공격하게 되면 그 효과는 엄청
날 것이라는 주장이다.

이들을 공격하기 위해 포탄·미사일 등과 같은 'Hard Kill' 수단이 반
드시 필요한 것은 아니다는 주장이다. '전략적 차원의 정보전'을 지지하
는 사람들은 통신망을 통해 상대방의 정보체계를 침투해 들어가는 행위
인 해킹을 이용하거나, 컴퓨터 바이러스를 이들 체계에 침투하는 등 '사
이버 공간'내에 위치하고 있는 표적을 공격하면 엄청날 정도의 효과를
유발할 수 있다.[18]는 주장을 전개하고 있다. 오늘날의 전쟁에서 '전략적
차원의 정보전'이 결정적인 역할을 담당할 것이라고 믿고 있는 사람은
많지 않다. 그러나 미래의 분쟁에서는 그 효과가 엄청날 것이다.

상대방이 정보의 흐름에 의존하고 있는 정도에 따라 '전략적 차원의
정보전'에 의한 효과가 달라진다. 걸프전 기간 중 이라크의 금융체계를
다국적군이 공격하였다면 전쟁의 결과에 별 다른 효과는 없었을 것이다.
그러나 미국처럼 금융체계가 전산화되어 있는 국가에 대한 '전략적 차원
의 정보전'에 의한 효과는 말로 형언할 수 없을 정도로 지대할 것이다.
가상의 적에 대한 공격이 효과를 발휘하려면 이들 적에 대해 정확한 정
보를 보유하고 있어야 하며, 이들이 보유하고 있는 체계에 접근해 들어
가기 위한 기술을 확보하고 있어야 한다.

(2) 작전적 표적인 군사력을 공격하여 목표를 달성하는 방안

'작전적 표적인 군사력을 공격하여 목표를 달성하는 방안'을 옹호하는
사람들은 『군사력의 격파가 전략적 차원에서 승리하기 위한 관건이다』
고 주장하고 있다. 『1991년도의 걸프전에서 다국적군이 실수한 것이

---

18) 컴퓨터 바이러스처럼 사악한 목적의 소프트웨어들에 대에서는 Peter J
Denning가 편집한 Computers Under Attack: Intruders, Worms and
Viruses, New York: ACM Press, 1990에 잘 나와 있다.

있다면 이는 이라크의 군사력에 종지부(終止符)를 찍지 않은 점일 것이다」는 주장이다. 이 이론에 동조하는 형태의 작전개념은 대략 세 가지이다.

첫 번째 개념은 '정밀 소모전(Precision Attrition)'이라고 지칭된다. 첨단의 정보 수집 및 처리 기술을 이용하여 전장 내의 모든 주요 표적의 위치를 파악·규명할 수 있고, 충분할 정도의 정밀유도무기를 보유하고 있다면 이들을 신속히 격파할 수 있다는 주장이다. 상대방 국가의 핵심 표적들의 위치를 정확히 파악할 수 있다면 이들을 단 한 방에 격파하기 위한 정밀공격 능력을 개발하지 않을 이유가 있겠는가? '정밀소모전'을 달갑지 않게 생각하는 군사 전문가도 없지는 않겠지만, 오늘날의 전쟁에서는 수많은 인명을 살상하게 되면 심각한 문제를 유발할 수 있다는 점에서 '정밀소모전'은 매력적인 개념이다.

'정밀소모전'과 대비되는 개념에 '관찰·상황파악·의사결정·행위(OODA: Observe, Orient, Decision, Action)'라고 불리는 것이 있다. 효과를 효율적으로 '집중(Mass)'시키는 것이 산업화시대의 전쟁에서 중요했던 것만큼이나 정보화시대의 전쟁에서는 시간을 효율적으로 사용할 수 있어야 한다고 생각하는 사람들이 옹호하는 이론이다. '관찰·상황파악·의사결정·행위' 이론을 신봉하는 사람들은 『상황을 신속히 관찰하여 문제의 본질을 파악하고, 무엇을 해야 할 것인가를 결정한 후 가용한 자원을 활용해 상대방 적보다 빠르게 행동할 수 있는 자가 전쟁에서 승리한다』고 주장하고 있다. 이처럼 행동할 수 있는 지휘관은 적의 수뇌부가 대응방안을 모색하기도 전에 이들 적의 하급 부대를 궤멸시킬 수 있을 것이다.

이같은 능력을 보유하려면 피아(彼我)에 대한 시의 적절하면서도 정확한 형태의 정보를 관련자들 모두가 받아볼 수 있어서 전장 상황을 동일하게 인식할 수 있어야 할 것이다. 물론 이를 위해서는 오늘날의 첨단 정보체계가 필수적으로 요구된다. 정보수집 체계를 이용해 상대방보다 신속히 관찰하여 문제의 본질을 파악하고, 정보처리 능력을 이용하여 대응 방안을 결정하며, 정보 분배체계를 이용하여 의도하는 바를 휘하의 요원들에게 적시에 전달하여 특정 순간에 동시에 행동을 취할 수 있을 것이다. 간단히 말해, '관찰·상황파악·의사결정·행위' 이론에서는 보유하고 있는 정보체계의 성능이 전쟁의 승패에 지대한 영향을 끼친다고 주장하고 있다.

세 번째의 작전 개념은 '일관성 있는 작전(Coherent Operations)'이라 지칭되고 있다. 『오늘날의 첨단 정보기술로 인해 '전쟁의 불확실성 (Fog of War)'이 제거되었기 때문에 지휘관들이 일관성을 유지하면서 의도하는 바를 보다 효과적으로 전달할 수 있게 되었다』는 주장이다. 이 이론의 창시자인 제프리 쿠퍼(Jeffrey Cooper)는 자신의 견해를 다음과 같이 피력하고 있다.

> 정보기술에 의한 혁신으로 상황인식이 혁신적으로 개선되고 있다. 정보기술에 의한 혁신의 진면목(眞面目)은 이들 기술의 출현으로 가용한 정보의 규모가 엄청나게 증가했다는 점이 아니고, 이들 기술을 이용하면 보다 뛰어난 지식과 이해를 통해 고차원적으로 인식할 수 있다는 점이다…. 오늘날의 지휘통제체계(C4I: Command, Control, Communication, Computer and Intelligence) 분야 전반에서 사용되고 있는 바로 이 기술들로 인해 필요한 정보를 군의 곳곳에 실시간에 공급할 수 있게 됨에 따라 군이 공통의 '상황인식' 하에서 작전을 수행할 수 있게 되었다. 인식과 조화란 요소를 결합하게 되면 군 작전을 수행하는 과정에서 중요한 요소로 간주되어 왔던 일관성(Coherence)을 유지할 수 있을 것이다. [19]

---

19) Jeffrey Cooper, "The Coherent Battlefield- Removing the Fog of War: A Frameingwork for Understanding An MTR of the Information Age", Unpublished paper. June 1993, p. 24.

이들 '페러다임'뿐만 아니라 이들에 기반을 두고 오늘날 부상하고 있는 작전 개념들에는 나름의 장단점이 있다. 그러나 이들 모두는 두 가지의 공통점을 갖고 있다. 첫째 이들 이론은 정보의 원활한 유통을 전제로 하고 있다. 정보가 원활히 유통되어 관련된 사람들이 이들 정보를 사용할 수 있을 때만이 앞에서 언급한 작전개념들은 그 의미가 있을 것이다. 오늘날의 미군은 '병력의 원활한 유통'이란 개념 대신 '정보의 원활한 유통'을 강조하고 있는 실정이다. 따라서, 미군의 입장에서 보면 '중심 (Center of Gravity)'의 대상이 과거와는 크게 다를 것이다.

지금까지 언급한 작전개념들을 이용하게 되면 항공기 · 탱크 · 함정 등과 같은 무기의 성능을 근간으로 하고 있는 산업화시대의 군사력을 효과적으로 격파할 수 있을 것이다. 1991년도의 걸프전에서는 와든이 제시한 모델을 이용하여 다국적군이 압도적으로 승리할 수 있었다. 그러나 중국 · 일본 · 소련 등과 같은 국가의 군이 정보화군으로 전환되었다고 가정할 때, 이들에 대항하여 어떻게 전쟁을 수행할 수 있을 것인지에 대해 와든은 명쾌한 답변을 하지 못하고 있다. '전략적 차원의 정보전'에서는 미국처럼 고도의 정보화 수준에 도달한 국가들이 정보전을 이용한 역공격에 매우 취약하다는 점과 전 세계의 주요 기관 및 시설들이 컴퓨터망으로 상호 연결되고 있다는 점을 간과(看過)하고 있다. 따라서, 특정 국가의 금융체계를 공격하게 되면 여타 국가의 금융체계에도 피해를 주지 않을 수 없을 것이다. '작전적 표적인 군사력을 공격하여 목표를 달성하는 방안' 또한 이와 비슷한 결함을 갖고 있다.

'일관성 있는 작전', '정밀소모전', '관찰 · 상황파악 · 의사결정 · 행위' 이론들은 산업화시대의 군사력에는 효과가 있을지 모르지만 동급 수준의 정보화군과 대적하는 경우 어떠한 상황이 전개될 것인지에 대해서는 제대로 설명하지 못하고 있다. 상대방이 아측과 동일한 수준으로 전장공간에 대해 상황을 인식할 수 있다면 '정밀소모전'에 의한 결과가 어떻게 전개될 것인지는 그 예측이 쉽지 않을 것이다. 이 경우 먼저 공격한 쪽이 승리하겠는가?, 또는 '관찰·상황파악·의사결정·행위'에 관한 능력이 아닌 다수의 우수한 무기를 보유하고 있는 쪽이 승리하겠는가? 피·아 모두가 상대방 국가에 대해 '관찰·상황파악·의사결정·행위' 개념을 적용하여 상대방의 의사결정 과정을 지연시키고자 하는 경우 어느 쪽이 승리하겠는가? 피·아 모두가 '일관성 있는 작전'을 수행하기에 충분할 정도로 인공위성과 같은 상황 인식을 위한 체계, 그리고 통신체계를 보유하게 된다면 어느 쪽이 승리할 것인가? '일관성 있는 작전', '정밀소모전', '관찰·상황파악·의사결정·행위' 개념이 이들의 옹호자들이 주장하는 바와 같이 승리를 보장하기 위한 혁신적인 접근 방법이라고 한다면 정보분야에서 동급 수준의 경쟁자와의 전쟁에서 어느 국가가 패배할 것인지는 그 예측이 쉽지 않을 것이다.

오늘날의 미국은 첨단의 정보체계를 보유하고 있기 때문에 향후 얼마 동안은 미군이 절대적 우위를 향유할 수 있을 것이라는 것이 군사 전문가들의 일관된 견해다. 그러나 정보기술은 다분히 상용의 기술이기 때문에 이들 기술을 모든 국가들이 활용할 수 있게 될 것이다. 따라서 미래의 경쟁자들이 아측과 동일한 형태의 기술을 구입하여 적용하는 경우 심각한 위협이 야기될 수도 있을 것이다. 오늘날의 군이 비교적 용이하게 정보 능력을 건설할 수 있는 것은 다음과 같은 이유 때문이다.

- 걸프전 당시 그 위력을 발휘하였던 GPS 체계를 모든 곳에서 접근할 수 있게 되었다.
- 상용 인공위성의 성능이 크게 개선되면서 화면의 해상도가 1M 미만이 되었다.
- 상용 인공위성의 성능이 크게 개선되면서 이것을 이용하게 되면 방대한 양의 자료를 신속히 전송할 수 있을 뿐만 아니라 지구상 모든 곳과

교신할 수 있게 되었다.

- 슈퍼컴퓨터에 관한 기술이 매우 보편화되고 있다.
- 러시아, 중국 등과 같은 국가로부터 첨단 무기를 어렵지 않게 구입할 수 있다.
- 오늘날의 전쟁에서 엄청난 위력을 발휘하는 생화학 무기 또는 컴퓨터 바이러스와 같은 정보무기는 그 생산이 어렵지 않다. 인류 최초로 컴퓨터 바이러스를 만들어서 배포한 사람은 파키스탄의 컴퓨터 판매상이었다.
- 정보기술에 기반을 둔 군사혁신을 최초로 예측한 사람은 1980년대 초의 소련인이었다.

『전장공간을 인지하는 정도에서 그리고 군사력의 측면에서 대등한 능력을 보유하고 있는 국가들간의 전쟁은 장기(Chess)와 비슷하다』고 말하는 군사 전문가가 있다. 장기에서는 우수한 실력을 보유하고 있는 사람이 보통 승리한다. 이같은 형태의 사고(思考)에서 주장하는 바는 아측의 지휘관들이 상대방 국가의 지휘관들보다 정보화시대의 전쟁을 잘 이해할 수 있도록 훈련과 교육을 강화해야 한다는 점이다. 군사 지도자들에게 보다 많은 교육과 훈련이 필요하다는 주장에 대해 이견을 제시할 수는 없겠지만 전쟁을 장기에 비교하게 되면 약간의 문제점이 유발될 수 있다. 그 이유는 전쟁이란 모든 수단을 동원하여 수행하는, 다시 말해 모든 수단이 정당화될 수 있는 게임인 반면에 장기란 일정한 법칙을 준수해야 하는 게임이기 때문이다. 상대방의 한쪽 눈을 가려서 장기판의 일부분을 보지 못하게 한다면 결과에 적지 않은 영향이 있을 것이다. 장기판 위의 장기 알들이 실제의 위치와는 전혀 다른 곳에 있는 것처럼 상대방이 인지하도록 만들 수 있다면 결과는 어떠할까? 상대방이 한 수를 둘 때마다 나는 몇 수를 둘 수 있다고 한다면 어떠한 결과가 생길까?

이들 모두는 장기의 규칙에 분명히 위배되는 것이다. 그러나 상대방이 전장공간을 제대로 인식할 수 없도록 현실을 왜곡시키는 행위는 '화살통 안에 들어 있는 화살'과 마찬가지로 정보화시대의 전쟁에서는 매우 귀중한 수단이다.

4. 정보전

이같은 이유로 인해 정보화시대의 전투원은 정보공간을 제어한다는 차원을 넘어서 이들 공간을 주도적으로 지배할 수 있어야 할 것이다. 정보화시대의 전쟁에서는 상대방 국가가 보유하고 있는 정보의 수집·처리·저장·분배 능력을 말살시킴으로서 이들의 군사력 수준을 산업화시대의 정도로까지 격하시키고자 할 것이다. 오늘날의 정보기술을 효율적으로 이용하게 되면 '군사력', '시간', 그리고 '공간'의 측면에서 적지 않은 이점을 향유할 수 있을 것인데, 정보전은 상대방 국가가 이같은 이점을 향유할 수 없도록 함에 중점을 두어 진행될 것이다. 그 과정에서 전쟁 당사국들은 상대방이 보유하고 있는 장거리 정밀공격체계가 사용될 수 없도록 전장공간을 왜곡시키고자 할 것이다. 정보화시대의 전쟁에서는 상대방 국가의 정보체계를 공격함으로서 상황 파악에서 조치에 이르기까지에 소요되는 시간을 크게 지연시키고, 정보가 원활히 유통될 때만이 제 기능을 발휘하는 크루즈 미사일과 정밀유도무기를 상대방이 사용하지 못하도록 함으로서 이들 국가의 군사력이 탱크·함정·항공기와 같은 산업화시대의 유물에 의존할 수밖에 없도록 할 것이다.

정보체계는 컴퓨터 및 통신망과 같은 물리적 실체를 갖고 있다는 측면에서의 물리적 공간, 이들 체계 내에 저장되어 있는 정보의 측면에서의 사이버 공간, 그리고 이들 내부에 저장되어 있는 정보를 이용하여 인간이 인식(認識)한다는 측면에서의 인식의 공간이란 세 가지 형태의 공간의 측면에서 바라볼 수 있다. 따라서, 상대방의 정보 능력을 이들 세 부류의 공간을 통해 공격해야 할 것이다. 물리적 공간은 폭탄을, 사이버 공간은 해커를, 그리고 인식의 공간은 기만과 심리전을 이용해 공격할 수 있을 것이다. 전쟁 당사국들은 상대방이 '정밀소모전', '관찰 · 상황파악 · 의사결정 · 행위', '일관성 있는 작전', '와든의 이론'뿐만 아니라 '전략적 차원의 정보전'을 수행할 수 없도록 온갖 노력을 경주할 것이다. '정보공간(Information Space)'을 중심으로 전개되는 분쟁에 대비하여 아측은 적의 정보체계를 공격하기 위한 능력뿐만 아니라 자신의 정보체계를 보호하기 위한 능력도 구비해야 할 것이다.

『정보고지(情報高地)'를 점령하기 위한 투쟁은 모든 형태의 전쟁에서 항상 강조되어 온 사항이기 때문에 상대방의 정보체계를 공격하는 행위는 전혀 새로운 것이 아니다』고 주장하는 사람도 있다. 그러나 이같은 논리는 『핵무기는 화력이 보강된 폭발물이고, 유도미사일은 무인항공기에 불과하며, 고무풍선을 이용하여 적의 동향을 관찰하였던 남북전쟁 당시의 지휘관들도 전장공간의 통제가 중요하다는 점을 인지하고 있었다』는 주장과 전혀 다를 바가 없다. 한 차원 높은 수준에서 보다 폭넓게 생각하게 되면 이같은 주장에도 일말의 이치는 있다. 그러나 이들 주장은 상황을 충분히 고려하지 않은 것이다. 오늘날의 전투에서는 정보와 정보체계에 대한 의존도가 크게 높아지고 있기 때문에 이들 정보체계가 없이는 전쟁 수행이 거의 불가능한 실정이다. '정보환경(Information Environment)'이라고 지칭되는 새로운 환경이 조성된 것은 이같은 배경에서였다. 이같은 맥락에서 볼 때 정보전이란 과거와는 전혀 다른 새로운 환경에서 수행되는 새로운 형태의 분쟁인데, 그 의미는 혁신적이다. 정보공간의 중요성을 인지하고 있는 선각자적인 군인들이 있다. 미 합참차장을 역임한 바 있는 예르미아(David E. Jeremiah)는 『향후에는 정보의 역할, 그리고 정보를 이용해 달성 가능한 지식의 위력을 제대로 이해한 자가 지구를 지배하게 될 것이다』고 주장하

고 있다.[20] 미 공군의 멕렌돈(James McLendon) 대령은 『정보전은
육·해·공군에 의한 전쟁에 이어 4번째의 전쟁 영역이다』며 『정보전 분
야에서 앞서가야 한다[21]』고 역설하고 있다. 또한 퇴역 미 공군 참모총장
포글만(Ronald Fogleman)은 정보전에 대한 자신의 견해를 다음과 같이
피력하고 있다.

『정보기술 분야의 혁신적인 발전으로 신세계가 도래하고 있다. 정보는 민
간 분야에서뿐만 아니라 군에서도 지대한 영향력을 발휘하고 있다. 정보전은
육·해·공군 및 우주전에 의한 전쟁에 이어서 5번째의 전쟁 영역으로 분류
해도 전혀 손색이 없을 정도이다. 미래의 군 작전에서는 누가 먼저 정보공간
을 지배할 수 있는가에 따라 전쟁의 승패가 좌우될 것이다[22]』

향후의 전쟁에서는 정보의 비중이 매우 높아질 것이다. 또한 정보전이
라고 지칭되는 '정보공간을 중심으로 한 갈등'이 군 작전에서 중요한 요
소가 될 것이라는 점에는 의심의 여지가 없다. 그러나 정보전에 대한 정
의와 정보전의 범주에 대해서는 끊임없이 논란이 지속되고 있는 실정이
다.
정보전에 관한 일반적인 정의는 아직 존재하고 있지 않은데, 이는 정

---

20) Quoted in John G. Roos, *"InfoTech InfoPower"*, Armed Forces
Journal International, June 1994, p. 31.

21) Col. James W. McLendon, *"Information Warafre: Impact and Con-
cerns,"* in Barry R. Schneider and Lawrence E. Grinter가 편집한
BattleField of the Future: 21st Century Warfare Issues, Maxwell
AFB, AL: Air Universty Press, 1995, p. 171

22) General Ronald R. Fogleman, *"Information Operations: the Fifth
Dimension of Warfare"*, in remarks to the Armed Forces Communication
-Electronics Association, Washington DC, April 25, 1995. Fogleman은
우주공간이 제4의 전쟁 영역이라고 주장하였다.

보전을 공부하는 사람들에게 커다란 부담이 되고 있다. 『완벽한 정의가 반드시 필요한 것은 아니다』고 주장하는 학자들도 있지만 미 국방대학원의 교수인 리비키(Martin Libicki)는 여기에 대해 견해를 달리하고 있다.

정보전의 정의에 관해 격렬한 논쟁이 진행되고 있는데, 이들 논쟁이 학문적 차원에서의 말장난만은 아니다. 일반적으로 공감할 수 있는 형태의 정의가 없는 경우에는 오해가 유발될 수 있다. 『정보전은 모든 형태의 전쟁과 밀접한 관계를 맺고 있다』고 주장하는 사람들이 있는데, 이는 정보전의 중요성을 지나치게 과장한 것이다. 둘째, 지나칠 정도로 광범위하게 정의를 내리는 경우 '정보전이란 정보와 전쟁이 합쳐진 개념이다'는 지극히 당연한 사실 말고는 새로운 점을 도출해낼 수가 없다. 셋째, '정보전이란 정보와 전쟁이 합쳐진 개념이다'는 식으로 두 개의 단어를 조합하여 애매 모호하게 표현하게 되면 '공중우세(Air Superiority)'의 확보가 가능한 것처럼 정보전에서의 우세, 즉 '정보우세(Information Superiority)'가 현실적으로 가능하며, 이를 추구해야 한다는 오류를 범하게 된다. [23]

정보전은 리비키가 지적한 바와 같은 그러한 오류에 빠져 있는 상태이다. 미 국방부에는 정보전이란 리비키가 주장하고 있는 바와 같이 『헤커들의 전쟁(Hacker Warfare)'에 불과하다』는 부류, 그리고 『새로운 형태의 심리전에 불과하다 [24]』고 주장하는 부류들도 있다. 『정보와 인식(認識)은 모든 분쟁에 항상 내재해 있는 것이기 때문에 정보전이란 모든

---

23) Martin C. Libicki, What is Information Warfare, Washinfton DC: National Defence University, 1995, pp. 3-4.

24) Barry R. Schneider and Lawrence E. Grinter가 편집한 BattleField of the Future: 21st Century Warfare Issues, Maxwell AFB, AL: Air Universty Press, 1995에 포함되어 있는 George J. Stein의 "Information War - Netwar"를 참조 하시오.

것을 포함하는 개념이다. 따라서 정보전이란 표현은 의미가 없다[25]」고 주장하는 부류도 있다. 항공전과 정보전을 비교·설명할 수 있는 측면도 없지는 않지만 이들 두 형태의 전쟁은 비교 자체가 무의미한 측면도 없지 않다. 정보전에서 말하는 '사이버공간과 인식의 공간'은 항공전에서의 '공간'과는 전혀 차원이 다른 것이다.

'항공에서의 공간(Airspace)'을 지배하는 것은 의미가 있지만 '사이버 공간과 인식의 공간'은 지배할 수도 없으며, 지배 자체에 전혀 의미가 없다.[26]

'정보'를 바라보는 시각이 구구각각이라는 점을 명심할 필요가 있다. 예를 들면, 지휘관의 입장에서의 정보란 참모가 제공해 주는 모든 것을, 정보체계를 건설하는 시스템 엔지니어의 관점에서의 정보란 정보체계 내에서 유통되고 있는 것들을, 그리고 정보 분석가의 입장에서의 정보란 첩보(Intelligence)를 생산해 내기 위한 초도 자료를 의미한다. '정보'를 바라보는 시각이 다양한 만큼이나 정보전에 대한 개념도 서로 다를 수가 있다.

정보와 권력간의 관계를 논하면서 아퀼레(John Arquilla)는 '정보'란 용어와 연상될 수 있는 몇몇 의미를 규명하고 있는데, 이들 중 두 가지는 넓게는 '군사혁신', 그리고 좁게는 정보전을 연구하는 학도들에게 적지 않은 의미가 있다.

'정보'에 관한 전통적인 관념은 정보란 단순한 '메시지'에 불과하다는 것이다. 정보란 송신자가 수신자에게 전달하는 의미를 담고 있는 신호 또는 메시지라는 것이 일반적인 관념이다.[27] 참모가 지휘관에게, 지휘관

25) John Rothrock는 1994년 7월의 발간되지 않은 SRI International에서 "*Information Warfare: Time for Some Constructive Skepticism*"의 문제를 언급하였다.

26) Martin C. Libicki, What is Information Warfare의 pp. 94 - 96 참조.

27) John Arquilla, David Ronfeldt, "*Information Power and Grand*

이 명령 또는 지시의 형태로 부하에게, 그리고 정보를 수집한 체계에서 정보를 활용하는 체계에게 전달할 때에는 '정보'가 메시지의 형태로 전달되고 있다. 이들 및 여러 정보수집 수단을 통해 수집한 메시지를 기반으로 지휘관과 정보 활용집단들은 상황을 인식하고, 그에 따른 적절한 조치를 취하게 된다.

상대방에게 전달되는 메시지를 교묘히 조작하게 되면 이들 적이 상황을 올바로 인식하지 못하도록 할 수 있을 뿐만 아니라 궁극적으로는 이들의 행위에까지도 영향을 미칠 수가 있을 것이다. 물론 이같은 형태의 기만(欺瞞)은 인류가 전쟁을 시작한 이후 끊임없이 지속되어 왔다.

의사를 결정하고, 공격할 표적(標的)을 선정하며, 선정된 표적을 전파하는 과정에서 '정보의 원활한 유통'이 절대적으로 요구되고 있는 오늘날, 과거와는 비교할 수 없을 정도로 '기만작전(欺瞞作戰)'이 중요해 지고 있다. 정보화시대에는 상대방을 기만하기 위한 방법 또한 크게 변하고 있다. 상대방을 기만하고자 하는 경우 과거에는 '가상의 실체'를 만들어서 적으로 하여금 상황을 오인하도록 할 필요가 있었다. 예를 들면, 제2차 세계대전 당시 연합군은 가상의 육군이 존재하고 있는 것처럼 보이게 하기 위해 통신 양을 임의로 조작하고 고무탱크를 만들어서 상황을 위장하였다. 정보화시대가 도래하면서 기만을 위한 방법 또한 크게 달라지고 있다. 상대방을 기만하기 위한 가상의 실체를 지상이 아닌 사이버 공간에 만드는 것으로도 충분하게 되었다. 상대방이 보유하고 있는 데이터베이스 또는 인공위성과 지상통신국 간에 주고받는 데이터를 변형시키는 것도 그중 한 방법이다.[28]

유능한 '정보전사(情報戰士:Information Warrior)'는 상대방의 정보

Strategy., Center for Strategic and International Studies.

28) 1995년 8월 11에 발표한 미 공군의 미발간된 논문인 *"Cornerstones of Information Warfare*의 pp 8-13에 나와있는 직접 및 간접 정보전의 차이를 보시오.

체계로 침투하여 특정 자료를 삽입하거나, 저장되어 있는 자료를 삭제하는 방식을 이용하여 적이 상황을 파악하지 못하도록 할 수도 있을 것이다.

필요한 정보를 모든 사람들이 충분히 받아볼 수 있는 상황에서는 지휘관만이 의사를 결심하지는 않을 것이다. 예를 들면, 개개의 병사들 또한 후퇴 또는 현 위치의 고수 여부 등에 관해 매일매일 의사를 결정하고 있다. 이들 병사들이 의사를 결심하는 과정에서 고려하는 요소에는 싸움의 명분, 지휘관의 능력, 동료 병사들의 태도 등 수백 가지가 있다. 심리전이 추구하는 바는 이들 전선(戰線)의 병사들이 수신하는 정보의 내용을 변경하여 이들의 인식을 바꾸는 것이다. 걸프전에서 입증된 바와 같이 전단(傳單)의 살포는 심리전의 측면에서 매우 효과가 있다. 오늘날 전선의 병사들은 매우 다양한 형태의 정보를 접하고 있다.[29] 이들 정보를 비교적 쉽게 조작 및 수정할 수 있게 됨에 따라 미래에는 심리전이 보다 중요해 질 것이다.

정보를 바라보는 또 다른 시각은 메시지 자체보다는 메시지를 전달하기 위한 체계가 중요하다는 관점이다. 『보유하고 있는 정보의 정도를 보면 조직의 수준을 판단할 수 있다』고 와어너(Norbert Weiner)는 정보이론에 관한 자신의 저서에서 주장하고 있다.[30] 와그너의 관점에 동조하는 사람으로서 아퀼레와 론펠트(Arquilla and Ronfeldt)가 있는데, 이들은 정보를 '조직 · 질서 · 구조'와 동일시하고 있나.[31] 이늘 관점에서는 개개 메시지보다는 이들 메시지가 통과하는 조직을 중요하게 생각하고 있다. 조직의 존재 여부는 메시지가 통과하는 정보구조의 존재 유무

29) 상용의 위성을 이용하여 지구상 곳곳에 셀룰로 전화를 설치하고, 상호 교신할 수 있을 때의 상황을 생각해 보시오.

30) Norbert Wiener, Cybernatics: or Control and Communication in the Animal and the Machine, Cambridge: the MIT Press, 1949, p. 11

31) Arquilla and Ronfeldt, "Information, Power and Grand Strategy", p. 8.

에 달려 있다는 논리이다. 다시 말해, 정보구조가 없으면 조직이 존재할
수 없다는 논리이다.

정보에 관한 이같은 견해를 정보전에 적용하기 위한 방법을 알고자 한
다면 기업·군대 그리고 관청의 조직을 표현할 때 사용하는 '블락 다이
아그램(선과 사각형을 이용하여 표시)'을 생각해 볼 필요가 있을 것이다.
블락 다이아그램에서 개개의 사각형을 연결하고 있는 선은 정보의 유통
경로를 나타낸다. 참모는 정보유통을 표시하는 이들 선 조직을 따라 여
타의 참모, 관리자 또는 지휘관과 대화를 하고, 지휘관은 직속 상관 또
는 부하들과 의사를 교환하게 된다. 이같은 통신선이 잠시라도 두절되었
다고 가정해 보자. 기업의 경우에는 응집력이 와해되어 조직적 차원에서
제대로 대응할 수 없게 될 것이다. 상호간 정보가 유통될 수 없는 경우
에는 개체로서의 조직은 그 의미를 상실하게 된다. 조직 내부의 동료·
상급자·부하들 간에 대화를 할 수 없게 되면 엄청날 정도의 혼란이 야
기될 것이다.

정보전사들이 추구하는 바는 상대방의 정보유통 과정을 교묘히 교란시
켜서 이들 조직의 응집력을 와해시키고, 적의 지휘관이 조직적으로 대응
하지 못하도록 하는 것이다. 이같은 상황에서는 적의 지휘관이 증원군을
보내지 못할 것이기 때문에 아측은 적군을 단계적으로 분쇄할 수 있을
것이다. 이는 1991년도의 걸프전 당시 다국적군이 사용한 전법(戰法)과
여러 면에서 유사한 것이다. 이라크군의 정보유통 경로를 다국적군이 차
단 및 파괴하였기 때문에 이라크군의 지휘부는 전선의 부대로부터 전황
에 대한 보고를 접수할 수 없었으며, 전방 부대에 지시를 내릴 수도 없
었다. 간단히 말해, 정보를 상호 유통할 수 없었기 때문에 전선에 배치
된 이라크군은 군대라고 말할 수 있는 수준이 아니었다. 그들은 개별적
으로 격파가 가능한 단위부대들에 지나지 않았다.

정보를 메시지의 측면에서 또는 전달하는 매체의 입장에서 바라보는

시각은 적 정보(Intelligence)에 관여하는 사람들이 명심해야 할 사항들이다. 상대방이 주고받는 메시지를 볼 수 있다면 적의 능력 및 의도를 소상히 파악할 수 있을 것이다. 전달 매체의 측면에서 정보를 바라보게 되면 적의 위치를 규명하고, 이들의 '전투서열(Order of Battle)'을 재구성할 수 있을 것이다. 정보를 메시지 또는 매체의 입장에서 바라볼 때 얻을 수 있는 효과들, 예를 들면, 상대방의 능력 및 의도를 파악할 수 있다는 점 또는 적의 전투서열을 재구성할 수 있다는 점등은 전쟁에서 매우 중요한 요소들이었다. 정보가 풍요해진 오늘날의 사회에서 이들 기능은 중요성을 더해가고 있다. 이같은 일련의 첩보(Intelligence) 활동을 정보전이라고 부르는 것에 대해 이견을 제시하는 사람들이 적지는 않겠지만 '적 정보를 교묘히 활용하는 행위'가 정보전의 본질이 되어야 할 이유는 충분히 있다.

상대방의 본부에서 사용하는 주파수의 성격을 완벽하게 파악하고 있으며, 암호문을 해독할 수 있을 뿐만 아니라 전화까지도 도청이 가능한 상황에서 이들 적의 본부를 물리적 수단을 이용해 공격하는 것은 정보작전의 관점에서 볼 때 바람직하지 않을 것이다. 이는 전쟁에서 항상 문제시되어 왔던 현상이다. 그러나 적의 정보능력에 초점을 맞추어서 대부분의 활동을 전개하고 있는 오늘날의 전쟁에서 이는 비생산적인 행동이다. 정보전을 기획할 때에는 정보장교와 정보체계의 전문가들이 공조할 필요가 있을 것이다. 주지하는 바와 같이 정보장교들이 원하는 바는 상대방으로부터 고귀하고도 귀중한 형태의 정보를 다량으로 획득하겠다는 것이다. 정보체계의 전문가들은 상대방이 보유하고 있는 정보체계 중에서 가장 중점적으로 공격해야 할 부분을 발굴하여 아측의 작전장교들이 공격할 수 있도록 해야 할 것이다. 이들 핵심 통신 채널을 공격하게 되면 상대방은 도청이 용이한 그러한 채널을 이용해 교신할 수밖에 없을 것이며, 그 와중에서 정보장교들은 풍성한 정보를 획득할 수 있을 것이다. 1991

년도의 걸프전 당시 다국적군은 바그다드에서 전선(戰線)으로 연결되는 지상 회선을 모든 수단을 동원하여 차단하였다. 당시의 공격에서 의도했던 바는 도청이 가능한 전파만을 이용하여 이라크의 최고 지휘부가 교신할 수밖에 없도록 만드는 것이었다.

정보전은 크게 세 가지 형태로 분류할 수 있다. 첫 번째 형태의 정보전은 미 합참이 '진실의 투사(Truth Projection)'로 지칭한 심리전, 기만작전 등의 기법을 이용하여 적의 인식을 조작하는 행위에 관한 것이다. 적의 인식을 조작하는 것도 중요하지만 적이 아측의 인식을 조작하지 못하도록 하는 것 또한 중요할 것이다. 1991년도의 걸프전 당시 사담 후세인의 입장에 동조하였던 세력들은 다국적군에 대해 기만작전을 전개하였다.

두 번째 형태의 정보전은 적의 조직을 와해시켜서 이들 적이 조직적으로 대응할 수 없도록 정보의 유통을 파괴·감쇠·왜곡·사용 거부하는 행위 등에 관한 것이다. 이같은 종류의 정보전에는 포탄을 이용해 적의 본부와 통신 교환기를 파괴하거나, 제머(Jammer: 전파 교란기)와 같은 전자적 수단을 이용하여 적의 정보 유통을 방해하거나, 헤커들을 이용해 적의 정보체계에 침입하여 음흉한 형태의 소프트웨어를 주입하는 행위 등이 있다.

세 번째 형태의 정보전은 적이 보유하고 있는 정보체계를 교묘히 이용하여 첩보(Intelligence)를 수집하기 위한 행위에 관한 것이다. 그러나 아측 정보체계가 적에 의해 이용되지 않도록 보호하는 것은 보다 어려운 일일 것이다.

오늘날의 대부분 국가들은 정보전 수행에 필요한 능력들을 보유하고 있다. 그러나 정보 수준의 측면에서 동급의 적을 상대로 하는 정보전은 결코 쉽지 않을 것이다. 아측이 보유하고 있는 것과 유사한 수준의 정보의 감지·처리·전송 능력을 상대방이 보유하고 있는 경우에는 전장공간

(戰場空間)에 관한 적의 인식을 조작하는 첫 번째 형태의 정보전이 매우 중요하다. 첫 번째 형태의 정보전에서 승리하는 경우에는 적에게 노출되지 않으면서도 군사력을 이동할 수 있으며, 기만작전을 전개할 수 있고, 적으로 하여금 전장 상황을 올바로 파악하지 못하도록 할 수도 있을 것이다. 이같은 과정에서는 새로운 기술과 체계도 중요하겠지만 부대를 분산시키고, 노출을 방지하기 위해 부대간의 정보 교환은 가능하면 줄이며, 작전 및 전략적 차원뿐만 아니라 전술적 측면에서도 기만활동을 강화할 수 있도록 새로운 형태의 작전 개념이 필요하게 될 것이다.

이같은 방어적 기술과 더불어서 상대방의 기만 활동을 꿰뚫어 볼 수 있는 능력도 중요한 요소일 것이다. 이와 같은 공격과 방어간의 '숨바꼭질'에서 승리하는 자는 미래의 전장에서 엄청날 정도의 이득을 볼 수 있을 것이다. 이와 마찬가지로, 미래전에서의 경쟁 국가들은 과거와는 비교할 수 없을 정도의 고도의 심리전을 전개할 것이다. 예를 들면, 오늘날의 국가들은 CNN과 같은 국제적 뉴스 조직을 통해 고도의 통신기술을 접하고 있다. 이들은 빛처럼 빠른 속도로 전선의 병사들에게 뿐만 아니라 미국 내의 안방에까지도 정보와 메시지를 전달할 수 있을 것이다. 이같은 메시지에 대응하기 위한 수단 또는 대 심리전 능력을 갖추고 있지 않은 경우 이러한 형태의 공격에 취약할 수밖에 없을 것이다.

전투원에게 직접적으로 영향을 끼칠 정도의 작전을 상대방이 수행할 수 있을지는 의문이지만 국민들의 인식을 공격하는 경우 적지 않은 효과를 얻을 수도 있을 것이다. 오늘날 '국민의 인식'을 공격하게 되면 엄청날 정도의 효과를 유발할 수 있다고 생각하는 적들이 다수 출현하고 있다. 공세 및 수세적 성격에 관계없이 첫 번째 형태의 정보전 수행 능력은 미래의 군 작전에서 핵심적인 요소일 것이다.

정보전을 옹호하는 자들은 『두 번째 형태의 정보전 수행 능력을 구비하게 되면 그 효과는 엄청날 것이다』고 말하고 있지만, '국방정보기반체계(Defence Information Infrastructure)'를 공격할 능력을 가상의 적이 구비하게 되는 경우 그 충격은 말로 형언할 수 없을 정도로 엄청날 것이다.

오늘날에는 정보의 원활한 유통을 전제로 하여 군사활동이 이루어지기 때문에 정보의 유통을 거부·파괴·감쇠·왜곡시킬 능력이 있는 적에게 아군은 매우 취약할 것이다. 보안에 취약한 통신망을 통해 유통되는 정보의 양이 크게 증가하고, 전선에 배치된 무기체계들의 운용 과정에서 데이터베이스에 저장되어 있는 자료에 대한 의존도가 높아지고 있으며, 정보를 한 곳에서 관리 및 처리하는 방향으로 나아가고, 군의 병참체계가 민간의 정보통신망을 이용해 운용되기 때문에 통신망의 취약성을 보강하는 문제는 우리 모두가 심각히 고민해야 할 사항이다.

오늘날의 전쟁에서는 필요한 형태의 정보를 적시에 받아보지 못하는 경우 엄청난 난관에 봉착하게 될 것이다. 전술 및 작전적 차원에서 전파교란(재밍: Jamming)과 같은 전자전 수단을 이용하거나 통신 교환기를 물리적 수단을 통해 파괴하는 두 번째 형태의 정보전을 강조하는 분석가들이 종종 있다. 그러나 군사·전략적 차원에서 정보의 유통을 방해하였을 때 어떠한 효과가 유발될 수 있을 것인지를 분석한 경우는 거의 없는 실정이다. 미사일·핵무기 등과 같은 재래식 형태의 군사력을 이용한 공격에 오늘날의 미국은 어느 정도의 방어 능력을 구비하고 있다. 그러나 컴퓨터 통신망을 통한 공격에 미국의 체계들이 매우 취약하다는 점에서 볼 수 있듯이 고도의 정보화된 국가에 대한 정보전의 위력은 가히 혁신적이다. 따라서, 정보전에 의한 공격으로부터 자유로울 수 있는 국가는 지구상에 존재하지 않을 것이다. 향후의 전쟁에서는 상대방 국가의 정보체계를 공격하여 이들의 능력을 크게 저하시키고자 할 것이다.[32]

---

32) George F. Krs, *Information Warfare in 2015*, Naval Institute Proceedings, August, 1995, p.42.

미국의 경우에도 '국가정보기반체계(NII: National Information Infrastructure)'가 공격을 받게 되면 국가 전체에 엄청난 혼란이 유발될 것이다.[33]

걸프전에서 입증된 바와 같이 전시에는 세 번째 형태의 정보전이 중요한 역할을 담당할 것이다. 1991년도의 걸프전에서는 RC-135 Rivet Joint와 같은 정보수집 수단들이 중요한 역할을 담당하였다. 통신망을 통해 유통되는 상대방의 정보를 교묘히 이용하고자 하는 행위는 전시에만 국한되는 것이 아니다. 지구상의 국가들은 여타 국가의 군사능력·'전투서열' 그리고 의도를 파악하기 위한 활동들을 매일같이 전개하고 있다. 또한 이같은 활동이 군사영역에만 국한되어 일어나고 있는 것만도 아니다.

[표 2] 정보전(표기)

	국가적 차원			군사적 차원		
	평화	위기	전쟁	평화	위기	전쟁
Type I : 인식관리						
Type II : 거부, 파괴, 감쇄 데이터의 외곡						
Type III : 적 정보 유통을 교묘히 이용						

---

33) 오늘날의 미국은 국방통신의 90% 이상을 상용의 망을 통해 수행하고 있다. 병참 및 행정분야를 위한 자료는 인터넷을 통해 전송되고 있는 실정이다. 이같은 다양한 형태의 통신매체를 이용하지 않고도 군이 작전을 수행할 수 있을 지는 의문이다.

예를 들면, 미 국방부의 무기 판매전략을 담고 있는 데이터베이스를 또는 미 업체의 연구 활동에 관한 정보를 전송하는 통신망은 전략적으로도 매우 가치 있는 표적이다.

첫 번째, 두 번째, 그리고 세 번째 형태의 정보전이 정보화된 국가와의 분쟁에서 매우 중요한 역할을 담당하고 있는 것은 사실이지만 군 작전의 성격에 무관하게 이들은 모든 형태의 작전에도 적용이 가능하다. 정보전은 전술 · 작전 그리고 전략적 차원 모두에서 적용이 가능하다. 정보체계에 대한 국가와 군의 의존도가 높아짐에 따라 정보전의 형태로 적이 공격해 오는 경우 이들은 매우 취약할 것이다.

오늘날 정보전을 여타의 작전에 부수적으로 수행할 수 있는 형태의 전쟁이라고 한다면, 미래에는 정보전이 모든 전쟁의 중심이 될 것이다.

극단적으로 표현하면 정보전 능력을 구비하고 있지 못한 국가는 군사 능력이 없는 국가라고 말할 수 있을 것이다.

이외에도, 정보전에서는 상대방 국가의 여론 · 정보기반체계 또는 첨단의 연구업적 등과 같이 군과 직접 관련이 없어 보이는 국가적 차원의 대상을 표적으로 삼을 수도 있다. 〔표 2〕는 미래의 정보전 양상을 보여 주고 있다. 도표에서 몇몇 눈에 뜨이는 점이 있다.

첫째, 정보전의 영역은 군사 분야에만 국한되지 않는다는 점이다. 항공력이 하늘에서의 공격을 통해 상대방 국가의 자산을 파괴한다면, 정보전에서는 인식 및 사이버 공간을 통해 적을 공격하고 있다. 국가의 정보공간을 공격하게 되면 이들 국가의 군사 능력뿐만 아니라 전쟁 의지를 크게 저하시킬 수 있다는 측면에서 일거양득(一擧兩得)의 효과가 있다. 은행의 신뢰성이 크게 위협을 받거나 금융체계가 붕괴된 국가의 경우에는 상대방 국가의 전략적 표적을 공격할 생각을 하지 못할 것이다. 국가가 보유하고 있는 모든 형태의 정보공간을 군이 방어해야만 하는가? 라는 질문에 대해 진지한 토론이 있어야 할 것이다. 오늘날 어디에도 국가의 정보 공간을 책임지고 있는 조직은 존재하고 있지 않다.

둘째, 군의 정책 기획가들은 각국의 정보전 능력과 이들 국가의 취약성을 심도 있게 분석해야 할 것이다. 공세적 형태의 정보전을 기획 및 실행하는 것이 군의 정서(情緖)에 어울리겠지만, 정보공간에 대한 방어 능력은 보다 중요할 것이다. 각군이 현재 개발하고 있는 정보체계들에 대해 보안 규정을 명문화하는 것은 어려운 일이 아니지만 지난 수십 년 간 사용해 온 체계들을 정보전에 의한 공격으로부터 방어하려면 적지 않은 예산이 소요될 것이다. 따라서 군은 정보체계의 '취약성을 줄일 수 있도록 업무 수행 방식, 즉 작전개념을 바꾸어야 할 것이다.

셋째, 도표에서는 국가적 차원의 정보전 만을 언급하고 있지만 테러 집단을 포함한 비 국가적인 조직들 또한 정보전 기술을 이미 활용하고 있다는 점이다. 이들 테러 집단들이 고도의 기술 및 접근 방식을 이용하여 정보전을 수행하게 되면 그 충격은 말로 형언할 수 없을 정도로 지대할 것이다.

5. 결언

신기술과 군의 체계들이 결합되면서 전장공간이 획기적으로 변화되고 있다. 이같은 변화를 감안하여 군의 분석가들은 전략·작전적 차원에서 다양한 형태의 작전개념을 제안하고 있다. 이들 개개의 작전개념은 '정보의 이점(Information Advantage)'을 전제로 하고 있다. 미래에는 나름의 정보능력을 보유하고 있을 뿐만 아니라 상대방 국가의 정보공간을 공격하기 위한 수단을 보유하고 있는 적들이 출현할 것이다. 오늘날의 미국은 정보 능력의 측면에서 타의 추종을 불허할 정도로 크게 앞서 있다. 그러나 미국에 버금가는 군사-정보 능력을 구비하고 있을 뿐만 아니라 '복합체계로 구성된 체계(System of Systems)'를 개발할 수 있는 다수의 국가들이 분명히 출현할 것이다. 또한 '복합체계로 구성된 체계'는 공세적 정보전의 좋은 표적이 될 것이다. 미래의 정보전은 물리 · 사이버 그리고 인식의 공간을 중심으로 전개될 것이다. 이들 전투가 추구하는 목표는 '정보 우위'의 확보를 통해 전략적 목표를 달성하는 것이다.

오늘날의 군사혁신이 주는 의미를 반추(反芻)하면서 군은 미래전에서 정보전이 지대한 비중을 차지할 것이라는 점을 명심해야 할 것이다. 군은 정보전이라는 새로운 형태의 전쟁에서의 우위 확보뿐만 아니라 정보 공간에서 상대방 국가의 약점과 아군의 장점을 활용할 수 있도록 새로운 형태의 작전개념과 조직구조를 개발해야 할 것이다. 이 경우 정보전 수행을 위한 방법뿐만 아니라 정보전사의 노력을 통해 확보한 정보 우위를 활용하기 위한 방법들을 면밀히 검토해야 할 것이다.

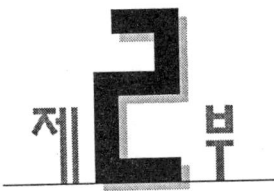

제2부

정보전의 문제

1. 개요
2. 정보전-사이버워-넷워
3. 정보전쟁: 그 효과와 우려
4. 정보작전

1 개요

최근 들어 '정보전(Information Warfare)'이 매우 중요한 형태의 전쟁 영역으로 부상하고 있다. 첩보(Intelligence)와 정보간에 어느 정도 관계가 있는 것은 사실이지만, 정보전은 첩보작전(Intelligence Operation)과는 다르다. 정보전이란 적이 보유하고 있는 정보(Information)·지휘통제체계 그리고 의사결정 체계를 중심으로 진행되는 전쟁이다.

미 공군은 정보전이란 "적이 보유하고 있는 정보를 오염 또는 파괴하여 이들로 하여금 정보를 사용하지 못하도록 하고, 이들 정보를 교묘한 방식으로 이용하는 한 편, 적의 이같은 행위로부터 아측을 보호하는 것"으로 정의하고 있다. 정보전에서는 상황을 관찰한 후 조치에 이르기까지의 일련의 과정인 '관찰·상황파악·판단·행위(OODA: Observe, Orient, Decision, Action)'의 측면에서 적의 반응 속도를 지연시키고, 아측의 반응 속도를 개선시키는 데에 초점을 두고 있다. 전략가들은 정보를 '전략적 자산'이라고 말하고 있는 반면에, 전쟁 기획가들은 정보전이 추구하는 비는 '정보지배(Information Dominance)'라고 말하고 있다.

정보전에 관한 첫 번째 논문인 '정보전-사이버워(Cyberwar)-넷워(Netwar)'에서는 정보전을 토플러가 말하는 '물결이론'의 맥락에서 바라보고 있다. 첫 번째 물결의 전쟁은 땅을, 두 번째 물결의 전쟁은 물리적 자원과 생산 수단을, 그리고 세 번째 물결의 전쟁은 정보에 대한 접근과 지배를 중심으로 진행된다는 주장이다. 정보전의 분야에 '넷워(Netwar:

통신망 상에서의 전쟁)'과 '사이버전(Cyberwar)'이 있다. 통신망 상에서의 전쟁이란 통신체계를 중심으로 수행되는 정보전이다. 사담 후세인이 보유하고 있던 정보 · 선전 · 지휘통제 등과 같은 정보영역에 다국적군이 공격을 감행하였던 바에서 볼 수 있듯이 1991년도의 걸프전은 통신망을 중심으로 한 전쟁이었다.

그러나 이 논문에서는 '정보선전(InfoPropaganda)' 분야를 특별히 강조하고 있다. 생방송 중에 있는 배우의 모습을 컴퓨터를 이용해 생성한 그림과 결합시키거나, 오늘날의 시뮬레이션 기법을 교묘히 이용하게 되면 '가상현실(Virtual Reality)'이 생성되는 데, 이는 국가의 통제능력에 심각한 위협을 유발할 수 있다는 주장이다. 사이버전이란 정보전과 넷워를 작전적 측면에서 확장시킨 것으로서, 적 의사결정 과정에 대한 전술적 측면에서의 와해 · 지배 그리고 재구성까지도 포함하는 개념이다. 그러나 사이버전이 전장(戰場)을 형성할 수 있을 것인지 또는 단순히 혼란만을 초래할 것인지는 두고 보아야 할 것이다.

이들 모든 것은 적에 대한 지휘통제전 과정에서 사용할 수 있는 것들이다. 외부 현실과 주민들을 격리시키는 방식으로 정통성을 유지하고자 하는 그러한 국가들이 정보전에 특히 취약하다. 상대방이 보유하고 있는 통신 및 의사결정 체계를 와해 · 종료시키려면 정보전이 바람직한 대안일 것이다. 그러나 상대방 적에 의한 정보전, 특히 정보전의 특수한 형태인 넷워와 사이버전에 민주사회가 취약하다는 점을 논문은 지적하고 있다. 이들 민주사회에서는 컴퓨터 · 통신 · 정보망과 같은 정보통신 기반체계가 침투 · 조작 · '해커에 의한 파괴'에 매우 취약하다.

정보전에 관한 두 번째 논문인 '정보전쟁: 그 효과와 우려'에서는 정보전을 진화적 측면에서 바라보고 있다. 제2차 세계대전 당시 연합군은 기만 · '비화해석(Crypt Analysis)'을 이용한 정보전을 수행하였던 반면에 1991년도의 걸프전에서는 첨단 정보기술을 이용하여 고도의 정보전을 수행하였음을 강조하면서 정보전의 진화 과정을 역사적 측면에서 고찰하고 있다.

　제2차 세계대전 당시 연합국은 나치의 전쟁기획 및 작전과정을 '울트라(Ultra)'를 이용하여 감청하였는데, 당시의 전쟁에서 승리하는 과정에서 이같은 감청 활동이 크게 기여하였다. 당시 연합군은 울트라를 이용한 감청으로 다량의 정보를 획득할 수 있었다. 독일이 영국을 공격할 것이라는 점을 영국이 사전에 파악할 수 있었던 것도 울트라의 덕분이다. 독일이 의도하는 바를 연합군이 이미 알고 있다는 점을 눈치 채지 못하도록 하기 위해, 처칠은 공격받을 것을 알면서도 방어를 포기한 적도 여러 번 있었다. 컨벤트리(Conventry)에 대한 독일 공군의 공습이 그중 한 사례이다.

　1991년도의 걸프전은 기만과 정보전을 최대한 활용한 전쟁이었다. '위치파악체계(GPS: Global Positioning System)'를 이용하여 미 육군은 사막의 폭풍 속에서도 이라크군의 위치를 정확히 파악해 공격할 수 있었다. 사담 후세인의 기계화 사단에게 다국적군이 '좌측 훅'을 날릴 수 있었던 것은 '위치파악체계'가 있었기 때문이었다. 다국적군은 매일 70만여 회의 전화 통화, 15만여 건의 메시지 송수신, 3만 5천여 종류의 주파수 관리, 그리고 2,240 회에 달하는 비행 '소티'를 성공적으로 운영하였다. 더욱이 당시의 전쟁에서 9만여 회 이상의 항공기가 출격하였는데, 이들 항공기간에 단 한 거의 공중 충돌 사고도 없었다.

　걸프전은 새시대의 전략을 수행하려면 '정보지배(Information Dominance)'가 필수적이라는 점을 일깨워준 전쟁이었다. '정보의 역할과 지식의 힘을 가장 확실하게 이해하고 있는 자가 지구를 지배할 것이다'고 미 합참차장을 역임한 바 있는 예르미아(David E. Jeremiah) 제독은 말하고 있다.

　정보전에 관한 세 번째 논문인 '정보작전'에서는 미 육군의 정보작전

교범 FM 100-6을 중심으로 정보전의 문제를 살펴보고 있다. 정보작전 (Information Operation)이란 오늘날의 전투에서 승리하기 위해 필수적으로 요구되는 정보를 획득 및 유지하고, 가상의 적이 이러한 정보를 획득 및 유지하지 못하도록 하기 위한 기본적인 방안들에 관한 것이다.

정보작전의 활동무대는 정보통신망과 여기에 연결되어 있는 컴퓨터, 소프트웨어 등인데, 정보통신망은 그 특성상 한 나라의 국경을 초월하여 전 세계적으로 연결되는 속성을 갖고 있다. 따라서 정보작전이 전개되는 무대에는 군 내부뿐만 아니라 전 세계적인 영역까지도 포함되고 있다.

정보작전을 바라보는 육·해·공군의 시각은 상이한데, 미 육군은 정보작전을 '지휘통제전(Command, Control Warfare)', '민사(CA: Civil Affairs)' 그리고 '공보(PA: Public Affairs)'의 측면에서 바라보고 있다.

정보작전이 추구하는 바는 『아측에게는 투명한 전장(戰場) 공간을 보장하여 상황을 완벽히 파악할 수 있도록 하고, 적에게는 전장공간에 걸쳐 있는 '안개(Fog)'의 정도를 짙게 하여 제대로 상황을 인식할 수 없도록 하며, 적 상호간에 잦은 충돌(Friction)이 일어나도록 하는 것』이라고 미 육군참모총장을 역임한 바 있는 설리반(Gordon R. Sullivan) 대장은 말하고 있다. FM 100-6은 정보의 획득·사용·보호·활용·거부·관리 등 정보작전에 관한 여섯 종류의 활동 영역을 명시하고 있다.

1. 서언

'고대 중국의 세 가지 사고방식(Three Ways of Thought in Ancient China)'이란 자신의 저서에서 아더 왈리(Arthur Waley)는 농법(農法)을 획기적으로 바꿀 수 있을 것으로 생각되는 연장을 보고도 그 가치를 제대로 파악하지 못했던 우매한 농부를 중국의 사상가인 장자의 말을 인용하여 언급하고 있다. 농부는 연장을 바라보면서 다음과 같이 말하고 있다.

> 간교한 도구에서 간교한 행위가 나오며, 간교한 행위가 있는 곳에 간교한 마음이 있다고 스승님으로부터 누누이 들어왔다. 간교한 마음을 품고 있는 자는 본성(Nature)의 가장 순수한 부분을 흐리게 한 자이며, 본성의 가장 순수한 부분을 흐리게 한 자는 마음의 평화를 잃은 자이고, 마음의 평화를 잃은 자에게는 '도(道)'가 머무르질 않는다. 내가 새로운 이 장비의 가치를 모르는 것이 아니고, 다만 그 사용을 수치스러워 할뿐이다. "

전략이란 승리의 가능성은 제고시키는 반면에 패배의 가능성은 줄인다는 차원에서 전·평시에 국가 정책을 최대한 지원할 수 있도록 정치·경제·심리·군사력을 개발하기 위한 '기교 및 과학(Art and Science)'이

---

1) Arthur Waley, *"Three Ways of Thought in Ancient China"*, (New York: Doubleday, 1930), p. 70.

라고 미 국방부는 정의하고 있다.[2] 정치와 경제는 의회 · 대통령과 같은 '국가정치권위부(National Political Authority)'가 담당하고, 외국과의 관계는 외무 · 상무 · 농업 그리고 기타 분야의 장관들이 수행하도록 하는 형태의 안보정책을 미국은 취하고 있다.

평시의 군사력 발전과 유사시 군사력의 활용 방안에 관한 정책은 국가 정치권위부가 구상하며, 국가정치권위부는 국방장관을 통해 그 내용을 각군에 전달하고 있다. 그러나 국가정책을 지원하기 위한 '심리군(Psychological Force): 심리적(心理的) 측면에서의 군사력'을 누가 어떻게 개발해야 할 것인지에 대해 관심을 갖고 있는 사람은 거의 없는 실정이다. 그러나 심리군이란? 심리군을 이용하는 자는? 심리군의 권한과 심리군이 존재하는 목적은? 등은 매우 의미 있는 형태의 질문이다.

오늘날에는 통신과 관련된 도구 및 기술이 획기적으로 발전하면서 공상과학 소설에서나 찾아볼 수 있을 정도의 수준 및 형태의 심리전을 전개할 수 있게 되었다. 정보전이란 이같은 새로운 형태의 전쟁을 지칭한다. '새로운 발명의 도(道)'가 정보전이라는 점을 알게 된다면, 장자가 언급하고 있는 고대 중국의 농부처럼 정보전의 사용을 부끄러워해야 할 것이다.

미래학자인 앨빈 토플러(Alvin Toffler)는 『미군은 '군사지식전략(Military Knowledge Strategy)'에 관한 조직적이면서도 극치(極致)의 개념을 개발할 필요가 있다』고 주장하고 있다. 이같은 전략에는 지식을 획득 · 처리 · 분배 그리고 투사하는 방법에 관한 교리와 정책이 분명히 포함될 것이다.[3]

---

2) Joint Pub 1-02, Department of Defence Dictionary of Military and Associated Terms(Washington DC: US Government Printing Office, 1989), p. 350.

3) Alvin & Heide Toffler, War and Antiwar: Survival at the Dawn of the 21st Century(Boston: Little, Brown & Co., 1993), p. 141.

토플러는 미 합참에서 발간된 책자인 No. 30 Memorandum을 인용하면서, 정보전의 개념을 확대하여 적의 정서(情緒) · 동기(動機) · 객관적 추리능력 뿐 아니라 상대방의 행위에 영향을 끼치는 심리작전을 포함하는 방향으로 미군이 나아가고 있다고 주장하고 있다. 정보전의 범주에 심리전을 포함해야 한다는 주장은 심리전과 같은 전통적인 개념이 정보전으로 진화하고 있다는 의미와 동일한 것이다. 이는 농업 · 천연 자원을 이용하여 부(富)를 생성하던 단계에서, 산업 생산물이 부의 원천이라는 19세기 및 20세기초의 단계를 거쳐, 정보를 이용한 산물이 새로운 형태의 부의 원천이라는 오늘날의 시각으로 변환되고 있는 바와 같이 시대적 경향을 점진적으로 반영하고 있는 것이다.

'첫 번째 물결(The First Wave)' 형태의 전쟁이 땅을 빼앗기 위한 것이고, '두 번째 물결(The Second Wave)' 형태의 전쟁이 상대방 국가의 생산능력을 통제하기 위한 것이었다면, 다가올 '세 번째 물결(The Third Wave)' 형태의 전쟁은 지식을 통제하기 위한 전쟁이 될 것이다. 부의 생성 방식에 따라 전쟁의 양상이 바뀔 것이기 때문에 미래전은 정보전의 형태가 될 것이다.

오늘날 정보전에 관한 교리 뿐 아니라 이것에 대한 명확한 정의가 없는 실정이다. 그러나 난해한 컴퓨터 관련 용어가 내포되어 있음에도 불구하고, 정보전은 군 이론가들의 주목을 끌고 있을 뿐 아니라, 국가의 주요 문제로 부상하고 있다.[4]

정보전에 관한 일반적인 정의가 존재하고 있지 않음에도 불구하고 '넷워(Netwar): 통신망 상에서의 전쟁'과 '사이버워(Cyberwar)'라는 용어가 정보전과 관련된 토론에서 자주 언급되고 있다. 원래, 이들 개념은

---

4) 정보전을 지칭하는 용어로 Information war, Information-based war, Command and Control warfare, Information operations, C3I, Electronic warfare 등이 있으며 러시아에서는 이를 6 세대의 전쟁이란 용어로 표현하기도 한다.

공상과학을 다루는 집단에서 유래된 것으로 생각된다. 스터링(Bruce Sterling)은 '컴퓨터망 속의 섬들(Islands in the Net)'이란 소설에서 미래전의 형태를 언급하고 있는데, 그 내용이 매우 충격적이다.[5] 최근에는, 아퀼라(John Arquilla)와 론펠트(David Rondfeldt)가 '사이버 전쟁이 다가오고 있다(Cyberwar is Coming)'라는 자신들의 저서에서 사이버워와 넷워를 언급하고 있다.[6] 그들의 제안을 출발점으로 정보전을 연구할 수도 있을 것이다.

그들은 넷워란 통신망을 중심으로 하여 진행되는 '사회적 차원의 관념적 갈등(Societal-Level Ideational Conflict)'이라고 정의하고 있다. 다시 말해, 국가간 전략적 차원에서의 갈등으로 넷워가 발전될 가능성이 높다는 주장이다. 넷워는 사고(思考)와 인식론(認識論: Epistemology)에 관한 것이다. 넷워가 진행되는 주요 공간은 통신망이다.

넷워에서는 인간의 마음을 주요 공격 대상으로 간주하고 있다. 냉전시대(冷戰時代)의 일면이 옷만 바꾸어 입은 상태에서 넷워를 통해 재현되고 있다는 생각이다. 예를 들면, '자유유럽방송(Radio Free Europe)', '코민포름', '아겐시 프랑스 신문(Agence France Presse)', 미국의 정보기관(Information Agency) 등에서는 통신망을 통해 상대방 국가의 국민들의 마음을 공격하고 있는데, 그 모습이 냉전시대와 크게 달라진 것이 없다. 그러나 넷워에는 국가간의 갈등에서는 찾아볼 수 없는 부분들이 있다.

'그린피스(Greenpeace)', '국제사면위원회(Amnesty International)', '이슬람 부활주의자(Islamic Revivalist)' 등과 같은 비 국가적 형태의 집단들 또한 전세계적으로 연결되어 있는 컴퓨터 통신망을 이용하

---

5) Bruce Sterling, Islands in the Net(New York: Ace, 1988).

6) John Arquilla & David Rongeldt, *"Cyberwar is Coming!"*, Comparative Strategy 12: no.2(April, 1993), 141-65.

여 정치적 압력을 행사하고 있다는 점에서 볼 때, 오늘날 정보전을 수행하고 있는 주체가 국가만은 아닐 것이다.

언뜻 보면, 넷워에는 종전의 선전수단을 단순히 용어를 바꾸어 표현하고 있는 것처럼 보이는 측면도 없지 않다. 예전에 볼 수 있었던 구태의연(舊態依然)한 형태의 선전이 아직도 효과가 있다는 점은 자못 위안적이다. 또한 걸프전은 사담 후세인과 다국적군이 구시대적인 사고를 버리지 못하고 있음을 보여 주었다. 당시의 전쟁은 유아용 우유공장을 폭격하고 인큐베이터를 절취하였다는 내용의 비난에서부터, 과장된 설전, 그리고 '신세계 질서와 이슬람 세계의 미래를 위한 전쟁의 어머니'라는 구호에 이르기까지 분쟁의 의미를 크게 과장하는 등 상대방에 대한 비난이 난무한 전쟁이었다. 그러나 과거와는 달리 당시의 전쟁에서는 상대방 국가의 군대를 비인간적인 집단 또는 악마로 표현하지는 않았다. 이라크가 다국적군을 맹 비난할 수 없었던 것은 다국적군을 구성하고 있던 국가의 수가 적지 않았기 때문인 듯 생각된다.

이라크군 자체는 용감하고도 훌륭하지만 이라크의 지휘관인 사담은 형편없는 사람이라고 다국적군은 말하였는데, 이는 통신망을 이용한 전쟁에서 다국적군이 고도의 천재성을 발휘하였음을 보여주는 대목이다. 이같은 상황에서는 항복한다고 할 지라도 심적으로 커다란 부담을 느끼지는 않을 것이다. 통신망을 이용한 미래의 전쟁이 어떠한 방향으로 전개될 것인지를 엿볼 수 있도록 하는 내목이다.

과거의 선전에서는 다수의 대중을 공격 대상으로 간주하였다. 그러나 오늘날에는 기술의 발달로 인해 특정 대상을 공격할 수 있게 되었다.

예를 들면, 오늘날에는 '틈새시장(Niche Market)'을 주요 대상으로 광고 활동을 전개하는 회사들이 다수 출현하고 있는데, 이들은 자신들이 팔고자 하는 물품에 대해 관심이 있을 것으로 생각되는 사람들을 선별하여 광고문을 전달하고 있다. 놀랍게도, 이들은 개인의 취향을 너무나 정확히 파악하고 있다.

오늘날에는 개개인에 관한 정보가 데이터베이스의 형태로 구축되어 있을 뿐 아니라 정보의 전송을 위한 다수의 통신채널이 출현하면서 의도하는 메시지를 특정 대상에게 선별적으로 전달할 수 있게 되었다. 컴퓨터 망에 접속되어 있는 컴퓨터 게시판, 셀룰로 전화기, 팩스 등을 이용하여 의도하는 바를 분배할 수 있게 되었다.

언론 매체가 크게 발전하면서 오늘날에는 뉴스를 통해 정보전을 수행하고 있는데, 이들 뉴스는 전 세계로 방영된다는 특성을 갖고 있다. 사실, CNN과 같은 언론 매체를 통해 보도되는 내용 중 모두가 진실은 아닐 것이다. 그와는 반대로, 이들 언론 매체를 통해 보도되는 내용 중 적지 않은 부분이 거짓일 수도 있다. 그러나 이들 언론 매체의 위력은 가히 경이적이어서, 오늘날의 정치 지도자들은 CNN 등과 같은 방송매체를 통해 보도된 내용을 진지하게 받아들이고 있다. 소위 말해, 방송매체를 통해 형성된 '허구 세계'에 오늘날의 사회가 크게 영향을 받고 있는 실정이다. 이들 대중 매체를 통해 형성된 세계를 허구적이라고 표현한 것은 방영된 내용이 사실일 수도 있지만 절대적 의미에서 진실이 아닐 수도 있기 때문이다. 이처럼 오늘날의 정보통신 수단을 이용하면 매우 쉽게 사실을 조작할 수 있을 것이다.

그러나 군 또는 정부가 지대한 역할을 담당하고 있는 사회에서는 허구적인 내용이 커다란 의미를 갖는 경우도 없지 않은데, 이것이 문제이다. 소말리아 사태 당시, 소말리아에 인접하고 있는 수단의 현실은 보다 비참하였다. 그러나 수단은 미 언론인에게 비자를 발급하지 않은 반면에 소말리아에는 미 언론인이 상주하고 있었기 때문에 소말리아의 상황만이 전세계로 보도되었다. 미군이 수단으로 가지 않고 소말리아로 진입하게 된 배경은 이와 같다. 오늘날의 사회에서 언론은 이처럼 엄청날 정도의 위력을 발휘하고 있는데, 언론에서 보도되는 내용은 가히 허구적이다.

이같은 언론의 속성을 이용하여 이득을 보겠다는 일념에서 대중 매체를 조작하고자 하는 국가 또는 이익 집단들이 오늘날 다수 존재하고 있는 실정이다.[7]

오늘날에는 컴퓨터 통신망을 이용하여 커다란 노력을 투여하지 않고도 사실을 조작·전파·분배할 수 있게 되었다. 페소화의 가치를 평가 절하할 것임을 기업 또는 은행을 통해 멕시코가 암시하고 있다고 가정할 때, 이들 은행 및 기업의 컴퓨터망에 접근이 가능한 국가 또는 개인은 이같은 사실을 어느 누구보다도 신속히 감지할 수 있을 것이다. 이 경우 이들 내용을 교묘히 이용하면 어렵지 않게 경제적 혼란을 야기할 수도 있을 것이다. 공격을 당하고 있는 국가가 상황을 감지했을 때에는 이미 늦었다고 할 수 있을 것이다.[8]

오늘날에는 케이블 TV가 매우 보편화되어 있다. 따라서, 위성통신을 이용하면 군의 최고지휘관이 특정 지역 출신의 군인들을 대거 숙청했다는 사실을 그 지역 주민들에게 알릴 수도 있을 것이다. 대중 매체가 엄청날 정도의 속도로 발전하고 있는 오늘날, 사람들은 이같은 언론 매체를 통해 정보를 조작하여 특정 대상을 집중적으로 공격하고 있는데, 우리는 여기서 통신망의 위력을 새삼 실감하게 된다.

---

7) 1995년 2월초 인터넷 상에 올린 에콰도루 정부의 선전이 넷워의 효시(嚆矢)라고 역사가들은 기록할 것이다.

8) H.D. Arnold et. al, *"Targeting Financial Systems as Centers of Gravity: Low Intensivity to No Intensivity Conflict"*, Defence Analysis, 10, no.2, August, 1994, 181-08.

2. 수천 대의 탱크보다 한 장의 그림이 보다 위력적이다

오늘날의 TV에는 시뮬레이션 기술에 기반을 둔 '가상현실(Virtual Reality)'을 다룬 영화들이 수없이 방영되고 있다. 이들 영화에서 사용되고 있는 기술을 이용하면 통신 매체를 통한 전쟁을 혁신적인 수준으로까지 끌어올릴 수 있을 것이다. 오늘날 우리는 뉴스 매체를 통해 보도되는 전상자(戰傷者)의 수가 거짓인 것과 마찬가지로, 뉴스에서 보도되는 내용은 모두가 거짓이라는 식으로 상대방 국가의 언론 매체에 대해 불신감을 조장하고 있다. 여기서 의도하는 바는 상대방 국가의 신뢰성을 공격하여 국가와 국민을 이간질하고자 함이다.

오늘날에는 컴퓨터를 이용해 생성한 그림과 생방송 중인 연기자의 모습을 결합하는 방식으로 가상의 회담 또는 허구의 전쟁을 어렵지 않게 조작할 수 있게 되었다. 컴퓨터 내부에 저장되어 있는 그림들을 임의로 결합하여 의도하는 효과를 유발할 수도 있게 되었다. 수천 대의 탱크보다 한 장의 그림이 보다 큰 위력을 발휘할 수 있는 그러한 시대가 되었다.

물론, 진실은 나중에 밝혀질 것이다. 그러나 모든 애국 시민은 전투를 종료하고 집으로 돌아가라는 최고지휘관과 상대방 국가 지휘관의 방송이 조작된 것이라는 사실을 이들 국민들이 인지하였을 때 전쟁은 이미 종료되어 있을 것이다. 언론 매체를 이용한 전쟁이 환상의 영역으로 접어들고 있다.

지금 언급하고 있는 내용들은 공상과학 소설에서나 찾아볼 수 있는 형태의 것이 아니고 오늘날의 급부상하고 있는 기술들을 이용하면 어렵지 않게 실현이 가능한 것들이다. 이것의 운영 원리는 다음과 같다. 사람들이 전적으로 신뢰하고 있는 상용의 인공위성 망을 통해 전략적 차원에서 엄청난 의미를 담고 있는 내용에 관한 허구적 사실을 보도하는 방식으로 상대방 국가를 교묘히 공격한다.

이같은 방식으로 그 내용을 조작한다면 전략적인 효과를 어렵지 않게 유발할 수 있을 것이다. 이는 상대방이 제시하고 있는 정보는 신빙성이 없다고 비난하던 과거의 선전방식과는 크게 다른 것이다. 진실 그 자체가 가상현실, 다시 말해, 컴퓨터와 같은 영상매체를 이용해 조작된 실체에 의해 대체될 수 있게 되었다. 통신망을 이용한 공격에서는 상대방 국민들의 정서(情緖)·동기(Motives)·신념 뿐 아니라 '객관적 추리력'까지도 공격의 대상으로 간주하고 있기 때문에, 이같은 공격으로 인해 국가에 대한 통제 자체가 심각한 위협을 받고 있는 실정이다.

그 효과를 점검한다는 차원에서 앞에서 언급한 시나리오를 다시 살펴보자. 전투를 즉시 중지하라는 최고지휘관의 호소는 조작된 것이며, 이같은 내용을 조작한 집단은 상대방 국가라는 점을 공영 라디오와 TV를 통해 즉시 방영하였다고 가정하자. 방송에 등장하는 상대방 국가의 지도자는 날조된 인물이라고 크게 비난을 받게될 것이다. 그러나 이처럼 언론 매체를 통해 공격을 당한 국가의 국민들은 보도된 두 내용 중에서 어느 것이 진실이고 어느 것이 날조된 것인지를 구분할 수 없을 것이다. 모든 형태의 정보유통 수단들을 상대방 국가가 공격하여 오는 경우, 이들 사회에서는 보도된 내용의 진실 여부를 파악한다는 것이 매우 어려워질 것이다. 이같은 사회에서는 사물을 객관적으로 판단할 수 있을 것인지가 의문이다.

상호 모순적인 형태의 정보와 자료가 홍수처럼 밀려들어오고 있는 오늘날, 사물을 제대로 관찰 및 파악한다는 것도 쉬운 일은 아닐 것이다. 보다 중요한 것은, 언론 매체를 이용해 인간의 판단능력 자체를 공격하고 있기 때문에 오늘날에는 사람들의 방향 감각이 크게 약화되고 있다. 다시 말해, 오늘날의 사람들은 허구 또는 가상의 세계에 근거하여 의사를 결정하는 경향이 높아지고 있으며, 수단과 목적간의 관계를 제대로 설정하지 못한 이유로 인해 국가와 군의 행위가 혼란을 거듭하고 있다.

통신망을 통해 인간의 의식을 고도의 전략적인 차원에서 공격하는 행위인 넷워와 정보전이 출현하면서 일관성 있는 형태의 전략을 구상하지 못하도록 할 수 있게 됨에 따라 오늘날에는 상대방을 살상하지 않고도 굴복시킬 수 있게 되었다.[9]

그러나 현실은 정보군인(InfoWarrior)들이 생각하는 것보다 훨씬 복잡할 수 있으며, 이같은 방식으로 승리한다는 것이 쉽지만은 않을 것이다. 통신망을 통해 국가적 차원에서 공격을 당하고 있는 국가의 경우에는 무혈항복이 아닌 최후의 항전도 불사할 가능성이 있는데, 이 경우 핵전쟁까지도 고려해야 할 것이다. 통신망을 통해 상대방 국가의 의식을 공격하는 행위인 넷워에서는 인간의 진실을 담보(擔保)로 하여 전쟁을 수행하고 있기 때문에 승리한다고 할지라도 눈에 보이지 않는 엄청날 정도의 희생이 따를 것이다.

3. 진실이란?

'지휘통제전(Command-and-Control Warfare)'의 일환으로 정보전 · 넷워 · 사이버워 등이 종종 거론되고 있는데, 이들에 대해 토론할 때에는 다원화, 단일 종교를 국교(國敎)로 인정하지 않는다는 점, 의사전달은 윤리적인 역할을 수행해야 한다는 점 등 민주국가에서 귀중한 가치로 간주되고 있는 사항들을 충분히 고려해야 할 것이다. 다시 말해, 통신망을 이용해 상대방 국가의 국민들의 의식 구조를 공격한다는 전략적 차원에서의 정보전이 민주사회가 추구하는 목표와 원칙에 부합되는 가를 곰곰이 생각해 보아야 할 것이다.

마찬가지로, 전략적 차원에서 정보전을 수행하기 위한 기술의 개발 및

---

9) Ralph D. Sawyer, trans., "*Sun-tzu: The Art of War*", (New York: Barnes & Noble, 1994), p. 177.

배치에 관한 능력 또는 권한을 갖고 있는지에 대해서도 의문을 제기해야
할 것이다. 이들에 대해 회의를 품어야 할 이유는 충분히 있다.

철학자 포겔른(Eric Vogelin)에 따르면, 사회의 형태에 관계없이 의
사전달은 구체적(Substantive), 실용적(Pragmatic), 최면적(Intoxicant)
이란 세 가지 기능의 측면에서 토의될 수 있다고 한다.[10] 의사전달을 통
해 사람들은 인간성의 형성 또는 개발을 추구하고 있다. 의사전달이란
비슷한 유형의 성품으로 구성되는 집단을 만들어 내고, 이들 집단을 유
지해 가는 과정으로 볼 수 있다. 간단히 말해, 사회를 묶어주는 아교의
역할을 의사전달이 담당하고 있다.

오늘날의 미국은 인종주의자 또는 성 차별주의자가 사용하는 언어를
사회로부터 추방하고자 노력하고 있는데, 이는 의사전달의 구체적 기능
을 보여주는 대표적인 사례이다. 이외에도, 다양성에 기반을 둔 미국 사
회에서 특정 종교의 견해가 학생들의 성격 형성에 영향을 끼치는 것은
바람직하지 않기 때문에 공립학교에서는 기도를 하지 못하도록 해야 한
다고 주장하는 분들이 있다. 이같은 주장으로 인해 기도에 관한 논쟁이
언론 매체를 통해 종종 전개되고 있는데, 이는 의사전달의 구체적 기능
을 보여주는 또 다른 사례이다.

마지막으로, 오늘날의 조직들은 구성원간의 구체적인 의사전달과 이해
에 기반을 두고 있다. 포겔른의 표현을 재차 빌려서 표현한다면, 사회란
단순한 외적인 관계로 구성되어 있는 조직이 아니다. 사회란 끊임없이
만들어내고, 이것을 자아실현을 통해 각색해 가는 의미(Meaning)들의
세계인 것이다.[11]

---

10) Eric Voegelin, *"Necessary Moral Bases for Communication in a
Democracy, Problems of Communication in a Pluralistic Society"*,
(Milwaukee: Marquette University Press, 1956), 53-8.

11) Eric Voegelin, The New Science of Politics, (Chicago: The Univer-
sity of Chicago Press, 1952), p. 27.

오늘날 중국·이란 그리고 사우디아라비아와 같은 국가들은 CNN과 같은 세계적인 의사전달 매체를 통해 보도되는 내용을 자국의 국민들이 시청하지 못하도록 노력하고 있는데, 이는 자신들의 문명과 사회가 특유의 공유된 구체적인 의사전달 세계에 깊이 의존하고 있다는 점을 이들 국가들이 인식하고 있기 때문이다.

인류 역사에서 지속적으로 영향력을 발휘할 수 있는 조직으로 존재해 있으려면 의사전달 매체를 통해 방송되는 내용을 정부가 구체적으로 통제할 필요가 있다고 프랑스 인들은 생각하고 있다.[12] 오늘날 프랑스는 외국의 방송물이 유럽에 널리 방영되어서는 곤란하다는 점, 특히도 프랑스에 미국의 영화가 지나칠 정도로 많이 들어와서는 곤란하다는 점을 강조하고 있는데, 이는 프랑스 인들이 의사전달의 구체적 기능을 매우 심각히 받아들이고 있다는 징표이다.

포겔른이 말하고 있는 의사전달의 실용적 기능은 비교적 간단하다. 실용적 측면에서의 의사전달이란 특정 목표를 달성하기 위한 것인데, 의사전달을 통해 상대방에게 영향력을 행사하여 자신이 의도하는 바대로 행동할 수 있도록 하겠다는 것이다. 여기서 중요한 것은 행위이다. 정치 및 상업적 목적의 의사전달은 그 대부분이 극히 실용적이다. 여기서는 전달하고자 하는 내용의 윤리성에 대해서는 전혀 관심이 없다. 다만 자신이 의도하는 바를 상대방의 마음속 깊이 부각시킬 수 있는지 가 주요 관심이다. 정보전에서는 상대방의 인식을 조작한다는 실용적 측면에서의 의사전달을 주로 활용하고 있다.

의사전달에 최면적 기능이 있다는 점은 오늘날 특정 유형의 프로그램에 심취해 있는 사람들이 다수 있다는 점에서 잘 알 수 있다. 오늘날에는 수많은 시민들이 토크쇼, 연애소설, 스포츠 프로 등의 유희물에 깊이 중독 되어 있는데, 여기에 오락산업이 크게 일조하고 있다.

_____

12) John Andrews, *"Culture Wars"*, Wired, May 1995, pp. 130-38.

오늘날 민주사회에서의 의사전달의 대부분은 마춰적 또는 실용적 측면의 것이라고 포겔른은 말하고 있다. 자유롭게 의사를 표현할 수 있어야 한다는 사회적인 분위기, 다양성을 강조하는 풍토 등으로 인해 오늘날 대부분의 민주사회에서는 의사전달의 구체적 기능이 설자리를 잃고 있다.

국가 사회가 다양성을 유지하려면 개개인 모두가 자신이 취사선택한 언론 매체를 통해 나름의 내용을 습득함으로서 자신의 성격과 견해를 형성해갈 수 있어야 할 것이다. 정부 또는 군이 언론 매체를 이용해 정보전을 수행하는 경우 다양성에 기반을 둔 문명 사회는 심각한 위협을 받게 될 것이다.

전략이란 승리의 가능성은 제고시키는 반면에 패배의 가능성은 줄인다는 차원에서 전·평시 국가 정책을 최대한 지원할 수 있도록 정치·경제·심리·군사력을 개발하기 위한 '기교 및 과학(Art and Science)'이라고 미 국방부는 정의하고 있다. [13]

전략은 목적을 달성하기 위한 수단인데, 군사전략이 지원하는 목적이란 정치적 성격의 것이다. 정보전의 문제를 조명한다는 차원에서 전략을 또 다른 각도에서 정의해 보자. 전략을 특정 목표를 달성하기 위한 행위의 기획이라고 정의하게 되면, 정보전의 한계성이 명백히 들어 나게 된다. [14]

올바른 군사전략이란 아측에게 도움이 될 수 있는 형태의 것이어야 한다. 이외에도, 아측이 채택한 군사전략의 결과로 인해 적이 예측 가능한 형태로 반응할 수 있도록 해야 할 것이다. 군사전략이 의도하는 바는 예

---

13) Rear Admiral J.C. Wylie, "Miltary Strategy: A General Theory of Power Control", (Annapolis, Md.: Naval Institute Press, 1967), p. 14.

14) Sun-Tzu, "The Art of War", trans., J.H. Huang.(New York: Quill, 1993), p. 68.

측 가능한 형태로 상황을 전개해 나아가겠다는 것이지, 예측이 불가능한 혼란을 유발하겠다는 것이 아니다. 통신망을 통해 상대방 국가의 국민들의 의식을 공격한다는 전략적 차원의 정보전, 적의 지휘구조를 무력화시키기 위한 지휘통제전, 작전적 차원에서 수행되는 사이버전 등이 국가안보에 도움이 될 수도 있지만, 해를 끼칠 수도 있다는 점과 이들의 결과로 인해 예측 불가능한 상황이 전개될 수도 있다는 점을 명심해야 할 것이다.

갈등이란 명확한 대상을 중심으로 진행된다. 따라서, 대상이 불분명한 상태에서는 갈등이란 존재할 수가 없다. 오염된 또는 상호 모순적인 형태의 정보와 자료를 다량으로 제공하여 적이 올바른 관찰 뿐 아니라 객관적인 판단조차 할 수 없도록 하고, 이같은 왜곡된 정보에 근거해 적이 반응하도록 하는 것이 의도하는 바라면, 이것을 실행에 옮기지 못할 이유도 없다. 그러나 이처럼 행동하게 되면 수단과 목적간의 관계가 분명하지 않기 때문에 예측 불가능한 형태의 반응이 유발될 가능성도 없지 않다.

사이버전 또는 지휘통제전의 측면에서 보면, 이것이 정보군인(Infowarrior)에게는 매혹적인 군사전략으로 보일 수도 있을 것이다. 클라우제비츠의 말과 같이 전투에는 본질적으로 불확실성의 요소, 즉 '안개(Fog)와 마찰(Friction)'이 상존 하고 있다. 사이버전을 교묘히 이용하게 되면 상대방에게 불리한 방향으로 불확실성의 요소들이 나타나게 할 수도 있을 것이라고 아마도 이들은 생각할 것이다.

사이버전 전략을 성공적으로 구사할 수 있을 것인 지의 여부는 적의 의사결정 주기(예를 들면, 걸프전 당시 이라크의 지휘통제체계에 대한 다국적군의 공격으로 인해 이라크의 의사결정 주기에 일대 혼란이 유발되었다)를 단순히 통제한다는 차원을 넘어서, 중심을 잃은 또는 비이성적으로 행동하는 상대방의 약점을 끊임없이 이용할 수 있도록 지휘관이 휘하의 자산을 효율적으로 배치할 능력이 있는지에 따라 크게 좌우되는 문제이다. 지휘통제전이 새로운 형태의 전장을 형성할 수 있을 것인지, 아니면 단순한 혼란만을 유발할 것인지는 두고 볼 일이다.

사이버전 전략이 추구하는 바는 적의 혼란을 이용하여 아측 지휘관이 의도하는 바를 상대방에게 강요할 수 있도록 적절한 형태로 힘을 분배하겠다는 것이다. 손자의 말과 같이, 전쟁에서 가장 우수한 자는 상대방의 변화에 적응하면서 승리할 수 있는 자이다.[15] 정보전에서는 전쟁 당사자의 이성이 파괴될 수도 있기 때문에, 전쟁이 굴복 또는 패망 중에서 하나를 선택해야 하는 형태가 될 가능성도 없지 않다. 이 경우에는 야전에 배치된 적을 격파하는 것만으로는 충분하지 않을 것이다.

『전투에서 승리하여 특정 지역을 점령할 수 있는 경우에도, 후속 조치가 뒤따르지 못하면 낭패스럽다』고 손자는 말한 바 있는데, 소위 말해, 이것이 '지속적인 혼란'이다.[16] 1991년도의 걸프전이 전략적 차원에서의 승리였는지 아니면 단순한 전투에 불과하였는지는 후세의 역사가들이 판단할 것이다. 작전적 차원에서의 사이버전은 싸우지 않으면서도 상대방의 의지를 감쇄시킬 수 있을 정도의 기술이다. 반면에 전쟁 종료의 여부를 판단하고자 할 때 필요한 이성(理性) 그 자체를 공격한다는 측면에서 사이버전은 전략의 포기를 의미할 수도 있다.

---

15) Ibid, p. 109.

16) Peter Black, *"Soft Kill: fighting infrastructure wars in the 21st century"*, Wired, July/August 1993, 49-0.

4. 전략적 의미

향후의 전쟁에서는 사이버전에 관한 도구 · 기술 · 전략을 개발해 활용할 수 있어야 할 것이다. 넷워와 비교해 볼 때 사이버전에는 다수의 복잡한 측면이 없지 않다. 그러나 사이버전이 향후의 전쟁에서 엄청나게 중요할 것이라는 점과, 이같은 형태의 전쟁을 이용하면 다수의 인명을 살상하지 않으면서도 전쟁을 종료시킬 수 있을 것이라는 점을 국가의 지도자들이 이해하게 되면, 사이버전에 필요한 자원 · 조직 · 훈련을 지원받을 수 있을 것이다. 향후에는 분명히 사이버전의 형태로 전쟁을 발전시켜 나아가야 할 것이다. 반면에 사이버전을 목적으로 개발한 도구와 기술 중 많은 부분을 넷워 또는 전략적 차원의 정보전을 위해서도 사용할 수 있을 것이다. 그러나 미국과 같은 다원화된 사회가 정보전을 효과적으로 수행할 수 있을 것인지에 대해서는 의문점이 적지 않다.

그 중 한 이유는 미국이 개방사회라는 점 때문이다. 따라서 미국과 같은 나라는 반격할 의지가 있는 적과의 넷워에서 취약할 수 있다.[17] 미국이란 사회에는 통신기반구조와 '정보고속도로'가 활짝 개방되어 있기 때문에, 전세계 어느 곳에서도 통신망을 통해 접근이 가능하다. 이같은 이유로 인해 미국과 같은 민주사회는 전략적 성격의 넷워에 매우 취약하다. 상업 및 정치적 목적의 광고가 추구하는 바는 진실이 아닌 허구적인 사실도 진실인 것처럼 상대방이 생각하도록 만드는 것인데, 결과의 측면에서 보면 이들 광고는 비교적 효과가 있는 듯 생각된다. 또한 미국과 같은 민주사회에서는 물리적 통제 또는 보안이 근본적으로 불가능할 수도 있다. 예를 들면, 미국과 같은 사회에서는 컴퓨터 · 통신 · 정보통신망 등이 개개인의 생활에서 매우 중요한 비중을 차지하고 있는데, 이들 체계는 '헤커(Hacker)'들에 의한 공격에 매우 취약한 실정이다.[18] 향후 이

---

17) Paul Wallich, "*Rouge Routing*", Scientific American 272, no. 5, (May 1995), p. 31.

들 헤커들은 아마추어 수준을 벗어나서 프랑스·인도 또는 중국에서 만들어진 최신의 컴퓨터 바이러스를 특정 컴퓨터의 서버(Server)나 인터넷에 투입할 수 있을 정도로 컴퓨터망의 '무법자'가 될 것이다.[19]

오늘날의 발전된 국가에서는 군 통신을 포함한 통신망·항로관제·연료망·은행 등과 같은 국가의 주요 시설들이 컴퓨터 소프트웨어에 의해 통제되고 있다. 따라서, 이들 국가의 경우 정보전의 일환으로 이들 체계를 공격하면 그 효과는 엄청날 것이다. 예를 들면, 오늘날의 인터넷에는 14,000개 이상의 데이터베이스가 접속되어 있는데, 여기에 저장되어 있는 방대한 규모의 정보를 전 세계 곳곳의 1억 명 이상의 사용자들이 매일같이 이용하고 있는 실정이다. 더욱이, 상대방이 보유하고 있는 정보를 교묘한 방식으로 이용 또는 파괴할 목적으로 수많은 '해적'들이 인터넷상을 섭렵하고 있는 것이 오늘의 현실이다. 자국의 특정 통신회사에 관한 정보를 인터넷을 통해 미국이 수집했다며 프랑스가 격렬히 비난한 바가 있는데, 인터넷상에서 전개될 사건의 성격을 이 사건을 통해 짐작할 수 있을 것 같다.[20]

핵 전략에서 말하는 '확전의 지배(Escalation Dominance)'도 쉽지는 않지만 정보 공간에 대한 지배는 보다 어려울 것이다.[21] 더욱이 그 와중에서 소요되는 비용 또한 적지 않을 것이다. 오늘날의 군과 기업은

18) Win Schwartau, *"Information Warfare: Chaos on the Electronic Superhighway"*, (New York: Thunders Mountain Press, 1994).

19) Jean Pichot-Duclos, *"Toward a French Economic Intelligence Model"*, Defence Nationale, Jan 1994, 73-5, in Federal Broadcast Information Service- West Europe, 25 January 1994, 26-1.

20) John Arquilla, *"The Strategic Implication of Information Dominance"*, Strategic Review, Summer, 1994, 24-0.

21) Joint Chiefs of Staff Memorandum of Policy 30, *"Command and Control Warfare"*, 8 March 1993.

컴퓨터 · 통신 · 데이터베이스의 보안에 보다 많은 자원과 관심을 표명해야 할 것이다. 전장터에서의 사이버전 수행에 필요한 자원과 기술의 정도 또한 적지는 않지만, 전략적 차원의 정보전을 수행하고자 할 때 필요한 자원과 기술의 정도는 상상을 불허할 정도로 엄청날 것이다.

미국과 같은 민주사회가 정보전을 수행할 수 있을 것인지에 대해 의문을 제기하는 두 번째 이유는 정보전에 관한 이들 국가의 정치 및 법적 차원에서의 책임과 권한의 관계가 애매하다는 점 때문이다. 예를 들면, 미국의 경우 국가적 차원에서의 정보전 수행에 관한 전략을 개발 또는 집행하라고 대통령이 관련 행정 부서에 전달할 수는 있지만, 미 의회가 이들 내용을 적절히 감독할 수 있을 지가 의문이다. 정보전에 관한 정책을 통제 및 감독하기 위한 권한을 갖고 있는 곳은 어디인가? 전쟁 발발에 대비하여 평시에 적대국의 인식을 조작할 목적으로 군 지도자나 그 지역의 대사가 사이버전을 전개하고자 할 때 이것의 타당성 여부는 누가 판단해야 할 것인가?[22]

미국과 같은 민주사회가 정보전을 효과적으로 수행할 수 있을 것인지에 대해 의문을 제기할 수밖에 없는 세 번째 이유는 전 세계적으로 연결되어 있는 통신망을 통해 정보전이 전개되고 있다는 측면에서 그 내용의 통제가 쉽지 않기 때문이다. 오늘날 민주사회의 특성인 다양성이 정보전을 수행하는 과정에서는 제약 요소가 될 수도 있을 것이다.

다양성으로 인해 국내 및 국제 정치의 분위기를 인위적으로 조성하는 것도 쉬운 일이 아니지만, 미국과 같이 대중화된 사회의 경우에는 가치관 또는 대중 철학의 빈곤으로 인해 전략적 차원의 정보전에 관한 정책을 정치지도자들이 구상하지 못할 가능성도 없지 않다. 또한, '윤리적 측면에서 바람직한 것이 무엇인지'에 대해서도 의견이 분분하기 때문에, 여론의 수렴을 거치지 못한 상태에서 몇몇 안보전문가들의 의견을 근거

---

22) Sun Tzu p. 110.

로 하여 정보전에 관한 안보정책이 설정될 가능성도 없지 않다. 컴퓨터 및 데이터통신과 같은 첨단기술의 위력이 엄청나다고는 하지만 목표 대상의 '인간성(Humanity)'을 바꾸지는 못할 것이다. 정보전이 추구하는 바가 객관적 판단능력을 저해하여 분쟁 후의 재건설 과정에서 전혀 예기치 못한 사건을 유발하는 것이 아니라면, 전략적 차원의 넷워 또는 정보전에서는 피 공격 국가에서 이미 신뢰를 상실한 내용을 대체해 줄 그 무엇을 갖고 있어야 할 것이다.

예를 들어, 정보전을 이용해 특정 국가를 공격한다고 가정할 때 그 국가의 현실에 기반을 둔 정서·동기·판단 형태·행위를 대체하는 대안을 제시할 수 있을 정도로 철학적 식견이 있는 자가 미국 내에 있는가? 정보전을 통해 상대방 국가의 객관적 판단력을 무력화시킨다는 차원에서 군 또는 CIA를 활용할 수도 있을 것이다. 정보전을 통해 상대방 국가를 무정부 상태로 몰고 갈 수도 있지만, 전쟁이 추구해야 할 정치적 목표가 이것은 아닐 것이다.

5. 결언

1991년도의 걸프전에서는 제한적 성격이기는 하였지만 작전적 차원에서의 사이버전을 염두에 두고 개발한 기술 중 몇몇이 선을 보였다. 그러나 전략적 차원에서 보면, 넷워나 정보전을 이용해 상대방 국가를 공격하는 경우 예측불허의 사태가 유발될 수도 있기 때문에, 국가안보 또는 군사전략이란 맥락에서 이들은 바람직한 대안은 아니다.

통신망을 이용해 상대방 국가의 의식구조를 공격하는 행위인 넷워가 추구하는 최종 목표는 피 공격 국가의 완전한 와해이기 때문에, 최악의 경우 핵전쟁까지도 염두에 두어야 할 것이다. 분쟁을 해결하려면 어느 정도의 이성은 필수적이다.

분쟁의 해결 과정에서 필요한 것은 윤리적인 사고(思考)와 의사전달의
실용적 기능이다. 그러나 전략적 차원의 정보전이 성공하는 경우에는 사
물의 인지능력 또한 파괴될 것이기 때문에, 최소한의 추리능력뿐만 아니
라 의사전달의 실용적 기능까지도 파괴될 수 있다.

냉전 당시의 전쟁 연습에서는 확전 또는 상대방에 의한 핵 공격을 방
지한다는 차원에서 소련군 지휘관의 사망을 가정한 경우도 없지 않았다.
이 경우 실권을 갖고 있는 지휘관이 없는 상태에서 전쟁을 어떻게 종료
시킬 수 있을 것인지가 의문이다. 상대방 국가의 지휘관을 사살하는 것
이 정보전이 추구하는 핵심 목표라고 말하는 사람들이 있다. 이 경우 국
가의 신뢰성·합법성 그리고 국민에 대한 의사결정권자의 의사전달 능력
또는 세계관이 파괴·변질될 것이다. 적국의 지휘관이 사용하는 통신체
계를 전자적(電子的) 수단을 이용해 장악하여 아측이 조작한 내용을 사
실인 것인 양 착각하도록 만들었다면, 분쟁 종료와 관련해 이같은 지휘
관과 협상할 수 있겠는가?

통신망을 통해 전쟁을 수행하는 아측의 전사(戰士) 또는 적 지휘관이
적의 국민에게 투항하라는 의미의 글을 전달하는 경우 이들이 이를 실제
상황으로 받아들일 것이라고 장담할 수 있겠는가? 또한, 전략적 차원의
정보전에서는 그 내용의 정도, 수행의 강도, 그리고 총체성의 정도에 따
라 상대방 국민의 인간성을 비이성적 또는 비양심적인 방식으로 무자비
하게 공격하기 때문에, 그 결과 심각한 수준의 정신병이 유발될 수도 있
다. 정보전에 의한 공격으로 인해 객관적인 판단능력을 상실한 지도자
또는 국민과 어떻게 분쟁을 해결하고, 분쟁 후에 대해 논의할 수 있을
것인지가 의문이다.

핵전쟁에 의한 결과로 인해 파괴된 정도가 클수록, 의도하는 바의 달
성이 어려운 것과 마찬가지로, 상대방 국가에 대한 정보전의 강도가 높
을수록 전쟁에서 추구하는 목표의 달성이 보다 어려워질 것이다. 사이버

전에 관한 기술이 크게 확산되면서 이들 기술을 이용해 상대방 국가에 막대한 수준의 피해를 유발할 능력이 있는 국가, 단체 또는 개인이 급증하고 있는 오늘날, 정보전을 억제하려면 상대방의 사이버전 능력을 무력화시킬 수 있을 정도의 수단을 확보하고 있어야 할 것이다. 손자의 말과 같이 유리하지 않으면 행동하지 말고, 이득이 없으면 사용하지 말며, 위기에 처해 있지 않다면 전투를 해서는 안될 것이다.

21세기에는 정보전이 국가안보의 중요한 문제로 부상할 가능성이 매우 높다. 따라서, 정보전과 관련된 신기술을 군사 및 전략적 차원에서 일관성 있게 이용할 수 있도록 그 정책을 국가적 차원에서 개발해야 할 것이다. 이같은 목표에서 지휘통제전이란 이름 하에, 미군은 사이버전에 관한 기술과 체계를 개발하고 있다.

예측불허(豫測不許)의 혼란을 유발하기 위해서 정보를 통제 및 이용할 수도 있을 것이다.[23] 앞에서 언급한 형태의 기술과 체계를 활용한다면 통신망을 이용해 상대방 국민의 의식구조를 전략적 차원에서 공격할 수도 있을 것이다. 그러나 여기서 의문이 가는 사항이 있다. 포겔른이 우려한 바와 같이, 구체적인 관념체계가 파괴 또는 오염되어 조직으로서의 능력을 이미 상실한 집단에게는 정보 또는 정보기술을 통제 및 이용하여 특정의 형태를 강요하지 못할 수도 있을 것이다.[24]

구 소련을 자유사회로 전향시키거나, 극도의 암흑 상태에 있는 르완다와 같은 태고의 야만국을 변화시킬 능력이 있다고 주장할 수 있는 정보전사(情報戰士: InfoWarrior)는 없을 것이다. 전략적 차원의 정보전은 핵전쟁에 비교할 수 있다. 다시 말해, 억제 차원에서도 정보전 능력을 보유할 필요가 있으며, 정보전은 그 수행 자체로서 상호 자멸할 것이기

---

23) Eric Voegelin, "The Ecumenic Age, in Order and History", (Baton Rouge: Louisiana State University Press, 1974), p. 117.

24) Brig V.K. Nair, *War in the Gulf: Lessons for the Third World*, (New Delhi: Lancer International, 1991).

때문에 매우 어리석은 행위이다. 그러나 정보전에 관한 기술이 이미 널리 확산되어 있다는 인식에서 정보전 능력을 개발해야 한다면, 국민의 여론을 수렴해야 할 것이다.

정보전에 관한 기술이 확산되면서 향후에는 적지 않은 문제점이 초래될 것이다. 군에서는 정보전이 지휘통제전의 형태로 전개될 것이다. 또한 사이버전에 관한 기술을 이용하게 되면 상대방 국가의 국민들의 인식을 공격할 수 있을 것이다. 오늘날의 전장에서 이러한 능력이 매우 중요하다는 점을 우리 모두는 이미 잘 알고 있다. 상황이 그러하다면 국가는 사이버전 · 넷워 그리고 정보전에 관해 진지하고도 지속적인 관심을 보여야 할 것이다.

3 정보전: 그 효과와 우려

1. 서언

전쟁에서 정보는 매우 귀중한 요소였다. 상황을 정확히 인식하지 못하게 되면 군사행위가 정체될 수 있다고 클라우제비츠는 말하였다. 정보와 전투는 불가분(不可分)의 관계라고 손자는 말하였다. 정보전이란 군의 작전에 정보의 효과를 극대화시킨 것이다.

컴퓨터와 데이터통신 분야의 획기적인 발전으로 인해 방대한 양의 정보를 수집·분석·사용·전파할 수 있게 되었을 뿐만 아니라 빠른 속도로 다수의 수신자에게 동시에 전달할 수도 있게 되었다. 더욱이 다수의 출처에서 수집한 자료간의 상관관계를 신속히 파악할 수 있게 되면서, 오늘날의 전투원에게 정보는 매우 귀중한 자산이 되고 있다.

제2차 세계대전 당시 영국의 수상 처칠은 독일의 비밀 코드를 해독할 목적으로 '에니그마(Enigma: 무선통신을 비화하기 위해 독일이 사용했던 장비)'를 사용하였는데, 당시 그는 이미 정보전을 수행하고 있었던 것이다. 그는 '런던통제본부(LCS: London Controlling Section)'의 정교한 통신망을 이용하여 정보전을 수행하였는데, 당시의 수준을 고려해 볼 때, 이는 고도의 정보 및 기만 작전이었다.

1991년도의 걸프전에서는 육·해·공군에 의한 작전뿐만 아니라 정보전에 의한 4차원 형태의 전쟁이 선을 보였다. 첨단의 컴퓨터 능력에 기반을 둔 새로운 형태의 공세 및 방어 작전이 걸프전에서 등장하였다. 정보기술의 비약적인 발전으로 아측의 공격 능력이 획기적으로 신장된 것은 사실이지만, 오늘날 군이 보유하고 있는 체계들이 컴퓨터와 같은 정보 능력에 크게 의존하게 되면서 이들 체계들이 정보전에 매우 취약하게 되었다는 것도 사실이다. 이같은 측면에서 우리가 사용하고 있는 체계들의 취약성을 조심성 있게 평가해야 할 필요가 있다.

오늘날 정보전은 땅·바다·하늘에서의 전쟁에 이어 4번째의 전쟁 영역으로 급부상하고 있다.

2. 정보전에 관한 구개념과 신기술

정보전의 범주에 포함될 수 있는 영역이 광범위하다는 점에서 볼 때, 오늘날의 정보전은 과거에는 찾아볼 수 없었던 전혀 새로운 형태의 개념이 아니고 신기술을 이용해 기존의 개념을 보다 공격적으로 활용할 수 있게 된 것에 불과하다고 말하는 사람도 있다. 정보전이라는 용어가 처칠의 시대에도 있었다면, 아마도 그는 '울트라'와 관련된 자신의 행위를 정보전이라고 표현했을 것이다. 데이터통신 및 컴퓨터와 관련된 기술이 급속도로 발전하고 있는 오늘날, 정보전은 엄청날 정도의 잠재성이 있는 분야인 듯 보인다. 그러나 핵무기의 경우와는 달리, 정보전에 관한 기술을 보유하고 있는 국가는 그 수가 적지 않다. 이는 매우 보편화된 기술이기 때문에 정보전을 수행할 의지만 있다면 어느 누구나 활용이 가능하다. 한편으로는 상대방을 공격하기 위한 정보전 능력을 추구하면서, 다른 한편으로는 상대방의 공격으로부터 아측을 방어하기 위한 정보전 능력을 구비해야 하는 것은 이같은 이유 때문이다.

여기서는 고도의 방어적 형태의 정보전 능력이 필요한 이유를 제시할 것이다. 독일에 대항한 정보전을 감행하면서 처칠이 고도의 창의성을 발휘했다는 점을 보여주는 제2차 세계대전의 사례를 살펴보고, 정보전과 관련된 처칠의 행적이 역사에 기록되지 않을 번했다는 점을 거론할 것이다. 정보전이 어느 정도 활용되었던 제2차 세계대전에서 시작하여 전쟁

전반에 걸쳐 고도의 정보기술이 깊숙이 개입되었던 1991년도의 걸프전으로 이야기를 옮겨갈 것이다. 걸프전 당시 우리들이 정보 매체에 크게 의존했다는 것은 분명한 사실이다. 과거와는 달리 전쟁을 수행하는 과정에서 수많은 정보체계에 크게 의존할 수밖에 없다는 점에서 새로운 형태의 공격에 아측의 체계가 취약해질 수 있을 것이다.

정보는 전쟁에서 매우 중요한 요소였다. 상황을 정확히 인식하지 못하면 군사행위가 정체될 수 있다고 클라우제비츠는 말했다. 전쟁에 관한 책들에서는 정보의 가치를 높이 평가하고 있다. 기원전 500년 경, 정보와 전투는 불가분의 관계라고 손자는 말하였다. 자신과 적에 대해 아는 것이 많을수록, 강군(强軍)이 될 수 있다는 손자의 주장에는 타당성이 있다. 그러나 적보다 훨씬 강력해지고자 할 때 필요한 정보의 형태와 이들 정보를 사용 및 조작하는 방법에 대해 우리는 정확히 알지 못하고 있다.

정보전이란 작전을 수행하는 과정에서 정보와 지식에 의한 효과를 극대화시킨 것이다. 정보전이란 자신들이 보유하고 있는 정도의 정보와 기능을 적이 보유하지 못하도록 하고, 적이 보유하고 있는 정보를 교묘한 방식으로 이용·오염 또는 파괴하며, 적에 의한 이같은 형태의 정보전으로부터 아측을 보호하는 행위이다. 더욱이 정보전은 여타의 전쟁과는 전혀 다른 새로운 형태의 전쟁인데, 상대방의 정보 능력에 대한 공격은 매우 가치가 있다. 정보전에 관한 정의는 새롭게 보일지 모르지만, 정보전의 개념은 그렇지가 않다. 정보화시대의 도구인 데이터통신과 컴퓨터를 통해 얻을 수 있는 이점들을 알게 되면, 정보전의 수행 방법을 터득할 수 있게 될 것이다.

컴퓨터와 데이터통신 분야의 획기적인 발전으로 인해 방대한 양의 정보를 수집·분석·사용·전파할 수 있을 뿐만 아니라 빠른 속도로 다수의 수신자에게 동시에 전달할 수도 있게 되었다. 그러나 과거에는 이들 정보가 문자 · 알파벳 그리고 숫자의 형태로 전송되었기 때문에 읽기가 불편하여 커다란 도움이 되지 못했다. 사실, 이들 내용을 쉽게 읽을 수 있는 형태(예: 그림)로 표현하려면 별도의 노력이 필요하였다. 종전에는 수집된 자료 중에서 의미 있는 부분을 발췌한다는 것이 쉬운 일이 아니었기 때문에 이들 자료의 대부분이 사용되지 못했다. 그러나 오늘날에는 대부분의 정보들이 디지털 방식으로 전송되어 그림의 형태로 전시되기 때문에 전송된 자료의 대부분이 매우 유용하게 사용될 수 있게 되었다. 이처럼 정보의 질이 향상되면서 이들 정보의 사용 율이 크게 증가함에 따라 오늘날에는 정보에 대한 군의 의존도가 획기적으로 높아지고 있다.

미 '지휘통제(C3I: Command, Control, Communication & Intelligence)'국의 차장을 역임한 바 있는 듀안 엔드류(Duane Andrews)는 『정보는 전략적 의미를 갖는 자산』이라고 말하고 있다. 토플러(Toffler)는 여기서 한 걸음 더 나아가, 정보화시대의 전쟁에서는 '지식전사(知識戰士: Knowledge Warrior)'가 매우 중요한데, 『'지식전사'란 지식을 이용해 전쟁에서 승리할 수 있을 뿐만 아니라, 전쟁을 방지할 수 있다는 신념으로 무장된 군 내외의 지성인』이라고 그는 정의하였다.

미 공군 정보분야의 부 책임자를 역임한 바 있는 미니한(Kenneth Minihan) 대장은 『정보전이란 '정보지배(Information Dominance)'를 위한 활동이다』는 보다 객관적인 용어를 이용하여 정보전을 설명하였다. 그는 '정보지배'를 다음과 같이 설명하였다.

'정보지배'란 보유하고 있는 정보의 양이 상대방의 경우보다 많다는 측면에서의 일차원적인 의미가 아니다. 아측이 느끼는 '안개'의 정도를 희석시키고, 적이 느끼는 안개의 정도를 진하게 만드는 것도 아니다. '정보지배'를 달성하려면 역사적 사실을 분석할 필요가 있지만, 이는 과거의 사건을 단순히 분석하는 것도 아니다. '공중우세(Air Superiority)'의 경우와 마찬가지로, 이는 싸워서 쟁취해야 할 성질의 것이다. 이는 올바

른 방향으로 판단하고, 결정된 사항을 상대방보다 신속히 적용할 수 있
도록 효율적으로 정보를 사용하여 전투능력을 신장시키기 위한 방법이
다. 현실을 적이 직시(直視)하지 못하도록 하는 방법이다. 아침에 일어
나 당일에 해야 할 일을 적이 결정하기도 전에, 수중(手中)의 정보를 이
용해 내일 일어날 일을 아측이 예측할 수 있도록 하는 방법이다.

『전쟁에서 승리하려면 그 형태에 관계없이 정보는 필수적이다』고 미
해군은 말하고 있다.

미국의 국방부와 각군은 가용한 모든 수단을 동원하여 정보전이라는
새로운 분야에 대비하고 있다. 정보전과 관련된 프로그램에 막대한 규모
의 예산을 배정하고 있을 뿐만 아니라 정보능력을 획기적으로 개선해야
한다고 미국의 군 지도자들은 강력히 주장하고 있다. 오늘날의 미국이
컴퓨터 및 데이터통신 분야에서 독보적인 위치를 점유하고 있는 것은 사
실이다. 그러나 오늘날의 지구상에는 개발 도상국을 포함하여 정보전 수
행 능력을 획기적으로 개선하고 있는 국가들이 다수 있는데, 이는 우려
할 만한 사태이다.

3. 제2차 세계대전 당시의 정보전: 처칠의 정보전 수행 정도는?

제2차 세계대전에서는 역사상 최초로 등장한 것들이 다수 있다. 예를 들
면, 대규모의 공중전(空中戰), 전략폭격, '힘의 투사(Power Projection)'
를 가능하도록 하는 항공모함, 그리고 핵 폭탄의 사용이 그것이다. 아래의
사례 연구에서는, 역사상 최초로 당시에 정보전이 광범위하게 사용되었다고
주장하면서, 정보를 이용한 기만과 상대방의 정보를 해독하는 과정을 가설
적인 모델을 이용해 설명할 것이다.

제2차 세계대전 당시 정보전과 같은 은밀한 형태의 작전을 연합국이
수행하였다는 사실을 알게 되는 경우 당혹스런 감정을 느끼는 사람들이

적지 않다. 여기서는 상대방이 사용하는 라디오를 도청해 기만하는 행위와 암호를 해독하기 위한 작전을 논의할 것이다. 또한 전쟁에 정보작전이 크게 기여할 수 있도록, 기만과 암호 해독간의 관계에 대한 모델을 설정할 것이다. 적절한 방식으로 두 분야를 통합하게 되면 상대방이 보유하고 있는 정보를 크게 오염시킬 수 있다는 점을 보이기 위해 역사적 사실을 이용하여 모델을 만들 것이다. 이 글을 읽다 보면 연합국의 지도자, 특히 윈스턴 처칠은 상대방이 사용하는 암호의 해독이 도움이 되는 것은 사실이지만, 암호의 해독 그 자체만으로 전쟁에서 승리할 수 있는 것은 아니라고 생각했음을 느낄 수 있을 것이다. 그러나 처칠의 생각과는 달리, 암호 해독과 기만은 전쟁에서의 승리를 위한 필요 및 충분 조건이었다.

(1) 모델의 논리

우선 궁금한 사항은, 의도하는 바를 오인하도록 함으로써 독일군의 작전에 혼란을 유발시킬 목적으로 처칠 수상이 '에니그마'란 장비를 이용하여 독일의 무선 라디오 망에 고의적으로 침입하였는가? 이다.

연합국이 에니그마 장비를 이용하고 있다는 사실이 외부에 알려질지도 모른다는 점을 처칠은 크게 우려하였다. 에니그마란 장비를 연합국이 사용하고 있다는 점을 독일군이 알게 되면, 수많은 생명이 위협을 받게될 뿐만 아니라 다수의 전투가 크게 영향을 받을 수도 있었다. 반면에 이같은 장비를 이용해 상대방을 기만할 수 있는 경우에는 그 효과 또한 적지 않았다.

처칠이 에니그마란 장비를 이용할 수밖에 없었던 것은 나름의 이유가 있었기 때문인데, 이는 엄청날 정도의 모험을 건 대담한 행동이었다. 처칠이 이 장비를 이용하지 않았다면 영국은 보다 큰 위기에 직면했을 것이다. 에니그마를 통해 비화(秘話)된 메시지를 독일군에게 전송하라고 처칠이 지시하였다면, 이는 매우 어려운 상황에 처해 있던 영국에 절대적으로 필요했기 때문이었을 것이다.

기만의 역사는 전쟁의 역사만큼이나 오래되었다. 기만이란 용어는 제2차 세계대전에서 최초로 등장하였다. 그러나 이는 없었던 것을 새롭게 만든 것이 아니었다. 모든 전투의 근본은 기만이라고 말하면서, 중국의 군사 사상가 손자는 기만을 전쟁의 원칙에 포함시켰다. 전쟁 양상이 극도로 복잡해지고, 전쟁과 관련된 기술이 획기적으로 발전하면서 상대방을 기만하기 위한 수단 또한 크게 발전하였다. 제2차 세계대전 또한 예외는 아니었다. 상대방에 대한 제2차 세계대전 당시의 기만 행위들은 이미 잘 알려져 있다. 예를 들면, 당시의 기만 활동을 다룬 '역사 속에 없었던 사람(The Man Who Never Was)'이라는 제목의 책이 발간되었으며, 동일한 제목의 영화도 상영된 바가 있다.

상대방을 기만하는 행위는 전략 및 전술적 영역 모두에서 일어나고 있다. 노르망디 상륙작전이 원활히 수행될 수 있도록 기만을 이용하였다는 점에서 기만에 관한 처칠의 행위는 다분히 전략적이다. 당시 전술적 차원에서 상대방을 기만하기 위한 방법에는 시각·음향 그리고 라디오를 이용한 세 가지 형태가 있었다. 음향에 근거한 기만은 극히 일부의 전투에서 제한된 형태로 사용될 수밖에 없었던 반면에, 시각 및 라디오를 이용한 기만은 전략 및 전술적 차원 모두에서 비교적 폭넓게 사용되었다.

제2차 세계대전 당시의 기만 활동의 대부분은 비밀로 분류되었다가, 최근 비밀에서 해제되어 널리 알려지게 되었는데, 이는 전혀 놀랄 일이 아니다. 전술적 차원에서의 기만에 관한 정보의 대부분은 비밀에서 해제되었다. 그러나 독일에 대해 영국이 사용했던 술책, 다시 말해, 독일의 라디오 망을 감청한 후, 전송되는 메시지를 에니그마를 이용해 해독하였던 사실은 아직도 비밀로 분류되고 있는 실정이다. 울트라에 관해 비문으로 분류되었던 문서 중 많은 부분들이 공개된 것은 사실이지만, 울트

라에 관한 원시 자료에는 아직도, '공개불가'라고 찍힌 페이지가 있는가
하면 어떤 부분은 설명도 없이 빈 페이지로 남아 있다고 한다. 15년 전
과 비교할 때 울트라에 관해 우리들이 보다 많이 알고 있는 것은 사실이
지만, 아직도 공개되지 않은 부분이 다수 존재하고 있는 실정이다.

이들 내용에 대한 규제는 1943년 4월 15일 알프레드 멕코맥(Alfred
MacCormack) 대령이 카르케 클라크(Carke W. Clarke) 대령에게
보낸 서신의 결과일 것이다. 멕코맥은 울트라의 사용을 위한, 그리고 울
트라에 관한 '원천자료(Source Data)'를 최상 등급의 비밀로 분류하기
위한 절차를 설정하기 위해, '전쟁장관(Secretary of War)'의 특별 비
서로 임명되었다. 서한을 보낼 당시, 그는 모종의 특수 부서의 부 책임
자로서, 책임자인 클라크 대령을 위해 일하고 있었다. 이 부서에서는 주
로 신호정보를 취급하고 있었다. 멕코맥은 54페이지에 달하는 자신의
서한에서 부서의 설립 배경, 기능의 측면에서 부서의 문제점 그리고 미
육군의 정보 부서를 언급하고 있었다. 이 서한에서 그는 울트라에 관한
행적을 극도의 보안 사항으로 취급해야 한다는 자신의 견해를 다음과 같
이 피력하였다.

　　보안 사항이 노출되면, 라디오 도청을 가능하도록 하는 정보의 원천(源泉)
　이 고갈되게 됩니다. 따라서, 이 일에 종사하는 장교 및 병사는 최상의 감각
　과 사려를 겸비한 사람들로 구성되어야 합니다. 여타의 비밀 정보와는 달리
　도청에 관한 정보에는 또 다른 차원의 비밀이 내포되어 있기 때문에 이러한
　고려는 필수적입니다. 아측의 배치 현황, 해군 함정의 위치 또는 오늘날 비
　밀로 분류되고 있는 이같은 사항에 대해 적이 어느 정도 인지하고 있는 지는
　향후 일년 후에는 전혀 중요하지 않을 것입니다. 1942년 4월 우리가 적의
　가장 중요한 내용을 도청하고 있었다는 점은 사건이 발생한지 일 년 후가 아
　니라, 종전 후 수년이 경과된 뒤에도 커다란 의미가 있는 문제입니다. 이 작
　전에 관한 사항은 단순한 현재의 비밀이 아니고, 전쟁이 끝날 때까지의 비밀

도 아니며, 영원한 비밀로 간주해야 합니다.

울트라에 관한 사항은 제2차 세계대전 당시 비밀로 취급되었다. 워싱턴의 정가 및 이 분야에 관련된 극히 일부의 사람들만이 도청을 통해 얻어진 정보를 접할 수 있었다. 1944년 3월 15일 마셜(Marshall) 장군은 정보 및 정보의 원천을 보호하기 위한 통제절차를 포함한 사용 절차를 아이젠하워(Eisenhower) 장군에게 편지의 형태로 제출하였다. 이 절차를 미군은 전쟁이 종료될 때까지 준수하였다.

(2) 울트라의 기원

폴란드의 이단자가 독일의 비화 장비인 에니그마를 영국으로 옮겨오면서 울트라의 기원은 시작되고 있다. 에니그마 장비가 출현하게 된 배경, 그리고 이들 장비를 어떻게 획득할 수 있었는지를 언급할 수는 없다.

여기서는 1920년경에 작업을 시작하여 1930년대 초에 독일의 암호를 폴란드 인이 해독할 수 있게 되었다는 점을 언급하는 것만으로도 충분할 것이다. 그들은 보유하고 있던 에니그마 장비를 이용하여 1932년 12월과 1933년 1월에 독일의 암호를 해독할 수 있었다. 장비를 획득한 영국인들은 이 장비를 최대한 활용하였다.

(3) 윈스턴 처칠의 등상

에니그마 장비를 이용한 울트라 통신에 대해 윈스턴 처칠은 지대할 정도의 관심을 표명하였다. 그는 통신 내용을 직접 확인하고 싶다면서, 암호의 해독을 위한 '열쇠'를 가져오라고 지시하였다. 암호 해독에 관한 윈스턴 처칠의 관심은 재무장관으로 재직하고 있던 1924년 11월로 거슬러 올라가는데, 당시 그는 독일군의 교신 내용을 직접 도청해 보고 싶다고 말했다. 『이러한 정보에 대해 어느 장관보다도 집중적으로 장기간에 걸쳐 연구하고 있으며, 여타의 정보 원천과는 달리 도청을 이용하게 되면 적의 정책을 올바로 판단할 수 있다』고 그는 기술하였다.

수상으로 취임한지 4개월밖에 되지 않은 1940년 9월, 그는 에니그마 장비를 통해 흘러나오는 모든 메시지를 매일매일 가져오라고 지시하였다. 통신량이 엄청날 정도로 증가하게 되자, 하루에 수십 장 분량의 메시지를 가져오라고 그는 지시하였다. 비밀 해독에 관한 조직의 본부인 '브레칠리파크(Blechley Park)'를 방문할 당시 그는 조직의 지점장들 모아놓고 행한 연설에서 "당신들은 울지도 않으면서, 황금알을 낳는 거위다"고 극찬하였다. 종전 후, "울트라는 나의 비밀 병기이다. 울트라가 영국을 구했다."고 말할 정도로 울트라에 대한 처칠의 신뢰는 절대적이었다.

에니그마 장비를 이용하여 영국이 독일군의 극비 사항을 감청하고 있다는 사실이 외부로 노출되지 않을 가에 대해 처칠은 극도로 우려하였다. 울트라의 내용에 근거해 행동하기 이전에 은폐 행위가 반드시 요구된다고 그는 지시하였다. 울트라에 관한 보안을 유지하기 위해 그는 영국의 함정이 독일군의 U-boat에 의한 공격으로 침몰되는 현장을 여러 번 방관하였다.

처칠은 기만 작전에도 깊이 관여하였다. 연합국의 작전에 관해 히틀러와 그의 참모들을 기만하기 위한 책략을 구상할 목적으로 그는 '런던통제본부(LCS: London Controlling Section)'를 설립하였다.

처칠이 '런던통제본부'를 설립한 것은 기만을 이용해 영국군이 이탈리아군을 리비아 사막에서 완파하였다는 점에 착안한 것이었다. 당시 36,000명의 영국군은 31만여 명에 달하는 이탈리아군을 기만을 이용하여 격파하였다. 병력의 수가 크게 열세라는 점으로 인해 압도될 가능성이 있다고 생각한 영국의 지휘관은 고무로 만든 탱크·야포·트럭 그리고 운반 장비를 이용하여 자군의 규모가 대단한 수준인 것처럼 보이도록 하였다. 그는 낙타, 말 그리고 경작용(耕作用) 장비를 이용하여, '먼지 폭풍'을 일으켰다. 또한, 이탈리아의 정찰기가 영국군의 실체를 파악하지 못하도록 하기 위해 대공포를 활용하였다.

이탈리아군은 자신들보다 훨씬 큰 규모의 부대가 있다고 판단하고 도망에 급급하였다. 2개 사단 규모의 영국군은 13만여 명의 포로, 400여 대의 탱크, 1,290정의 총을 획득하였다. 영국군은 사상 100여 명, 부상 1,400여 명, 그리고 실종 55명이라는 극히 미미한 손실을 보았다. 이 사건으로 런던은 흥분의 도가니에 휩싸였으며, 이러한 능력을 보다 발전시킬 필요가 있다고 영국인들은 생각하였다. 이 사건을 포함한 몇몇의 사건을 목격한 직후, 기만을 보다 광범위하게 적용할 수 있도록 새로운 조직을 만들 필요가 있다고 처칠은 생각하였다.

'런던통제본부'는 기만을 목적으로 설립된 최초의 공식 조직이었다. '런던통제본부'가 수행해야 할 활동을 개발 및 집행한 사람은 영국과 미국의 비밀 요원 그리고 '런던통제본부' 소속의 요원들이었는데, 그들은 자신의 무기를 '특수수단'이라고 지칭하였다. '특수수단'이란 다양한 형태의 비밀을 취급하며, 때로는 살인도 주저하지 않을 뿐만 아니라 군 작전의 노출을 방지하기 위해 보이지 않는 곳에서 은밀한 방식으로 전쟁을 수행하고, 연합국이 의도하는 바를 히틀러가 올바로 파악할 수 없도록 하기 위한 일련의 행위까지도 포함하는 음흉스러운 성격의 용어이다.

(4) 울트라를 되돌아 봄

영국에 대한 독일의 공격을 예고하였던 1940년 7월 중순 울트라의 진가는 유감없이 발휘되었다. 당시 감청한 내용에는 영국 침략에 대한 독일의 작전계획을 담고 있는 지시문이 포함되어 있었다. 항공력에 의한 공격을 시점으로 침략한다는 것이 요지였다. 그후 이들 내용을 모두 도청하였는데, 매일 2-3백 페이지에 달할 정도의 엄청난 분량을 '브레칠리

파크'가 모두 해독하였다. 독일 공군에 의한 공습이 최초로 시작된 그
해 8월 13일, 영국인들은 독일군의 공습계획을 독일공군의 조종사들보
다도 훨씬 자세히 알고 있었다.

제2차 세계대전 당시 연합군은 울트라에 의한 도청을 통해 방대한 규모
의 정보를 획득할 수 있었다. 1944년 6월 당시 유럽의 정세에 관해 워싱턴
에 제출된 보고서의 90%는 울트라를 통해 나온 정보에 근거하고 있었다.
울트라를 통한 정보에는 전략 및 전술적 차원에서 군의 배치뿐만 아니라 독
일군의 의도를 파악할 수 있도록 하는 내용들도 포함되어 있었다. '서구에
서의 울트라(Ultra in the West)'라는 책의 서문에서 제2차 세계대전에
서의 울트라의 기여 정도를 랄프 베네트(Ralph Bennett)는 다음과 같이
설명하고 있다.

> 의사결정 이전에 적의 계획을 알 수 있도록 했다는 점에서 울트라가 연합
> 군의 지휘관에게 기여한 바는 말로 표현할 수 없을 정도로 지대하다. 울트라
> 는 '독일작전국(Wehrmacht)'의 통신 내용을 해독한 것이었기 때문에 내용
> 의 진실성에는 의심의 여지가 없었다. 따라서, 울트라에 근거하여 행동할 때
> 에는 그 결과에 자신이 있었다. 정보의 출처가 풍부하고도, 훌륭한 것이었기
> 때문에 울트라에 근거하여 전쟁 상황을 설명하게 되면 여타의 모든 것을 종
> 합해 설명하는 것과 별 차이가 없었다.

울트라를 통한 정보는 독일군의 최고지휘부에서 나온 내용을 발췌한
것이었기 때문에 여타의 어떤 정보보다도 정확성 · 신뢰성 · 다양성 · 지속
성 · 가용성의 측면에서 매우 우수하였다. 독일이 영국과 미국의 라디오
망을 감청하고 있다는 사실조차도 울트라를 통해 알 수 있었다. 연합국
이 의도하고 있는 바를 독일군이 올바로 파악하지 못하도록, 거짓 정보
를 전송하기 위해 연합국은 정교한 형태의 통신망을 설치하였다. 에니그
마 장비를 이용해 비화한 후 전송하였기 때문에 독일군은 아측이 전송한

내용을 전혀 의심하지 않고 받아들였다.

(5) 라디오를 이용한 기만(Radio Deception)

영국과 미국은 상대방 국가의 정보원천에서 흘러나온 내용을 기만 및 은폐하는 방식으로 정보를 조작하였다. 예를 들면, 전 세계로 방송되는 언론 매체를 이용하여 거짓 내용을 배포하고, 그 내용에 따라 각본을 연출하였다. 예를 들면, 부대를 일부로 기동시키고, 기구를 이용해 교묘히 변장하며, 섬광(비행장도 없는데 적의 폭격기를 유인하기 위해 불을 비춘다) 등을 사용하여 적에 의한 항공정찰을 기만하였다.

전파를 통해 연합국이 전송하는 내용을 독일군의 라디오 감청 요원들이 주요 표적으로 간주하고 있다는 점에 착안하여 연합국은 독일의 전파 수신국에 대해 다음과 같은 세 가지 전략을 구사하였다. 첫째, 기만을 위한 망을 설정하여 기만을 전문적으로 담당하는 요원들이 이들 망을 통해 의도하는 바를 전달할 수 있도록 하였다. 둘째, 작전용의 라디오 통신망을 이용하여 가상의 내용을 전송하였다. 셋째, 작전용 통신망을 통해 전송되는 통신의 양을 조절할 목적으로 '최저통신수준(Dead time)' 과 '최고통신수준(Peak Traffic Level)'을 설정하였다. 기만에 종사하는 요원들은 이러한 작전과 자신들의 행위가 얼마나 민감한 사항인 것인지에 대해 집중적으로 교육을 받았다. 이들 요원들이 받은 교육 내용 중 일부를 소개하면 다음과 같다.

여러분이 공중으로 날려보내는 메시지 모두를 적이 듣고 있다는 사실과 자신이 기만될 수도 있다는 사실을 적이 잘 알고 있다는 점을 명심해야 합니다. 따라서, 여러분은 어떠한 경우에도 알고 있는 사항을 발설해서는 안됩니다. 무심하게 던진 한 마디로 인해 아측이 의도하는 바가 고스란히 노출될 수도 있습니다.

라디오를 이용한 대표적인 기만행위에 '제1 미 육군단(FUSAG: First US Army Group)'을 지원할 목적의 '보디가드(Bodyguard)' 작전이 있다. 제1 미 육군단은 페튼(George S. Patton, Jr) 장군이 지휘하던 허구의 조직이었는데, 영국의 남부에 위치하고 있던 50개 이상의 사단으로 편성되어 있었다. 존재하지도 않는 제1 미 육군단을 설립한 목적은 노르망디가 아니고 Pas de Calais 지역으로 공격해 들어갈 것처럼 독일군에게 인식시키기 위함이었다.

(6) 사례

에니그마 장비를 이용해 수집한 정보를 통해 영국은 독일의 침입을 사전에 인지하고 있었다. 에니그마 장비로 입수한 정보를 '브레칠리 파크'는 매우 빠른 속도로 해독하였다. 또한, 에니그마 장비가 매우 복잡하게 배열되어 있었을 뿐만 아니라 배열 자체도 독일군이 임의로 바꾸었음에도 불구하고, 영국의 암호 해독가들은 매일 수백 개의 메시지를 해독하여 의미 있는 결과를 도출할 수 있었다.

에니그마 장비에는 바퀴가 달려있었는데, 암호를 해독하려면, 바퀴를 올바로 배열해야만 하였다. 바퀴는 보통 24시간에 한 번씩 그 배열 상태가 크게 바뀌었으며, 사소한 배열의 변경은 보다 빈번하였다. 독일군은 배열의 일부분을 변경하는 경우에는 메시지를 이용하였다. 이처럼 배열의 일부를 변경하는 경우 그 내용을 메시지에 포함하여 수신자에게 전달하였다.

도청한 내용이 매우 방대하다는 점에서 볼 때 영국은 독일이 공격하고자 하는 지점, 독일군의 조직, 그리고 이들이 사용하는 통신 주파수에 대해 확실히 알고 있었을 것이다. 메시지의 발신처, 발신처가 위치하고 있는 곳, 이들의 조직 등에 관한 정보를 독일군의 교신 내용을 통해 알수 있었으며, 이들을 종합하면 독일군 라디오 통신망의 구성 형태 또한 파악할 수 있었다. 지나칠 정도로 에니그마를 신뢰한 탓인지, 독일은 표준의 규격화된 문구를 사용하고 있었음에도 불구하고 전송되는 메시지를 보호 및 검증하기 위한 장치를 설치하지는 않았다. 따라서, 독일은 '런던 통제본부' 전용의 통신망을 통해 자신들을 기만하고 있는 영국군의 행위에 매우 취약하였다. 통신망을 이용한 영국의 기만 활동을 독일이 인지하는 경우 영국군에 엄청날 정도의 위기가 불어닥칠 수도 있다는 점에도 불구하고 처칠이 이같은 모험을 전개한 이유는 무엇인가?

(7) 비참한 도버해협

'영국전투(Battle of Britain)'와 노르망디 상륙작전은 제2차 세계대전에서 매우 의미 있는 사건이었다. 영국전투는 특히 영국에게 매우 중요한 사건이었다. 당시의 전투에서 독일이 패배하였지만, 이는 영국을 엄청날 정도의 위기로 몰아넣은 전쟁이었다. 전투가 시작되기 이전 전선에 배치된 전투기의 전력은 대등하였는데, 독일의 전투기들이 공격 능력을 상실하면서 힘의 우위가 영국군으로 이전되었다. 독일 공군에 의한 공습으로 인해 영국이 겪어야 했던 위기의 정도는 매우 심각하였다. 따라서, 처칠은 에니그마를 이용하여 독일의 라디오 망을 침투함에 따른 모험을 감수하였던 듯 생각된다. 독일 공군에 혼란과 무질서가 엿보인다는 점에 근거하여 연합국이 승리할 것이라는 판단 하에서 이처럼 모험적인 결정을 내렸을 수도 있을 것이다.

1940년 4월에서 그해 9월 중순까지 독일의 전투기는 주간에 공습하였는데, 영국은 공격을 당할 표적의 대부분을 울트라를 통해 알 수 있었다. 9월 중순에서 시작하여 10월까지 독일의 전투기들은 야밤에 공습을 하였는데, 공격목표를 '암호명(Code Name)'을 이용해 전달하고 있다는 점에서 이는 매우 흥미로운 사실이다. 자신들이 전송하는 메시지를 연합국이 감청하고 있다는 점을 독일군이 감지한 것일까?

당년 11월 14일, 코벤트리(Coventry)를 공격할 것이라는 점을 울트라를 통해 영국은 알 수 있었는데, 암호명 대신 도시의 지명을 거명한 것은 독일군의 실수였다고 생각한 영국군 장교들이 몇몇 있었다. 독일이 '암호단어(Code Word)'를 사용함에 따라 처칠은 크게 긴장하였다. 영국이 에니그마를 사용하고 있다는 사실이 노출된 것이 아닌가 고 그는 크게 우려하였다. 당시의 공습에 대비해 처칠은 코벤트리의 주민을 대피시키는 대신 소방서, 엠브런스 그리고 경찰 부서에 비상을 걸었는데, 이는 이같은 우려 때문이었을 것이다.

연합국의 입장에서 볼 때, 노르망디 상륙작전은 결정적인 순간이었다. 노르망디 상륙작전이 성공하게 되면, 독일과 제3 제국은 붕괴될 수밖에 없었다. 노르망디 상륙작전을 준비할 당시 '보디가드' 작전은 이미 진행되고 있었다.

당시에는 라디오 망을 통한 기만을 위한 기반체계가 이미 정비되어 있었다. 기반체계를 통해 독일의 라디오 망에 침투하여 에니그마 장비를 이용해 비화된 메시지를 전송할 수도 있었을 것이다. 에니그마를 이용해 비화된 메시지를 침투시키는 경우 발생 가능한 사태에 대비하여, 독일이 예의 주시하고 있는 것으로 이미 알려진 '기만을 위한 망(Deceit Net)'을 이용하여 추상적인 내용을 전송한다는 간계를 꾸밀 수도 있었을 것이다. '브레칠리파크'에 근무하는 요원들은 에니그마를 이용해 비화된 내용을 특정의 통신 채널을 통해 전송될 수 있도록 그 내용을 라디오를 이용한 기만을 전문으로 담당하는 부대에 보낼 수도 있었을 것이다. 라디오를 이용한 기만에 종사하는 사람들은 이같은 형태의 일에 매우 익숙해 있었으며, 보안에 대하여도 특수 교육을 받은 상태였다.

독일을 격퇴하기 위한 최후의 대규모 공격이 노르망디 상륙작전이라는 점을 처칠이 인지하였다면, 그는 통신망을 이용한 침입이 타당성이 있을 뿐 아니라, 행위에 따른 모험을 감수할 만한 충분한 가치가 있다고 생각했을 것이다. 전투가 보다 격렬해지면서 통신망을 통한 감청에 따른 위험은 상대적으로 감소하였다. 위험 요소가 감소했다는 것은 기만에 의한 효과가 증가했을 것이라는 의미와 동일하다. 당시 전후(戰後)의 세계를 구상할 수 있는 기회가 주어졌다면, 처칠은 감청에 의한 효과가 크게 증대되고 있다는 점에 착안하여 제2차 세계대전에서의 영국군의 기여도를 크게 높여서 전후 발언권을 강화하기 위할 목적으로 감청을 보다 강화했을 것이다.

제2차 세계대전에서 울트라의 기여 정도가 적지 않다는 점에서 볼 때, 당시의 전쟁사는 다시 작성할 필요가 있을 것이다. 당시의 전쟁사를 재작성할 때에는 이미 알려진 내용 뿐 아니라, 알려지지 않은 내용도 고려해야 할 것이다. 울트라의 사례를 보면서 전투에서는 공적(功績)이 오도되는 경우가 종종 있다는 점을 알게 된다. '브레칠리파크'와 여타의 곳에서 조기경보를 포함한 다양한 형태의 정보를 제공하는 일에 종사하고 있던 사람들은 자신들이 받아야 할 대접을 제대로 받지 못한 경우도 있었을 것이다. 울트라가 전략 및 작전적 차원의 일, 특히 작전적 차원에서 지대한 영향력을 행사했다는 점은 비교적 잘 알려져 있다. 제2차 세계대전을 제외한 어떠한 전쟁에서도 울트라를 통해 확보할 수 있었던 정도의 정보를 최고지휘관이 접해본 적은 거의 없었다.

여기서 가설로 설정한 그러한 목적으로 처칠이 에니그마 장비를 사용하였는지는 정확히 알 수 없다. 처칠이 에니그마를 그러한 목적으로 사용하지 않았다면, 이는 위험이 내재하여 있었던가 아니면 사용이 어려워서였을 것이다. 연합국이 기만의 영역을 이용할 수 있을 정도의 충분한 정보를 갖고 있지 못하였기 때문일 수도 있다. 또는 연합국이 호기(好機)를 잘못 판단하여 실기(失機)했을 수도 있다. 더 이상의 비밀이 해제되지 않고 있는 상태에서 이 문제에 관해 단언할 수는 없을 것이다. 처칠이 가설에서의 목적으로 에니그마 장비를 최대한 이용했다고 생각되는데, 그렇지 않을 수도 있을 것이다.

처칠이 이같은 방식으로 에니그마 장비를 사용하였다면, 이는 소위 말해 정보전이었을 것이다.

4. 걸프전에서 정보기술이 끼친 효과

예로부터 전쟁에서 정보는 매우 중요한 요소였다. 그러나 1991년도의 걸프전은 역사상 가장 광범위한 차원에서 정보를 사용하고, 적의 경우에는 정보를 사용하지 못하도록 방해한 전쟁이었다. 걸프전에서 부상한 신기술로 인해 다국적군은 광범위한 차원에서 정보를 자유롭게 사용할 수 있었을 뿐 아니라 상호간 교신할 수도 있었다. 더욱이 다국적군은 이라크군이 정보를 사용하지 못하도록 할 목적으로 이같은 기술을 이용하였다.

당시의 전쟁에서 인공위성과 같은 우주의 자산에 크게 의존한 측면이 없는 것은 아니다. 그러나 디지털 기술의 발전으로 정보를 신속히 처리 · 전송 · 전시할 수 있게 됨에 따라 의사결정자가 전장 상황에 매우 빠른 속도로 대처할 수 있게 되었다. '합동정찰 표적공격 레이더체계(JSTARS: Joint Surveillance Target Attack Radar System)'는 개발이 완료되지 않은 시범체계였는데, 당시의 분쟁에서 임무를 성공적으로 완수하여, 다국적군의 승리에 크게 기여하였다.

이라크가 쿠웨이트를 침입할 당시에는 체계와 체계를 연결해주는 역할을 담당하는 것들이 존재하고 있지 않았다. 그러나 체계와 체계간을 연결하는 과정에서 이들이 제 모습을 들어내었는데, 당시의 전쟁에서 이것이 크게 일조하였다. 전투장에서 진행되는 다수의 활동을 동시에 통제하려면 이같은 체계를 구축할 필요가 있을 것이다.

예를 들면 11대의 '조기경보통제기(AWACS: Airborne Warning

and Control System)'가 2,240대의 항공기를 매일매일 통제하였는
데, 이는 당시의 전쟁에서 9만대 이상의 항공기를 통제하였다는 의미였
다. 이처럼 수많은 항공기를 통제하는 과정에서도 단 한 건의 공중 충
돌, 그리고 단 한 건의 우방국 항공기간의 공중 접전(接戰) 사고도 발생
하지 않았다. 더욱이, 이같은 체계를 인공위성으로 연결할 수 있게 됨에
따라 국방부 내의 지휘본부에서 공중상황을 실시간에 파악할 수 있었다.

작전요구 사항을 제대로 충족하고 있지 못한 시범체계에 불과하였지만,
'합동정찰 표적공격 레이더체계'는 이라크의 탱크 · 트럭 · 고정 시설을 포함
한 여타의 장비를 매우 정확히 추적 및 탐지해 주었다. 인공위성 · 마이크로
웨이브 · 지상통신선을 이용하여 매일 70만 건의 전화와 15만 2천 건의 메
시지를 처리하였다. 35,000개 이상의 주파수에 대해 전자적(電子的) 방법
으로 간섭할 수 없도록 함으로서 이라크에 의한 도청을 방지하였다. 이러한
체계를 관리한다는 것이 얼마나 복잡한 것인지는 말로 다 표현할 수 없을
것이다.

1991년도의 걸프전 당시 주파수 · Call Sign · Call Word 그리고
Suffixes의 할당에 관한 '합동통신전자운영지침(JCEOI: Joint
Communication Electronic Operating Instructions)'은 1질 당 그
무게가 85톤에 달하였다. 위성통신과 지상통신에서 이 지침이 사용되었
다.

(1) 걸프전에서의 우주 자산의 기여도

미국 · 영국 · 프랑스 그리고 소련이 보유하고 있는 우주 자산을 이용하
여 다국적군은 통신 · 항법 · 정찰 · 정보 그리고 조기 경보할 수 있었을
뿐만 아니라, 전쟁 상황을 TV를 통해 생 중계할 수도 있었는데, 이는
그 유례가 없는 것이었다.

60여 대의 인공위성을 이용하여 다국적군은 전구내(戰區內) 또는 전

구 안팎으로의 전술 및 전략 통신을 고도의 보안성을 유지하면서 수행할 수 있었다. 극초단파와 초단파를 이용한 전술통신은 지형적 요소에 의해 크게 제약을 받았는데, 57대의 인공위성이 이같은 공백을 메워주었다. 이같은 방식을 이용해 전장에 산재되어 있는 육·해·공군 부대간 보안에 민감한 정보들을 전송할 수 있었다. 이같은 능력이 없었다면, '임무명령(Task Order)'을 준비 및 배포하고, AWACS기와 '합동정찰 표적공격 레이더체계'를 조화성 있게 운영하며, '실시간' 정보수집을 위한 통신을 하는 등의 임무를 거의 수행할 수 없었을 것이다. 전술적 차원에서 볼 때 적시성·정교성 그리고 전송량의 측면에서 개선의 여지가 다수 있었던 것은 사실이지만, 걸프전 당시 군의 지휘관들은 그 전례가 없을 정도의 우수한 통신체계를 사용할 수 있었다.

1991년도의 걸프전에서의 승리에 가장 지대한 기여를 한 체계를 하나만 거론하라고 한다면, 이는 '위치파악체계(GPS: Global Positioning System)'일 것이다. 14대의 인공위성에 기반을 둔 '위치파악체계'를 이용하여 다국적군은 공격해야 할 표적의 위치를 정확히 파악할 수 있었으며, 거의 흔적도 남지 않는 사막에서 자유롭게 이동할 수 있었을 뿐 아니라 곤궁에 처한 부대를 찾아내어 구출할 수도 있었다. 폭풍이 몰아치는 사막에서조차 미 육군은 '위치파악체계'를 이용하여 자유롭게 돌아다닐 수 있었는데, 이를 목격한 이라크인들은 경악을 금치 못하였다. 이라크인들의 경우에는 길을 잃을지도 모른다는 공포감 때문에 사막을 배회한다는 것은 감히 상상도 하지 못했다. 사담 후세인의 기계화 사단을 격파할 수 있었던 것도 '위치파악체계'가 있었기 때문이었다.

걸프전에서 사용된 '위치파악체계'의 대부분은 상용의 제품을 별도로 주문한 것이었다. 이 '위치파악체계'는 오락용 보트에서 사용하는 것과 동일한 방식으로 설계되어 있기 때문에 기술적으로 보면 어느 누구나 사용할 수 있는 성질의 것이었다. 사우디아라비아에 주둔하고 있던 미군들

은 친척들이 보내준 상용의 '위치파악체계'를 긴요하게 사용하였다. '위치
파악체계'로 인해 다국적군의 사기는 크게 고조되었다.

당시의 전쟁에서는 30개 이상의 군용 및 상용의 정찰위성들을 이용하
여 정보를 수집하였다. 이들 위성을 통해 다국적군은 영상자료·전자정
보 그리고 기상자료를 받아볼 수 있었다. 이들 체계를 이용하여 다국적
군은 적의 위치를 파악하고, 이동에 필요한 정보를 정확히 받아볼 수 있
었을 뿐 아니라, 우군간의 사고에 따른 피해를 크게 줄일 수 있었다. 정
밀유도무기와 인공위성을 이용하여 상대방의 표적을 정교히 공격할 수
있게 됨에 따라 공격에 따른 부수적 피해가 크게 감소하였다. 다시 말
해, 당시의 전쟁에서는 민간인을 살상하지도, 그리고 표적이 아닌 여타
의 물체에 전혀 피해를 주지도 않으면서 의도하는 표적만을 정확히 공격
할 수 있었다.

(2) 걸프전에서의 정보 (Intelligence)

걸프전 당시에는 여러 다양한 형태의 체계가 이들 지역에 신속히 전개
되었다. 이들 체계들은 상호간 자료를 주고받을 수 있는 성질의 것이 아
니었다. 다시 말해, 이들 정보체계는 '연통형 구조(Stovepipe) : 횡적인
관계를 고려하지 않고 설계된 구조'의 형태였기 때문에 자료의 수집 및
전파 과정에서 개개의 자료를 융합할 수가 없었다. 또한 당시의 전쟁에
서는 호환성이 없는 다수의 체계들이 배치되었다. 이들 체계간에 호환성
이 결여되었다는 점과, 이들 다양한 체계를 통합할 수 있는 기술들이 또
는 그러한 기술을 보유하고 있는 요원들이 크게 부족하였기 때문에 정보
수집 부서에서는 극심한 고통을 겪었다.

이같은 제약에도 불구하고, 정보수집 체계와 접속이 가능한 터미널을
보유하고 있던 부대의 경우에는 자신들에게 필요한 정보를 받아볼 수 있
었다. 걸프전 당시 정보와 관련하여 다국적군이 느낀 어려움의 대부분은

터미널에도 연결되어 있지 않은 시범체계를 배치하였기 때문이었다.

당시 가장 방대한 규모의 정보원천에 '전술정보전파 서비스(TIBS: Tactical Information Broadcast Service)'가 있는데, 이 체계에 접속이 가능한 터미널의 수가 얼마 되지 않았기 때문에 주요 통신소만이 이들 체계에 접근할 수 있었다. 그러나 '전술정보전파 서비스' 체계와 유사한 형태의 '고정된 정보출처(Constant Source)'를 이용하여 개개의 제대에서는 시의 적절한 정보를 받아볼 수 있었다.

RC-135 Rivet Joint는 AWACS기 그리고 JSTARS와 함께 전쟁임무의 지원을 위해 24시간 동안 지속적으로 비행하였다. '사막의 폭풍(Desert Storm)'이라고 지칭되는 당시의 전쟁에서, 페르시아만 걸프지역에 배치되어 있던 다국적군의 전장 및 전술 지휘관들은 RC-135 Rivet Joint를 이용하여 정보를 '실시간'에 받아볼 수 있었다. 특수 훈련을 받은 요원들이 항공기 내부의 감지체계를 이용하여 다국적군에게 위협이 될 수 있는 이라크의 '전파 방출기(Emitter)'를 규명한 후, 그 위치를 보고해 주었다.

여기서 열거한 체계들 외에도 정보를 지원할 목적으로 다수의 체계들이 걸프전에 배치되었다. 체계들간에 호환성이 없기 때문에 발생하는 문제를 해결하기 위해 다수의 방안을 강구하였다.

(3) 이라크의 지휘통제

당시의 전쟁에서 다국적군은 정보의 가치를 너무나 잘 알고 있었다. 전쟁이 발발함과 동시에 다국적군이 이라크의 지휘통제체계를 마비시켰던 것은 이같은 맥락에서였다. 다국적군은 이라크가 보유하고 있던 지휘통제체계를 가장 집중적으로 공격해야 할 '중심(Center of Gravity)'으로 분류하였다. 전쟁 초 다국적군이 추구한 핵심적 목표는 '제공권의 확보(Command of the Air)'였지만, 다국적군은 지휘통제와 관련된 시설을 최우선적으로 공격하였다.

이같은 목표를 달성할 목적으로 다국적군은 대규모의 항공력을 이용하였다. 전략적 측면에서 의미가 있는 군사력, 이라크의 지휘부 그리고 기반시설을 그 목표로 하여 다국적군은 1991년 1월 17일에 공격을 개시하였다. 이라크의 조기경보체계 · 비행장 · 통합방공체계 · 통신시설 · 스커드미사일기지 · 핵/화학/생물시설 · 발전소를 다국적군은 B-52S 폭격기 · 토마호크 지상공격용 미사일 · F-117S 그리고 헬리콥터를 이용하여 공격하였다. 개전 후 2일 동안 다국적군은 항공력을 이용하여 광범위한 대상을 공격하였다.

전쟁이 발발한지 채 몇 분이 안되어, 이라크의 지휘통제체계는 거의 모두가 파괴되었다. 이들 지휘통제체계에 대한 다국적군의 공격은 너무도 엄청났기 때문에 '라디오 사우디아라비아', '라디오 몬테카로' 및 '미국의 소리'에서 방영되는 내용에 근거하여 지휘관에게 브리핑을 할 수밖에 없었다고 이라크의 한 포로는 실토하였다. 이라크는 전술 지휘관들이 보유하고 있던 몇 되지 않는 통신체계조차도 적절히 활용하지 못하였다.

주고받는 통신 내용을 다국적군이 엄격히 감시하였기 때문에, 이라크는 전파의 사용을 통제할 수밖에 없었다. 이라크가 전파의 사용을 자제하였기 때문에 다국적군은 이라크군 간의 신호를 수집할 수 없었으며, 이라크의 전술 부대들은 외부와 교신이 두절되어 있었다는 점에서 '장님'과 다를 바가 없었다. 미국의 해병대가 쿠웨이트에 배치되어 있던 이라크군 부대에 매우 빠른 속도로 접근해 왔다는 점에 대해 크게 놀랐다고 말하면서, 이라크군은 통신수단이 모두 두절되었기 때문에 바로 옆에 위치한 부대가 두 시간 전에 공격을 받았음에도 불구하고 미 해병대가 접근해 오고 있다는 사실을 전혀 인지하지 못했다고 이라크의 한 지휘관은 말하였다.

사담 후세인이 위치하고 있는 곳을 정확히 파악할 수 없었기 때문에 그는 전쟁에서 살아 남을 수 있었다. 그러나 다국적군에 의한 공격으로 지휘통제 능력이 마비되면서, 이라크의 지휘부는 의지할 곳이 없게 되었다. 중앙집권적 형태의 지휘통제체제 하에서 작전을 수행하도록 훈련을 받았기 때문에, 지휘통제체계가 와해된 이라크군은 제 기능을 상실하였다. 방공체계를 가동하는 경우 전파가 방출되는데, 방출된 전파에 근거하여 미사일을 이용해 다국적군이 이들 방공체계를 공격해 올 수 있다는 점에서 이라크는 전파의 방출을 크게 우려하였다. 전쟁에서 결정적 역할을 담당하는 군은 공군이 아니라 육군이라고 굳게 믿고 있었기 때문에, 이라크는 항공기를 사용하지 않고 격납고에 보관하였다. 항공력을 이용한 다국적군의 공격에 대항하여 그들이 취한 행위를 보면 당혹스럽기가 그지없다.

(4) 걸프전에서의 교훈

1991년도의 걸프전을 통해 정확하고도 시의 적절한 형태의 정보가 매우 중요하다는 점을 확인할 수 있었다. 다국적군의 활동에 정보가 중추적인 역할을 담당하였으며, 정보의 부족으로 이라크는 군사력을 제대로 활용하지 못했다. 신기술의 출현으로 통신능력이 크게 향상되었으나, 그와 더불어 새로운 형태의 취약성이 대두하였다.

이러한 취약성에 대한 대비는 통신능력의 신장을 위한 활동과 상반되는 행위라고 생각하는 사람들도 있다. 걸프전 당시 통신능력의 측면에서 다국적군이 엄청날 정도로 우위에 있었다는 점과 이라크의 지휘통제체계가 다국적군에 의한 공격으로 무력화되면서 말할 수 없을 정도의 혼란이 유발되었다는 점 그리고 이같은 모든 사실을 지구상 가상의 적들이 이미 잘 알고 있다는 점을 우리는 명심해야 할 것이다. 가상의 적들이 이같은 또는 이와 유사한 방식으로 아측의 체계를 공격해올 수도 있다는 점을 명심하여 여기에 대비해야 할 것이다.

5. 미래가 안고 있는 것은?

오늘날에는 지나칠 정도로 방대한 양의 정보가 유통되고 있다. 군 조직 · 산업시설 그리고 가정의 컴퓨터들이 컴퓨터망과 접속되고 있는데, 이들 망을 통해 유통되는 정보의 양은 매우 엄청나다. 예를 들면, 모토롤라는 향후 5년 내에 지구상 곳곳에서 교신이 가능한 '셀룰로(Cellular)' 전화를 지원할 수 있도록 77대의 인공위성 사업을 진행하고 있다. 광섬유와 위성을 이용하여 모든 국가들이 상호 연결되고 있는데, 이들 수단을 이용하여 터키는 단 한 번에 정보화시대로 접어들 수 있었다.

정보 수신을 위한 체계가 급증하고 있을 뿐 아니라 정보가 크게 범람하면서 음흉한 목적으로 통신망에 접근하는 사례가 크게 증가하고 있다. 통신망을 통해 유통되는 정보의 양은 매 18주마다 2배씩 증가하고 있다. 유통되는 정보의 성장률은 가속화되고 있는 실정이다. 지금부터 2년 전 정보의 증가 속도는 매 4년마다 2배 정도였다. 그러나 불과 3년 전까지만 해도 유통되는 정보의 양이 2배로 증가하는데는 4년 6개월이 소요되었다. 엄청날 정도의 빠른 속도로 증가하는 정보의 처리에 한계가 있는 듯 보이지만 지속적인 신기술의 출현으로 이같은 상황에 대처할 수 있을 것이다. 그러나 위기시에는 다량의 정보를 즉시 읽을 수 있는 형태로 처리한다는 것이 쉽지만은 않을 것이다.

걸프전이 발발한지 3일째 되는 날에 비행할 200여 대의 항공기를 위한 '항공임무명령서(ATO: Air Tasking Order)'를 작성하기 위해 7,000여 명의 사람들이 이틀에 걸쳐서 일을 하였다. '항공임무명령서'는 300페이지에 달하는 문서로서, 공군 · 해군 그리고 해병대의 비행단에 전송되어야 했는데, 공군의 통신체계와 여타 군의 통신체계간에 상호운용성이 미흡하였기 때문에 미 공군은 전송 내용을 수정할 수밖에 없었다.

'전용의 통신회선'을 사용하였음에도 불구하고 해군이 '항공임무명령서'를 수신하는 데에는 3~4시간이 소요되었다. 전쟁 초에는 제대로 목적지에 전달되지 못한 메시지가 7만여 개에 달했으며, 긴급을 요하는 메시지 중에서 4~5일이 경과한 후에 목적지에 도착한 경우도 있었고, 이들 중 목적지에 전혀 도착할 수 없었던 것도 있었다. 더욱이 자료를 읽는데 엄청날 정도의 시간이 소요되었으며, 이들 자료를 읽고 답변을 한다는 것은 생각조차 할 수 없는 일이었다. 정보의 처리 능력이 신장될수록 처리해야 할 정보의 양 또한 증가하는 듯하다.

당시 미 합참차장이었던 예르미아(David E. Jeremiah) 제독은 통신량의 폭증 현상을 다음과 같이 바라보았다. "데이터통신과 같은 정보기술의 혁신적인 발전으로 전쟁의 승패에 '정보지배(Information Dominance)'가 엄청나게 중요한 시대가 되었다. 정보 그리고 정보로부터 흘러나오는 지식의 힘을 가장 잘 이해한 자만이 지구를 지배할 수 있을 것이다."

미국의 각군은 이러한 통신분야의 변화를 인지하고, 이에 대응하고 있다. 미 공군에서는 정보전(Information Warfare)과 관련된 기술을 열심히 연구하고 있으며, 그 일환으로 '항공정보국(AIA: Air Intelligence Agency)'을 창설하였다. '항공정보국'에서는 존 보이드(John Boyd)가 주장한 'OODA(Observe, Orient, Decide, Act): 관찰 · 상황파악 · 의사결정 · 행위'의 관점에서 '정보지배'를 바라보고 있다. 전투원들은 OODA라는 '의사결정주기'를 매일같이 체험하고 있다. 전략적 차원의 경우와는 달리 전술적 차원의 문제에 대응하는 과정에서의 '의사결정주기'는 매우도 촉박하다.

'정보지배'란 아측의 '의사결정주기'는 대폭 단축시키고 적의 '의사결정주기'는 크게 확장시키기 위한 게임이라고 미니한(Minihan) 대장은 말하였다. 정보전이 의도하는 바는 적의 OODA 주기는 확장시키고, 아측의 OODA 주기는 대폭 단축시키는 것이다. 자신은 보지도, 듣지도 그리고 생각할 수도 없는데, 상대방은 이같은 행위를 할 수 있다면 경쟁에서 매 번 패배할 수밖에 없을 것이다. 오늘날의 정보기술을 최대한 반영하여 군의 교리를 대폭 바꾸어야 할 것이다.

에르미아 제독은 "우리는 일대 전환점에 처해 있다. 전략적 차원에서 사고해야 할 때가 되었으며… 거시적으로 보면 오늘날 민간분야의 기술이 발전하면서 군의 교리·전술 그리고 전략이 크게 영향을 받고 있다"고 말한 바 있는데, 이는 오늘날의 정보기술로 인해 군의 교리가 대폭 바뀌어야 함을 그가 이해하고 있다는 징표이다.

정보전의 출현으로 군의 교리·전술·전략이 어떠한 방식으로 영향을 받게 될 것인지를 완벽히 이해하려면 장기간의 시간이 소요될 것이다. 그러나 오늘날 사회의 곳곳에서 정보 관련 기술이 폭발적으로 발전하고 있다는 점을 고려할 때, 이들 기술이 끼칠 영향의 정도를 측정하고, 이들을 적절히 고려할 수 있도록 나름의 방안을 강구해야 할 때가 되었다. 오늘날의 군이 계층적 구조를 중심으로 움직이고 있다는 점 그리고 이같은 구조에 우리들이 익숙해 있는 반면에 오늘날의 정보기술은 분권화 및 분산화를 강조하고 있다는 점에서 볼 때, 이같은 정보기술을 군에 반영해 작전을 수행하고자 하는 과정에서 다수의 문제점이 유발될 수도 있을 것이다.

오늘날 육·해·공군의 고위 지휘부는 군의 특성인 계층적 구조에 대해 적지 않은 우려를 표명하고 있다. 예를 들면, 정보 그리고 병참 및 획득과 같은 기능 분야의 특성은 수직적 구조이다. 각군의 지휘계통(Chain of Command)과 작전환경은 고려하였지만 합동작전의 측면은 두에 두지 않고 건설된 체계로는 통합작전을 효과적으로 수행할 수는 없을 것이다.

오늘날 미국의 각군이 보유하고 있는 체계, 특히 지휘통제체계는 계층적 구조의 것으로서 타군의 체계를 전혀 고려하지 않고 건설되어 있는 실정이다. 각군의 체계 중에서 상호 관련이 있는 것들 간에는 상호운용성이 유지될 수 있도록 함으로서 각군간의 합동작전을 이들 체계들이 지원해줄 수 있도록 해야 할 것이다. 이처럼 관련된 체계간에 상호운용성을 유지할 수 있도록 하게 되면 이들 체계의 통합을 통해 전력의 승수효과를 유발할 수 있는 기능 분야를 발굴해낼 수 있을 것이다. 이같은 상황에서는 동일한 정보가 다수의 체계에서 동시에 사용될 수 있기 때문에, 이들 정보에 대한 사용 허가를 득하지 않은 사람들이 사용하게 될 가능성도 있을 것이다. 오늘날의 정보전이 추구해야 할 목표는 이같은 비인가자들이 아측의 정보를 사용하지 못하도록 하고, 이들 정보를 외부의 공격으로부터 보호하며, 이들 정보를 효율적으로 활용할 수 있도록 하는 것이라는 점을 인지하고 있는 군인들이 적지 않다. 정보화의 선진국인 미국에서는 정보전이라는 새로운 영역에 지대한 관심과 비중을 두고 있는데, 이러한 미국의 전철을 따르는 국가들이 다수 출현할 것이다. 이들 국가 중에서 러시아는 아마도 첫 번째의 나라일 것이다.

다양한 체계들을 컴퓨터 및 데이터통신과 같은 정보기술을 이용하여 소프트웨어적으로 통합시키면 군의 조직에 혁신적인 변화가 유발될 수 있다는 점을 러시아군의 고위급 장교들은 잘 알고 있다. 1991년도의 걸프전 당시 미국을 중심으로 한 다국적군은 레이더, 정밀유도무기, 첨단의 지휘통제체계처럼 정보기술에 기반을 둔 다수의 무기들을 사용하였는데, 당시의 상황에 자극을 받은 러시아 또한 이같은 방향으로 자군의 전력을 갱신하고자 노력하고 있다. 『탱크 및 야포의 우세가 과거의 전쟁에서 중요했던 것과 마찬가지로 오늘날에는 컴퓨터의 능력이 엄청나게 중요하다』고 러시아의 군사 전문가들은 생각하고 있다.

'군사기술혁명(MTR: Military-Technology Revolution)'이란 『1) 정찰·탐색·표적규명에 도움이 되는 체계의, 그리고 2)지휘통제체계의 우위에 근거한다』며, 『현대전에서 가장 중요한 요소는 전파(電波)의 측면에서의 우위 확보이며, 그 다음으로 '공중우세'의 확보이고, 마지막으로 '지상 및 해상과 같은 지면작전에서의 우위'를 확보하는 것이다』고 러시아군의 수뇌부는 굳게 믿고 있다. 이처럼 지구상에서 사용되고 있는 무기의 대부분을 공급하고 있는 이들 두 강대국이 정보전이라는 새로운 전투 영역에 관심을 표명하고 있기 때문에 여타의 국가들도 이러한 추세에 동참할 것으로 예상된다.

분쟁이 발발하는 경우 오늘날의 국가들은 인터넷을 이용하여 정보전을 전개할 수도 있을 것이다. 에콰도루와 페루간에 있었던 최근의 분쟁에서 에콰도루는 자국을 지원하고 있는 국가들의 이름을 인터넷에 공표하여 그 위세를 과시하였다. 이에 대한 보복으로, 페루는 인터넷상의 '고퍼 사이트(Gopher Site) : 인터넷상에서 원하는 자료의 위치를 알려주는 소프트웨어'를 이용하여 에콰도루의 선전을 무력화시키고자 하였다. 양국은 설전(舌戰)을 목적으로 자국을 위한 '고퍼 사이트'를 설치하였다.

인류가 보유하고 있는 지식을 컴퓨터에 저장하고, 이들 컴퓨터를 데이터통신망으로 연결하여 컴퓨터의 내부에 저장되어 있는 정보를 다수의 사람들이 활용할 수 있도록 한다면 그 효과는 말로 표현할 수 없을 정도로 엄청날 것이다. (예를 들면, 오늘날의 인터넷을 이용하게 되면 전 세계의 대학과 연구소에 보관되어 있는 수백 만 종류의 파일에 접근하여 이들을 사용할 수 있다.) 오늘날 새롭게 부상하는 소프트웨어 기술에 '자기항법 데이터 추적능력(Self-Navigating Data Drone)'이 있는데, 이 소프트웨어를 이용하면 인터넷에 연결되어 있는 개개의 컴퓨터를 검색하여 자신이 원하는 형태의 자료를 획득할 수 있을 것이다.

정보수집을 위한 또 다른 형태의 소프트웨어에 '지식보트(Knowboat)'가 있는데, 이 소프트웨어 또한 사용자가 원하는 형태의 정보를 찾아주는 역할을 담당하고 있다. 이들은 다수의 컴퓨터망을 전전하면서 자신이 처음 출발한 망으로 자료를 전송해 주거나, 여타의 지식보트와 정보를 교환하는 방식으로 자료를 수집하고 있다. 이같은 종류의 소프트웨어들이 출현하면서 특정 데이터베이스나 컴퓨터에 비인가자들이 쉽게 접근할수 있게 되었는데, 이는 매우 우려할 만한 사태다.

오늘날에는 전자적(電子的) 수단을 이용해 상대방의 컴퓨터에 침입하여 파괴를 일삼는 헤커들이 미국과 같은 국가들의 군사용 정보체계에 끊임없이 접근을 시도하고 있는 실정이다. 1991년도의 걸프전 당시 덴마크·모스크바·이라크의 헤커들은 컴퓨터 소프트웨어에 의해 움직이고있는 미국의 핵심 체계들을 전자적 수단을 이용해 침투하였다. 이들의침투 행위는 곧 발견되었다. 그러나 침입은 하였지만 발견하지 못한 사례가 얼마나 될 것인지는 전혀 예측이 불가능한 실정이다. 또한 당시의전쟁에서는 이들의 노력이 무산되었지만, 향후의 전쟁에서조차 아측이보유하고 있는 체계들이 이같은 공격으로부터 안전할 수 있을 것인지는의문이다.

컴퓨터와 데이터통신에 기반을 두고 있는 오늘날의 체계들은 이같은형태의 공격에 매우 취약하다. 예를 들면, 영국의 한 10대 소년은 오늘날의 대부분 가정에서 흔히 볼 수 있는 개인용 컴퓨터를 이용해 미국의군사용 컴퓨터망에 침투하여, 북한의 핵사찰과 관련된 민감한 내용을 복사한 후 이것을 인터넷에 올려놓은 바가 있다. 그 결과 북한의 핵사찰에관한 사항을 전 세계 3,500만 명 이상의 사람들이 볼 수 있었다. 이미오래 전부터 이 소년은 다수의 컴퓨터망을 침투하여 이같은 행위를 자행한 것으로 생각된다. 미 국방의 컴퓨터망을 침범한 이 소년의 신분을 파악하는 데는 1주일이 채 걸리지 않았다.

컴퓨터 바이러스(Virus) 분야의 전문가인 파울 엔반코(Paul Envancoe)와 마크 벤트렛(Mark Bentlet)은 『컴퓨터 바이러스를 이용하여 여타의 국가들이 도전해 오는 경우 미국은 이들의 공격에 매우취약하다』는 내용의 글을 발표하였다. 『컴퓨터에 기반을 둔 오늘날의 체계들은 이같은 형태의 위협에 매우 취약하다고 설명하면서, 이들 바이러스를 이용해 상대방의 체계를 전자적으로 공격하게 되면 피 한 방울 흘리지 않으면서도 상대방을 무력화시킬 수 있기 때문에 여타 다수의 국가에서 이들을 개발할 가능성이 높다』고 주장하고 있다.

그들은 또한 『정보를 다루는 집단뿐만 아니라 정책 결정권자들이 이러한 위협에 관심을 갖고 있지 않으며, 컴퓨터 바이러스를 이용한 전쟁이 국가안보에 심각한 위협이 된다는 점을 이해할 수 있을 정도의 지식을 보유하고 있지 못하다』는 점을 지적하고 있다. 다시 말해, 『컴퓨터 바이러스를 이용한 전쟁에 대해 이들이 피상적 수준의 지식밖에 갖고 있지 못하다』는 생각이었다. 더욱이 이들은 『범세계적으로 엄청날 정도의 파장을 유발할 수 있는 무기로 간주하여 컴퓨터 바이러스를 이용한 전쟁을 위법으로 규정하는 법, 즉 컴퓨터 바이러스에 관한 '비확산 조약'』을 추진하고 있다.

그러나 이같은 방식으로는 국제사회에서 지원을 얻지 못할 것이다. 예를 들면, 컴퓨터 바이러스에 관한 최첨단 기술을 보유하고 있는 미국이 여기에 동조하지 않을 것이다. 지구상 국가들의 협조가 없는 상태에서 이들 법을 제정할 수 있을지가 의문이다. 핵·화학·생물 무기를 개발하는 경우와는 달리 컴퓨터 바이러스의 경우에는 개발의 흔적을 거의 찾을 수가 없다. 그 흔적을 찾고자 노력한 경우는 있지만, 이들 노력 중에서 성공한 경우는 단 한 번도 없었다.

오늘날에는 대량파괴무기들이 보편화되어 있으며, 이들 무기를 사용하는 경우 어느 편도 승리하지 못할 것이기 때문에, 미래에는 대규모의 전쟁은 발생하지 않을 것이라고 생각하는 사람들도 있다. 오늘날에는 국가와 국가간의 상호 의존도가 너무나 높기 때문에 전쟁이 발발되는 경우 전쟁 당사국뿐만 아니라 주변국 또한 적지 않은 피해를 입을 것이다. 따라서 국가안보를 바라보는 시각 또한 크게 달라지고 있다. 오늘날의 위협은 테러주의자와 대량파괴무기가 확산되고 있다는 점, 빈번한 지역분쟁, 오늘날 특유의 경제 전쟁 그리고 인류가 사용할 수 있는 물과 식량이 제한적이라는 점에서 유발되고 있다.

이같은 위협에 적절한 방식으로 대응할 수 있어야 할 것이다. 군의 작전은 민군 관련의 일상 업무에서부터 군이 직접 개입하는 경우에 이르기까지 매우 다양하다. 이같은 행위를 지원하려면 데이터통신과 컴퓨터 소프트웨어에 기반을 둔 정보체계(Information System)가 필수적인데, 이들 체계간에 상호운용성이 높아지면서 통신망을 통한 공격에 이들 체계가 매우 취약하게 되었다.

오늘날에는 첩보체계(Intelligence System)와 지휘통제체계를 특별히 구분할 수 없게 되었다. 상대방에 의한 전파교란(Jamming)에 대응할 목적으로 다수의 체계들이 개발·배치되고 있지만, 이들 체계 또한 컴퓨터에 크게 의존하고 있는 실정이다. 오늘날에는 이들 체계들이 통신망을 통해 상호운용성을 유지하고 있기 때문에 특정 정보체계가 붕괴되는 경우 여타의 체계에도 적지 않은 영향이 있을 것이다.

오늘날의 전쟁에서는 상대방 국가의 '중심(Center of Gravity)'을 실시간에 공격할 수 있게 되었다. 그 과정에서 표적(標的)에 관한 정보를 전투원들이 거의 실시간에 받아볼 필요가 있을 것이다. 따라서 오늘날의 군에는 이들 목적을 지원하기 위한 정보체계가 절실히 요구되고 있다.

새로운 정보체계를 개발할 때에는 기존 체계와의 상호 연결성을 고려해야 할 것이다. 예를 들면, 미군은 '합동작전을 위한 표적들을 공유하기 위한 망(Joint Targeting Network)', '전술정보 분배지원(Tactical Information Broadcast Service)', '센서 루비(Sensor Ruby)', '고정된 정보원(Const Source)', 그리고 '퀵룩(Quick Look)' 체계를 공중 및 지상에 위치하고 있는 레이더들과 상호 연결하고 있다. 이러한 체계들을 상호 연결하게 되면 그 효율은 높아질 것이지만, 통신망을 통한 적의 공격에 이들이 보다 취약해질 것이다.

항법·위치파악의 관점에서 볼 때, '위치파악체계(GPS:Global Positioning System)'의 능력은 가히 혁신적이다. 오늘날 이것의 가격은 수십 만원에 불과할 정도로 저렴하다. 그러나 이같은 능력을 상대방 적도 활용할 수 있을 것이기 때문에 아군만이 그 효과를 향유할 수는 없을 것이다. '위치파악체계'를 이용하여 항법 및 위치파악 능력을 획기적으로 개선할 수 있는 것은 사실이지만, 이같은 체계를 사용하는 자가 우리만은 아닐 것이다.

6. 결언

21세기에는 군사적 측면에서 선진국이 아닌 경우에도 상대방 국가를 위협할 수 있을 것이다. 예를 들면, 오늘날의 선진국들은 데이터통신과 컴퓨터에 기반을 둔 정보체계에 크게 의존하고 있는데, 이들은 컴퓨터 바이러스를 이용한 공격에 매우 취약한 실정이다. 문제는 이들 바이러스를 만드는 과정에 고도의 지식이 요구되지 않는다는 점이다.

다수의 채널을 이용하여 거짓 정보를 유통시키면 상대방을 기만하거나 혼란을 유발할 수 있을 것이다. 통신망을 이용해 상대방의 의식 구조를 공격하는 형태의 정보전을 전개하게 되면 진실 자체의 타당성에 의문을 유발할 수 있을 뿐 아니라 상대방을 기만할 수 있다는 점에서 이는 새로운 형태의 전쟁이다. 1943년 당시 윈스턴 처칠은 "전쟁에서 진실이란 너무도 값진 것이기 때문에 이는 '거짓의 보호병'들을 이용해 지켜져야 한다"고 발언한 바 있는데, 이는 정보전에 의한 위협을 적절히 표현한 것이다.

이처럼 진실을 왜곡시킬 목적으로 상대방의 지휘통제체계를 교묘히 조작하는 사람들이 필요할 것이라고 미국의 미니한 대장은 제안하고 있다.

『미래의 전장에서는 끊임없는 이동뿐만 아니라 신뢰성 있는 지휘통제체계가 필수적일 것이다』는 마빈 라이브스톤(Marvin Leibstone)의 말을 상기해 볼 필요가 있다. 컴퓨터 바이러스를 이용한 공격으로 아측의 체계가 제대로 작동할 수 없게 되어 이라크에 대한 공격이 실패로 끝난 경우를 상상해 보자. 이 경우 아군의 사기는 이라크에 대한 공격을 재개할 수 없을 정도로 크게 저하될 것이다. 향후에는 이라크를 포함한 여타의 국가에서도 '위치파악체계'를 이용하게 될 것이다. 정보전이 보다 성숙된 경지로 접어들고 있다.

제2차 세계대전에서 시작된 정보전은 정보기술 분야의 혁신적인 발전으로 인해 보다 높은 차원으로 승화될 것이다. 미군에서는 정보전에 대처하기 위한 방안을 강구하기 위해 군의 지휘부들이 고심하고 있다. 정보전에 대비하여 아측이 보유하고 있는 체계들의 취약점을 신중히 평가해야 할 것이다. 전쟁에서는 상대방을 공격하기 위한 체계뿐만 아니라 적의 공격에 대비하기 위한 체계도 중요하다. 오늘날에는 공격용 체계만을 중요시하는 경향이 있는데, 이는 잘못된 관행이다. 공격용 체계와 수비용 체계간에 균형을 유지하면서 예산을 투자할 필요가 있을 것이다. 상대방의 공격에 대비한 방안을 강구하지 않는다면, 아측이 보유하고 있는 공격용 체계들은 심각한 위기에 직면할 것이다.

오늘날의 전쟁에서는 전자파(電磁波) 스펙트럼에 각별한 관심을 집중해야 한다. 적이 아측을 관찰하지 못하도록 할뿐만 아니라 자신들을 통제할 수 없도록 하지 않으면, 전자파 스펙트럼은 미래전에서 새로운 형태의 '아킬레스건'이 될 것이다. 미래전에서는 아측 체계에 대한 적의 침입을 원천적으로 봉쇄할 수 있어야 할 것이다. 정보전 수단을 이용하여 상대방 국가를 공격하게 되면 그 효과가 엄청날 것이라는 점을 이해하는 국가들이 다수 출현하고 있다. 따라서 정보전의 문제는 공격과 방어의 측면을 균등히 고려하여 공략해야 할 것이다.

육·해·공군에 의한 전쟁에 이어서 4번째의 전쟁 영역으로 정보전이
급부상하고 있다.

4 정보작전(Information Operation)

1. 서언

'아는 것이 힘이다'는 말은 인류 역사이래 변함없이 적용되는 진리이다. 『상황을 정확히 인식하지 못하게 되면 군사 행위가 정체(停滯)될 수 있다』고 클라우제비츠는 말했다. 정보화시대인 오늘날 「'알게 하는 것' = '정보'」는 가장 중요한 요소가 되고 있다. 대표적인 예로서 군의 지휘통제체계가 있다. 정보에 기반을 둔 군의 지휘통제체계는 '전력의 배가요소(倍加要素: Force Multiplier)'라는 차원을 넘어서 군 전력을 기하급수적으로 증강시키는 요인이 되고 있다.

향후 20년 이내에 인류가 보유하게 될 정보의 양은 현재보다 5000배 이상 증가할 것이라고 한다. 이런 이유로 전 세계 각국은 정보화의 추진을 국가적 차원에서 실시하고 있다. 그러나 국가 사회에서 정보가 차지하는 비중이 증가하는 정도에 비례하여 「정보를 담고 있는 체계' 즉 '정보체계」들이 외부의 공격으로부터 더욱 취약해지고 있다.

「정보를 군 작전에 효율적으로 이용하고, 외부의 공격으로부터 방어해야 한다는 측면」에서 정보작전의 필요성이 고조되고 있다.

본 고에서는 육·해·공군에 이어 4번째의 작전 영역으로 간주되고 있는 정보작전의 모습을 최근 발간된 미 육군의 정보작전 교범 FM 100-6을 중심으로 살펴볼 것이다.

2. 정보작전

정보전(Information Warfare)이란 『적이 정보를 사용하지 못하도록 적의 정보를 오염 또는 파괴하면서, 적의 이러한 행위로부터 아측이 보유하고 있는 정보를 보호하며, 아측의 정보 능력을 최대한 활용하는 것』이라고 미 공군은 정의하고 있다. 따라서 정보전의 임무는 적 정보 능력에 대한 공격, 적의 공격으로부터 아측 정보능력의 보호, 아측 정보 능력의 최대한 활용, 적에 대한 '정보 우위'를 확보하기 위한 정보능력의 건설로 크게 구분된다.

정보작전(Information Operation)이란 오늘날의 전투에서 승리하기 위해 필수적으로 요구되는 정보를 획득 및 유지하고, 가상의 적이 이러한 정보를 획득 및 유지하지 못하도록 하기 위한 기본적인 방안들에 관한 것이다.

(1) 정보작전의 출현 배경

『자신과 적에 대해 알고 있는 것이 많을수록 전투에서 유리하다』는 손자(孫子)의 주장과 같이 정보는 전쟁의 승리에 중요한 역할을 해 왔다. 이런 이유로 역사상 모든 지휘관들은 자신의 임무와 관련된 정보의 수집에 혼신의 노력을 경주하였다.

농경시대의 지휘관은 주로 인적 수단을 통해 정보를 수집하였는데, 정보수집에 몇 주, 의사결정에 수개월 그리고 결정된 사항을 수행하는데 한 계절의 시간이 소요되었다. 당시에는 정보의 수집에서 의사결정 및 행위에 이르는 기간이 너무도 길어 정보의 효용성에 의문이 제기되는 경우가 많았다.

그러나 오늘날에는 전장(戰場) 상황을 거의 실시간에 파악하여 최신의 정보통신 매체를 통해 그 내용을 전송한 후, 초고속의 컴퓨터체계를 이용하여 분석함으로써 정보의 가치가 크게 높아졌다. 1991년도의 걸프전 당시 다국적군을 지휘하였던 노만 슈워르츠코프 대장은 거의 실시간에 가까운 관찰, 수분 이내의 상황파악, 수 시간 이내의 의사결정, 그리고 하루 이내에 결정된 상황을 집행할 수 있었다.

정보는 군의 전력을 극대화시키는 핵심 요체라는 점을 부각시켜 준 걸프전의 사례가 있다.

『1991년 2월 16일, 미 육군 제3 기계화 사단 요원들은 이라크가 자랑하는 기계화 보병부대인 Tawakalna와 조우하였다. '위치파악체계 (GPS: Global Positioning System)'와 열 추적 장비를 부착한 M1A1 탱크를 타고 사막의 먼지 속을 질주하면서, 이들은 3,000미터 떨어진 곳의 참호에 숨어 있는 일련의 무리들을 발견하였다. 자신들의 위치와 전자적(電子的) 수단을 이용해 파악한 적의 위치를 비교해 보면서 중대장은 이들 물체가 Tawakalna라고 판단하였다. 중대원들을 일렬로 정렬시키고 발사를 명령하였다. 불과 몇 분도 채 안되어, 미 육군의 일개 탱크 중대가 지하 깊숙이 매복하고 있는 10배 이상의 적 부대를 초토화시켰는데, 그 과정에서 단 한 명의 인명 피해도 없었다. 공격의 부산물로 144대의 전투 장비를 격파하였다.』

'정보지배(Information Dominance)'가 군 작전의 성패를 좌우하는 핵심 요체가 되고 있는 그러한 시대에 접어들고 있다. 이같은 이유뿐만 아니라 최근 일련의 분쟁을 경험하면서, 미 육군은 '전장 정보전 (Battlefield Information Warfare)'에서의 우위 확보가 군 작전의 성공 여부를 결정하는 핵심적 요체라는 점을 깨닫게 되었다. 미국의 각군이 정보전에서의 승리를 군이 추구해야 할 주요 목표 중 하나로 간주하게 된 것은 이러한 인식에 근거하고 있다.

(2) 정보작전의 개념과 교리

FM 100-6은 오늘날 『무기의 정확도·치명도·사정거리가 획기적으로 향상됨에 따라 군의 대형이 산개(散開)되었으며 그 결과로 지휘통제 및 명령의 수행 과정도 분산화되고 있다』며 『이처럼 산개된 군의 병력과 무기체계들의 효과를 집중시키려면 정확하고도 시의 적절한 형태의 '정보의 흐름'이 필수적이다』고 주장하고 있다. 정보의 원활한 흐름을 보장하기 위해서는

- 상하 및 수평제대 간을 정보체계로 연결하고
- 감지체계, 화력체계 그리고 정보체계를 지휘관과 연결하며
- 기타 작전과 정보작전의 '타이밍'을 조절하여

자료의 수집·전송·처리·통합·의사결정·행위에 이르는 전반적인 과정이 물 흐르듯이 전개되도록 해야 한다고 FM 100-6은 주장하고 있는데, 여기서의 정보체계(Information System)란,

- 각종 자료를 관리할 수 있는 야전형 컴퓨터
- 지휘통제망을 구성하는 통신체계
- GPS용 위성에 연결되어 있는 '위치파악체계'
- 헬리콥터 등에 부착된 미사일 유도체계
- 컴퓨터 소프트웨어

등을 포함하는 개념이다.

빈면에 이러한 정보가 원활히 유통되지 못하도록 하거나, 이들 정보를 오염시키게 되면 작전의 효과를 크게 약화시킬 수 있는데, 이는 전쟁 당사국 모두에 적용되는 사항이다. 따라서

- 적에 의한 정보전으로부터 아측의 정보체계를 보호하고,
- 적의 정보체계를 공격하여 지휘통제 능력을 저하·파괴·이용하기 위한 정보전의 수행은 필수적이다.

한편 비군사적 목적의 정보체계를 이용하여 전술차원의 정보를 거의

실시간에 가까울 정도의 빠른 속도로 수집할 수 있기 때문에, 상대방의 정보체계에 대한 공격과 아측의 정보체계를 보호한다는 의미는 비군사적인 정보체계들도 포함하는 개념이다.

(3) 정보작전 환경

오늘날 정보작전의 활동무대는 정보통신망과 여기에 연결되어 있는 컴퓨터, 소프트웨어 등인데, 정보통신망은 그 특성상 한 나라의 국경을 초월하여 전 세계적으로 연결되는 속성을 갖고 있다. 따라서 정보작전이 전개되는 무대는 군 내부뿐만 아니라 전 세계적인 영역까지도 포함하고 있다.

① 범세계적 정보환경

『범세계적 정보환경'이란 군 또는 국가가 통제할 수 없는 위치에서 정보를 수집·처리하여 전 세계인에게 배포하는 사람·조직·체계들』이라고 FM 100-6은 정의하고 있다.

『모든 군사작전은 '범세계적 정보환경' 안에서 진행되며, '범세계적 정보환경'과 군사작전은 상호 영향을 미친다』고 미 육군교리는 명시하고 있다. 오늘날에는 컴퓨터 및 데이터통신을 중심으로 한 정보기술의 비약적인 발전으로 지구상에서 진행되는 군사작전의 대부분을 전 세계의 시청자들에게 거의 실시간에 전달할 수 있게 되었다. 오늘날의 대표적 정보통신망인 인터넷에는 97년 1월을 기준으로 950만 여대의 컴퓨터 주장비가 연결되어 있으며, 1억 명 이상의 사용자들이 정보를 활발히 공유하고 있다. 이런 이유로 인해 정보의 전파를 통제하거나 억압하는 행위는 가능하지도 않을 뿐 아니라 바람직하지도 않게 되었다.

② 군의 정보환경

『'군의 정보환경'이란 특정 군사작전에 영향을 미치는 피·아의 군사·비군사용 정보체계 및 조직인데, 이는 '범세계적 정보환경' 안에 위치하고 있다』고 FM 100-6은 말하고 있다.

(4) 정보작전에 의한 위협과 정보체계의 취약성

오늘날의 군 작전에서 지휘통제체계가 중요해지고, 체계간의 효율을 높이기 위해 '복합체계로 구성된 체계(System of Systems)'가 강조됨에 따라 모든 체계들이 통신망으로 연결되고 있다. 또한 체계간의 상호운용성을 증진시키는 수단으로 '상용의 체계(COTS: Commercial off-the Shelf)'와 표준화의 중요성이 강조되고 있다. 그러나 표준화와 상호운용성에 기반을 둔 체계의 통합으로 오늘날의 정보체계는 적의 공격에 보다 취약하게 되었다.

오늘날의 정보체계가 적의 공격에 보다 취약해지고 있다는 점은 인간의 경우를 보면 쉽게 이해할 수 있을 것이다. 예를 들면, 인간은 가장 표준화된 실체이다. 태권도·유도 등과 같은 무도에서는 상대방의 급소를 공격하고, 적의 공격으로부터 아측의 급소를 방어하는 방법을 가르치고 있는데, 이같은 학습이 가능한 것은 인간의 몸이 100% 표준화되어 있기 때문이다. 마찬가지로, 체계간의 상호 연결을 통해 승수 효과를 유발한다는 차원에서 표준화와 상호운용성을 강조함에 따라 이들 정보체계의 급소에 해당하는 부분을 쉽게 공격할 수 있게 되었다.

『정보전 수단을 이용하여 가상의 적들이 미 국방부의 정보체계를 1년에 250,000여 회 정도 공격하고 있는데, 그 중 1/500 정도인 500건 정도가 적발되고 있다』고 한다. 정보전의 방식으로 미 국방부의 정보체계를 공격하는 집단의 대부분은 미 국방부의 컴퓨터망을 사용하는 사람, 즉 내부자이지만, 오늘날에는 외부(예를 들면, 한국의 한 컴퓨터

망에 연결된 사용자는 미 국방 정보통신망의 입장에서는 외부자임)자들이 미 국방부의 정보체계를 공격할 수 있도록 도와주는 도구들이 인터넷에 널리 산재(散在)되어 있는 실정이다.

FM 100-6은 아측의 정보체계에 대한 적의 공격 유형을 크게 두 가지로 나누어 설명하고 있다. 아측 정보체계의 데이터베이스를 오염시켜서 일정 시간이 경과한 후에 그 효과가 나타나도록 하는 경우와 데이터베이스를 파괴하여 즉각적인 효과를 유발하는 경우가 바로 그것이다. 이 같은 활동으로 인해 정보체계 내에 들어 있는 자료의 품질을 사용자가 신뢰하지 못하게 되면 군사작전은 크게 위축될 수밖에 없다.

지구상의 컴퓨터들이 컴퓨터망으로 연결되고, 군의 정보체계가 이러한 망에 접속됨에 따라 이들 체계들이 외부로부터의 공격에 보다 취약하게 되었다.

(5) 정보지배

정보전에 의한 위협에 대처하는 방안으로 '정보지배'라는 용어가 널리 사용되고 있다. '정보지배'란 아측의 정보체계는 최대한 활용하고 적은 이러한 체계를 활용하지 못하도록 함으로써 달성되는데, '정보지배'를 달성한 측은 분쟁 또는 위기상황을 비교적 용이하게 통제할 수 있다. '정보지배'란 이처럼 작전적 측면에서의 우위를 보장하기 위한 정보의 우위 정도를 의미한다. 따라서, 정보의 측면에서 우위 확보, 즉 '정보지배'를 달성하려면 아측의 정보능력을 건설 및 보호하고 적의 정보능력을 감쇄시킬 필요가 있다. '정보지배'를 달성한 지휘관은 적에 비해 월등할 정도의 상황 통제능력을 구비하게 된다.

FM 100-6은 충분할 정도의 '정보지배'를 확보하고자 할 때 취할 수 있는 방안을 크게 여섯 가지로 분류하고 있다. 이 방안에는 정보분야의 고전적인 기교에서부터 최신의 정보기술에 근거한 지휘통제체계와 연결되어 있는 '합동정찰 표적 공격 레이더체계(JSTARS: Joint Surveillance Target Attack Radar System)'와 같은 상황인식을 제고시키기 위한 체계가 망라되어 있다.

(6) 정보작전의 기본 골격

정보작전이란 『개개 작전영역에서 우위를 확보한다는 차원에서 아측이 정보를 수집·처리·사용할 수 있도록 하는 '군 정보환경' 내에서의 지속적인 군사작전』으로 정의된다. 정보작전은 '범세계적 정보환경'과 연계하여 전개될 수밖에 없는데, 정보작전에는 적의 정보·판단 능력을 교묘한 방식으로 이용하고, 적으로 하여금 이러한 능력을 사용하지 못하도록 하는 행위가 포함된다.

육군의 정보작전은 '지휘통제전(Command, Control Warfare)', '민사(CA: Civil Affairs)'와 '공보(PA: Public Affairs)'로 구분된다.

① 지휘통제전

지휘통제전이 의도하는 바는 적의 지휘통제 능력을 감쇄시키거나 파괴하여 적이 올바로 정보를 사용하지 못하도록 하면서, 적의 이러한 행위로부터 아측의 지휘통제 능력을 보호하는 것이다. 지휘통제전을 수행하기 위한 수단에는 기만·심리작전·전자전·작전보안·물리적인 파괴 등이 있다. 역사적으로 지휘통제전은 공세적 성격의 전쟁이었다. 그러나 오늘날에는 방어적 측면의 지휘통제전이 강조되고 있다. 오늘날 지휘통제전이 중요하게 된 이유를 FM 100-6은 다음과 같이 설명하고 있다.

- 오늘날의 작전에서는 다량의 정보가 지속적으로 요구된다.
- 정보체계에 고도의 기술이 접목됨에 따라, 이러한 체계들이 적의 공격에 취약해지고 있다.
- 정보기술의 혁신적인 발전으로 정보체계 및 정보능력이 획기적으로 증

진되었다.

② 민사작전

민사작전이란 군 작전을 원활히 할 수 있도록 작전지역 내에서 군·민 간기관 그리고 양민(良民)들간의 관계를 설정하고, 유지하며 활용하는 것으로 정의된다. 민사작전에 종사하는 사람들은 행정·경제·대중문제·언어학·각국의 문화 등에서의 경험을 활용하여 지휘관에게 유익한 정보를 수집하고 있다.

③ 공보작전

오늘날 대부분의 군사작전은 대중매체의 감시 하에 수행될 수밖에 없다. 국내외의 뉴스 매체가 군 작전에 지대한 영향력을 발휘한다는 점을 FM 100-6은 주목하고 있다. 오늘날의 뉴스 매체에서는 군 작전의 목적·목표·활동 등을 분석하고 있는데, 이러한 행위가 정치·전략·작전·기획 분야에 막대한 영향력을 행사한다. 따라서 공보작전에 관여하는 장교들은 군 작전에 관한 여론의 향방을 주시하여 분명하고도 객관적인 메시지를 전달할 필요가 있다.

(7) 정보작전의 필수활동

정보작전의 핵심은 『아측에게는 투명한 전장(戰場) 공간을 보장하여 상황을 완벽히 파악할 수 있도록 하고, 적에게는 전장공간에 걸쳐 있는 '안개(Fog)'의 정도를 짙게 하여 상황을 제대로 인식할 수 없도록 하며, 적 상호간에 잦은 충돌(Friction)이 일어나도록 하는 것』이라고 미 육군참모총장을 역임한 바 있는 설리반 대장은 말하고 있다. FM 100-6은 정보의 획득·사용·보호·활용·거부·관리와 같은 여섯 가지의 활동 영역을 명시하고 있다.

① 정보의 획득

지휘관은 정보를 수집하기 전에 필요한 정보의 성격을 분명히 알고 있어야 한다. 임무·적·지형·군의 배치형태·가용시간 등뿐만 아니라 누가·무엇을·언제·어떻게·왜라는 관점에서 정보를 수집해야 할 것이다. 이들 정보는 정확하고도 시의 적절하며, 지휘관이 의도하는 바와 관련이 있어야 한다. 가용한 자원과 수집해야 할 정보의 성격을 고려하여 지휘관은 정보 획득을 위한 기술과 전술적인 방안을 강구한다. 정보는 인적·기술적 수단 또는 정보수집체계 등을 이용하여 수집하거나, 작전·전술·전략 차원에서 국방과 비국방 분야에서 배포 및 발간된 자료들로부터 획득한다.

② 정보의 사용

지상·공중 그리고 우주에 위치한 정보수집체계들을 이용하여 수집된 정보를 활용하여 지휘관은 전장 공간을 인식하게 된다. 지휘관의 인식 정도를 넓히는 수단에는 '군의 정보환경'과 '범세계적 정보환경' 내에 상존하고 있는 정보체계들도 있다. 수집된 자료를 분석하고, 자료들간의 상관 관계를 파악하여 전장 공간에 대한 인식을 갱신하게 된다. 공유된 '상황인식(Situational Awareness)'에 근거하여 의사를 결정하고, 기획 및 작전의 내용 즉 작전계획과 작전명령서를 다듬고 수정하게 된다.

③ 정보의 보호

정보기술 및 정보가 크게 확산되면서 군 작전의 효율성이 크게 증진된 것은 사실이지만, 작전 수행 과정에서 염두에 두어야 할 새로운 취약성이 대두되었다. 작전적 측면에서 정보를 보호하려면 적이 아측의 정보체계를 공격할 때의 시각(視覺)에서 아측 정보체계의 약점을 파악해야 한다. 지휘관은 전자전 · 기만 · 선전 · 파괴공작 등에 의한 아측 요원 및 정보체계의 취약성을 파악하여 그 대책을 수립해야 한다.

④ 정보의 활용

『정보의 활용이란 입수된 정보를 군사적 목적으로 최대한 이용하는 것』이라고 미 합참의 I-02(합동용어 사전)은 정의하고 있다. 『피 · 아또는 군사 · 비군사적 용도에 관계없이 작전과 관련된 정보 및 체계들은 활용될 수 있다』는 것이 FM 100-6의 견해이다. 적이 보유하고 있는 정보체계를 활용한다 함은 적이 알지 못하는 은밀한 방식으로 적의 정보체계 · 데이터 또는 통신체계를 이용함을 의미한다. 적의 체계를 활용하려면 적 체계에 대한 완벽한 이해가 필수적이다. 적의 정보체계를 파악하기 위한 활동은 전시에 대비하여 평시부터 수행되어야 한다. 정보화시대에는 적의 전략 · 전술 · 기술 · 절차를 파악하는 것 못지 않게 정보체계를 파악하는 것이 매우 중요하다.

⑤ 정보의 거부

정보의 거부가 추구하는 바는 자료에 대한 신뢰성을 저하시켜서 궁극적으로는 보유하고 있는 지휘통제체계를 이용해 적이 작전을 수행하지 못하도록 하는 것이다. 정보를 거부하기 위한 수단에는 '전자파 생성기' · '우주에 위치한 정보 거부체계' · '컴퓨터 바이러스' 등이 있는데, 정보 거부를 위한 작전은 지상 및 항공작전을 개시하기 이전에 수행되지만, 경우에 따라서는 이와 동시에 실시되기도 한다.

『오늘날의 전쟁에서는 '제공권의 확보(Command of the Air)'를 가장 중요한 요소로 간주하고 있지만, 지휘통제전에서의 우위확보가 제공권의 확보보다 중요하게 되는 시기가 올 것이다』고 FM 100-6은 주장하고 있다. 오늘날에는 텔레비전과 같은 대중 매체를 통해서도 적의 의

지를 저하시킬 수가 있다. 정보작전이 성공하게 되면 상대방 적은 19세기 당시의 방식으로 전쟁을 수행할 수밖에 없을 것이다.

⑥ 정보의 관리

정보를 관리한다 함은 '전자파(電磁波)'를 관리하고, 사용해야 할 정보원천과 정보체계를 결정하며, 상하 · 수평 제대간에 신뢰성을 유지하면서 정보가 유통될 수 있도록 하고, 다양한 형태의 정보원천을 이용하여 정보를 수집하는 과정에서 발생하는 현상인 '정보의 불일치'를 해소함을 의미한다.

(8) 기획단계

오늘날의 전쟁에서 정보가 미치는 효과는 상상을 불허할 정도로 지대하다는 점을 고려하여, 다음과 같은 5 단계의 절차를 준수하여 정보의 사용을 위한 기획에 완벽을 기해야 한다고 FM 100-6은 강조하고 있다.

① 임무분석

지휘관은 임무를 분석한 후 전체 작전의 측면에서 정보작전 개념을 정립해야 한다. 정립된 작전개념에 근거하여 참모는 '정보우위'를 확보하기 위한 요구사항과 조건을 작성해야 한다.

정보작전을 기획하는 과정에서는 정보작전과 직접 관련이 있는 군 통신망, 라디오와 같은 전통적인 표적 외에 민간 부분의 정보체계들도 고려해야 한다. 임무분석 단계에서 피 · 아 지휘통제체계의 핵심 또한 취약부분에 관한 리스트들이 도출된다.

- 적 지휘통제체계를 공격하기 위한 분석 과정에서는 적 지휘 통제체계의 핵심 부분을 규명하여, 이들의 취약부를 집중적으로 공략한다.

• 아측 지휘통제체계를 보호하기 위한 분석에서는 아측 핵심체계에 대한
적의 공격능력 정도를 파악하여 이들에 대한 대책을 강구한다.

적 지휘통제체계를 공격하는 경우와 마찬가지로 아측 지휘통제체계를
적의 공격으로부터 보호하려면 적의 감지능력 · 표적선정능력뿐만 아니라
공격수단에 대한 첩보(Intelligence)도 필요하다.

② 우선 순위 설정

참모는 피 · 아 핵심 지휘통제체계 그리고 이들의 취약점을 공격 및 방
어하기 위한 우선 순위를 설정한다. 공격 및 방어를 위한 지휘통제체계
의 리스트가 작성되는 것은 바로 이 단계다.

적 지휘통제체계를 공격하기 위한 대상을 선정할 때에는 이들 체계의
핵심성보다는 취약성에 비중을 두어야 한다. 예를 들면 핵심적인 체계이
면서 취약성이 없는 경우보다는 핵심성은 떨어지지만 취약성이 높은 것
들을 우선적으로 공격해야 한다. 피 · 아의 공격에 대비하여 지휘통제체
계에 관한 표적들의 우선 순위를 설정할 때에는 이들 체계의 핵심성 및
취약성을 고려해야 한다. 또한 적 지휘통제체계를 공격하는 행위와 아측
지휘통제체계를 보호하는 행위간에 조화를 유지할 필요가 있다.

③ 정보작전개념

피 · 아의 공격에 대비하여 적 및 아측이 보유하고 있는 지휘통제체계
들의 우선 순위를 중요도의 측면에서 설정한 후, 가용한 정보작전 능력
을 고려하여 군 작전을 최대한 지원할 수 있는 방향으로 정보작전 개념
을 정립한다. 작전계획과 작전명령서를 작성하고, 지휘통제전을 전개할
때에는 전자전 · 기만 · 물리적 파괴 · 심리전 등의 작전간에 조화를 유지
하면서 적의 공격에 대비한 방어의 효율성과 적 체계에 대한 피해의 정
도를 극대화시킬 수 있도록 해야 한다.

「적 지휘통제체계에 대한 공격의, 그리고 아측 체계에 대한 보호의 효율성을 증진시키려면 자신들의 입장에서 뿐 아니라 적의 입장에서도 생각할 필요가 있다」는 점을 정보작전을 기획하는 지휘관과 참모들은 명심해야 한다.

④ 정보작전의 수행

정보작전을 수행하고자 할 때에는 적이 보유하고 있는 정보 능력에 대한 거부·파괴·성능감퇴 등의 측면에서 최상의 효과를 발휘할 수 있도록 상대방 지휘통제체계에 대한 적절한 형태의 공격 방안을 선택하고, 선택된 방안이 전반적인 작전의 흐름 속에서 조화를 이루면서 집행될 수 있도록 해야 한다.

군의 기획가들은 적이 아측 민간 정보기반체계에 대한 공격의 형태로 반격해 올 수도 있다는 점을 염두에 둔 상태에서 정보작전 개념을 정립해야 한다. 오늘날 은행, 발전소를 비롯한 국가의 핵심 기반체계들이 정보체계에 크게 의존함에 따라 이들 체계를 공격하겠다는 위협만으로도 적지 않은 반향(反響)을 불러일으킬 수 있게 되었다.

⑤ 정보작전의 효과분석 및 결과 반영

아측의 상황인식 정도를 재평가하고, 향후의 작전을 재조정한다는 측면에서, 정보작전의 효과에 대한 분석은 필수적이다.

3. 결언

1991년도의 걸프전 당시 이라크는 다국적군의 일방적인 공격에 망연 자실(茫然自失)하지 않을 수 없었다. 당시 다국적군은 이라크가 전혀 예상하지 못한 시간과 장소를 택하여 공격하였는데, 공격하는 주체를 파악할 수 없었기 때문에 이라크는 앉은 자리에서 공격을 당할 수밖에 없었다. 오늘날 이처럼 '청천 하늘에서의 날 벼락'과 같은 공격이 가능하게 된 것은 군의 화력체계·감지체계·지휘통제체계 등을 연계하여 구축한 '복합체계로 구성된 체계(System of Systems)'가 있었기 때문이었다.

상대방과 비교할 때 우수한 형태의 '복합체계로 구성된 체계'를 유지하면서 적으로 하여금 이러한 체계를 유지하지 못하도록 하거나 적이 보유하고 있는 체계의 성능을 저하시키고자 함이 정보작전이 추구하는 바의 핵심이다. 따라서 정보작전에서는 우수한 성능의 '복합체계로 구성된 체계'의 건설이 선행되어야 하며, 건설된 체계를 적의 공격으로부터 보호하고 적이 보유하고 있는 체계를 파괴하거나 그 성능의 저하를 도모할 필요가 있다.

군의 지휘통제체계와 같은 '복합체계로 구성된 체계'의 취약성은 이들이 정보통신망으로 연결되어 있기 때문이다. 한편 은행이나 원자력 발전소와 같은 사회 기반구조의 대부분이 컴퓨터 체계에 의해 움직이고 이들이 컴퓨터 통신망에 의해 연결되고 있다는 측면에서 정보화시대의 취약성은 그 대상이 군에 국한되지 않는다. 이런 이유로 미국에서는 부통령·국방부·CIA·FBI·백악관 등의 국가 지휘부를 중심으로 범 국가적 차원에서 정보화시대의 위협에 대비하고 있다.

이러한 일련의 흐름 속에서 미국의 각군은 정보작전 교리를 정립하고 있으며, 이들 새로운 전쟁의 영역을 땅·바다·하늘에 이은 4번째의 범주로 간주하고 있는 실정이다. 이 새로운 분야가 『오늘날의 전쟁에서 가장 중요한 요소로 간주되고 있는 「제공권의 확보(制空權의 確保:

Command of the Air)」를 중요도의 측면에서 조만간 대체할 것」이 라는 의견도 만만치 않다.

우리 군도 현대화의 일환으로 '복합체계로 구성된 체계'를 위한 최신의 정보수집체계와 전달체계 등을 건설하면서 정보전의 문제를 심각히 고려해야 할 것이다.

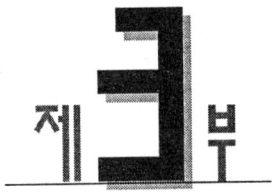

항공력의 문제

1. 개요
2. 군사혁신
3. 병행전과 Hyperwar
4. 현대 항공력 이론(전략적 마비)

1 개 요

　전략이란 국가안보 측면에서의 목표를 군사기획과 작전으로 옮기는 과정에서의 문제를 다루는 분야인데, 다분히 예술 및 과학적인 성격의 것이다. '군사혁신(Revolution In Military Affairs)'에 대비한 전략의 공식화는 쉬운 일이 아니다. 저명한 군사사상가인, 와든(John A. Warden III)과 챠프란스키(Richard Szafranski)는 군사혁신에 대비한 전략의 공식화를 강구하고 있다. 21세기의 미국의 전쟁은 걸프전 이전의 경우와는 근본적으로 다를 것이라고 와든은 주장하고 있다. 그러나 챠프란스키는 오늘날의 병행전과 '과도한 파괴전쟁(Hyperwar)' 개념에 별다른 내용이 없다고 주장하고 있다.

　21세기에는 다수의 인명을 살상하는 행위는 정치적 측면에서 용납되지 않을 것이며, 공격에 의한 부수적 피해를 최소화해야 할 것이다. 이같은 측면에서 비치명적 성격의 무기를 보다 광범위한 차원에서 사용해야 하며, 정보능력이 매우 중요해 질뿐만 아니라 무기의 정밀도가 크게 개선될 필요가 있다고 와든은 말하고 있다. 미래전에 대비한 전략에서는 적군이 아니고, 적의 전반적 조직과 행위에 조점을 맞추어야 할 것이다.

　동심원 형태의 다섯링(Five Ring)을 비유하면서 와든은 적의 지휘부·'에너지 또는 자원'·기반구조(Infrastructure)·국민 그리고 군대를 전략적 표적으로 간주해야 한다고 제안하고 있다. 이같은 전략적 표적에 대한 공격이 매우 중요한 의미를 갖게 되는 새시대의 전쟁에서는 항공력이 매우 훌륭한 수단이라고 그는 주장하고 있다. 와든이 주장하는 바의 핵심은 적 군사력에 대한 '집중'보다는 이들 전략적 요소를 동시에 병행적(Parallel)으로 공격해야 한다는 것이다.

그러나 챠프란스키는 적이라는 유기체가 엄청날 정도의 충격에 빠질 정도로 상대방 국가의 에너지 수준을 동시에 감소시키겠다는 와든의 제안이 정말로 새로운 것인지에 대해 의문을 제기하고 있다. 매우 빠른 속도로 적의 '중심(Center of Gravity)'을 병행적으로 공격해야 한다는 그의 주장이 정말로 새로운 이론인가? 적의 표적을 통합하여 동시성 있게 공격해야 한다는 주장은 「무기 결합의 원칙(Combined Arms): 육군의 경우 보병 · 포병 · 기갑 · 공병 등과 같은 전투병과를 결합해 작전을 수행해야 한다는 원칙」에서 이미 오래 전부터 추구하였던 목표였다고 챠프란스키는 주장하고 있다. 적을 체계의 입장에서 보는 바에 관계없이, 지휘관과 지휘체계에 대한 공격은 새롭게 부상한 목표가 아니다는 주장이다. 미 공군 전략사령부의 '단일 통합작전계획(SIOP: Single Integrated Operations Plan)'에서는 다섯링 이론이 주목을 끌기 훨씬 이전에 병행전과 '과도한 파괴전쟁'을 기획 · 추진하였다고 그는 말하고 있다.

와든은 중국과 같은 거대한 국가 또는 거의 모든 적에 대해 다섯링 이론을 적용할 수 있다고 주장하고 있는 반면에, 챠프란스키는 소규모의 산업화된 국가에 대해서만이 이 이론은 효과가 있으며, 테러주의자 또는 반란조직에 대해서는 그 효과가 회의적이라고 말하고 있다. 항공력이 대테러 및 대반란 작전에서는 별다른 효과가 없을 것이라고 챠프란스키는 말하고 있다.

와든은 1991년도의 걸프전에서 항공작전을 기획하였던 미 공군의 핵심적인 기획 및 조직가이다. 병행전과 '과도한 파괴전쟁'으로 인해 이라크의 도시와 이라크군은 심각할 정도의 충격을 받아서 극심한 무력감에 빠져들게 되었다. 신속하고도 완벽하게 승리하고자 할 때 항공력은 핵심적인 요체라는 점을 강조하면서, 병행전과 '과도한 파괴전쟁'은 21세기의 분쟁에도 적용이 가능하며, 적용되어야 한다고 와든은 자신의 에세이에서 주장하고 있다.

챠프란스키는 『「항공력을 중심으로 한 전쟁이론」이 모든 경우의 분쟁에 적용이 가능한 것은 아니다』고 주장하고 있다. 대부분의 분쟁에 적용 가능한 보편 타당성 있는 항공이론과 항공전략을 아직 발굴하지 못했다는 것이다. 이는 싸우는 대상과 분쟁형태에 무관하게 적용이 가능한 항공교리와 군사전략이 있는 지의 문제이다. 아마도 분쟁형태와 적의 유형을 고려하여 그에 적합한 형태의 항공교리를 모색해야 할 것이다.

21세기에 대비한 와든의 항공이론에 새로운 점이 있는지, 그리고 이 전략을 모든 분쟁에 적용할 수 있을 것인 지의 여부는 독자들 자신이 판단할 수 있을 것이다. 와든과 챠프란스키는 적의 중심에 해당하는 부분을 분석하여 이를 무력화시키는 것이 21세기의 전쟁에서 전략적으로 승리하기 위한 관건(關鍵)이라는 점에 대해 동의하고 있다.

항공력에 관한 세 번째 논문인 '현대 항공력 이론'에서는 '전략적 마비'로 요약되는 오늘날의 항공력 이론을 이들 이론을 주장한 분들의 사상을 조명하는 방식을 통해 설명하고 있다. 재래식 전쟁에는 섬멸전, 소모전 그리고 전략적 마비란 개념이 있는데, 언론 매체가 극도로 발전하고 있는 오늘날에는 상대방에 대해 지나칠 정도의 피해를 유발하게 되면 전쟁에서 승리할 수 없을 뿐만 아니라 상대방에게 유발한 피해로 인해 아측 또한 적지 않은 피해를 입을 수밖에 없다. 따라서 향후의 전쟁은 부수적인 피해를 전혀 유발하지 않으면서 상대방 국가의 급소에 해당하는 부분을 공격하여 전략적으로 마비시킬 수 있어야 할 것이다.

오늘날에는 인공위성, AWACS 및 JSTARS와 같은 감지체계, 첨단의 지휘통제체계, 정밀유도무기 그리고 스텔스기가 출현하면서 상대방 국가의 급소에 해당하는 부분을 거의 동시에 병행적으로 공격할 수 있게 되었다. 1991년도의 걸프전 당시 동맹국은 미 공군대령 와든(John

Warden)이 제안한 '다섯링 이론(Five Ring Theory)'에 근거하여 전쟁을 수행하였는데, 이는 이라크의 지휘통제체계를 중심으로 한 '전략적 마비'를 염두에 둔 것이었다.

제1차 세계대전의 참상을 목격한 영국의 두 퇴역 군인인 풀러(J. F. C. Fuller)와 리델하트(Basil H. Liddell Hart)는 전략적 마비란 개념을 구상하였다. 풀러는 "군에서 물리적 힘의 원천은 조직이며, 이들 조직을 통제하는 것은 두뇌다. 따라서, 상대방 군의 두뇌에 해당하는 부분을 마비시키면, 이들 군의 몸은 그 동작을 멈출 수밖에 없다."란 내용의 글을 작성하였다. 리델하트 또한 풀러와 유사한 생각을 갖고 있었다. "극적으로 승리한다고 할 지라도, 그 과정에서 출혈의 정도가 심하면 이는 전혀 소용이 없다."는 논리를 전개하였다. 제1차 세계대전에 참여하였던 항공기 조종사들 중 다수의 전략가들 또한 항공력을 이용한 전략적 마비를 주창하였는데, 트렌차드(Hugh Trenchard), 윌리암 미첼(William Mitchell) 등이 있다.

전략적 마비란 개념을 오늘의 시각에서 재해석한 사람들은 존 보이드(John Boyd)와 와든(John Warden)이다. 존 보이드는 "적 보다 빠르고, 일관성 있게 의사를 결정할 수 있으면 상황을 자유 자제로 통제할 수 있다."며 "적의 의사결정 과정을 혼란시키게 되면 이러한 적은 패배할 수밖에 없다."고 주장하면서, 아측의 의사결정 과정을 단축시키고, 적의 의사결정 과정을 지연시킨다는 차원에서 상대방 국가가 보유하고 있는 지휘통제체계를 마비시킬 필요가 있다는 점을 강조하였다. 다시 말해, 존 보이드가 생각하는 상대방 국가의 핵심 표적은 지휘통제체계였다.

상대방 국가를 전략적으로 마비시킬 수 있으려면 다음과 같은 조건을 구비하고 있어야 한다. 첫째 상대방의 급소에 해당하는 부분을 규명할 수 있어야 할 것이다. 다시 말해, 공격할 표적을 올바로 선정할 수 있는 능력이 있어야 할 것이다. 둘째, 스텔스 능력 · 정밀유도무기 · 크루즈 미사일·'강하고도 두툼한 물체를 관통할 수 있는 포탄(Deep-Penetrating Bomb)'·'위치파악위성(GPS: Global Positioning Satellite)' 등과 같은 고도의 기술을 보유하고 있어야 한다. 셋째, 항공력을 이용해 공격할 만한 대상을 상대방 국가가 보유하고 있어야 한다. 그리고 마지막으로, 공격하고자 하는 대상을 중심으로 한 영공을 통제할 수 있는 능력이 있어야 할 것이다.

2 21세기에 대비한 항공이론

1. 서언

21세기의 미군은 걸프전 이전의 경우와는 전혀 다른 방식으로 전쟁을 수행할 것이다. 이들 전쟁에서는 의도하는 목표만을 정확히 공격할 수 있을 것이기 때문에 전쟁의 성격이 매우 정밀해질 것이다. 정밀하지 못한 전쟁, 다시 말해 공격과정에서 부수적 피해를 유발하는 형태의 전쟁은 물리적으로 엄청난 대가를 치를 것이라는 측면에서 뿐 아니라, 정치적으로도 용납되지 않을 것이다. 의도한 표적만을 파괴해야 하며, 표적을 선정하는 과정에서도 신중을 기해야 한다고 정치 지도자와 국민들은 주장할 것이다. 무기의 정밀도가 크게 높아질 것이기 때문에 무기의 부정확성을 보충한다는 차원에서 방대한 규모의 병력과 장비를 유지하였던 과거의 관행은 크게 바뀔 것이다. 정밀무기란 의도한 표적에만 피해를 유발할 수 있는 무기를 의미한다. 미래에는 정밀무기를 이용하여 원거리에서 공격할 수 있는 능력을 갖춘 국가들이 크게 증가할 것이기 때문에 대규모의 병력을 공한지(空閑地)에 집결시키는 것은 자살 행위와 다를 바가 없으며, 전투지역 근처로 항공기를 전개 및 배치하게 되면 안전성에 문제가 있을 것이다.

정밀무기의 출현을 계기로 군사력을 이용하여 정치적 목표의 달성을 꿈꾸는 적들이 없어지길 바란다. 아마도, 잘하면 세상은 그런 방향으로 변할 것이다. 그러나 정밀무기를 이용하여 상대방 국가의 전략적 '중심(Center of Gravity)'을 공격하는 형태로 전투수행 방식을 전환하는 국가가 출현하게 될 가능성도 없지 않다. 이들 국가는 미사일과 같은 정밀유도무기, 인공위성과 같은 우주에 위치하고 있는 첨단의 감지체계를 포함한 다수의 첨단 수단을 이용하여 상대방 국가의 핵심부를 공격하고자 할 것인데, 이들은 미국이 개입하기 이전에 신속히 목표를 달성하고자 할 것이다. 따라서 분쟁 지역으로 신속히 이동하기 위한 능력이 매우 중요하다.

향후에는 인명에 전혀 피해를 주지 않으면서도 의도한 바를 달성할 수 있는 무기들이 출현할 것이기 때문에 전쟁에서의 취사선택의 폭이 크게 넓어질 것이다. 이들 신무기를 이용하여 통신체계·대포·내연기관·교량 등을 공격할 수 있을 것이다. 이같은 무기를 이용하면 필요 이상으로 자산을 파괴하거나, 계획되지 않은 인명을 살상하지 않으면서도 의도한 바를 달성할 수 있을 것인데, 이는 매우 재미있는 현상이다. 오늘날의 전쟁에서는 치명적인 무기가 보통 사용되고 있는데, 인명에 전혀 피해를 주지 않는 비치명적인 무기를 이용하여 이들 치명적인 무기를 대신할 수 있을 것인지가 의문이다. 「전쟁이란 아측의 의지를 관철하기 위한 수단이다」는 측면에서 볼 때 이들 신무기를 이용하면 치명적인 무기를 대체할 수 있을 것이다. 그러나 이같은 신무기를 이용하게 되면 재래식 무기를 대체하였을 때 얻을 수 있는 이상의 효과를 작전 및 기회의 측면에서 발휘할 수 있을 것이다.

오늘날의 미국은 대량파괴무기에 의존하지 않으면서도 대부분의 군사적 목표를 달성할 수 있는 위치에 있다. 인공위성과 같은 첨단의 감지체계, 첨단 지휘통제체계, 정밀유도무기뿐만 아니라 스텔스 기와 같이 적진 깊숙이 은밀한 방식으로 침투할 수 있는 능력을 활용하면 전술 핵무기에 버금가는 효과를 유발할 수 있을 것이다. 오늘날 이같은 재래식 무기를 이용하여 전술 핵무기 이상의 효과를 유발할 수 있는 지구상 유일한 국가는 미국이다. 미국의 독점 소유물인 이같은 능력을 보유하지 못한 국가 중에서 대량파괴무기를 이용하여 도전해 오는 경우도 있을 것이다. 대량파괴무기를 이용하여 상대방 국가가 도전해 오는 경우 전혀 다른 형태의 방식으로 이를 무력화시켜야 할 것인지는 미국이 결정해야 할 문제일 것이다. 오늘날의 세계에서 핵 억제를 위한 방안의 문제는 이같은 문제와 연계되어 나타나고 있다. 억제력에 대한 개념 또한 냉전시대의 경우와는 크게 다르겠지만, 억제력이 모든 상황에서 효용성을 잃은 것일 가? 핵 군사력을 유지하기 위한 방식은 무엇일가? 이같은 문제는 진지하게 생각해 볼 필요가 있을 것이다.

전쟁 양상이 적의 자료공간(Datasphere)에 은밀히 침투하여 이들이 보유하고 있는 자료를 조작하는 방향으로 전개될 것이라는 측면에서 정보(Information)는 전쟁의 주체는 아닐 지라도 크게 부각될 것이다.[1] 경우에 따라서는 적에게 정확한 정보를 제공할 필요도 있을 것이다. 이같은 개념은 글 후미에서 논의될 것이다.

2. 오늘날의 전쟁 양상

오늘날 우리는 인류 생존이래 가장 혁신적인 변혁을 겪고 있는데, 이같은 변혁의 특징은 이들 변혁이 지정학·생산·기술·군사 분야 모두에서 동시에 일어나고 있다는 점이다. 변혁의 속도는 가속화되고 있으며, 감속의 기미는 전혀 보이지 않고 있다. 이같은 상황에서 국가의 이익을 보호하려면, 지대한 관심을 갖고 전쟁을 연구하여 새로운 형태의 활용개념(Employment Concepts)을 고안해낼 수 있어야 할 것이다. 소모전(消耗戰)은 구시대의 유물이며, 용기와 집념만으로 전쟁에서 승리할 수 있었던 시대는 이미 지나갔다. 문제의 핵심을 정확히 간파하고 모든 가용한 수단을 최대한 활용할 수 있는 자가 전쟁에서 승리할 것이다. 미래의 항공작전에 필요한 골격을 다듬는 작업을 시작해 보자.

---

1) Don Simmon가 Hyperion에서 사용한 용어(New York: Bantam Books, 1990).

　항공작전을 포함한 모든 군사작전을 수행할 때에는 정치 및 물리적 환경과 조화를 이룰 수 있어야 한다. 제2차 세계대전 당시 미국과 연합국은 일본과 독일을 공격하여 이들 국가의 자산을 엄청날 정도로 파괴하였으며, 수많은 민간인을 살상하였다. 1991년도 걸프전 당시의 정치적 분위기는 제2차 세계대전 당시와는 전혀 달랐다. 다시 말해, 당시는 이라크를 공격하여 수많은 인명을 살상한다거나, 이라크를 초토화시키겠다고 제안하면 그 형태에 관계없이 거센 반발을 불러일으킬 수 있는 그러한 분위기였다. 월남전 당시만 해도 무기의 정밀도가 높지 않았기 때문에 이들 무기를 이용하여 의도하는 효과를 유발하려면 적의 화력에 다수의 군인들을 노출시킬 수밖에 없었다. 정밀무기의 출현으로 오늘날에는 적의 화력에 군인들을 노출시킬 필요도 없으며, 노출시켜서도 안되게 되었다.

　군 작전이 의도하는 바는 정치적 목표를 달성하기 위함인데, 목표 달성 과정에서 무한정의 대가를 지불할 수는 없기 때문에 군 작전은 수용 가능한 대가의 범위 내에서 수행되어야 한다. 따라서, 작전개념을 개발 또는 채택하기 이전에 전쟁과 정치적 목표를 분명히 이해하고 있어야 한다.

　이유 있는 전쟁만이 타당성이 있다. 때로는 그 이유가 훌륭하지 않을 수도, 그리고 대단한 의미를 갖고 있지 않을 수도 있다. 전쟁을 시작하는 국가의 통치자는 달성하고자 하는 나름의 목표를 갖고 있는데, 영토의 확보, 적 공세의 사전 저지, 무례에 대한 보복, 또는 종교적 개종을 강요하는 경우가 대표적인 사례이다. 전쟁에 따른 결과를 생각하지 않고 단순한 즐거움의 차원에서 전쟁을 시작하는 사람은 거의 없다.

　이는 전쟁을 통해 추구할 목표와 목표 달성에 필요한 사항을 분명히 이해하고 있는 상태에서 모든 사람들이 전쟁을 일으킨다는 의미는 아니다. 전쟁에서 추구하는 목표와 그 수행 수단이 잘못 설정된 경우에는 전쟁 당사국 모두에게 수많은 재앙이 따른다. 따라서, 전쟁에서 가장 중요한 첫 번째 법칙은 전쟁을 수행하고자 할 때에는, 그 이유를 분명히 알고 있어야 한다는 점이다. 첫 번째 법칙과 연관하여 상대방 적이 전쟁에서 추구하는 목표는 무엇인지, 그리고 이들 목표를 달성하기 위해 어느 정도까지 대가를 지불할 용의가 있는지를 분명히 알고 있어야 한다. 전쟁이란 단순한 싸움과 살생에 관한 것이 아니고 적이 양도하지 않으려는 것을 적으로부터 쟁취하는 방법에 관한 것이다. 달리 표현하면, 『전쟁이란 적으로 하여금 아측이 의도하는 바를 수행하도록 하고, 아측이 원하지 않는 사항은 하지 못하도록 하는 것이다』.

아측이 원하는 바를 수행하도록 만드는 방법에는 크게 3가지가 있다. 정치·경제 그리고 군사적 측면에서 감수해야 할 대가가 너무도 클 것이라는 점을 인식시켜서 저항하지 못하도록 하거나, 전략과 작전적 측면에서 무력화시키거나, 적을 완벽하게 파괴시키는 방법이 그것이다.

이들 중 마지막 방안은 예기치 못한 결과를 초래할 수 있을 뿐 아니라 수행하기가 매우 어려우며, 윤리적 문제가 수반되기 때문에 그 효용성이 크지 않다. 따라서 마지막 방안은 제외하고 처음 두 방안에 대해 초점을 맞추어 생각해 보자. 저항하면 값비싼 대가를 지불할 수밖에 없다는 점을 강조함으로서 적으로 하여금 아측의 입장을 수용하도록 하겠다는 논지에서, 값비싼 대가가 무엇인지를 정확히 예측 또는 정의한다는 것이 쉬운 일은 아니다. 왜냐하면 인간 조직은 동일한 자극에 대해서도 수많은 방식으로 반응하기 때문이다. 그러나 정의 또는 예측이 어렵다는 말이 정의나 예측이 전혀 불가능하다는 의미는 아니다. 정확히 정의 또는 예측한다는 것이 쉬운 일은 아니지만, 이들 행위가 불가능한 것만도 아니다.

의사를 결정하는 과정에는 원칙이 있다. 아무리 여행을 좋아한다고 할지라도 여행에 따른 경비가 예상을 초과하게 되면 대부분의 경우 여행을 포기하며, 바위에서 추락할 것을 두려워하는 사람들은 암벽 등반을 하지 않는다. 이와 마찬가지로, 경찰의 단속을 두려워하는 사람은 과속으로 차를 몰지 않을 것이다. 국가, 범죄 조직 또는 개인에 관계없이 모든 개체는 이와 비슷한 방식으로 행동하고 있다. 이들은 비용 대 효과의 관점에서 행위의 수행 여부를 결정하고 있다. 이들이 우리와 같은 방식으로 상황을 판단하지 않을 수도 있으며, 이들의 판단에 우리가 동의하지 않을 수도 있다. 그러나 모든 의사결정 과정에서 상황 판단은 필수적이다. 항공력의 관점에서 보면, 아측이 요구하는 바를 적이 수용하도록 하기 위한 대가가 무엇인지를 판단할 필요가 있는데, 이는 매우 중요한 일이다. 그러나 강요해야 할 대가의 형태와 정도가 무엇인지를 정확히 파악하려면 적의 조직을 이해하고 있어야 한다. 적의 조직을 이해한다는 것은 거의 불가능하며, 특히, 적의 실체를 파악하기 이전에는 조직에 대한 이해는 불가능하다고 반론을 제기할 수도 있다. 다행히도 사실은 그렇지가 않다. 생명력을 갖고 있는 모든 개체는 비슷한 방식으로 조직화되어 있다. 오직 세부 사항만이 다를 뿐이다.

산업국가 · 마약조직 또는 전기회사에 관계없이, 모든 조직의 구도는 동일하다. 모든 적에 적용이 가능한 보편적인 개념을 발굴할 수 있다는 측면에서 군의 기획가인 우리들에게 이는 매우 중요한 의미가 있다. 적의 조직을 이해하게 되면, 전략적 측면에서 가장 중요한 표적을 파악해 낼 수 있을 것이다. 전략적으로 가장 의미 있는 표적을 파악하게 되면, 적으로 하여금 아측의 요구사항을 수용하도록 하기 위해 어느 정도의 대가를 강요해야 할 것인지를 알게 된다. 저항하면 엄청날 정도의 대가를 지불할 수밖에 없다는 점을 알면서도 대항하는 경우에 대비하여, 조직 및 전략적 측면에서 가장 중요한 표적을 파악하여 적을 작전 및 전략적 차원에서 무력화시키기 위한 방안을 강구할 필요가 있다.

먼저 조직의 기본부터 시작하자. 도표에서 보는 바와 같이 사람에서
전자회사에 이르기까지 모든 개체의 '조직구도: 조직이 구성되어 있는
방식'은 놀라울 정도로 비슷하다. 지구상에 존재하고 있는 개체들의 조
직구도는 너무도 유사하기 때문에 군 또는 기업에서의 문제점을 해결하
려면 이같은 유사점을 배경으로 하여 시작할 필요가 있다. '자신과 적을
정확히 파악할 필요가 있다'는 중국 및 그리스의 격언은 유념할 필요가
있다. 지구상에 존재하고 있는 개체들의 조직구도가 거의 유사하다는 점
으로 인해 이들 개체를 비교적 용이하게 파악할 수 있을 뿐 아니라 정보
를 항목별로 분류할 수도 있게 되는데, 의사결정 과정에서 정보의 항목
화는 매우 중요한 사항이다. 세상에는 완벽히 상관관계를 규명할 수 없
는 정보들이 무수히 많다. 따라서 '여과장치'가 필요하다. 체계의 측면에
서 사물을 바라보게 되면 정보의 형태를 항목화할 수 있을 뿐만 아니라
항목 내에서 특정 요소의 상대적 중요성도 쉽게 인지할 수 있게 된다.

[표 1] 다섯 링의 관점에서 본 유기체

	사람의 몸	국가	마약조직	전기회사
지휘부(Leader)	두뇌 · 눈 · 신경	정부 · 통신 · 안보	수뇌 · 통신 · 안보	중앙 통제
체계핵심 (System Essential)	음식/산소- 핵심 기관을 통한 내용물의 변환	에너지(전기 · 석유) · 음식 · 자금	마약의 원천과 이들 원천 자료의 변환 수단	입력(열, hydro) , 출력(전기)
기반구조 (Infrastructure)	근육 · 뼈	도로 · 비행장 · 공장	도로 · 항공로 · 뱃길	전송선
대중 (Population)	세포	국민	마약을 재배 · 분배 · 처리 하는 사람	노동자
전투 메커니즘 (Fighting Mechanism)	백혈구	군대 · 경찰 · 소방관	거리의 무법자	수선공 (Repairmen)

여기서 우리의 관심은 새로운 조직이론을 만들어내는 것이 아니다. 적이 도저히 감당할 수 없는 형태의 비용을 또는 전략 및 작전적 무력감을 강요하기 위해 필요한 사항을 도출해 내는 것이 우리의 관심 사항이다. 5개의 동심원을 이용하여 조직의 구성 형태를 표현하게 되면 문제의 본질을 이해하는데 크게 도움이 된다.

도표를 이용하여 정보를 표현하는 경우와 비교할 때 정보를 다섯 개의 동심원으로 재배열하는 경우에는 몇몇의 관점에서 중요한 사항을 파악할 수 있게 된다. 첫째, 우리가 다루는 체계간에는 상호의존적인 관계가 있다는 점을 알게 된다. 다시 말해, 개개의 원은 여타의 원과 관계를 맺고 있다. 탱크와 함정으로 하여금 임무를 수행하도록 하는 실체를 정확히 파악하지 못한 채 탱크 · 함정 그리고 항공기 대수의 관점에서 바라보거나 육군 또는 공군의 측면에서 바라보는 사람보다는 체계의 측면에서 적을 바라보는 사람이 훨씬 우위에 있음은 분명하다.

둘째, 개개 원의 상대적 중요도를 파악할 수 있게 된다. 예를 들면, 뒷골목에서 마약을 파는 사람을 경호하는 '거리의 무법자(여기서는 Fielded Military 링에 해당)'는 마약조직에 커다란 영향력을 행사할 수 없지만, 이들 조직의 우두머리는 조직을 크게 변화시킬 수 있다.

셋째, 전쟁에서 추구하는 목표는 아측이 의도하는 바대로 적이 행동할 수 있도록 하는 것이라는 '태고의 진리'를 동심원에 근거한 다이아그램을 통해 인지할 수 있게 된다. 조직 내에서 변화를 유발시킬 수 있는 사람 또는 개체는 동심원의 정 가운데에 위치하고 있는 지휘관(Leadership)이다. 따라서, 전쟁에서는 상대방 지휘관의 마음을 변화시킬 수 있도록 모든 정열을 다 바쳐야 한다.

넷째, 군대는 체계 내에서 창이나 방패와 유사하며 체계의 본질이 아니라는 점을 동심원 다이아그램을 통해 알 수 있다.

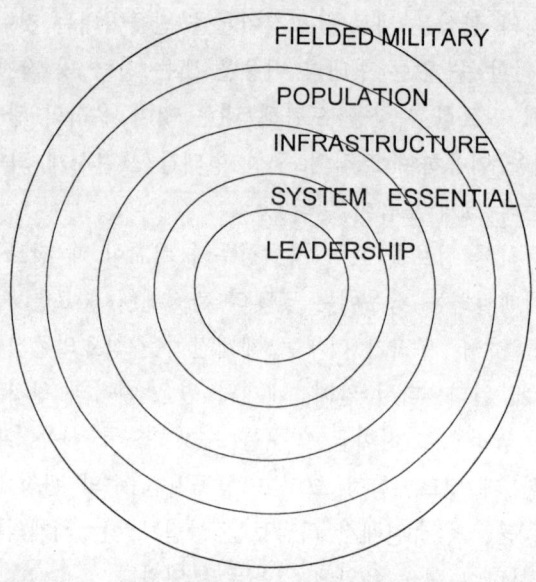

[그림 1] 존 와든의 동심원

　각개전투와 같은 단순한 형태의 전투에서조차 상대방이 보유하고 있는 방패를 파괴하지 않고도 승리할 수 있는 방법이 있다면 이같은 파괴를 통해 승리를 추구하는 사람은 많지 않을 것이다. 클라우제비츠의 사상과는 상반되는 것이지만, 전쟁의 본질은 적의 군사력을 격파하는 것이 아니고 적으로 하여금 나의 의지를 수용하도록 하는 것이다. 더욱이, 전투란 목적을 달성하기 위한 수단에 불과하며, 최악의 경우 이는 시간과 정력의 낭비에 불과하다.

　마지막으로, 맨 안쪽에 위치하고 있는 원에서 시작하여 바깥으로 나아가는 순서대로 전쟁을 수행해야 한다는 점을 동심원에 근거한 다이아그램은 암시해 주고 있다. 전술이 아니고 전략적인 차원에서 승리하고자 할 때 이는 매우 중요한 개념이다.

　전쟁개념을 도출한다는 차원에서 앞에서 언급한 동심원 다이아그램을 이용하고자 할 때에는 규명 가능한 가장 큰 체계에서부터 시작해야 한다. 다시 말해, 적의 침입에 따른 피해를 반전(反轉)시킬 방법을 강구하고자 한다면, 먼저 거시적 차원에서 적의 체계를 분석해야 한다.

예를 들면, 이라크가 쿠웨이트를 침공할 당시 슈워츠코프(Norman Schwarzkopf) 대장은 이라크가 제일 중요하게 여기는 부분을 가장 먼저 규명해야 하며, 쿠웨이트에 상주하고 있는 이라크군은 부차적인 문제라는 점을 곧 간파하였다. 슈워츠코프 대장이 직면하였던 문제는 앞에서 언급한 다섯 개의 동심원으로 설명할 수 있었는데, 이는 당연하였다. 또한, 1991년도의 걸프전 당시 다국적군이 추구한 목표는 단순히 이라크군을 격파하겠다는 것이 아니었는데, 다국적군은 '다섯링 이론(Five Ring Theory)'에 기반을 둔 분석을 통해 공격해야 할 표적을 정확히 파악하고 있었다. 필요하다면 병사 개개인까지도 '다섯링 이론'을 이용하여 분석할 수 있는데, 그 이유는 이라크의 병사도 이라크와 같은 방식으로 조직화되어 있기 때문이다. 당시의 전쟁에서는 '다섯링 이론'에 근거해 전략적 차원에서 문제를 접근하였다.[2]

전쟁 수행을 위해 보다 상세한 정보가 필요한 경우에는 체계핵심(System Essential) 내에 존재하고 있는 전기(電氣)와 같은 하부체계를 분석하였는데, 이들 하부체계 또한 '다섯링 이론'으로 설명이 가능하였다. 보다 차원이 낮은 하부체계를 규명하기 위해 여러 개의 다섯링 모델을 만들어야 하는 경우도 있었다. 충분할 정도의 정보를 얻을 수 있을 때까지, 이같은 과정을 반복하였다. 이같은 방식으로 문제를 접근하게 되면 국가와 같은 전략적 개체를 분석하는 과정에서도 그렇게 많은 정보가 필요하지는 않았다. 모르는 사항이 무엇인지를 매우 신속히 규명할 수 있었으며, 이들에 관한 자료 수집에 모든 노력을 경주할 수 있었다.

---

2) 전략적 차원의 개체란 자신의 목표를 설정하고, 이를 추구할 능력이 있는 개체를 의미한다. 게릴라 및 마약 조직과 마찬가지로 국가는 전략적 차원의 개체이다.

수학적 견지에서 보면, 지금 언급하고 있는 방식은 적분(積分)이 아니라 미분(微分)이다. 복잡한 세계에서는 '탑다운(Top-Down)', 다시 말해 미분에 의한 방법으로 문제를 접근해야 한다. 오늘날 군 훈련(기업의 훈련 포함)의 대부분은 가장 낮은 차원에서 시작하여 단계적으로 수준을 높여서 실시하고 있음을 주목할 필요가 있다. 이는 전술적인 방식으로 문제를 접근하는 것이다. 그러나 전투가 아니고, 전쟁에서 승리하고자 하는 경우에는 전략·작전적 또는 '탑다운' 접근 방식을 따라야 한다.

지금까지 우리는 전략적으로 가장 중요한 적의 표적에 대해서는 구체적으로 언급하지 않으면서, 아측과 적의 조직구도를 살펴보는 방식을 통해 전략적으로 가장 중요한 표적을 도출하는 방식에 대해 논의하였다. 전략적 측면에서 가장 중요한 형태의 적의 표적을 규명하려면 조직의 차원에서 접근할 필요가 있다. 아측의 입장을 수용하도록 하고자 할 때 적에게 어떠한 형태로 영향력을 행사해야 할 것인지를 알게 되면 가장 중요한 요소의 실체가 분명해진다. 어느 것을 공격해야 할 것인지, 또는 어느 것을 공격할 수 있을 것인지는 우리가 보유하고 있는 능력에 따라 달라지는 문제이다.

지금까지 토의한 주요 개념을 종합해 보면 다음과 같다. 첫째, 전쟁이 추구하는 목적은 적으로 하여금 아측의 의지를 수용하도록 하는 것이다. 둘째, 아측의 의지를 수용할 것인 지의 여부를 결정하는 것은 적의 지휘부이다. 셋째, 적 군사력과의 접전은 목표 달성을 위한 수단에 불과하며 목표 자체는 아니다. 대부분의 경우 직접적인 접전(接戰)은 가능한 한 회피해야 한다. 넷째, 생명에 기반을 둔 체계는 모두가 비슷한 조직구도를 갖고 있다. 체계에 지시를 내리는 것은 지휘부가, 힘을 한 형태에서 다른 형태로 전환시키는 일은 체계핵심(System-Essential)이, 체계를 묶어주는 역할은 기반체계(Infrastructure)가, 체계가 작동될 수 있도록 하는 것은 국민(Population)이, 그리고 적의 공격으로부터 체계를 보호하는 것은 전투 메커니즘(Fighting Mechanism)이 담당하고 있다. 다섯째, 탱크 및 항공기와 같은 수많은 독립된 개체들이 단순히 군집(群集)되어 있는 차원이 아니고 체계의 측면에서 적을 바라보아야 한다. 여섯째, '다섯링 이론'을 이용하게 되면 정보를 항목별로 분류할 수 있으며, 전략적으로 가장 중요한 표적을 쉽게 규명할 수 있다.

일반적으로, 전쟁에서 추구하는 목표는 적이 수용할 수 없을 정도의 대가를 정치·경제·군사적 측면에서 적에게 강요하거나, 더 이상의 행동이 불가능할 정도로 전략 및 작전적 측면에서의 공격을 통해 적에게 무력감을 유발하는 것이다. 적의 조직을 완벽히 이해하고 있다는 전제하에 항공력을 이용하여 전쟁의 목표를 달성하기 위한 과정을 시작해보자.

전쟁이 추구하는 목표는 아측이 의도하는 바에 따라 적의 지휘부가 행동하도록 하는 것이다. 적의 지휘부 또한 나름의 비용/위기(Cost/Risk) 분석에 근거해 행동할 것인데, 그 본질을 정확히 파악하기는 쉽지가 않다. 그러나 시스템 및 조직 이론에 근거하여 어느 정도 타당성 있는 추론을 전개할 수는 있을 것이다. 이같은 추론에서는 자신이 마약집단과 같은 전략적 개체의 우두머리와 마찬가지로 다섯 링의 중심부에 위치해 있다고 가정할 필요가 있다. 한 집단의 우두머리로서 여러 다양한 목표를 갖고 있겠지만, 이들 목표 중 어떤 것은 여타의 것보다 우선 순위가 높은 것이 있을 것이다. 우선, 개인적으로 살아남고 싶을 것이다(이는 자신이 거느리는 체계를 위해 죽을 각오가 되어 있지 않다는 것이 아니라 체계와 자신이 떨어질 수 없는 동일체로 간주한다는 의미이다). 생존할 수 있으려면 자신이 거느리고 있는 체계가 어떤 형태로던 살아남아야 할 것이다.

자신은 마약집단의 우두머리인데, 적이 다음과 같이 위협하고 있다고 가정하자(적의 위협에 대응할 수단이 없다고 가정함). 은행에 예금한 금액 모두를 강탈하여 한 푼의 잔액도 남아있지 않게 하고, 산속 깊숙한 곳에 위치하고 있는 은거지(隱居地)와 외부간에 교신할 수 없도록 모든 통신수단을 차단하며, 마약의 생산 시설은 철저히 파괴하고, 우두머리가 거주하고 있는 지역을 초토화될 것이다. 이같은 극도의 상황을 모면하려면, 특정 국가에 대한 마약 판매를 즉시 중단하라. 이같은 위협에 직면해 있는 경우 어떻게 대처해야 할 것인가? 일말의 이성이라도 있다면 적의 제안에 즉시 동의할 것이다. 동의하지 않는다면 자신이 거느리고 있는 체계는 사라질 것이고, 개인적으로는 매우 어려운 상황에 처하게 되며, 은행에 저금해 놓은 수억의 자산은 물거품이 될 것이기 때문에 은퇴 후의 안락한 생활 또한 누릴 수 없게 될 것이다.

이들 비참한 상황 중 몇몇의 형태로 위협을 받고 있다고 가정해보자. 이같은 경우, 대부분 마약집단의 우두머리는 협상을 원할 것이다. 예를 들면, 특정 국가에 판매하는 마약의 규모를 줄이는 선에서 타협하고자 할 것이다. 이같은 제안에 상대방이 동의하지 않을 수도 있다. 이는 마약 집단의 우두머리가 저항하는 경우 그에 상응한 대가를 어느 정도까지 진지하게 상대방이 강요할 자세를 견지하고 있는지에 따라 달라지는 문제이다. 사담 후세인과 같은 독재자 또는 마약을 취급하는 자들과 어떻게 협상할 수 있겠는가고 반문할 수도 있다. 현실 세계에서는 이같은 일이 매우 빈번히 일어나고 있다. 문제는 '현실 세계에서는 최적의 결과를 달성할 수 있을 정도의 시간과 노력을 투자하는 경우는 거의 없다'는 점이다.

지금까지 우리는 전략적 차원에서 대가의 문제를 논의하였다. 군사력을 실제 적용하는 차원인 작전적 차원에서도 대가란 용어의 적용이 가능한가? 분명히 이는 가능하다. 멍청한 지휘관의 경우는 예외이지만, 군 지휘관들의 대부분은 기획 및 작전을 수행하면서 항상 대가를 염두에 두고 있다. 제2차 세계대전 당시의 패튼(George Patton) 장군과 '제3 육군(Third Army)'의 경우를 가설적(假說的) 측면에서 생각해보자.

패튼 장군은 적보다 신속한 속도로 진격하게 되면 반드시 승리할 것이라고 믿었던 호전적인 지휘관이었다. 당시, 제3 육군은 수많은 탱크가 군집되어 있는 모습으로서가 아니고 하나의 체계로서, 그리고 전선에 배치되어 있는 탱크를 지원하기 위한 하나의 시스템으로서 빠르게 진격할 필요가 있었다. 빠른 속도로의 진격이 패튼의 입장에서 바람직한 것이었다면, 독일의 입장에서 보면 이는 바람직하지 않은 것이었다. 대가의 측면에서 제3 육군을 '다섯링 이론'을 이용하여 분석해보자(작전적 측면에서 무기력을 유도하기 위한 방식에 대해 논의할 때, 이 문제를 재차 거론할 것이다).

1944년 9월 중순 제3 육군의 연료 공급 체계에 이상이 생겼다고 가정하자. 예를 들면, 제3 육군에 대한 연료 공급이 이틀 내에 모두 중단될 것이라는 점을 참모 회의에서 특정 참모가 패튼에게 보고하였다고 가정하자. 이 경우 선택할 수 있는 대안은 오직 두 가지뿐이다. 방어적 자세를 견지한다는 차원에서 진격 속도를 크게 줄이거나, 진격을 중단하던가 또는 연료가 떨어지는 그 순간까지 진격하라고 명령하던가… 후자를 선택하는 경우 제3 육군의 대다수가 전혀 대책 없는 상태로 전락할 뿐 아니라 궁극적으로는 아무 것도 성취하지 못할 가능성이 있다고 판단하여 패튼은 전자를 선택하게 된다.

지휘관에게 보고된 미확인된 내용을 듣는 순간, 하급 지휘관과 병사들은 몇 일 이내에 연료가 고갈될 것이라는 점에 근거하여 행동하기 시작할 것이다. 그에 따른 결과는 매우 자명하다. 진격을 중단하라는 명령이 공식적으로 하달되기도 전에 모두들 진격을 중단한 채 남아 있는 연료를 감추려고 온갖 노력을 경주할 것이다. 이같은 현상이 발생하는 이유는 매우 간단하다. 어느 누구나 비용/이득(Cost/Benefit) 분석에 근거하여 사를 결정할 것이기 때문이다.

전략 및 작전적 측면에서의 공격을 통한 무기력의 강요 방법에 대한 토의를 지속하기 전에 대가의 측면에서 강조해야 할 점이 몇 가지 있다. 첫째, 적 지휘관들 중에는 아측에 의한 공격으로 인해 자신이 감수해야 할 대가가 어느 정도인지를 인식하지 못하는 경우도 있다는 점이다. 예를 들면, 1991년도의 걸프전 당시 항공력을 이용하여 이라크에 위치한 전략적 표적을 다국적군이 공격함에 따른 대가(비용)가 어느 정도일 것인지를 사담 후세인은 전쟁이 진행되는 몇 주 동안 전혀 파악하지 못했다. 항공력에 의한 공격에 따른 대가의 정도를 정확히 파악하였다면, 전쟁이 발발된 바로 그 날 아침에 그는 화평(和平)을 청하였을 것이다. 자신이 감수해야 할 대가에 대해 그가 이처럼 무지했던 것은 오늘날의 항공력에 의한 공격은 그 효과의 측면에서 가공할 정도의 위력을 발휘한다는 사실을 모르고 있었을 뿐 아니라 전장 상황에 대한 정보를 거의 입수하지 못했기 때문이었다.[3] 다국적군의 공격으로 인해 전쟁 발발 몇 분만에 전략 통신체계가 붕괴됨에 따라 이라크는 피해 상황을 보고 받을 수도, 그리고 상황에 따른 대책을 하달할 수도 없었다.[4]

1944년도 말과 1945년도에도 이와 유사한 상황이 일본에서 진행되고 있었다. 항공력을 이용한 전략적 표적에 대한 공격, 그리고 해군력을 이용한 공격으로 인해 일본 본토와 주변이 몰락하고 있었음에도 불구하고 일본 육군의 지휘관들은 전쟁을 지속해야 한다고 고집하였다. 그들은 전쟁의 본질뿐만 아니라 당시 일본이란 국가가 처해 있던 위치를 올바로

---

3) 쿠웨이트 침공에 성공한 직후 사담은 다음과 같이 말하였다고 한다. 미국은 전적으로 항공력에 의존하고 있는데, 항공력만으로 전쟁에서 승리한 경우는 본 적이 없다. 그가 자신에게 다가올 사태를 인지하지 못했던 것은 이같은 선입견 때문이었다.

4) 동맹군의 전쟁 기획가들은 사담이 정보수집 능력을 보유하고 있지 않다는 점을 인지하였다. 따라서, 심리전에서 사용되는 도구를 이용하여 동맹군의 공격에 의한 결과를 사담에게 정확히 제공하고자 하였다. 몇몇 이유 때문에, 그렇게 할 수가 없었다. 따라서, 동맹군의 입장에서 사담이 알고 있기를 절실히 원하였던 사항도 사담은 알지 못하였다.

파악하고 있지 못하였다. 사담 후세인과 마찬가지로, 일본군은 전쟁에서의 모든 중요한 결과는 지상군간의 접전을 통해 얻어진다는 '페러다임(Paradigm: 사물을 바라보는 시각)'에 고착되어 있었다. 전쟁에서의 승리란 다수의 전술적 차원에서의 승리가 누적된 결과로 나타나기 때문에 개개의 전투에서 장병들이 용맹성을 견지할 필요가 있다는 점을 일본군은 강조하였는데, 이것이 문제였다. 일본군은 전략 및 작전적 차원에서의 전쟁에 대해 전혀 개념이 없었다.

여기서 얻을 수 있는 교훈은 크게 두 가지다. 아측 작전에 의한 효과를 적에게 알려줄 필요가 있다. 다시 말해, 아측 공격에 의한 적의 피해 정도와 이같은 피해로 어느 정도의 장·단기적 손실이 유발될 것인지에 대해 적에게 정확히 알려줄 필요가 있다.

적 또한 대가/이득의 관점에서 판단할 것이기 때문에, 아측이 요구하는 사항에 대해 적이 무조건 양보할 것이라고 생각한다면 이는 큰 오산이다. 상황에 대해 적을 적절히 교육시키고, 인지시키지 못하는 경우에는 전략 및 작전적 차원에서의 공격을 통해 적을 무력화시켜야 할 경우도 있을 것이다. 다행히, 적의 조직 구도를 파악하고, 적에게 대가를 강요하기 위한 방법을 제대로 알고 있다면 적을 무력화시키기 위한 방법과 개념을 파악하는 것은 어려운 일이 아니다.

상대방을 무력화시키기 위한 방법은 매우 간단하다. 먼저 상대방을 하나의 시스템으로 간주할 필요가 있다. 상대방이 행한 결과로 인해 아측에 피해가 유발되는 경우를 발굴하여 이들로 하여금 이같은 행위를 하지 못하도록 집중적으로 영향력을 행사하는 것이다. 적의 지휘부가 원하는 형태의 정보를 수집·처리·사용하지 못하도록 할 수 있다면 적이란 시스템을 전략적 차원에서 마비시킨 것과 다름없기 때문에, 적을 무력화시키기 위한 가장 좋은 출발점은 보통 중심부(지휘부)다.

앞에서 언급한 바 있는 마약조직의 경우를 재차 살펴보자. 이들 조직

에 마약을 제공하는 사람들이 마약조직의 본부로부터 장시간 아무 연락
도 받지 못하였다고 가정하자. 재정은 고갈되기 시작하고, 이들을 또 다
른 마약 조직으로부터 보호할 자가 없게될 뿐 아니라 보유하고 있는 마
약의 재고량은 급격히 감소할 것이다. 이 경우 이들은 어떠한 방식으로
대응할 것인가? 아마도, 또 다른 마약 조직을 찾기 시작할 것이다. 전략
적 차원에서 마약 조직에게 강요한 무력감으로 인해 마약조직이 순식간
에 붕괴되는 반면에, 조직 내부의 대다수 개인은 전혀 피해를 입지 않을
뿐 아니라 직접 위협을 받지도 않을 것이다.

  전략적 차원에서 상대방에게 무력감을 유발하고자 할 때 가장 좋은 위
치는 상대방의 지휘부 또는 두뇌에 해당하는 부분이다. 상대방 조직의
두뇌에 해당되는 부분을 발굴하여 공격하는 것이 불가능하다면, 차선의
방안은 무엇인가? 상대방을 무력화시키기 위한 가장 좋은 위치가 지휘
부인 것은 사실이지만, 이것만이 유일한 대안은 아니다. 마약조직의 우
두머리를 찾아낼 수는 없지만, 이들 조직에 자금(資金)을 제공하는 사람
과 같은 마약조직의 체계핵심(System Essential) 중 일부를 파괴할
수는 있다고 가정하자. 이 경우 하나의 체계로서 마약 조직이 제 기능을
유지할 수 있을지는 모르지만, 이들 조직은 단절된 자금줄을 복구 또는
대체하려고 광분할 것이다. 이들이 단절된 자금줄을 복구 또는 대체하지
못하는 경우에는 마약조직이란 시스템의 한 부분에 나타난 무력감으로
인해 여타의 모든 부분에도 마비 현상이 확산될 가능성이 있다. 마약을
공급하는 사람도 먹지 않고는 살 수 없으며, 자신들을 위해 일하고 있는
사람들에게 노력에 대한 대가를 지불해야만 한다. 정기적으로 급료를 지
급 받지 못하게 된다면, 대금(여기서는 체계핵심)을 지급할 능력을 이미
상실한 조직의 밖에서 대체 방안을 찾을 수밖에 없을 것이다. 국가라는
시스템에서 체계핵심에 해당하는 전기(電氣)가 제대로 공급되지 않는 경
우에도 이와 유사한 결과가 발생할 수 있을 것이다. 미국내의 모든 전기

시설이 제대로 작동하지 않는 경우에는 심각한 혼란이 유발될 것이라는 점을 어렵지 않게 상상해 볼 수 있을 것이다.

　작전적 측면에서의 무력감에 대해 알고자 한다면 패튼 장군과 제3 육군의 경우를 다시 살펴볼 필요가 있다. 패튼 장군은 전쟁에서의 승리는 진군 속도에 의해 좌우된다고 확신하고 있었는데, 그가 말한 진군 속도란 맹목적인 속도가 아니었다. 그는 제3 육군이 진군하는 방향, 향후의 상황, 연료와 탄약을 보내야 할 장소, 그리고 유사시 육군과 항공력을 어느 곳으로 이동시켜야 할 것인지에 대해서도 알고 있어야만 하였다. 패튼 장군이 자료를 수집 및 분배할 수 없도록 함으로서, 독일이 그를 '장님'과 같은 신세로 전락시킬 수 있었다고 가정해 보자. 지상에서 공세적 작전을 전개하려면 매우 복잡하고도 양질의 정보가 대량으로 필요하기 때문에, 정보를 수집 및 분배할 수 없는 경우 제3 육군은 신속히 공세 작전을 전개할 수 없다는 측면에서 무력화되었다고 말할 수 있을 것이다.

　정보를 수집 및 분배할 수 없도록 하는 방법을 통해 페튼을 '장님'과 같은 신세로 전락시키지 못했다면, 작전적 차원에서 그를 무력화시키기 위한 방안은 있는가? 정 가운데에 위치하고 있는 링에서 시작하여 외각의 링 순으로 단계적으로 방안을 강구해야 한다는 원칙에 따라, 다음 번에는 체계핵심(여기서는 연료)을 고려해야 할 것이다. 연료가 고갈된 상태에서는 탱크와 트럭이 속도를 낼 수 없기 때문에, 페튼 장군이 강조하고 있는 빠른 속도로의 진군은 연료를 기반으로 하고 있다. 따라서, 연료가 공급될 수 없도록 한다면 작전적 차원에서 쉽게 무력해지기 때문에, 제3 육군은 전혀 다른 형태의 군으로 전락하게 될 것이다. 충분한 연료를 보유하고 있는 상태에서의 제3 육군은 빠른 속도로 진군할 수 있기 때문에 독일에게는 커다란 위협의 대상이지만, 연료 공급이 중단된 경우에는 진군 속도가 크게 줄어들 것이기 때문에 제3 육군은 전혀 위협적 요소가 아닌 '무력한 괴물'의 신세로 전락하게 될 것이다.

지금까지 우리는 적에게 어떠한 형태의 영향력을 행사하는 것이 바람직할 것인가, 다시 말해, 적이 수용할 수 없는 형태의 대가는 무엇인가라는 논지에 더불어서 적을 무력화시키는 것이 무엇을 의미하는 지에 대해 많은 지면을 할애하였다. 이제 이같은 효과를 어떻게 유발할 수 있을 것인지에 대해 생각해보자. 먼저, 우리가 항공력 이론 뿐 아니라 폭탄·미사일 등에 대해서 거의 지면을 할애하지 않았다는 점을 주목할 필요가 있다. 그 이유는 명백하다. 상대방에게 끼칠 효과의 형태가 결정되었을 때만이 효과를 유발하기 위한 방법에 대한 토론이 의미를 갖기 때문이다. 전쟁을 수행하는 과정에서 가장 중요하고도 어려운 일은 어떠한 형태의 효과를 상대방에게 유발하는 것이 최선인가를 결정하는 일이다. 일단 상대방에게 끼칠 효과의 형태를 최적으로 결정할 수 있다면 이것을 달성하기 위한 방법은 비교적 쉽게 선택할 수 있는데, 그 이유는 우리들 군인이 전략 및 작전적 차원의 문제에 대해서는 거의 생각하고 있지 않지만, 전술적 상황에 대해서는 끊임없이 연습을 하고 있기 때문이다. 상대방에게 효과를 유발하고자 할 때 언뜻 떠오르는 법칙이 있는데, 효과는 가능한 한 짧은 순간에 야기 시켜야 한다는 점이 바로 그것이다.

어떻게 라는 방법의 문제를 이처럼 단순한 법칙으로 압축시키는 행위가 우스워 보일 수도 있기 때문에, 병행공격(Parallel Attack)을 논의하면서 문제를 어느 정도 복잡하게 만들어 보자. 미래전에서의 승리를 위한 비법(秘法)은 원하는 사항 모두가 가능하다면 동시에, 그리고 순식간에 일어날 수 있도록 하는 것이다. 그 이유는 무엇인가?, 병행전(Parallel War)이란?

병행전에서는 적 시스템의 수많은 부분을 거의 동시에 공격하기 때문에, 적이 아측의 공격에 대해 방어할 수도, 그리고 공격에 의한 피해를 복구할 수도 없다. 이는 신체의 수천 군데에 상처가 생기는 경우 사망할 수밖에 없는 이치와 동일하다. 신체의 단 한 군데에 상처가 생긴 경우에는 문제가 그렇게 심각하지는 않을 것이다. 그러나 백 군데에 상처가 생긴 경우에는 신체의 기능이 크게 저하되며, 천 군데에 상처가 생긴 경우에는 신체 자체가 상처를 감당하지 못할 것이기 때문에, 치명적일 수 있다. 오늘날까지의 병행전 중에서 가장 좋은 사례는 1991년도의 걸프전에서 찾아볼 수 있는데, 당시 다국적군은 항공력을 이용하여 이라크의 전략적 표적을 거의 병행적으로 공격하였다. 전쟁이 발발한지 몇 분도 채 되지 않아, 다국적군은 이라크 내부에 위치하고 있는 수백 개의 전략적 표적을 항공력을 이용하여 공격하였다. 그 결과, 이라크의 모든 주요 기능이 제대로 작동할 수가 없었다. 전화기의 서비스가 급격히 저하되었으며, 발전소가 파괴되면서 이라크 전역이 어둠으로 변할 수밖에 없었고, 방공망 지휘부가 예하 부대를 통제할 수 없게 되었으며, 주요 지휘부가 위치하고 있는 사무실이 파괴되고, 이들 중 일부는 유명(幽明)을 달리할 수밖에 없었다. 당시 이라크가 처해 있던 상황을 종합해 보면, 다국적군은 전쟁이 발발한지 24시간도 채 되지 않는 짧은 순간에 1943년도 당시 1년 동안 제8 공군이 공격할 수 있었던 독일 내의 표적의 거의 3배에 해당하는 이라크의 표적을 항공력을 이용하여 공격하였다.

독일에 대한 제2차 세계대전 당시의 공격은 인류 역사에서 볼 수 있는 대부분의 군사작전과 마찬가지로 순차적(順次的) 형태의 것이었다. 오늘날까지 순차적인 형태로 삭선을 수행할 수밖에 없었던 것은 지휘통신 수단이 열악하였기 때문에 공격을 감행하려면 특정 지역으로의 병력의 집중이 필수적이었으며, 무기의 정밀도가 크게 떨어졌기 때문에 의도하는 표적을 파괴하려면 다량의 폭탄을 투여할 필요가 있었고, 전장에서 병력을 이동한다는 것이 용이한 일이 아니었기 때문이었다. 이외에도, 군은 전략 또는 작전적 측면에서 상대방을 공격하는 것이 아니고 이들 국가의 군사력을 대상으로 대부분의 작전을 수행하였다.

  지금까지의 전쟁이란 클라우제비츠가 말한 바와 같이 '작용과 반작용', '절정점(Culminating Point)', '재조합(Regrouping)', 그리고 '갱신 (Reforming)'의 문제였다. 과거의 전쟁은 순차적 형태의 공격을 통해 방어선을 돌파하고자 하는 노력에 대해 돌파를 저지하고자 하는 노력으로 집약될 수 있다.

  당시에는 대부분의 경우 전투가 전선(戰線)을 따라서 진행되었을 뿐 아니라 전투에 따른 피해도 전선에 국한되었기 때문에 적 체계의 대부분은 안전할 수 있었다. 항공력을 이용하여 전략적 중심을 공격할 수 있는 경우에도 당시의 공격은 순차적일 수밖에 없었다(무기의 정밀도가 크게 떨어졌을 뿐 아니라 항공력을 이용하여 적의 방어선을 돌파하려면 아측의 항공력을 집중시켜야만 하였기 때문이었다). 당시에는 특정 순간에 아측이 공격할 수 있는 곳이 몇 군데 되지 않았기 때문에 적은 이들 장소에 방어군을 집결시키고, 이들을 수리하기 위한 자산을 집중시킬 수 있었다. 그러나 1991년도 걸프전에서의 상황은 전혀 달랐다.

  제2차 세계대전 이전의 독일과 거의 유사한 크기의 영토를 갖고 있던 이라크라는 국가에서는 수많은 주요 시설들이 너무도 단시간에 너무나 치명적으로 피해를 당하여, 전략적 차원에서의 복구가 전혀 불가능하였다. 공격에 대항하여 집중적으로 방어한다는 것이 불가능하였을 뿐 아니라 그 의미도 없었다. 하나의 표적을 성공적으로 보호할 수 있었다는 것은 수백 개의 표적 중 단지 하나의 표적이 피해를 입지 않았다는 의미에 불과하였다. 인체의 수천 곳에 상처를 입은 경우, 상처 중 어느 한 곳이 치유되었다고 한들 무슨 의미가 있겠는가? 당시의 이라크는 전략적 측면에서 매우 강력한 국가였음을 주목할 필요가 있다. 이라크는 자국을 방어하기 위해 여러 겹의 방책을 마련해 놓고 있었으며, 이들 방책을 위해 막대한 자금을 투여하였다. 전쟁 전에 예상한 바와 같이 순차적으로 공격을 받았다면, 국가 방위를 위한 이라크의 이같은 노력은 그 의미가 있었을 것이다. 다시 말해, 1991년도의 걸프전 당시 이라크에 대한 항공력을 이용한 병행적 형태의 공격은 지구상에서 가장 방비(防備)가 잘 되어 있던 국가에 대한 공격이었다. 이라크에서 효과가 있었다면, 여타의 곳에서도 효과가 있을 것이다.

병행적 형태의 공격이란 여타의 에세이 또는 한 권의 책으로 다루어도 전혀 손색이 없을 정도의 매우 중요한 소재이다. 여기서는 병행적인 공격을 통해 바람직한 효과를 유발하려면 공격할 대상을 신중히 선택해야 한다는 점을 강조하는 것으로 대신하자.

이제 21세기에 적용 가능한 항공력 이론을 위한 기본 틀이 마련되었다. 그 내용을 정리하면, 정치 및 기술적 환경을 파악하고, 전쟁을 통해 얻고자 하는 정치적 목표를 규명하며, 아측의 의지를 적이 수용하도록 하기 위한 방법(수용하지 않으면 엄청날 정도의 대가를 지불할 수도 있다는 점을 상기시키고, 그래도 저항하는 경우에는 상대방을 무력화 내지는 파괴한다)을 결정하고, 전략적으로 가장 중요한 상대방 국가의 표적을 '다섯링 이론'을 이용하여 규명하며, 이들 표적을 병행적으로 신속히 공격해야 한다는 것이다. 이해를 돕는다는 차원에서 걸프전 당시 체험한 전략 및 작전적 측면에서의 교훈 중 21세기 이후에도 적용이 가능한 부분을 언급해보자.

1991년도의 걸프전은 새로운 형태의 군사혁신이 최초로 선을 보인 경우라고 생각할 수 있는데, 당시의 교훈 중 새로운 차원에서의 군과 전략을 개발하고자 할 때 필수적으로 고려해야 할 사항 10가지를 언급하면 다음과 같다.

1. 전략공격의 중요성과 전략적 차원의 전쟁에서 국가는 매우 연약하다는 점.
2. 전략적 차원에서의 공중우세 상실은 치명적이라는 점.
3. 병행 공격에 의한 효과는 엄청나다는 점.

4. 전쟁에서 정밀무기가 주는 의미는 자못 지대하다는 점.
5. 작전적 차원의 전쟁에서 지상군은 매우 취약하다는 점.
6. 작전적 차원에서의 공중우세 상실은 치명적이라는 점.
7. 스텔스기와 정밀유도무기의 출현으로 집중과 기습의 의미를 재 정의
   할 필요가 있다는 점.
8. 항공작전을 통해서도 상대방 국가를 점령할 수 있다는 점.
9. 항공력에 의한 지배(Dominance of Airpower)가 가능하다는 점.
10. 전략 및 작전적 차원의 전쟁에서 정보(Information)가 매우 중요
    하다는 점.

이들 각각을 간략히 살펴보자.

1. 전략공격의 중요성과 전략적 차원의 전쟁에서 국가는 매우 연약하다
는 점. 국가란 전략적 실체인 지휘력 · 통신시설 · 주요 생산품 · 기반구
조 그리고 국민이라는 몇몇 요소에 불안하게 의존하고 있는 '거꾸로
뒤집어진 피라미드와 같은 존재'이다. 전략적 측면에서 무력화된 국가
는 패배한 것과 다름이 없으며, 이같은 국가는 외견상으로는 이상이
없어 보일지 모르지만 야전군을 유지 · 지원할 수 없을 것이다.

2. 전략적 차원에서의 공중우세 상실은 치명적이라는 점. 항공력에 의한
공격으로부터 자신을 방어할 능력을 상실한 국가는 적의 수중에 놓여
있는 것과 같기 때문에 상대방 적의 동정 내지는 끊임없는 공격의 와
중에서 상대방이 탈진된 경우에만 구제될 수 있을 것이다. 국가 존립
의 최우선적 목적은 국민과 국민의 자산을 보호하기 위함이다. 따라
서, 이같은 일을 감당하지 못하는 국가는 존립할 이유가 없다. 전략적
측면에서 공중우세를 상실하였을 뿐 아니라 단시간 내에 이를 회복할

전망이 보이지 않는 경우에는 신속히 화평을 청하는 것이 바람직할 것이다. 상대방 국가를 공격한다는 측면에서 볼 때, 전략적 차원에서의 공중우세 확보는 지휘관이 추구해야 할 최우선적 목표가 되어야 한다. 공중우세를 일단 확보하게 되면 여타의 사항은 시간이 지나면 자연히 해결될 수 있는 성질의 것이다.

3. 병행 공격에 의한 효과는 엄청나다는 점. 국가를 포함한 모든 형태의 전략적 개체는 전략적 차원에서 100여 개의 핵심 표적을 갖고 있는데, 이들 개개에는 대략 10개의 목표점(Aiming Point)이 있다. 이같은 표적은 규모가 작으며, 고가(高價)이고, 다른 것으로의 대체가 불가능하며, 수리하기가 쉽지 않다는 특징을 갖고 있다. 이들 중 대부분을 병행적으로 공격하게 되면, 공격에 의한 피해를 복구할 수가 없게 된다. 특정 일에 한두 개의 표적을 공격한다는 순차적 공격과 병행 공격에 의한 효과를 비교해 볼 필요가 있다. 순차적으로 공격을 당하는 경우에는 공격을 받을 것으로 예상되는 표적을 중심으로 방어력을 집중시키고, 공격을 당한 극소수의 대상을 중심으로 피해복구 활동을 전개하며, 역공세를 취하고, 적이 공격할 수 있는 시간대를 분산시키는 방식을 통해 공격에 의한 효과를 크게 반감시킬 수 있을 것이다. 반면에, 병행적으로 공격을 감행하게 되면 적이 효과적으로 대응할 수 없을 뿐 아니라 순간의 공세에서 공격을 당한 표적의 비율이 높으면 높을수록 대응은 보다 어려워진다.

4. 전쟁에서 정밀무기가 주는 의미는 자못 지대하다는 점. 정밀무기를 이용하게 되면 거의 모든 표적, 특히 이동 또는 은폐가 어려운 전략 및 작전적 표적을 효율적으로 파괴할 수 있다. 과거의 전쟁에서는 무기의 정확도가 크게 떨어졌기 때문에 표적의 파괴 가능성을 높이려면

가능한 한 많은 양의 폭탄을 투하해야만 하였다. 다시 말해, 당시는 확률에 의한 전쟁이었다. 확률에 의한 전쟁은 요행에 근거하고 있기 때문에 결과의 예측이 불가능하며, 투여한 노력에 따른 효과를 계량화하는 것도 쉽지 않았다. 정밀무기가 출현하면서 전쟁의 양상이 획기적으로 뒤바뀌고 있다. 오늘날에는 무기의 정밀도가 크게 높아지면서 단한 발의 무기로도 표적을 완벽하게 격파할 수 있게 되었다. 따라서, 오늘날의 전쟁은 공격하면 반드시 격파할 수 있다는, 다시 말해, 확신의 전쟁으로 변모하고 있다. 1991년도의 걸프전에서는 단 한 발의 무기로 표적을 완벽히 파괴하였다. 다시 말해, 전쟁이 예측 가능한 영역으로 이동하고 있다. 정밀무기가 출현하면서 병참 또한 매우 간편해졌다. 전략 · 작전 · 전술적 차원에서 이라크의 표적을 파괴하려면 12,000여 개의 목표점을 공격하는 것으로 충분하였다. 따라서, 극히 적은 비율의 무기만이 표적에 명중한다는 사실을 고려하여 거의 무한대에 가까운 양의 탄약을 이동할 수밖에 없었던 과거의 관행은 걸프전에서는 전혀 의미가 없었다. 이라크의 육군은 한국전 당시의 중공군을 제외하면 최근 들어 가장 광범위하게 전개된 군이었다. 전략 및 작전적 차원에서 볼 때 국가의 형태는 모두가 같기 때문에 무기가 표적에 정확히 도달한다고 가정하면 적을 격파하기 위해 어느 정도의 정밀무기를 준비해야 할 것이지를 사전에 예측할 수 있을 것이다.

5. 작전적 차원의 전쟁에서 지상군은 매우 취약하다는 점. 평화시에서조차 수많은 지상군(공군 · 육군 또는 해군)을 지원한다는 것은 행정적 측면에서 쉬운 일이 아니다. 어느 정도의 지상군을 지원할 수 있을 것인 지의 여부는 정보 · 연료 · 음식 · 탄약 등을 효율적으로 배분할 수 있는가에 따라 달라지는 문제이다. 이들 물자를 효율적으로 분배하려면 피라미드 구조에 의존할 수밖에 없다. 작전지원을 위한 물자는 한

두 군데의 지역에 집결된 후, 둘 또는 네 군데로 분배되고, 이들 물자가 사용자에게 도달될 때까지 이러한 과정은 반복된다. 이같은 시스템에서 물자의 집결지는 정밀무기를 이용한 공격에 매우 취약하다. 예를 들면, 제2차 세계대전중의 레드볼 익스프레스(Red Ball Express) 또는 1991년도 당시의 걸프전에서 제8 군단(XVIII Corps)에 비 정밀무기라도 한 발 떨어졌다면 그 효과는 엄청났을 것이다. 레드볼 익스프레스는 내적으로 유지가 쉽지 않았으며, 제8 군단을 구성함에 따라 미 육군은 적에 의한 공격이 없는 상황에서도 자원의 측면에서 크게 압박을 받고 있었다. 지상전에서 승리할 수 있을 것인 지의 여부는 병참과 행정력에 의해 크게 좌우되는데, 이러한 병참 및 행정력을 방어하기가 쉬운 일은 아니다. 과거에는 병참 및 행정적 차원에서의 활동이 후방에서 진행되었기 때문에 이들은 어느 정도 안전할 수 있었다. 오늘날에는 대량의 병참체계와 행정력의 구축이 요구되는 전쟁은 그 형태에 관계없이 심각한 문제점을 유발할 수 있다.

6. 작전적 차원에서의 공중우세 상실은 치명적이라는 점. 작전적 차원에서의 기능은 적에 의한 간섭이 없는 상황에서도 그 수행이 쉽지 않다. 작전적 차원에서 상대방이 공중우세를 확보하고, 이것을 활용하여[5] 보급·통신·군 이동 등과 같은 아측의 필수 작전기능을 유린하게 되면 전쟁에서 승리할 수 없다. 전략적 차원에서 공중우세를 상실한 경우와

---

5) 아프가니스탄의 무자히단은 작전적 차원에서 공중우세를 상실하였음에도 불구하고 아직도 건재하다고 주장하는 사람이 있다. 그가 건재하고 있는 것은 사실이다. 그러나 작전적 차원에서 공중우세를 상실했다는 주장은 사실이 아니다. 그는 대항공용 미사일인 스팅거를 보유하고 있는데, 이로 인해 소련의 항공기들은 고고도에서만 작전을 수행할 수밖에 없기 때문에 지상에 위치한 표적들을 올바로 공격할 수 없는 실정이다. 걸프전 당시 미국이 보유하고 있던 정밀유도무기와 정밀탐지능력을 소련은 보유하고 있지 않다.

마찬가지로 작전적 차원에서 공중우세를 상실하게 되면 그 결과는 냉혹할 것이기 때문에 신속히 철수하던지, 항복 조건에 서명하던지 양자 중 하나를 택일해야 할 것이다.

7. 스텔스기와 정밀유도무기의 출현으로 집중과 기습의 의미를 재 정의할 필요가 있다는 점. 인류 전쟁사에서 최초로 단일의 개체가 집중과 기습을 동시에 연출할 수 있게 되었다. 기습이란 전쟁에서 매우 중요한 요소였다. 병력의 열세를 보충할 수 있다는 측면에서 기습은 가장 중요한 요소다. 기습은 집중의 개념과 상충(相衝)된다는 측면에서 그 달성이 어려웠다. '전쟁이란 확률의 경기'에서 승리할 수 있을 정도의 충분한 투사체를 발사하려면 고도의 군사력을 유지할 필요가 있는데, 이를 위해서는 대규모의 병력을 소집 및 이동할 필요가 있었다. 물론, 대규모의 병력을 은밀히 소집 및 이동시킨다는 것은 항공기에 의한 정찰수단이 출현하기 이전에도 매우 어려운 일이었다. 따라서, 과거에는 기습의 가능성은 높지 않았다. 스텔스기를 이용한 은밀한 적진침투와 정밀유도무기의 정밀성으로 인해 '문제의 양면: 집중과 기습'을 모두 해결할 수 있게 되었다. 은밀한 적진침투에 의해 기습이 가능하며 정밀성의 확보로 인해 과거 수천 발의 무기로도 해결하지 못하였던 것을 단 한 발의 무기로 달성할 수 있게 되었다.

8. 항공작전을 통해서도 상대방 국가를 점령할 수 있다는 점. 일개 국가가 적국의 의지를 수용하는 경우는 상대방 국가의 의지에 순응하지 않음에 따른 벌칙이 순응에 따른 대가를 초과할 것이라고 생각될 때이다. 전쟁에서 한 국가가 지불해야 할 대가의 형태는 전략 및 전술적 차원에서 기지가 파괴되거나, 영토가 점령 또는 무력화되는 형태로 나타났다. 과거에는 특별한 대안이 없었기 때문에 상대방 국가의 점령은

지상군의 몫이었다. 오늘날에는 항공력만으로도 상대방 국가를 점령할 수 있게 되었으며, 항공력에 의한 점령만으로도 부족함이 없게 되었다. 수백 만의 독일 지상군이 프랑스를 점령한 결과로 인해 독일의 요구사항에 프랑스가 순응했던 것 이상으로 이라크는 유엔의 요구사항에 순순히 응하였다. 오늘날, 지상군에 의한 점령이란 상대방 국가를 속국으로 만들거나, 여타의 목적으로 활용하기 위한 속셈이 있는 경우를 제외하고는 커다란 의미가 없는 개념이다.

9. 항공력에 의한 지배(Dominance of Airpower)가 가능하다는 점. 특별한 견제를 받지 않는다면, 항공력(고정익 헬리콥터, 크루즈 미사일, 인공위성 등을 포함)을 이용하여 상대방 국가의 전략 및 작전적 표적 뿐 아니라 필요하다면 대부분의 전술적 표적도 파괴할 수 있게 되었다.

10. 전략 및 작전적 차원의 전쟁에서 정보(Information)가 매우 중요하다는 점. 걸프전 당시 다국적군은 자신들의 군 구조가 프리드릭 대제가 만들어 놓은 형태의 것을 벗어나지는 못하였지만 각종 정보를 만족할 정도로 충족할 수 있었다. 미래전에 대비하여 군은 오늘날의 정보수집 수단들을 최대한 활용할 수 있도록 조직구조를 재편성할 필요가 있을 것이다. 이는 '종적 계층을 줄이고', 대부분의 중간 관리자를 없애며, 최하급 부대로 의사결정을 이관시키고, 제반 전투수단 및 능력을 최대한 활용할 수 있도록 전 세계적인 정보통신망을 구축해야 한다는 것을 의미한다.

정보를 중심으로 한 걸프전에서의 경험은 매우 부정적이다. 다국적군은 이라크의 정보처리 능력을 제거하는 측면에서는 성공하였지만, 이라

크가 사용할 수 있는 또 다른 형태의 정보 출처를 제공해 주는 방식으로
이같은 공백을 보완하지 못한 실수를 범하였다.[6] 그 결과 사담의 임무가
보다 수월해졌으며, 그의 몰락 가능성이 크게 감소되었다. 상대방 국가
의 정보공간(Datasphere)을 장악하고 이를 교묘히 이용할 수 있는 능
력이야말로 아마도 미래전에서 가장 중요한 요소일 것이다.

항공 기획가들은 앞에서 언급한 바 있는 걸프전에서의 교훈과 더불어
과거에는 지상군 또는 해군에 의해서만 가능했거나, 전혀 가능하지 않았
던 것 중에서 오늘날의 항공력을 이용하여 해결할 수 있는 것이 무엇인
지를 곰곰이 생각해 보아야 할 것이다. 이같은 점들이 오늘날 특별한 의
미를 갖는 것은 몇몇의 이유 때문이다. 여타의 군사력과 비교할 때 항공
력은 신속하고도, 저렴한 비용으로 분쟁 지역에 도달할 수 있는 형태의
군사력이다. 항공력을 중심으로 전쟁을 수행하게 되면, 여타 형태의 군
사력을 이용하는 경우와는 달리 매우 적은 수의 사상자가 발생한다
(1991년도의 걸프전 당시 수십 만의 육군 및 해군이 분쟁 지역에 있었
던 것과 비교하면, 하늘에 있었던 항공인의 수는 수백 명을 넘지 않았
다). 또한 정치적 부담을 크게 느끼지 않으면서도 미국이 분쟁에 참여할
수 있는 방법은 항공력밖에 없다(항공력을 활용하고자 할 때 병력을 지
상에 반드시 상주시킬 필요는 없을 것이다). 예를 들어보자.

특정 대도시를 일군의 무뢰한 군인들이 통제하고 있는데, 이 도시의
치안을 복구하는 것이 임무라고 가정하자. 이같은 문제를 해결하려면 지
상군을 투입해야 한다고 대부분의 사람들은 생각할 것이다. 그러나 지상
군 투입에 따른 정치 및 물리적 위험을 국가의 정책 결정자가 수용하려
고 하지 않는다면 여기서 취할 수 있는 대안은 무엇인가? 아무 것도 하
지 않던가 또는 혁신적인 해결안을 제시해야 하지 않겠는가?

---

6) 동맹군은 전선에 위치하고 있던 이라크 군에게는 방대한 양의 정보를 제공할 수
   있었지만, 이라크 내에 위치하고 있는 전략적 차원의 대상에게는 다수의 이유로
   인해 정보를 제공하지 못했다.

일군의 집단이 몰려다니지 못하도록 한다는 차원으로 문제를 국한시키게 되면, 이 문제는 공중에서 해결이 가능하다. 서치라이트 · 확성기 · 고무탄환 · 화학망 등을 구비한 AC-130 및 헬리콥터를 하늘에 띄우면 되지 않겠는가? 집단이 모여있는 곳을 발견하게 되면, 먼저 해산하라고 경고를 한다. 해산하지 않는다면, 공격을 받는 경우 불쾌감을 느끼도록 하는 무기를 이용하여 이들을 공격한다. 이것 또한 효과가 없는 경우에는 치명성이 있는 형태의 군사력을 이용하여 이들을 공격한다. 한 명의 개인이 도시를 배회하면서 은행을 약탈하는 행위는 이같은 방식으로는 저지하기가 쉽지 않을 수도 있다. 그러나 일군의 집단이 자행할 수 있는 광범위한 차원의 소요를 개인의 힘으로는 야기할 수 없기 때문에 일 개인에 의한 소요는 비교적 소규모의 전술적 문제밖에 되지 못한다. 집단에 의한 소요는 심각하지만 이같은 방식으로 관리할 수 있는 반면에, 일 개인에 의한 문제는 경찰을 이용하여 해결할 수 있을 것이다.

비슷한 맥락에서 미국은 인류박애를 위하여 그리고 세계평화의 유지를 위해서 활동해야 할 것이다. 이같은 경우 특정 지역에 물자를 투하할 필요가 있는데, 폭탄을 투하하는 방식으로 물자의 투하에 따른 문제를 해결할 수도 있을 것이다. 물자를 투하할 때의 임무가 피 전달자에게 올바로 전달되도록 하는 것이라면, 폭탄을 투하하는 방식으로 물자를 투하할 수 있지 않겠는가? 그러나 과거 정밀유도무기를 개발하기 위해 쏟았던 노력과 정열을 정밀하게 물자를 투하하기 위한 기술을 개발하는데 할애해야 할 것이다. 이들 두 문제는 동일하며, 생각을 달리하면 항공력을 이용하여 해결할 수 있을 것이다. 항공력이 크게 번성하여 21세기에도 미국의 국익을 수호할 수 있으려면 '페러다임(Paradigm: 사물을 바라보는 관점)'을 획기적으로 바꾸어야 할 것이다.

오늘날 우리 주변에서는 정치 · 기업 · 전쟁의 영역 모두에서 과거에는 찾아볼 수 없었던 전혀 새로운 세계가 전개되고 있는데, 이같은 혁신적인 변화에 의연히 대처해 나아가야 할 것이다. 세상이 급속도로 변하여 과거의 관습이 그 의미를 완전히 상실하게 된 경우 또는 이같은 관습을 유지하면 위험에 처하게 되는 경우에도 인간은 본능적으로 과거의 관행에 집착하고자 하는 경향이 있다. 지금 이 순간 너무도 많은 사례가 불현듯 떠오른다. 활로 무장한 일련의 농부와의 전쟁에서 패배할 수도 있다는 점을 믿지 않으려고 하였던 '아긴코트(Agincourt)'의 중무장한 기사들, 제1차 세계대전 당시 기관단총에 대항하여 구시대의 교리를 고집하였던 프랑스, 자국 내에서 시장의 점유율이 곤두박질치고 있는데도 외국 경쟁자들의 수준이 대단치 않다고 생각했던 미국의 자동차 생산업자들이 그 대표적인 사례일 것이다. 걸프전에서 인지한 사항을 수용한다는 것이 쉽지는 않겠지만, 우리 모두가 의식을 갖고 일심전력(一心專力)한다면, 불가능하지도 않을 것이다.

3 병행전과 Hyperwar: 지나친 기대는 연약하다는 증거가 아닌가?

1. 서언

1991년도의 걸프전에서는 항공력을 이용한 수천 번에 달하는 공격으로 인해 이라크가 무력화되고 있는 듯 보였는데, 이는 과거의 전쟁에서는 볼 수 없었던 현상이었다. 항공력 옹호주의자들은 걸프전에서 입증된 사실을 여타의 사람들도 수용해야 한다고 강력히 주장하였다. 항공력은 전쟁의 승패를 좌우할 정도로 결정적인 형태의 군사력이라는 점[7], 따라서, 길리오 두헤(Gulio Douhet), 빌리 미첼(Billy Mitchell), 지미 두리틀(Jimmy Doolittle) 등과 같은 항공 사상가 또는 항공력 옹호주의자들이 신봉해 왔던 이상(理想)이 걸프전에서 실현되었다는 점[8]을 그

---

7) Michael R. Gordon and Bernard E. Trainer, (The Generals War: The Inside Story of the Conflict in the Gulf) (Boston: Little, Brown and Co., 1994) 및 John A. Warden III의 21세기에 대비한 항공이론, 그리고 Karl P. Magyar의 (Challenge and Response: Anticipating US Military Security Concerns)(Maxwell AFB, AlaL Air University Oress, 1994), pp. 326-329.

걸프전에서의 혁신을 설명하고자 할 때 사용되는 10가지 개념중 향후의 군 개발에서 필수적으로 고려해야 할 부분은 '항공력에 의한 지배(Dominance of Airpower)'라고 Warden은 주장하고 있다.

걸프전에서의 항공력의 기여에 대해 이견(異見)을 제시하고 있는 사람들이 있는데, '(Certain Victory)(Washington, D. C.: US Government Printing Office, 1993)'란 책을 저술한 Robert H. Scales가 대표적인 사례이다.

들은 크게 강조하였다.

이들이 항공력에 대해 이처럼 큰 기대를 걸었던 것은 항공력의 입지가 연약하기 때문일 수도 있다. 여기서는 항공전을 적용한다는 측면에서 병행전(Parallel War)과 '과도한 파괴적 전쟁(Hyperwar)'이란 개념을 검토하고, 이들 개념을 적용하고자 할 때 유발되는 몇몇 문제점을 살펴보고자 한다.

첫째, 병행전이란 개념에서 새로운 부분이 무엇인지를 살펴볼 것이다.

둘째, 병행전이란 이론과 이 이론을 적용하는 과정에서 노출된 장단점을 조명한다는 차원에서 병행전에 근거한 새로운 형태의 항공전을 검토할 것이다.

셋째, 병행전 이론은 힘없는 산업화시대의 국가에 적용할 때만이 효과가 있다는 점을 필자는 이 에세이에서 주장할 것이다. 마지막으로, 병행전 이론에 근거하여 전쟁을 수행하고자 하는 국가에 대적하기 위한 이론을 필자는 이 에세이에서 제안할 것이다. 미국을 포함한 특정 국가들이 병행전에 근거하여 전쟁을 수행할 의사가 있는지는 모르겠지만 병행전에 효과적으로 대응할 수 있는 방법은 있다. 여기서 필자가 의도하는 바는 병행전과 '과도한 파괴적 전쟁'에 관한 이해의 폭을 넓히겠다는 것이다. 병행전 이론이 좋지 않다거나 잘못되었다는 것이 아니다. 병행전 이론은 향후 그 효용성이 제한적일 것이라는 점이 필자가 주장하는 바의 요지이

---

8) 항공력 옹호주의자들은 걸프전 당시 항공력이 지배적이었을 뿐 아니라, 전쟁의 승패에 결정적 역할을 담당하였다고 믿고 있다. 당시의 전쟁에서 항공작전을 기획한 바 있는 와든 대령은 미 공군의 독보적인 항공 이론가로 급부상하였다. 걸프전 이전에 작성된 '(The Air Campaign: Planning for Combat)'이란 그의 저서는 전 세계적으로 번역되어 연구되고 있다. 스웨덴 공군은 항공력을 이용하여 적이 공격해 오는 경우 자국의 입장에서 보면 가장 어려운 형태의 모델을 와든의 이론이 제시하고 있다고 생각하고 있다. 오스트레일리아에서는 와든을 두헤, 트렌차드와 동급의 항공 이론가로 간주하고 있다. 와든 대령은 미 공군대학 지휘참모대학의 학장이었다.

다.

그래도 일말의 단서가 없는 것은 아니다. 병행전이 새로운 형태의 항공력 이론이라고 한다면 이것의 가치는 충분히 있다. 병행전을 옹호하는 분들이 주장하고 있는 바와 같이 진정한 의미에서 병행전이 가능하다면, 클라우제비츠가 주장한 것 중에서 많은 것들이 타당성을 잃게 된다. 클라우제비츠는 다음과 같은 사실을 주목하였다

> 전쟁에서의 승패가 단일의 '결정적 행위(Decisive Act)' 또는 동시에 이루어지는 일련의 결정에 의해 좌우된다면, 전쟁에 대한 준비는 총체성 (Totality)을 향한 것인데, 그 이유는 전쟁에서의 모든 행위가 전쟁의 결과에 영향을 미치기 때문이다….

물론, 가용한 모든 수단을 동시에 활용하거나, 할 수 있다면 단일의 결정적 행위 또는 동시에 발생하는 일군의 행위란 측면에서 전쟁을 생각할 수 있을 것인데, 이유인 즉 모든 형태의 판단에 의한 결과가 합쳐져서 하나로 나타나며, 모든 가용한 수단이 첫 번째 행위에 투여되었다면, 두 번째의 행위란 존재하지 않기 때문이다. 첫 번째 행위 이후에 발생한 여타의 부수적인 작전은 첫 번째 행위의 일부분이거나 첫 번째 행위가 단순히 연장된 형태에 불과할 것이다.[9]

2. 병행전이란?

병행전에서는 동심원에 근거한 다섯 개의 주요 유기체의 측면에서 적을 바라보고 있는데, 최 외각의 링에 해당하는 야전군, 전투원이 아닌 다수의 국민, 체계핵심(System Essential)을 지원하는 수송(Trans-

---

9) Carl von Clausewitz의 전쟁론, Michael Howard와 Peter Paret가 편집 및 번역(Princeton University Press, 1976), bk. one, chap 1, 79.

portation)기반, 체계핵심, 그리고 맨 중앙에 위치하고 있는 지휘부 또
는 통제 메커니즘이 바로 그것이다. 이 구조를 옹호하는 분들은 이같은
궤도 또는 동심원들을 '다섯링'이라고 지칭하고 있다.[10] 분열 도형의 경
우에서와 마찬가지로, 개개의 링은 또 다시 다섯 개의 동심원으로 나눌
수 있다. 이처럼 특정 군에서 병사에 이르기까지 변방에 배치된 야전군
은 자체 내에 지휘부 또는 통제 메커니즘을 갖고 있다.

여기서 개개의 체계 또는 개개의 원 내부에는 '중심(Center of
Gravity)'에 해당하는 부분이 있다.[11] 개개의 원에서 중추적 역할을 담
당하는 부분은 지휘부, 즉 통제 메커니즘이다. 병행전 이론이 주장하는
바의 요지는 체계와 체계 내부 개개의 원에 위치하고 있는 중심들을 거
의 동시에 조화를 이룬 상태에서 공격하는 것이 최선이라는 것이다. 이
처럼 병행적으로 작전을 전개하는 과정에서의 최상의 도구는 항공력이라
는 것이 이들 이론이 주장하는 바의 요지이다. 항공력을 이용하게 되면
내부에 위치하고 있는 원을 둘러쌓고 있는 외부 원을 붕괴시키지 않고도
여타의 원을 동시에 공격할 수 있다고 이들 이론가는 주장하고 있다.[12]

반면에, 순차적 형태의 전쟁이란 동심원의 맨 외부에 위치하고 있는
원에서 시작하여 중앙을 향해 차례로 나아가면서 개개의 원 및 원 내부
의 표적과 교전하는 형태의 전쟁이다.[13] 과거에는 왕국을 둘러쌓고 있는

---

10) Warden, "The Air Theory for the Twenty-Century", 311-18.

11) 물리적 측면에서 볼 때, 인체에는 오직 하나의 중심(重心)이 있다는 점을 미
공군대학 Air War College의 동료인 Dan Hughes가 상기시켜 주었다.

12) 와든의 항공이론 "Air Theory", pp. 326-31, 또는 와든의 21세기의 항공력
활용 "Employing Air Power in the Twenty-first Century" 참조.

13) John R. Pardo, Jr의 "Parallel War: Its Nature and Application" 또
는, Karl P. Magyar의 "Challenge and Response: Anticipating US
Military Security Concerns" "Maxwell AFB, AlaL Air University
Oress, 1994", pp. 277-296 참조.

군사력을 격파하고, 다수의 국민을 뚫고 들어가기 이전에는 궁성 안에 위치하고 있는 제왕(帝王)을 공격할 수가 없었다. 제2차 세계대전 당시의 연합군은 독일 내에 위치하고 있는 표적을 항공력을 이용하여 병행적으로 공격하고자 한 경우도 없지는 않았지만, 대부분의 경우 표적을 순차적으로 공격하였다. 당시에는 베어링 공장, 잠수함 날개를 생산하는 공장, 정유소, 비행장, 철도망과 도시가 최우선적인 공격 대상이었다. 반면에, 병행전에서는 항공력을 이용하여 개개의 원과 체계 내에 위치하고 있는 주요 표적들을 동시다발적으로 공격하고 있다. 병행전이 추구하는 목표는 표적을 단순히 파괴하겠다는 것이 아니다. 파괴란 목표 달성을 위한 수단에 불가하다는 것이 병행전에서의 입장이다. 병행전이 추구하는 바는 적 체계가 유기적으로 작동될 수 없도록 하는 그러한 표적을 찾아내어 파괴하거나 이들 표적에 피해를 주겠다는 것이다.[14] 거의 동시에 신속히, 그리고 병행적으로 공격하게 되면 '과도한 파괴적 전쟁'이 야기된다.

최근 들어 정보전이[15] 국방부 및 각군을 매혹시키는 개념으로 부상하게 됨에 따라 정보가 모든 원을 통해 유통되면서 이들 원을 결속시켜주는 역할을 감당하고 있다.[16] 는 식으로 병행전의 개념이 바뀌고 있다. 병행전에 관한 선도적 이론가인 와든(John Warden)은 무기를 통해 메시지가 전달되기 때문에 무기란 본질적으로 정보라고까지 공언하고 있다. 따라서, 항공력을 통해 정보가 적 지휘부에 전달된다는 것이다. 적에게 전달되는 정보 중에서 가장 고차원적인 것은 전략적 차원에서 볼

---

14) David Deptula의 공표되지 않은 논문인, *"Airing for Effective Change in the Nature of Warfare"* 14 October 1994, 12-1

15) *"Information Dominance Edges Toward New Conflict Frontier"*, Signal Magazine, August 1994, 37-0. 또한 George Stein의 *"NetWar-CyberWar-Information War, June 1994"* 참조.

16) 1994년 11월 10일 Warden 대령과의 대화.

때 전쟁에서 패배하였으며, 자군이 무력화 또는 붕괴되고 있다는 취지의 최고지휘부를 향한 메시지일 것이다.

여기서 항공작전이 의도하는 바는 체계 내에 위치하고 있는 전투능력을 말살시키거나 무력화시키겠다는 것이다. 항공작전이 추구하는 목표는 적 체계의 수천 군데에 상처를 야기 시켜서 그 결과로 인해 체계가 종식될 수 있도록 하는 것이다.[17] 추구하는 목표가 적을 무력화시키는 것이기 때문에, 병행전과 '과도한 파괴적 전쟁'에서는 적 체계의 전반적인 능력을 신속하고도 거의 동시에 공격하여 적이 하나의 유기체로서 작동하지 못하도록 하고 있다. 적의 중심에 해당하는 부분들을 동시에, 그리고 다발적으로 공격하게 되면 공격에 의한 충격으로부터의 회복이 불가능한데, 그 이유는 체계 내에 잔존하고 있는 여력으로는 체계를 완전한 수준으로 회복시킬 수가 없기 때문이다. 따라서, 적의 중심들을 매우 빠른 속도로, 그리고 병행적으로 공격해야 한다. 이같은 일은 지상군이 담당할 수 없으며, 해군 또한 할 수 없기 때문에(해군의 항공력을 통하지 않고는), 초고속으로 병행전을 수행하기에 가장 적합한 군은 공군이다. 병행전 이론은 대략 이같은 방식으로 전개된다.

3. 병행전 이론에서 새로운 점은 무엇인가?

제리 쿠퍼(Jeffrey R. Cooper)에 의하면 병행전 이론의 특징은 정보기술을 기반으로 한 정밀유도무기, 그리고 인공위성과 같은 첨단의 감지체계 등과 같은 것들이 출현하면서 군 작전을 일관성 있게 유지하면서

---

17) 와든 대령은 150여 개의 토네이도(Tornado: 미국의 미시시피 강 유역 및 아프리카에서 일어나는 맹렬한 바람)가 동시에 미국을 강타하는 경우를 종종 사례로 인용하곤 한다. 이러한 다수의 토네이도가 동시에 미국을 강타하게 되면 복구에 필요한 자원을 분배하는 것이 용이하지 않기 때문에 상황이 매우 어려워질 것이다.

거의 동시에 수행할 수 있게 되었다는 점이라고 말하고 있다. 쿠퍼는 다음과 같이 적고 있다.

작전적 차원에서 이처럼 일관되게 작전을 수행할 수 있게 됨에 따라 적의 지휘통제 능력을 제압하여 아측의 전쟁 계획과 작전에 적절히 대응하지 못하도록 할 수 있게 되었을 뿐 아니라 적은 조화성이 전혀 없는 상태에서 기 계획된 행위만을 수행할 수밖에 없게 되었다.

■ 병행전에서 공격이란

적 종심 깊숙한 곳에서 고도의 치명성과 이동성을 유지하면서 빠른 박자로 짜임세와 통합성 및 지속성 있게 진행되는 대규모의 작전인데, 작전이 의도하는 바는 적 군사력과 의지를 신속히 몰락시키는 것이다.

이러한 공격을 받게되면 신속히 패배할 수밖에 없는데,

동시성 있게 진행되는 병행작전, 고도의 기동성, 높은 치명성과 지속적으로 진행되는 빠른 박자의 작전능력으로 인해, 적의 수많은 단위부대가 동시에 너무나 처절할 정도로 격멸되기 때문에 전반적 측면에서 보면 주력군간의 단일 접전에서 보통 볼 수 있는 고전적인 「Coup de main: 소수의 정예부대가 난국을 극복하기 위해 일시적으로 도움을 주는 행위」와 유사하다.[18]

이것이 지금까지는 볼 수 없었던 전혀 새로운 형태의 이론인가? 클라우제비츠 이후, 군은 상대방 적의 중심(重心)을 찾아내어 그 곳과 접전(接戰)해야 한다는 말을 누누이 들어왔다. 동시성을 유지하면서 통합전

---

18) Jeffrey R. Cooper, *"Another View of the Revolution in Military Affairs"*, (Carlisle Barracks, Pa: US Army War College, 1994), 29-0.

력을 발휘하여 상대방을 공격해야 한다는 것은 이미 오래 전부터 합동군이 추구해온 목표였다. 병행전 이론에서는 적을 하나의 시스템으로 간주하고 있는데, 이에 상관없이 지휘관과 지휘권을 공격해야 한다는 점은 전쟁에서 새롭게 부상한 개념이 아니다. 예로부터 전해 내려오는 장기에서조차 적의 상(象), 마(馬) 등을 순차적으로 공격하지 않고도 '외통장군'을 부를 수가 있었다. 이같은 이론을 항공력 옹호주의자들이 받아들여서 보다 발전시켰는지는 모르겠지만, 이는 전혀 새로운 것이 아니다. 항공력 이론의 측면에서 보아도 병행전 이론은 항공사상가인 길리오 두헤, 빌리 미첼 또는 미 공군의 전술항공학교 교수들이 주장한 바와 거의 다를 것이 없는 듯 생각된다. 항공력 옹호주의자들이 끊임없이 주장하고 있는 바와 같이 미래전에서 항공력은 전쟁의 승패를 좌우하는 결정적인 요소로 작용할 것이다. 미 공군에서 발간된 '전략폭격검토(The United States Strategic Bombing Survey)'와 '걸프전항공력검토(The Gulf War Airpower Survey)'란 책에서는 예상했던 바와는 달리 항공력이 저조한 역할만을 담당할 수밖에 없었던 경우가 과거의 전쟁에서 다수 있었다는 점을 지적하고 있는데, 이는 곰곰이 생각해 보아야 할 점이다.[19]

또한, 병행전 이론은 전혀 새로운 형태의 전략이론이 아니라는 점을 명심해야 한다. 1951년 당시의 해군대령 윌리(J. C. Wylie)는 전략에는 순차적(順次的: Serial)인 경우와 축적적(蓄積的: Cumulative)인 경우가 있다고 말하였다. 1952년도의 연구지에 게재된 한 논문에서 그는 축적적인 접근 방법을 설명하였다. 그 후 윌리는 다음과 같이 말하였다.

　　전쟁에서 사용할 수 있는 전략의 형태는 크게 순차적인 경우와 축적적인
　　경우로 나눌 수 있는데, 이들은 매우 상이하다. 순차적인 전략에서는 규명이

---

19) 제2차 세계대전 당시의 유럽전쟁에 관해 The United States Strategic Bombing Survey가 1945년도에 발간한 보고서를 보시오. 이 보고서는 (Maxwell AFB, Ala: Air University Press, 1987)에서 재판을 발행

가능한 여러 이산적(離散的) 단계가 연속적으로 진행되는데, 여기서 개개의 단계는 그 이전의 단계에 의존하고 있다. 축적적인 전략에서는 눈에 보이지 않는 미세한 것들이 쌓여서 어느 순간에 결정적인 영향력을 발휘한다. 이들 두 전략은 서로 공존할 수 없는 성격도, 그리고 상호 배타적이지도 않다. 사실은 그와 반대이다. 이들 두 전략은 결과의 측면에서 볼 때, 상호 보완적이다.[20]

더욱이, '단일 통합작전계획(SIOP: Single Integrated Operations Plan)'을 구상한 바 있는 윌리와 같은 사람은 '다섯링 이론(Five Ring Theory)'이 구체화되기 이미 수십 년 전에 축적적 또는 병행전과 '과도한 파괴적 전쟁'을 기획한 바 있다. 데스몬드 볼(Desmond Ball)이 밝힌 바와 같이, '단일 통합작전계획'에서는 핵무기를 이용하여 적의 지휘부(지휘부), 핵군(핵군), 경제 및 산업 시설(체계핵심과 기반구조), 기타군(야전군)으로 특징 되는 구 소련 내의 표적을 공격할 계획이었다.[21] 쿠퍼는 '단일 통합작전계획'에서도 일관성과 동시성을 엿볼 수 있다고 말하고 있다. 따라서, '단일 통합작전계획'과 '다섯링 이론'간에는 전자(前者)가 핵무기를, 그리고 후자(後者)가 항공력을 중심으로 논리를 전개하고 있다는 점을 제외하면 거의 차이가 없다.[22] '단일 통합작전계획'이 핵

---

20) J. C. Wylie, *"Military Strategy: A General Theory of the Power Control"*, (New Brunswick, N.J.: Rutgers University Press, 1967), p. 26.

21) Desmond Ball, *"Strategic Nuclear Targeting"*, (Ithaca: Cornell University Press, 1986), 80-1.

22) 걸프전에서의 항공력의 역활을 조사할 목적으로 편성된 팀에 소속되어 있던 한 역사학자는, 익명을 요구하면서, Instant Thunder 작전에서의 항공작전의 표적 선정 논리가 '단일 통합작전계획'의 그것과 동일하다는 점을 지적하였다. 병행전은 공군의 아이디어인 반면에, '단일 통합작전계획'은 합참의 아이디어다.

을 중심으로 하고 있는 반면에 병행전에서는 재래식 무기를 근간으로 작전을 구상하고 있다는 점이 매우 중요한 차이인 것은 분명하지만, 이들 이론간에는 차이점보다는 유사점이 많은 실정이다. 이들 두 이론에서는 상대방의 중심에 해당하는 부위를 신속하고도 동시다발적으로 공격하여 적 지휘부를 곤궁에 몰아넣고[23], 적의 잔여 능력을 크게 저하시킴으로서 적 체계를 무력화시키고, 공격에 의한 피해로부터 신속히 회복할 수 없도록 한다는 공통점을 갖고 있다.[24] 공격 과정에서 핵무기를 사용할 것인 지의 여부가 이들 두 이론을 구분해주는 차이점이다.

'단일 통합작전계획'에서 의도한 바는 핵 폭탄의 가공성(可恐性)을 이용하여 억제력을 유지하겠다는 것이다. 병행전에서는 비 핵무기를 사용하고는 있지만 효과의 측면에서 보면 핵에 의한 경우보다 결코 못하지 않다. 더욱이, 재래식 무기를 이용하여 작전을 전개하기 때문에 병행전 이론을 적용하는 과정에서는 제약이 될 요소가 거의 없다.

이들 두 이론에서 전제로 하고 있는 무기의 형태는 다르지만, 이들 이론간에 큰 차이는 없다. 더욱이, 추구하는 목표의 관점에서 보면 이들은 동일하다.[25]

---

23) 탄도미사일을 이용한 공격에는 고도의 일관성과 동시성이 엿보인다. 모든 공격용 탄두가 적의 레이더에 동시에 탐지될 정도로 지·해상에 위치한 탄도미사일을 동시성 있게 발사하는 것이 이론적으로 불가능한 것은 아니다. 미 공군중장 Jay W . Kelley와의 1994년 12월 1일의 토의에서. Kelley는 현재 공군대장으로서 미 공대원의 지휘관이다.

24) 여기서 주목할 사항은 전략공군과 미사일군의 경우 이미 오래 전부터 사용해 온 개념을 전술공군이 새롭게 발견했다는 점이다.

25) CMDR J. M. van OSD는 각국의 전력을 비교·평가하면서, 핵과 비핵무기 중 어느 것을 사용하는 가에 따라 지대한 차이가 발생한다고 말하고 있다.

4. 병행전 이론의 장단점

축적적 전략인 '단일 통합작전계획'과 병행전 이론의 장점을 거론하라고 한다면, 이들 이론의 적용을 통해 산업화된 국가의 전쟁 수행능력을 신속히 격감시킬 수 있다는 점일 것이다.[26] 동심원에 기반을 둔 '다섯링'의 형태로 산업화 국가를 표현할 수 있음은 분명한 사실이다. '다섯링 이론'과 비교할 때 축적적 전략에 어느 정도 기계적 취향이 풍기는 것은 사실이지만 이 이론에 타당성이 있는 듯 생각되며, '다섯링 이론'에서 주장하고 있는 바와 같이 적을 하나의 시스템이란 입장에서 보게 되면 적국 내부에는 항공력을 이용하여 공격할 가치가 있는 다수의 표적이 존재하고 있는 것도 사실이다. 1991년도의 걸프전 당시 다국적군은 항공력을 이용하여 이라크 내의 핵심 표적을 동시다발적이고도 일관성 있게 공격하였는데, 그 결과 이라크의 전투력 또는 이라크라는 국가의 잠재력이 현저히 감소되었다. '단일 통합작전계획'도 사용할 수만 있다면 고도의 호전성과 전투능력을 겸비하고 있는 국가의 잠재력을 단시간에 현저히 감소시킬 수 있을 것이다.[27] 재래식 무기는 사용이 용이할 뿐 아니라 사용에 따른 제약이 매우 적다는 장점을 갖고 있다. 재래식 무기에 의한 피해는 전후(戰後)에 비교적 복구가 용이하다는 점도 재래식 무기가 누릴 수 있는 또 다른 장점이다. 따라서, '단일 통합작전계획'의 논리를 살짝 바꾼 형태인 병행전 이론은 산업화시대가 거의 종료되고 있는 오늘날 그 의미를 더해가고 있는 실정이다.[28]

---

26) 이라크의 경우에는 비교적 쉬운 형태의 표적으로 구성되어 있었다. 1991년도의 걸프전에서 항공작전에 관여하였던 미 공군의 고위급 장교는, 익명을 요구하면서, 이라크에 대한 공중우세 확보는 묶여있는 양들을 공격하는 것만큼이나 용이한 것이었다고 말했다.

27) 이 문제에는 적어도 두 가지의 측면이 있다고 Dan Hughes는 암시하였다. 미국이 이같은 형태로 공격할 필요가 없게 된 것은 구소련의 지휘부에 이러한 가능성을 인식시킨 결과이다.

공격할 대상에 무관하게 축적적 전략이 효과가 있을 것으로 생각되는
반면에, '다섯링 이론'은 산업화된 또는 산업화 과정에 있는 국가를 제외
한 여타의 유기체(有機體)에는 적합하지 않다는 단점을 갖고 있다. 분명
히 테러 집단은 다수의 독립된 부분으로 구성되어 있는 시스템이다. 반
란 조직 또한 테러 집단과·유사한 형태의 시스템이다. 테러 집단과 반란
조직이란 시스템을 여러 부분으로 나눌 수 있는 것은 사실이지만, 여기
서 이들 부분의 역할을 규명한다는 것은 쉬운 일이 아니다. 더욱이, 테
러 집단과 반란 조직 내의 특정 부분을 항공력을 이용하여 공격한다는
것은 매우 어려운 일이다. 따라서, 이들 조직에 '다섯링 이론'을 적용할
수는 있겠지만, 이 이론은 이같은 형태의 조직, 대 테러전, 그리고 대
반란전의 경우에는 적합하지가 않다. 항공력에 대해 극찬(極讚)하고 있
는 분들에게는 애석한 일이지만, 이같은 형태의 전투에서 항공력은 크게
기여를 하지 못하고 있다. 구 유고슬라비아에서의 전투, 불명예스럽게
종료된 소말리아 간섭, 그리고 르완다에서의 대학살을 방지하는 과정에
서 항공력은 전혀 효과가 없었는데, 이는 항공력의 한계를 보여준 최근
의 대표적인 사례들이다. 항공력은 산업화된 국가 또는 산업화가 진행되
고 있는 국가, 정규군, 그리고 규명이 가능한 지휘부와 표적에 적용할
때 제 효과를 발휘할 수 있는 듯 보인다.

반 크레벨트(Martin Van Creveld)는 클라우제비츠가 말한 국가·
국민 그리고 군이라는 세 가지 형태의 부분으로 뚜렷이 구분되지 않는
당사자들간의 전쟁을 '비 삼위일체(Nontrinitarian)' 형태의 전쟁이라고
정의하였는데, 앞의 논리에 따르면 '다섯링 이론'은 이같은 형태의 전쟁
또는 존 보이드(John Boyd)가 말하고 있는 비정규전에는 적합하지가
않다. 키간(John Keegan), 칼 빌더(Carl Builder), 반 크레벨트 등

---

28) Alvin and Heide Toffler, *War and Anti-War: Survival at the Dawn
of the 21st Century*, (Boston: Little, Brown and Co, 1993)

이 말하고 있는 바와 같이 산업화된 국가들간에 재래식 형태의 전쟁이 유발될 가능성이 많은 것은 아니지만,[29] '다섯링 이론'이 전혀 의미가 없는 것은 아니다. 이 이론을 이용하여 학생들은 전쟁을 연구할 수 있을 것이며, 이 이론을 기폭제로 하여 또 다른 형태의 이론이 다수 출현할 수 있을 것이라는 점에서 이는 매우 유용한 것이다. 다시 말해, 변증법에서 말하는 '정(正)'에 대해 '반(反)'이 유발될 수 있을 것이다.

'다섯링 이론'을 적용할 수 없는 형태의 전쟁이 비 삼위일체 형태의 전쟁 뿐만은 아닐 것이다. 정보화가 크게 진전된 국가에 대해서도 이 이론의 적용이 곤란한 경우도 있을 것인데, 그 이유는 이들 국가에서는 탈대량화(Demassification), 다양성 등으로 인해 공격해야 할 표적의 수가 크게 증가할 것이기 때문이다. 예를 들면, 대형의 컴퓨터로 운영되는 체계는 항공력을 이용하여 쉽게 공격할 수 있지만, 수많은 소형 컴퓨터를 컴퓨터망으로 연결하여 일을 처리하는 오늘날에는 이들 컴퓨터의 수가 엄청나게 많고, 이들의 위치가 쉽게 바뀔 수 있으며, 개개 위치의 파악이 쉽지 않다는 점에서 이들을 정확히 공격한다는 것이 쉬운 일은 아닐 것이다. 따라서, 이같은 체계는 공격이 용이한 표적이 아니다. 컴퓨터 및 데이터통신과 같은 정보기술이 발전을 거듭하면서 오늘날에는 지휘관과 지휘부가 특정 위치에 고정적으로 상주할 필요가 없게 되었다. 오늘날 민간기업체의 산업 역군들이 컴퓨터 통신망을 이용하여 자유롭게 교신할 수 있는 것과 마찬가지로, 미래의 군 지휘관들은 장소에 구애됨이 없이 이곳 저곳에서 작전을 지휘할 수 있을 것이다. 컴퓨터 통신망의 발전 유형에 근거하여 군의 지휘구조가 바뀔 것이기 때문에, 미래에는 군의 지휘권이 하급 지휘관들에게로 분산될 것이다. 지휘관은 가상의, 그리고 전장에서 멀리 떨어진 위치에서 지휘·통제할 수 있을 것이다. 따

---

29) John Keegan의 *"A History of Warfare"*, (New York: Alfred A. Knopf, 1994)

라서, 전쟁을 직접 수행하는 당사국의 지휘관 또한 자국 내에서 전투를 지휘할 필요는 없을 것이다.

정보화시대의 특성에는 분산화·다량화 그리고 소형화가 있는데, 이들이 결합되면서 전쟁의 문제까지도 매우 복잡해지고 있다. 직경이 3에서 5미터에 달하는 인공위성용 수신기는 정밀유도무기를 이용하여 공격할 수 있는 형태의 표적이지만, 직경이 30센티 정도인 인공위성용 수신기는 공격이 용이하지 않으며, 이같은 수신기 수천 개가 분산 컴퓨터망을 통해 연결되어 있는 경우에는 더욱 그러할 것이다. '다섯링 이론'은 분명히 그 자체로서 타당성이 있다. 그러나 공격할 대상의 크기가 매우 작아지고 있는 오늘날, '다섯링 이론'에 근거하여 이들을 공격한다는 것이 쉬운 일은 아닐 것이다.

오늘날에는 민군(民軍)이 겸용으로 사용할 수 있는 기술과 시설이 다수 출현하고 있는데, 이로 인해 '다섯링 이론'을 이용한 전쟁의 기획이 더욱 어려워지고 있다. 맥주 공장에서 발효실은 매우 중요한 부분이다. 그러나 맥주 공장에서 흔히 볼 수 있는 발효기를 이용하여 생물무기를 생산할 수도 있다는 점에서 심각한 문제가 발생하고 있다. 맥주는 유용한 것이지만, 생물무기는 그렇지가 못하다. 따라서, 민군 겸용의 체계를 공격 목표로 설정하기는 쉽지 않은 실정이다. 오늘날의 정보기술은 거의 모든 곳에서 다양한 목적으로 이용되고 있다. '위치파악체계(GPS: Global Positioning System)'는 공격에 좋은 표적이지만, 이같은 체계의 크기가 엄청나게 작아지고, 그 위치가 곳곳으로 분산되고 있을 뿐 아니라 그 수 또한 엄청나게 증가하고 있다는 점에서 이들의 공격이 점점 더 어려워지고 있다. 더욱이, 위치파악체계는 민군 모두에서 사용되고 있다. 따라서, 위치파악체계를 공격하게 되면 아군·적군 뿐 아니라 중립군도 피해를 볼 수밖에 없다. 오늘날 통신위성의 대부분은 위치파악체계와 마찬가지로 전쟁 기획가들이 다루기 어려운 대상이다. 컴퓨터 기술의 발전으로 동일한 임무를 수행하는 체계라도 그 크기가 엄청나게 작아지고 있을 뿐 아니라, 이들을 대량 생산하여 곳곳에 분산시켜 놓을 수 있으며, 이들 체계를 민군이 모두 사용할 수 있게 됨에 따라 특정 체계를 표적으로 선정한다는 것이 보다 어려워지고 있다. 체계 구성 요소들의 크기를 대폭 줄일 수 있을 뿐 아니라 이들을 종교시설 · 민간병원 · 대학의 연구소 등에 분산시켜서 숨겨 놓을 수 있는 경우에는 전쟁기획가들 또한 이들을 공격 가능한 형태의 대상이라고는 생각하지 못할 것이다.[30]

이외에도 '다섯링 이론'에는 다음과 같은 7 가지 정도의 경미한 문제점들이 있다. 첫째, '다섯링 이론'에서는 동시에 공격해야 한다는 점을 강조하고 있지만, 동시에 공격할 수 있다는 주장은 현실적이지 못하다. 둘째, '단일 통합작전계획'과 마찬가지로 '다섯링 이론' 또한 결정적인 전투를 추구하고 있다. 셋째, 이 이론에서는 유기체 또는 시스템의 경우 공격을 받게 되면 끊임없는 변신(變身)을 추구한다는 점을 무시하고 있다. 넷째, 전쟁 종료의 문제를 이 이론은 충분히 고려하고 있지 않다. 다섯째, 현 모델은 '공격 이후의 피해측정 구조(Post-Attack Damage Assessment Architecture)', '항공임무명령서(ATO: Air Tasking Order)' 체계, 그리고 합동작전 체계의 문제점들을 간과(看過)하고 있다. 여섯째, 정보가 모든 링을 결속시켜주는 볼트와 같은 역할을 한다고 '다섯링 이론'은 주장하고 있는데, 이는 전혀 타당성이 없는 주장인 듯 보인다. 마지막으로, 미래에는 이같은 형태의 항공작전이 적용될 수 있는 여지가 많아 보이지 않는다는 점이다. 이들 몇몇의 문제에 대해 몇 마디 부언할 필요가 있을 것이다.

1991년도의 걸프전 당시 '다섯링 이론가'들은 항공력을 이용하여 이라크의 표적을 다국적군들이 동시에 공격하였다며 이를 극찬하였는데, 사

---

30) Air War College의 지휘관이었던 Peter D. Robinson 소장은 이동 · 기만 · 변장 · 분산 · 거짓정보배포가 Ninjitsu를 유발하고자 할 때 아직도 유용하다고 말하고 있다.

실 이는 동시에 일어난 것이 아니었다. 엄밀한 의미에서 이들 공격은 순차적으로 진행되었다. 항공력이 제 기능을 발휘하려면 공중우세 또는 제공권 확보가 필수적인데, 공중우세를 확보하려면 적 방공망 체계를 파괴·통제·제압할 수 있어야 한다. 따라서, 전쟁의 초기 단계에서 여타의 표적을 항공력을 이용하여 공격할 수도 있지만, 적 방공망 체계의 능력을 감소시키거나 제거하는 것은 항공작전이 추구해야 할 최우선의 목표가 되어야 한다.[31] 적 방공망 체계에 대한 제압이 최우선적 목표일 필요는 없다고 주장하는 항공력 이론가 또는 전쟁 기획가가 있다면 이들의 주장은 오늘날의 항공교리에 정면 배치되는 것이다. 적의 방공망 체계를 공격하는 것이 항공력에 의한 최우선 순위였다는 점을 인정하면서, 초기의 공격 대상에 방공망 체계가 아닌 여타의 표적들도 포함될 수 있다고 한다면, 이같은 공격은 동시가 아니고 밀접한 시간대에 진행되었다는 것이 보다 정확한 표현일 것이다(약간의 시간차를 두고 공격하는 경우 또한 순차적 형태의 전쟁이라고 희랍의 철학자 제노(Zeno)는 주장했을 것이다). 1991년도의 걸프전 당시, 항공력을 이용하여 다국적군이 공격한 최초의 표적은 이라크의 방공망 체계였는데, 항공작전에서 가장 중요한 첫 번째 단계는 방공망 체계에 대한 공격이다.[32] 해상에서 발사된 토마호크 크루즈 미사일과 육군의 아파치 헬리콥터가 항공력을 이용한 초기의 공격에 일조하였다. 여타의 표적들을 그후 매우 빠른 속도로 공격한

---

31) 공격용 체계의 소형화·분산화·다량화를 추진하게 되면 적 방공망에 대한 방공제압의 필요성이 크게 감소될 것이다. '단일 통합작전계획'의 강점은 유인 항공기를 이용하여 공격하기 이전에 지상과 해상에서 탄도미사일을 이용하여 공격할 수 있다는 점이다. '다섯링'에 기본을 둔 병행전 이론가들은 이러한 미사일을 사용하지 못할 수도 있다. '단일 통합작전계획'과 병행전 이론을 비교한다면, 크루즈 미사일은 스틸스 무기에 해당될 것이다.

32) James A. Winnefeld, Preston Niblack, and Dana J. Johnson, *"A League of Airman: US. Air Power in the Gulf War"*, (Santa Monica, Calif: Rand, 1994), pp. 120-121.

것은 사실이지만 이는 '다섯링 이론'과는 관계가 없다. 짧은 시간대에 순차적으로 공격하게 되면, 표면상으로는 동시에 공격한 경우에서나 얻을 수 있는 효과를 쟁취할 수도 있을 것이다. 그러나 분명히 이는 순차적 형태의 전쟁이다.[33)]

　'다섯링 이론'에서는 공격에 의한 충격으로 인해 적 시스템이 무력화될 것이라고 주장하고 있는데, 이는 이 이론이 추구하는 목표가 나폴레옹과 클라우제비츠가 결정적 전투를 통해 추구하였던 목표와 동일하다는 것을 사실상 인정하고 있는 것이다. 더욱이, 이 이론에서는 적의 능력을 말살하고자 하고 있다(이 이론을 신봉하는 분 중에는 이 이론으로 인해 클라우제비츠가 제시한 이론의 많은 부분이 타당성을 잃게 되었다고 말하고 있지만, 사실 이 이론이 추구하는 바와 클라우제비츠가 추구한 것은 동일하다).[34)] 따라서, '다섯링 이론'에 근거하여 작전을 수행하였지만 항공작전이 추구해야 할 목표를 달성하지 못한 경우에는, 다시 말해, 의도한 결과를 얻지 못할 때에는, 그 이유를 항공작전이 아닌 여타의 곳에서 찾아야 할 것이다.[35)] 이 이론에 타당성이 있음을 입증하려면, 표적 우선순위를 엄격히 준수하여 항공작전을 수행할 필요가 있다. 이 이론에서는 전략공격이 근접항공지원보다 훨씬 중요하다고 말하고 있다. 긴급 상황으로 인해 '비행 소티'를 재 배정해야 한다면, 표적 우선순위를 엄수하지

---

33) 매우 압축된 시간대에 상대방을 순차적으로 공격하게 되면 병행전에 의한 것과 거의 유사한 효과가 유발될 수도 있다고 Barry R. Schneider는 말하였다. 병행전 이론의 한계성은 바로 이점에 있다. 주어진 시간내에 원하는 효과를 유발하려면, 공간의 측면에서 볼 때 클라우제비치가 말한 바 있는 집중(Mass)의 원칙을 준수해야 한다. 고도의 집중이 없는 상태에서는 병행전에 근거한 항공이론은 약소국에게 적용할 때만이 효력을 발휘할 수 있을 것이다.

34) 병행전 이론이 의도하는 바는 상대방 능력의 말살이 아니고 통제라고 이들 이론의 옹호주의자들은 주장하고 있다. 적의 능력을 말살할 수 있을 때만이 상대방을 완벽하게 통제할 수 있다는 점을 간과해서는 안된다.

35) David Deptula, Airing for Effect, p. 20.

못한 것이며, 결정적 전투에서 승리할 기회를 상실한 것과 다름이 없다. 표적 우선순위를 엄격히 준수하여 공격하였음에도 불구하고 결정적인 전투에서 승리하지 못했다면, 정보(Intelligence)가 충분하지 못했기 때문에, 기상 때문에 또는 적의 뛰어난 적응력 때문에 등으로 책임을 전가할 수도 있을 것이다.

생명력이 있는 모든 유기체에는 '자동산출(Autopoietic)' 능력이 있다. 다시 말해, 이들은 자신을 보존하기 위해 끊임없는 투쟁을 전개할 것이다.[36] 공격을 당하는 경우 모든 유기체는 새로운 환경에 대한 대응과 적응을 통해 생존을 위한 격렬한 투쟁을 전개할 것이다. 미리 작성된 항공력 활용방안을 엄격히 준수하여 일련의 표적을 병행적으로 공격할 수 있는 경우는 전쟁의 초기 단계에서 뿐이다. 공격을 당하게 되면 이들 표적들이 끊임없는 변신을 추구할 것이기 때문에 이같은 경우 병행적인 공격이 쉽지만은 않을 것이다. 사전 작성된 항공기획에 근거하여 일관되게 항공작전을 전개할 수 없는 이유는 유기체의 경우에는 끊임없는 변신을 추구하기 때문이다. 기상(氣象)의 이변으로 인해 사전 작성된 항공기획을 일관되게 추진하지 못하여 상대방이 휴식·회복할 시간을 갖게 되면 이는 엄청난 실수이다. 이동형 미사일이 갑자기 출현하면 이는 정보의 잘못이다. 이동형 미사일의 공격에 주력하여 항공작전을 통해 결정적으로 승리할 수 있는 기회를 상실하였다면, 이는 전쟁기획가의 잘못이다. 사실 항공력 옹호주의자들은 이라크의 스커드미사일이 커다란 위협 대상이 아니라고 주장하였다.[37] 이라크가 발사한 스커드미사일을 요격할 수 없었다면, 걸프전 당시 다국적군은 와해될 수도 있었다. 이같은 관점

---

36) Erich Jantsch, *"The Self-Organizing Universe"*, (Oxford: Pergamon Press, 1980), p. 7.

37) Alexander S. Cochran et. al., *"Gulf War Air Power Survey, Volume 1:Planning"*, (Washington, D.C.:Government Printing Office, 1993), p. 103.

에서 볼 때, 이들 이론가들은 군사적 측면에서 중요한 것이 무엇인지를
제대로 이해하고 있지 못하다는 생각이다. 항공작전을 수행하는 과정에
서 이동형 미사일은 우선적으로 공격해야 할 표적이다. 그 이유는 이들
중 몇 발이라도 상대방 국가에 안착(安着)하게 되면 정치적으로 일대 혼
란이 유발되어서 전쟁의 진행 과정이 크게 뒤바뀔 수도 있기 때문이다.

'단일 통합작전계획'에서 매우 중요하게 다루고 있는 전쟁 종료의 문제
를 '다섯링 이론'에서는 간과하고 있는 듯 보인다. 적을 무력화시키게 되
면 어렵지 않게 항복을 얻어낼 수 있기 때문에, 항공작전이 추구해야 할
목표는 상대방 국가를 전략적 측면에서 무력화시키는 것이 되어야 한다
고 항공력 이론가들은 주장하고 있다. 이들의 주장과 현실간에는 어느
정도 괴리(乖離)가 존재하고 있다. 패자의 입장에서 보면 전쟁이 추구하
는 목표 이상의 소중한 그 무엇을 감지하고 이것의 존속을 위해 전쟁을
종료할 수도 있을 것이다.[38] '다섯링 이론'에서는 인구집중 지역을 제외
한 모든 곳을 공격 대상으로 간주하고 있는데, 이들 표적 중에는 상대방
으로 하여금 필사적 항쟁을 유발할 수도 있는 그러한 것도 있을 것이다.
이같은 표적을 공격하는 경우에는 전혀 예상하지 못한 결과가 유발될 수
도 있을 것이다. 예를 들면, 적의 지휘부와 야전군을 연결하고 있는 통
신망을 공격하게 되면 자신들이 입은 피해의 정도를 적의 지휘부가 파악
할 수 없을 것이기 때문에, 이 경우 적은 자신이 무력화되었다는 점을
인지하지 못하고 무모한 행동을 감행할 수도 있을 것이다. 공격으로 인

---

38) Air War College에서 강연한 바 있는 미 공군의 고위급 장교는 익명을 요구
하면서, 육군이 종심공격(Deep Attack)에 대해 지나칠 정도의 열정을 갖고 있
으며, 전투공간 배정을 위해 나름의 방식으로 화력지원협조선(FSCL: Fire
Support Coordination Line)을 사용하고 있는데, 이는 비난을 받아야 마땅하
다고 그는 말하였다. 1991년도의 걸프전 당시 합동군의 항공지휘관인 호너 중장
으로부터 자군의 항공기를 거두어간 해병대 또한 비난을 받아야 한다고 말하였
다. 이 모든 것이 항공력에 의한 효과를 감소시켰다고 그는 주장하고 있다.

해 상대방 능력의 대부분을 격파한 경우에는 아측 여론의 향방에 따라
적을 철저하게 격파할 수도 있을 것이다. 어느 국가나 자국의 핵심적 이
해가 위협을 받는 경우에는 온갖 수단과 방법을 동원하여 이를 보호하고
자 할 것이다. 그러나 국가적 차원에서 핵심적 이해가 위협을 받는 경우
가 아니라면 여론의 향방에 따라 전투의 수행방법 등이 크게 달리질 수
도 있다는 점을 명심해야 할 것이다.

'다섯링 이론'은 상대방의 능력이 그다지 높지 않을 때 또는 규명이 가
능한 표적에 대해서 만이 효과가 있을 것이다. 적이 강력하게 저항하는
경우 또는 적이 표적을 소형화시키고, 위장하여 곳곳에 분산시킨 경우에
는 항공력을 이용하여 공격한다는 것이 쉬운 일은 아닐 것이다. 항공력
을 이용하여 공격할 대상의 우선 순위를 산출할 수 있으려면 전쟁 발발
이전부터 충분할 정도의 정보를 유지하고 있어야 하며, 피해의 정도를
효과적으로 측정하기 위한 그리고 상호간 긴밀히 협조하기 위한 체계가
구축되어야 한다.[39] 항공력을 이용하여 공격해야 할 대상의 우선 순위를
산출하는 과정에서는 적지 않은 시간이 소요된다.[40] 항공력의 경우에는
존재하지도 않는 유기체를 공격하라는 지시를 받는 경우도 없지 않은데,
이는 이같은 이유 때문이다. 날씨에 전혀 이상이 없고, 정확하고도 풍부

---

39) Air War College에서 강연한 바 있는 미 공군의 고위급 장교는 익명을 요구
하면서, 육군이 종심공격(Deep Attack)에 대해 지나칠 정도의 열정을 갖고 있
으며, 전투공간 배정을 위해 나름의 방식으로 화력지원협조선(FSCL: Fire
Support Coordination Line)을 사용하고 있는데, 이는 비난을 받아야 마땅하
다고 말하였다. 1991년도의 걸프전 당시 합동군의 항공지휘관인 호너 중장으로
부터 자군의 항공기를 거두어간 해병대 또한 비난을 받아야 한다고 말하였다. 이
모든 것이 항공력에 의한 효과를 감소시켰다고 그는 주장하고 있다.

40) 오늘날 육군교리에서 간과되고 있는 영역인 시간과 기회의 중요성을 Robert
R. Leonhard는 자신의 저서 *"Fighting by Minutes: Time and the Art of
War"*, (Westport, Conn, : Praeger Publisher, 1994)에서 크게 강조하고
있다.

한 정보를 보유하고 있으며, 상대방 적이 멍청해야 한다는 세 가지 조건
을 충족하지 못하는 경우에는 항공력에 의한 피해를 정확히 평가할 수가
없는데, 이 경우 적지 않은 문제가 유발된다.

1991년도의 걸프전을 통해 우리는 공군·해군 또는 육군 위주의 이
론을 정당화하기에는 전쟁이란 너무도 빈약한 실험실이라는 점[41]을 절감
(切感)하지 않을 수 없었다. 소국 및 약소국과의 전쟁의 결과에 근거하
여 특정군 위주의 이론을 정당화하기는 더욱 어려울 것이다.

우리는 육·해·공군에 의한 합동군 형태로 전쟁을 수행하며, 적의 전
략을 무력화시킨다는 차원에서 각군 간의 상호작용 및 상호 효과에 크게
의존하고 있다. 항공력의 힘이 아무리 막강하다고 할 지라도, 오직 항공
력과 대적하고 있는 적과 항공력 뿐 아니라 국경에 배치되어 있는 40만
또는 50만의 육군을 동시에 대적하고 있는 적은 행동하는 방식이 크게
다를 것이다. 3 등급, 4 등급 또는 10 등급 수준의 적과의 전투를 통해
자신의 이론에 타당성이 있음을 입증하려고 는 하면서, 여타의 군은 고
려하지 않는 행위는 단견일 뿐 아니라, 그 자체로서도 분열주의적인 발
상이다.

1991년도의 걸프전 당시 미국의 육·해·공군, 해병대 그리고 여타의
국가들이 보유하고 있던 항공력이 막강했다는 점에는 의심의 여지가 없다.

이라크의 전력이 너무도 미약했기 때문에 막강했는가? 아니면 항공력
그 자체로서 막강했는가, 또는 육지와 바다로부터 바그다드로 진격해 들
어갈 자세가 되어 있는 잘 무장 및 훈련된 다혈질의 호전적인 인간들이
있었기 때문에 막강했는가? 항공작전을 수행하는 와중에도 수직 및 수
평적 차원에서 지상 및 해상에서의 공격이 승수효과를 발휘하여 이라크
에 영향을 미치지는 않았는가?

---

41) AI 해병대의 지휘관이었던 AI Gray 장군이 말한 바와 같이, 적에게 사격할 수
없을 정도로 전장이 밀집된 경우는 없었다.

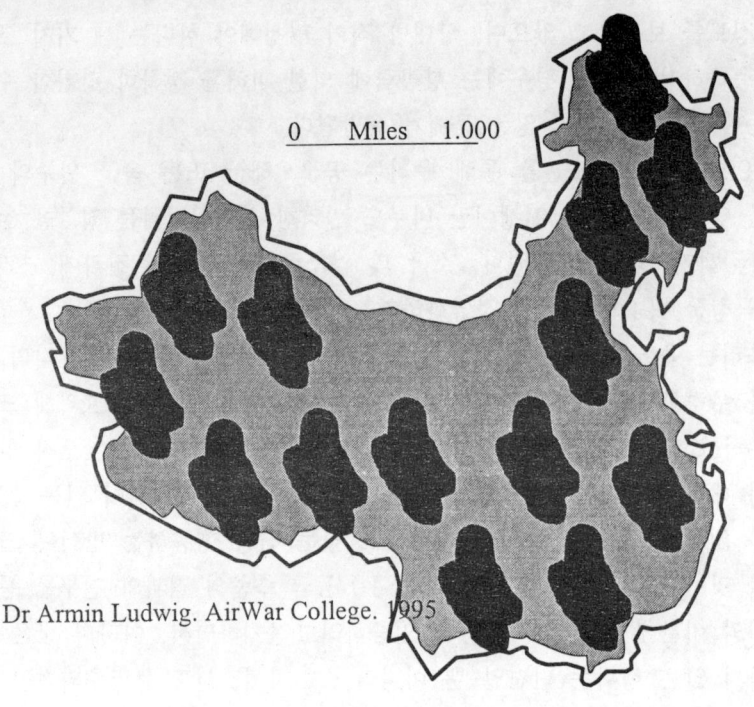

0   Miles   1.000

Dr Armin Ludwig. AirWar College. 1995

[그림 1] 중국과 이라크의 상대적 크기 비교

　가능하면 사상자가 없는 상태에서 전쟁을 종료시켜야 한다는 생각으로 인해 올바른 전략을 채택하지 못한 것은 아닌지?[42]

　마지막에 제기된 질문은 항공작전을 병행전의 측면에서 평가하고자 할 때 매우 중요한 사항이다. 일반적으로 전쟁이 진행되는 공간은 전투장보

---

42) 미 국방부는 비치명적 형태의 기술에 대한 투자를 크게 늘리고자 노력하고 있다. 1991년도의 걸프전에서 이라크군의 사상자가 너무나 많이 발생하여서는 곤란하다는 생각 때문에 또는 아측 지상군을 치열한 전투에 투입할 의사가 없었기 때문에 미군이 무기력하지 않았는가 생각하는 사람도 있다. 인명 피해를 줄인다는 차원에서 육군과 해병대의 사용을 자제할 수밖에 없다면, 이들은 그 존재 가치를 잃게 될 것이다.

다는 훨씬 넓다. 전략적 상황을 결정하는 요소인 사회·정치·경제·군사적 목표 뿐 아니라 국가의 형태란 요소의 측면에서 볼 때, 1991년도의 걸프전에서와 같은 형태의 항공작전을 미래에도 수행할 수 있을 것인지가 의문이다. 병행전이 훌륭한 이론임에는 틀림이 없지만, 이 이론을 적용하는 과정에서는 적지 않은 고통이 따르게 된다. '단일 통합작전계획'을 준비하기 위해 미국은 수십 년에 걸쳐 수조 달러를 투자하였다. 어느 정도의 규모 또는 능력을 구비하고 있는 국가를 염두에 두어 1991년도 당시의 걸프전에서 볼 수 있었던 형태의 항공작전을 준비하려면 '단일 통합작전계획'을 준비하는 과정에서 소요되었던 정도의 투자가 요구될 것이다. 따라서, 막대한 능력을 보유하고 있거나, 국가의 규모가 엄청나게 큰 경우에 대해서도 병행전이 효과가 있을 것인지는 의문이다. 1991년도의 걸프전 당시 미국은 방대한 규모의 잉여 자원을 보유하고 있었는데, 향후에도 이같은 자원을 보유할 수 있을 것인지는 의문이다.

과거와 마찬가지로 오늘날에도 이라크는 소국이다. 이라크의 영토에 해당하는 그림자를 〔그림 1〕에서와 같이 보다 큰 국가에 투사해보면, 걸프전에서 목격한 바 있는 항공력의 능력을 새로운 각도에서 볼 수 있게 된다. 여기서는 중국이란 국가에 이라크를 투사하였는데, 이는 미국과 중국이 적대 관계에 있다는 의미는 아니다. 이라크가 매우 작은 국가라는 점을 설명하기 위할 따름이다.

마지막으로, '다섯링'을 견속시켜 주는 '볼트'와 같은 역할을 정보가 담당한다면 전쟁의 승패를 좌우하는 중심은 정보라고 말할 수 있을 것이다. 따라서, 상대방의 정보능력을 모든 노력을 경주하여 공격해야 하지 않겠는가? 오늘날 정보작전(Information Operation) 또는 정보전(Information Warfare)에 관한 개념이 명확히 정립되어 있는 것은 아니지만, '다섯링 이론'에서는 링과 링을 연결해주는 부분, 그리고 링 내부에 존재하는 개체와 개체간을 연결해주는 부분인 정보를 공격해야 한다고 주장하고 있다. 발전소·도로·철도·비행장·미사일 생산시설 그리고 정부 청사를 표적으로 선정하는 것은 어렵지 않지만, 항공력을 이용하여 상대방 국가의 정보능력을 공격한다는 것은 현재에도 그러하지만 미래에도 결코 쉽지 않을 것이다. 오늘날의 항공력 옹호주의자들은 상대방 국가가 보유하고 있는 정보능력을 표적으로 간주하고 있지만, 이는 정보능력이 그 자체로서 의미가 있기 때문이 아니고 정보능력을 격파해야 만이 항공작전을 성공적으로 수행할 수 있기 때문일 것이다.

5. 병행전을 무력화시키기 위한 방법

'다섯링 이론'을 자세히 살펴보면 이론의 문제점 뿐 아니라 이 이론을 무력화시키기 위한 방법 또한 어렵지 않게 파악할 수 있을 것이다. 이 점에서 볼 때, 전쟁을 연구하는 사람들에게 '다섯링 이론'은 적지 않은 의미를 내포하고 있다. 상대방을 격파하기 위한 최상의 방법은 상대방의 전략을 격파하는 것이라고 고대 중국의 전쟁 이론가인 손자는 말하고 있다. 항공전을 기획하는 분들은 전략가이기보다는 전술가에 가깝다는 생각이다. '다섯링 이론'을 이용하여 전쟁을 수행하거나, 이 이론을 기반으로 항공전략을 구상하는 경우, 이를 격파하기 위한 방법은 무엇인가? 여기에는 적어도 다섯 가지의 방법이 있다. 이들을 차례로 살펴보자.

자신의 체계를 소형의 형태로 만들고, 그 모습을 위장하여 분산시킨다. 여기서 의도하는 바는 위장된 형태로 광범한 지역으로 분산되어 있는 표적을 공격하는 과정에서 민간의 표적을 공격할 수밖에 없도록 만드는 것이다. 미국에서 여론은 엄청날 정도의 위력을 행사하고 있다. 대부분의 민주국가에서 행위와 행위를 엮어 메는 '클라우제비츠의 족쇄'는 여론이다. 상대방으로 하여금 공격해서는 안될 표적을 공격할 수밖에 없도록 만드는 방식으로 이들 국가의 여론을 자극하는 행위는 전쟁 발발 이전은 물론이고 전쟁이 진행되는 상황하에서도 매우 중요한 요소일 것이다. 병행전에 의한 전쟁이 시작되기도 전에 이 이론을 격파하려면 시스템의 주요 부분을 위장시키거나, 그 규모를 크게 줄여서 여러 곳에 분산시켜 놓음으로서 이들을 공격하는 과정에서 부수적인 피해가 다수 유발되도록 하는 것이다. 어느 정도 우수한 적이라고 한다면 이들은 이동형의 형태로 시스템을 유지할 것이다. 이동형의 형태로 유지할 수 없는 경우에는 민간시설 내부에 군 시설을 설치하는 방식을 채택할 수도 있을 것이다. 또한 민간의 생산시설을 이용하여 무기를 생산할 것이다. 무기는 병원 · 대학 또는 종교 장소에서 연구할 것이다. 지휘통제를 수신 · 전파하기 위한 체계는 학교 · 호텔 · 사원 등에 설치할 것이다. 비행장은 민간 항공기와 군용기가 공동으로 사용할 수 있는 형태로 유지할 것이다. 군에서는 민군이 공동으로 사용할 수 있는 형태의 정보통신 매체, 광섬유, 그리고 극소형의 인공위성을 사용하여 교신할 것이다. 자동차 공장에서 탱크를, 그리고 냉장고 공장에서 탄도미사일을 생산할 것이며, 민군이 공동으로 사용할 수 있는 수송체계를 이용하거나, 군의 막사를 인구 밀접 지역에 건설할 것이다. 또한 컴퓨터 통신망을 이용하여 지휘 · 통제할 정도의 지혜를 발휘할 수도 있을 것이다. 가능하다면 주요 군사시설 내에 외국인을 상주하도록 하여 공격이 불가능하게 할 수도 있을 것이다. 외국인에 의한 관광 활동과 투자를 크게 장려하는 것도 좋은 방법일 것이다. 이같은 활동이 추구하는 바는 표적을 공격하는 과정에서 선량한 시민 그리고 자국 내에 거주하고 있는 외국인을 공격할 수밖에 없도록 함으로서, 공격을 보다 어렵게 만들겠다는 것이다. 현명한 자는 전쟁이 발발되기 이전에 상대방의 전략을 공격 · 격파할 것이다.

이동 가능한 형태의 대량파괴무기를 획득한다. 대량파괴무기에 의한 공격은 그 효과가 엄청나기 때문에, 대량파괴무기와 이들을 운반하기 위한 운반체가 있다는 점만으로도 상대방은 무력감에 빠지게 된다. 병행전

에 대비하여 적은 여타의 군사능력과 마찬가지로 대량파괴무기 또한 민
간시설에 분산시켜 놓을 것이다. 핵무기를 생산하기 위한 시설은 비교적
쉽게 노출되지만, 생·화학 무기를 생산하기 위한 시설은 노출이 쉽지
않다. 이들은 향후의 전쟁에서 유용하게 사용될 수 있는 형태의 무기이
기 때문에, 상대방이 병행전을 수행할 수 없도록 하기 위해서 적은 이같
은 무기를 획득하고자 노력할 것이다. 이동 가능한 형태의 대량파괴무기
를 보유하게 되면 정치 및 군사적 측면에서 국가의 위상이 획기적으로
높아질 수 있다.

고정형 무기의 경우에는 노출되지 않도록 유의한다. 노출을 방지하기
위한 가장 좋은 방법 중 하나는 이들 무기를 지하에 저장하는 것인데,
이 경우 지하 저장소의 위치는 깊을수록 좋을 것이다. 땅굴의 경우에는
단순한 수직 땅굴보다는 수평 땅굴이 좋을 것이다. 상대방 적이 간교한
경우에는 핵심 시설을 민간 시설물 밑의 지하에 저장하는 경우도 있을
것이다. 학교·고아원·유아용 우유공장 밑의 지하에 이같은 시설을 은
폐하게 되면 매우 효과적일 것이다. 노출이 용이한 표시, 페인트 칠, 쉽
게 출처를 규명할 수 있는 유형의 통신, 그리고 유니폼은 은폐에 전혀
도움이 되지 않는다. 규명이 불가능한 표적은 공격 또한 불가능하다는
점은 분명하고도 중요한 사실이다. 지혜로운 적은 오늘날의 시각으로는
전혀 상상할 수 없을 정도의 기발한 방식을 동원하여 상대방을 기만할
것이다.

공격을 당하는 경우 변화를 추구한다. 병행전의 형태로 공격해오는 경
우에 대비하여 적응·변화·회생할 수 있는 방법을 사전에 기획할 필요
가 있다. 병행전의 형태로 공격한 직후 상대방은 아측의 능력이 크게 감
소해 있을 것으로 생각할 것이다. 공격을 당하는 경우 변화를 추구해야
하지만, 이같은 변화도 계획적이어야 만이 그 효과가 클 것이다. 특히 우
수한 능력의 적은 공격을 받은 경우 비대칭적이면서도 예측 불가능한 형

태로 반응할 것이다. 예를 들면, 발전소가 공격을 받고 있다면, 모든 전원을 즉시 차단할 것이다(이같은 점을 미리 착안하여 사전에 준비하지 않는 자는 남보다 앞서갈 수 없을 것이다). 이처럼 전혀 예상하지 못한 형태로 반응하게 되면 피해의 정도를 평가할 수가 없을 것이다.

상대방 국가의 정보능력을 공격한다. 평화시에도 동심원에 근거한 '다섯 링 이론'을 이용하여 상대방 국가를 표현할 수 있을 것이다. 이들 링을 결속시켜 주는 볼트의 역할을 담당하는 것이 정보라고 한다면, 적대 행위가 시작되기 이전에 이들을 공격해야 할 것이다. 평시에는 아측의 의도에 역행하는 상대방 국가의 여론을 무력화시키거나 또는 파괴시키는 행위를 자행할 수도 있을 것이다. 상대방 국가의 주요 인물을 암살하거나 이들에게 테러를 가하는 등 비교적 적극적인 수단과 더불어 선전공세를 전개한다면 마음이 약한 사람들은 공세적 자세를 견지하지 못할 것이다(그러나 적극적인 수단을 동원하여 상대방을 괴롭히게 되면 격렬히 반응하는 경우도 없지 않을 것이다). 이같은 공세에도 불구하고 상대방이 공격해 올 것으로 생각되는 경우에는 컴퓨터 바이러스를 이용하여 은밀한 방식으로 상대방을 공격할 수도 있을 것이다. 한 통신 분석가의 말처럼,

　타인의 컴퓨터에 침입하여 이들 체계를 공격하는 일을 전문적으로 담당하는 컴퓨터 헤커는 컴퓨터 바이러스 또는 컴퓨터 빌레라고 지칭되는 컴퓨터 소프트웨어를 비교적 쉽게 다루는 사람들이다. 상대방의 컴퓨터 내부에 컴퓨터 벌레를 침투시키게 되면, 이들 벌레는 컴퓨터의 기억장소에 저장되어 있는 모든 내용을 삭제하게 된다. 컴퓨터 바이러스는 상대방의 컴퓨터에 저장되어 있는 파일을 가동시키고, 파일 안에서 자신을 엄청날 정도로 복제하여 기존의 파일을 모두 망가지게 한다. 전자파를 도청 및 변질시킬 수 있는 바와 마찬가지로, 데이터베이스에 저장되어 있는 단위 정보인 레코드 또한 외부에서의 침입을 통해 그 내용을 바꿀 수 있다. 약간의 자금과 의지만 있다

면 이같은 방식으로 상대방의 컴퓨터 체계를 어렵지 않게 공격할 수 있을 것이다. [43]

예비역 준장인 나이르(V.K. Nair, VSM)는 '걸프전: 제3세계를 위한 교훈(War in The Gulf: Lessons for the Third World)'이란 자신의 저서에서 다음과 같이 기술하고 있다.

전자 기술에 기반을 둔 상대방 국가의 공격용 체계의 성능을 적극적인 수단을 동원하여 저하시키고자 하는 경우, 이들 수단은 투자한 비용에 비해 뚜렷한 효과가 있을 뿐 아니라 그 사용이 간단해야 한다. 예를 들면, 미국은 컴퓨터에 기반을 둔 최첨단의 체계를 유지하고 있는데, 이들 체계의 작동을 지원해주는 컴퓨터에 컴퓨터 바이러스를 투입하여 이를 파괴할 수 있을 것이다. 이 경우 저렴하면서도 사용이 간단할 뿐 아니라 비교적 효과가 있는 방안을 우선적으로 활용해야 할 것이다. [44]

지금까지 언급한 병행선에 대비한 방안은 시간과 기술만 있다면 특별한 어려움 없이 적용이 가능한 것들이다. 앞에서 언급한 방식으로 병행전에 대응하는 경우 역대응 수단은 있는가? 역대응 방안은 없을 것이다. [45] 전쟁에서 선두(先頭)를 점유(占有)하겠다는 것은 모든 국가들의 간절한 바람일 것이다. 따라서, 아측이 자행한 책(策: Measure)에 대

43) Joseph N. Pelton, *"Future View: Communication Technology and Society in the 21st Century"*, (Boulder, Colo.: Baylin Publishing, 1992), p. 196.

44) V. K. Nair, *"War in the Gulf: Lessons for the Third World"*, (New Delhi, India: Lancer International, 1991), p. 110.

45) Marshall and Eric Maluhan, *"Laws of Medis: The New Science"*, (Toronto: University of Toronto Press, 1988)

해 상대방 국가가 대응책(對應策: Countermeasure)으로 반응하는 것에서 볼 수 있듯이 '시계의 추'는 책과 대응책간을 지속적으로 왕복할 것이다. 기술·무기·작전·조직의 개념을 갱신하여 군사혁신을 달성하겠다는 일념에서 향후에도 사람들은 부단히 노력할 것이다.

6. 결언

오늘날의 병행전과 '과도한 파괴적 전쟁'은 전혀 새로운 개념이 아니다. 개념적으로 볼 때, 이 이론과 '단일 통합작전계획'간에는 커다란 차이가 없다. 병행전에서는 핵무기가 아니고 항공력을 중심으로 작전을 전개하고 있다는 점이 다를 뿐이다. 막강한 능력을 또는 동급의 능력을 보유하고 있는 국가에 대응하여 항공력 중심으로 병행전을 수행하고자 한다면 '단일 통합작전계획'을 준비하는 과정에서 소요되었던 정도의 투자가 요구될 것이다. 이처럼 막대한 규모의 예산을 투여하여 이같은 능력을 보유하였다고 할지라도 간단한 전술적 적응을 통해 이같은 능력에 완벽하게 대응하는 경우도 없지는 않을 것이다. 표적을 분산시키거나 위장하는 행위, 또는 표적을 공격하는 경우 상대방 국가의 여론을 조작하여 엄청날 정도의 반발이 유발되도록 하게 되면 적지 않은 효과를 누릴 수 있을 것이다. 미국이 '단일 통합작전계획'을 구상했던 것은 냉전 당시의 긴박한 상황 때문이었다. 이같은 상황이 재현되지 않는다면 미국을 비롯한 여타의 국가들은 병행전 또는 '과도한 파괴적 전쟁'의 수행에 필요한 엄청난 규모의 항공력을 확보하지는 않을 것이다. 이론을 적용하고자 할 때 요구되는 능력을 확보할 수 없다면, 병행전 이론은 1991년도의 걸프전이 남겨준 중요한 유산에 지나지 않을 것이다.

오늘날 부상하고 있는 항공력 이론들은 현실에 적용하기가 쉽지 않다는 문제점을 안고 있다. 다시 말해, 이론과 현실간의 간격이 점점 더 벌

어지고 있다는 느낌이다. 이들 이론은 전쟁에 대비한 것이기보다는 국방
부 차원에서 육·해·공군이 담당해야 할 전쟁 영역을 설정하고, 자군에
보다 많은 자원이 할당될 수 있도록 하기 위한 목적인 듯 보인다. 전쟁
에서는 인간, 인간의 열정 및 감정이 중요한 역할을 한다. 전쟁을 무감
각한 기술, 규명 가능한 체계 또는 링의 내부에 위치하고 있는 표적의
관점에서만 연구해서는 곤란하다. 전쟁에는 인간의 뜨거운 열정이 내포
되어 있다. 전쟁은 단순한 기술의 문제가 아니고 피·두려움·놀람 등과
같은 인간적 요소들간의 마찰에 관한 것이다. 세상에는 우연적인 요소들
이 너무나 많이 존재하고 있다. 공격해야 할 상대방 국가의 표적을 정확
하게 조준하여 공격할 수 있다는 주장은 인간사에서 벌어지고 있는 우연
의 요소를 이해하고, 이들 간의 관계를 완벽히 파악할 수 있을 뿐 아니
라 엄청날 정도의 빠른 속도로 상황을 인지하여 공격할 수 있다는 가정
(假定)이 없이는 불가능한 일이다.

병행전 이론이 제 효과를 발휘하려면 상황을 신속히 파악할 수 있는
능력, 표적을 한치의 오차도 없이 정확히 공격할 수 있는 능력, 그리고
피·아를 정확히 인지할 수 있는 능력들이 요구될 것이다. 또한 상대방
국가의 핵심 표적을 병행적으로 공격할 수 있으려면 적지 않은 규모의
자원을 투자해야 할 것이다.[46]

1991년도의 걸프전에서 사용되었던 병행전 이론을 미래전에서도 그
대로 준수해야 할 전쟁 이론이라고 오늘날의 항공이론가들이 주장하고
있는 이유는 향후의 전쟁에서도 항공력이 결정적인 역할을 담당할 수 있
기를 열렬히 희망하고 있기 때문일 것이다. 그러나 이들이 항공력에 대
해 이처럼 커다란 기대를 갖고 있는 것은 항공력의 입지가 너무나 취약

---

46) 대규모의 지상군을 유지하고 있는 경우 또는 국가 재정이 어려운 경우에는 기
술이 발전할 수 없다. 프랑스·영국 그리고 독일이 좋은 예이다. 이들 국가에서
는 구조·재정적 측면에서 육군의 영향력이 지대하다. 이들 국가의 항공력이 구
조적 측면에서 무기력한 것은 이같은 이유 때문이다.

하기 때문일 수도 있다. 칼 빌더(Carl Builder)가 "The Icarus Syndrome"이란 글에서 언급한 바와 같이 항공력 이론은 발전의 여지가 아직도 너무나 많다.[47] 완벽한 수준의 항공력 이론을 최근까지 발견할 수 없었다는 점은 주목할 필요가 있지만, 이같은 이론을 탐구하고 있는 분들에게는 끊임없는 격려와 찬사를 아끼지 말아야 할 것이다.

47) Carl Builder, The Icarus Syndrome: The Role of Air Power Theory in the Evolution and Fate of U. S. Air Force(New Brunswick, NJ.: Transaction Publishers, 1994).

4 현대 항공력 이론(전략적 마비)

1. 서언

제1차 세계대전이 종료된 지 몇 년이 지난 어느 날 영국의 유명한 군사사상가 리델하트(Basil H. Liddell Hart)는 「Paris: Or the Future of War(패리스 또는 전쟁의 미래)」란 제목의 책을 집필하였는데, 이는 페리스(Paris)가 정교한 화살을 이용해 의도한 부위를 정확히 명중시켜서 자신의 적인 아킬레스(Achilles)를 격파한다는 그리스-로마 신화를 연상하게 하는 것이었다. 책의 제목이 암시하는 바와 같이, 향후의 전쟁에서는 적의 강한 부위가 아니고 취약 부위를 공격하게 되면 크게 도움이 될 것이라는 주장이었다. 제1차 세계대전 당시의 극심한 살육극을 목격한 사람들은 페리스가 사용한 전략이 바람직한 것이었다고 생각하였다. 항공 기술과 기계화를 효과적으로 활용하게 되면 이같은 개념을 구현할 수 있을 것이라는 생각이었다. 따라서, 생존을 좌우하는 곳이기 때문에 '창과 방패'를 갖고 겹겹이 지키는 상대방 국가의 취약 부위가 어느 곳인가를 사람들은 열심히 찾기 시작하였다. 그 와중에서, '마비(Paralysis)'란 용어를 군사사전에 재차 등장시킨 것은 항공력 이론가들이었다.

이들 초기의 항공력 이론가들은 전장의 아수라장 위를 비행할 수 있는 항공기 특유의 능력을 제대로 활용하게 되면 적 후방에 위치하고 있는 전쟁수행 능력 중 취약 부위를 무력화·마비시킬 수 있기 때문에 상대방 국가를 격파할 수 있다고 생각하였다. 상대방 국가의 '아킬레스건'에 해당되는 부분을 항공력을 이용해 공격하여 적을 마비시키게 되면 인명 및 자원의 낭비를 극소화하면서도 결정적으로 승리할 수 있다는 생각이었다.

전쟁이 추구하는 목표는 적으로 하여금 아측이 의도하는 바를 수용하도록 하는 것이며, 아측의 의도를 수용하는 것은 적의 지휘부다. 따라서 전쟁에서는 적 지휘부가 중요하다고 생각하는 부위를 공격함으로서 의도하는 바를 관철할 수 있어야 할 것이다. 적의 군대를 격파하거나 상대방 국가가 보유하고 있는 자원의 파괴는 목표 달성을 위한 수단에 불가하다. 의도하는 바를 외교 또는 정치적 수단을 통해 해결할 수 없을 때 생각할 수 있는 방안이 전쟁이란 측면에서 싸우지 않고도 의도하는 바를 달성할 수 있다면 매우 좋을 것이다.

최소한의 비용과 노력으로 상대방을 전략적으로 마비시켜서 전쟁을 승리로 이끌어야 한다는 개념에 근거하여 제2차 세계대전 당시에는 전략 폭격이 극에 달했다. 그러나 당시에는 무기의 정밀도가 극히 미미한 수준이었을 뿐 아니라 상대방의 '급소'에 대한 인식 부족으로 전략 폭격의 효과가 전쟁의 승패에 결정적일 정도로 지대하지는 못했다.

오늘날에는 인공위성, AWACS 및 JSTARS와 같은 감지체계, 첨단의 지휘통제체계, 정밀유도무기, 그리고 스텔스기가 출현하면서 상대방 국가의 급소에 해당하는 부분을 거의 동시에 병행적(Parallel)으로 공격할 수 있게 되었다. 1991년도의 걸프전 당시 다국적군은 미 공군대령 와든(John Warden)이 제안한 '다섯링 이론(Five Ring Theory)'[48]

---

48) 『현대 국가를 포함한 모든 조직은 다섯 개의 상호 의존적인 체계들로 구성되어 있다』고 와든은 주장하였다. 그는 이들 상호 의존적인 다섯 체계들을 「동심원」으로 배열하였는데, 가장 내부의 링이 지휘부이고 그 다음이 체계핵심(예를 들면 통신체계), 기반구조, 국민 그리고 군대의 순이다. 그는 『「분열도형(Fractal)」과 마찬가지로, 개개의 링은 자체 내에 다섯 개의 비슷한 체계들을 갖고 있다』는 논리를 전개하였다. 따라서 군에 해당하는 링은 하급지휘부 · 체계핵심 · 기반구조 · 병력 그리고 야전군으로 다시 나누어 질 수 있다. 역사적으로 적을 격파하는 유일한 방안은 최 외곽에 위치한 링인 군사력에 대적하는 것이었

에 근거하여 전쟁을 수행하였는데, 이는 이라크의 지휘통제체계를 중심으로 한 '전략적 마비(Strategic Paralysis)'를 염두에 둔 것이었다. 당시의 전쟁에서 다국적군은 전쟁전의 예측[49]과는 달리 아측의 인명 손실을 최소로 줄임과 동시에 이라크의 주요 체계를 정확히 공격하여 의도하는 바를 완벽히 달성할 수 있었다.

엄청날 정도의 빠른 속도로 언론 매체가 발전하고 있는 오늘날, 상대방 국가에 지나칠 정도의 피해를 강요하는 형태의 전쟁은 그 효과에 무관하게 용납되지 않을 것이다. 이같은 관점에서 '상대방의 급소'에 해당하는 곳을 공격하여 목표를 달성한다는 '전략적 마비'란 이론은 '시대적 정신'에 부응할 뿐 아니라 이같은 이론을 지원할 수 있는 방향으로 무기

다. 군사력을 격파했을 때 비로소 내부의 여러 링들을 공격할 수 있었다. 이는 적 체계에서 가장 강력한 부분에 대적해야 한다는 것으로서 와든의 표현을 빌면 적 체계를 「순차적」으로 공격한다는 의미였다. 『오늘날의 항공력을 정보체계와 결합하면 적의 막강한 외부 링을 공격하지 않고도 취약한 내부의 링을 공격할 수 있다』고 와든은 주장하였다. 더욱이 『이같은 공격은 거의 병행적으로 수행 가능한데, 이들 공격을 통해 적을 무기력 상태로 쉽게 몰고 갈 수 있다』고 그는 주장하였다. 출처: Col John A. Warden III, "Air Theory for the Twenty -first Century", (Air Command and Staff College), Jan 1994.

49) 하버드대학의 경제학자인 갤브레드(John Kenneth Galbraith)는 "항공력을 이용해 쿠웨이트와 이라크에서의 전쟁을 종료시킬 수 있다는 발상을 회의적으로 바라보아야 한다."며, "이처럼 허무 맹랑한 발상도 없을 것이다."고 주장하였다. 부르킹스 연구소(Brookings Institute)의 엡스타인(Joshua Epstein)은 컴퓨터 분석에 근거하여 1,049에서 4,136에 이르는 사상자가 발생할 것이라고 예언하였다. 격렬한 지상전을 전개한다는 미 육군교리에 근거하여 전쟁을 수행하면 적어도 9,000의 사상자가 발생할 것으로 예측한 통계적 모델도 있었다. 여타의 대 석학들도 걸프전의 결과를 우려의 눈으로 바라보았다. 예를 들면, 퇴역 미 육군참모총장 메이어(Edward C. Meyer)는 땅속에 숨어 있는 이라크 군에 대항한 전투에서 적어도 10,000에서 30,000의 사상자가 발생할 것으로 예견하였다. 출처: Richard P. Hallion, "Storm Over Iraq: Air Power and the Gulf War", Smithsonian Institution Press, 1992, p. 2.

체계 및 지휘통제체계가 발전을 거듭하고 있다는 측면에서 향후의 전쟁
은 그 능력을 보유하고 있는 국가의 경우에는 전략적 마비를 추구하는
형태가 될 가능성이 높다.

따라서, 본 장에서는 항공력 활용에 관한 현대전 이론인 전략적 마비
이론을 소개하고, 이론을 적용하고자 할 때 필요한 조건들을 논의하고자
한다.

2. 여타의 전쟁 형태

재래식 형태의 전쟁에는 섬멸전(殲滅戰: Annihilation Warfare),
소모전(消耗戰: Attrition Warfare), 그리고 전략적 마비가 있다. 일찍
이 클라우제비츠는 『결정적 형태의 전투를 통해 상대방 국가의 군대를
격멸시킬 필요가 있다』고 말한 바 있는데 섬멸전의 본질은 바로 이것이
다. 섬멸전 전략에 대비되는 개념으로 소모전 전략이란 용어를 만든 사
람은 독일의 역사학자인 델부릭(Hans Delbruck)이었다. 그는 섬멸전
전략이 추구하는 바가 결정적 형태의 전투를 통해 적의 군대를 격멸시키
고자 하는 것이기 때문에, 소모전이란 끊임없는 기동을 통해 상대방과의
전투를 회피하는 행위로 잘못 오해될 수 있다고 우려하였다. 이같은 생
각에서 그는 소모전이란 한 '극(極)'은 전투에, 그리고 다른 한 '극'은 기
동에 두는 '두개의 극'을 갖는 전략이라고 정의하였다. 소모전 전략이란
상황에 따라 이들 양 '극' 중 하나를 중시하는, 다시 말해 '기동'과 '전투'
간을 왕래하는 형태의 전쟁수행 방식이다. 따라서, 섬멸전 전략에서는
상대방 군의 격멸을 추구하기 때문에 전쟁의 승패가 신속히 결정되는 반
면에 소모전 전략에서는 비록 시간은 걸리지만 상대방의 전쟁 수행 의지
를 점차적으로 저하시켜서 의도하는 바를 달성하고 있다.

전략적 마비는 섬멸전도, 소모전도 아닌 제3의 전략이다. 전략적 마비

가 추구하는 바는 적 군사력을 격파하여 전쟁을 신속히 종료시키려는 것
도, 전투와 기동간을 왕래하면서 적을 서서히 쇠잔토록 하는 것도 아니
다. 전략적 마비가 추구하는 바는 전투와 기동을 융합하여 적을 무기력
상태로 몰고 감으로서 전쟁을 조기에 종료시키겠다는 것이다.[50] 여기서
는 적의 군사력과 직접 전투를 벌이기보다는 적의 지휘통제체계 및 지원
체계를 공격하는 방식을 채택하고 있다. 전략적 마비란 전투만을 또는
기동만을 하는 행위가 아니고 이들 둘을 혼합한 형태다. 다시 말해, 적
의 전쟁 수행 능력에 대항해 싸우는 '기동전투(Maneuver Battle)'다.
전략적 마비란 '나비같이 날아서 벌같이 쏜다'는 1960년대 당시의 유명
한 권투선수 클레이의 전법과 유사하다. 오늘날 상대방 국가를 나비같이
날아서 벌같이 쏠 수 있게 된 것은, 다시 말해, 오늘날 전략적 마비란
개념이 의미를 갖게 되는 것은 스텔스기와 같은 항공기, 정밀유도무기,
첨단의 감지체계, 그리고 첨단의 지휘통제체계가 있기 때문이다.

(1) 소모전

소모전은 보통 대등한 수준의 군사력을 보유한 국가간에 진행되는 형
태의 전쟁이다. 소모전은 그 성격상 적지 않은 인명 및 자원의 손실을
유발하며 전쟁 수행 기간도 비교적 긴 편이다. 이는 거의 대등한 수준의
군사력을 갖고 있어서 이들 중 어느 한 편도 상대방보다 의사를 신속히
결정할 능력이 없는 경우 또는 자신에게 다가온 전기를 포착할 능력이
없는 경우에 수행되는 형태의 전쟁이다. 제1차 세계대전 당시 독일의 지
휘관인 에르히 폴켄하인(Erich von Falkenhayn)은 소모전을 실천에
옮긴 대표적인 사람인데, 그는 참호전을 통한 소모전에서 '프랑스인의
피를 마지막 한 방울까지 마르게 해야 한다'고 주장하였다.

---

50) 전투와 기동을 융합하고자 할 때 사용할 수 있는 최상의 수단은 무엇인가? 이
    들 수단중 하나가 항공력이라는 데에는 의심의 여지가 없다.

(2) 섬멸전

섬멸전 전략은 상대방과 비교해 압도적으로 우수한 전력을 보유하고 있을 때 보통 사용되는 전략이다. 그 대표적인 사례는 미국의 남북전쟁 당시 북군의 지휘관 그란트(Grant)가 남군의 지휘관 리(Robert E. Lee)를 추격할 당시에서 찾아볼 수 있다.

당시의 상황에서 그란트는 별 다른 대안을 갖고 있지 않았다. 상대방보다 우수한 전력을 보유하고 있었던 그란트는 가능한 한 신속히 전쟁을 종료하고 더 이상의 후환(後患)을 제거한다는 차원에서 상대방 군의 완벽한 격파를 추구하였다.

그러나 오늘날에는 항공력, 정밀유도무기, 첨단의 감지 및 지휘통제체계가 출현하면서 소모전 및 섬멸전이 아닌 전략적 마비를 통해 전쟁을 저가의 비용으로 신속히 종료할 수 있게 되었다.

3. 전략적 마비

이미 언급한 바와 같이 '마비'란 전혀 새로운 개념이 아니다. 전쟁을 '마비'의 측면에서 바라본 분들이 역사상 적지 않다. 제1차 세계대전의 참상을 목격한 영국의 두 퇴역 군인인 풀러와 리델하트는 전략적 마비란 개념을 구상하였다. 적의 무기력을 염두에 둔 최초의 근대적 작전개념인 '기획 1919(Plan 1919)'를 구상한 바 있는 풀러는 "군에서 물리적 힘의 원천은 조직이며, 이들 조직을 통제하는 것은 두뇌다. 따라서, 상대방 군의 두뇌에 해당하는 부분을 마비시키게 되면, 이들 군의 몸은 그 동작을 멈출 수밖에 없다."[51] 란 내용의 글을 작성하였다. 상대방 국가의

---

51) J. F. C. Fuller, "The Foundations of the Science of War", (London: Hutchinson, 1925), p. 314.

군사력을 격멸시키기 위한 가장 효율적이고도 효과적인 방안은 '두뇌를 겨냥한 전쟁(Brain Warfare)'이라고 풀러는 주장하였다. '상대방의 몸 이곳 저곳'에 소규모의 출혈을 유발하는 것이 아니고 '두뇌에 해당하는 부분'에 주사 바늘을 꼽게 되면 즉각적인 효과가 유발될 수 있다는 주장이었다.

군사전략에 관한 한 리델하트 또한 풀러와 유사한 생각을 갖고 있었다. "극적인 승리를 거둔다고 할 지라도, 그 과정에서 출혈의 정도가 심하면 이는 전혀 소용이 없다."는 논리를 전개하면서, 보다 효과적이면서도 경제적인 형태의 전쟁은 격멸이 아닌 마비를 통해 상대방 적을 무장해제시키는 것이라고 그는 주장하였다. [52]

항공무기의 출현을 목격한 풀러와 리델 하트는 상대방 적을 전략적으로 마비시키는 과정에서 항공력이 결정적인 역할을 수행할 수 있을 것이라고 생각하였다. 향후의 전쟁에서는 지상군이 상대방 육군을 견제하는 동안 항공력을 이용해 상대방 국가의 통신체계 및 기지를 격파하여 적을 마비시키는 그러한 현상이 벌어질 것이다. [53]고 풀러는 예견하였다. 1925년도 당시 리델 하트는 "항공력을 이용해 신속하고도 강력히 공격하게 되면 항공력의 측면에서 열세한 상대방 국가의 지휘통제체계를 적대 행위가 시작된 지 몇 시간 또는 몇 일 이내에 마비시키지 못할 이유는 전혀 없다"[54]는 추론을 전개하였다.

항공력에 대해 이처럼 구상한 사람이 이들만은 아니었다. 제1차 세계 대전에 참여하였던 항공기 조종사들 중 다수의 전략가들이 이같은 논리를 전개하였는데, 트렌차드(Hugh Trenchard)와 윌리암 미첼(William

---

52) Basil H. Liddell Hart, "*Strategy*", (London: Faber & Faber, 1954), p. 212.

53) Fuller, Op.Cit, p 181.

54) Basil H. Liddell Hart, "*Paris: Or the Future of War*", (New York: Dutton, 1925), pp. 40-41.

Mitchell)은 그중 대표적인 분들이다. 영국공군의 원수였던 트렌차드 경은 참모총장에게 보낸 1928년도의 메모에서 "항공력이 추구해야 할 목표는 적의 무기 생산소를 파괴하고, 통신 및 수송체계를 단절시킴으로서 전략적 마비를 유도할 수 있도록 하는 것이다."[55] 고 강력히 주장하였다. 상대방 국가의 핵심부를 공격함으로서 적을 마비시키는 방식으로 전쟁을 수행하게 되면 '지상군 및 지상군을 엄호하고 있는 항공력을 공격하는 경우'에 비해 훨씬 적은 노력으로도 엄청난 효과를 유발할 수 있기 때문에 어렵지 않게 전쟁을 승리로 이끌 수 있다고 그는 주장하였다.

미 육군준장이었던 미첼 또한 전략적 마비를 신봉한 사람이었다. 1919년도 당시 그는 "전쟁 발발 초기에 항공력을 이용하여 지휘통제체계와 같은 상대방 국가의 신경 조직을 공격하게 되면 이들 국가를 마비시킬 수 있기 때문에 항공 포격에 의한 효과는 엄청나다"[56] 고 주장하였다. 그는 또한 "상대방 국가의 심장부를 직접 공격하여 적을 무력화 및 파괴시킬 수 있는 항공력이 출현함으로서 전쟁 수행 방식에 일대 혁신이 일어나고 있다. 진정으로 공격해야 할 대상은 야전의 지상군이 아니고 적의 심장부다. 상대방 국가의 지상군 주력을 격파하면 전쟁에서 승리할 수 있다는 논리는 타당성이 없다."[57] 고 주장하였다.

트렌차드와 미첼은 전략적 마비란 개념을 옹호했던 초기의 항공 사상가들이다. 그들은 불후의 명저를 통해 항공력을 이용한 전쟁은 가히 혁

---

55) Charles Webster and Noble Frankland, *"The Strategic Air Offensive against Germany, 1939-1944"*, (London: Her Majesty's Stationary Office, 1961), p. 72.

56) Thomas H. Greer, *"The Development of Air Doctrine in the Air Arm, 1917-1941"*(Washington, D. C.: Government Printing Office, 1985), p. 9.

57) William Mitchell, *"Skyway"*, (Philadelphia: J. B. Lippincott, 1930), p. 255.

신적이라고 주장하였다. 지상전에 의한 피비린내 나는 정체현상을 피해
갈 수 있으며, 단일의 항공무기에 '기습'과 '화력'이란 요소를 가미할 수
있기 때문에 항공력을 이용하게 되면 적진 깊숙이 위치하고 있는 심장부
를 강타할 수 있다는 주장이었다. 자군의 항공 분야에 트렌차드와 미첼
이 지대한 영향력을 행사하고 있었기 때문에 영국 및 미국의 전략 항공
교리에 전략적 마비란 개념이 깊숙이 스며들게 되었다.

전략적 마비란 개념을 오늘의 시각에서 재해석한 사람들은 존 보이드
(John Boyd)와 와든(John Warden)이다.

(1) 존 보이드의 사상

존 보이드는 F-86 조종사로서 한국전에 참전한 바 있는 전투 조종사
다. 그는 소련제 미그-15가 F-86보다 여러 측면에서 우수하였음에도
불구하고, F-86의 비행 통제체계가 유압(油壓)에 의해 작동되었기 때문
에 공중전 과정에서 F-86 조종사들이 한 위치에서 다른 위치로 신속히
기동할 수 있다는 결정적인 이점을 향유하고 있음을 감지하였다.

뛰어난 능력을 보유하고 있던 미그-15에 대항하여 10 : 1의 격추율
을 자랑할 수 있었던 것은 F-86이 이처럼 신축성 있게 대응할 수 있었
기 때문이었다. "신속한 전이(轉移) 기동"이 전술 상황에서 매우 중요하
다는 논리였다. 전역 후 그는 항공전에 관한 전술적 개념을 모든 형태의
분쟁에 적용 가능한 이론으로 확장하였다.

분쟁에 관한 보이드의 이론은 물리적이고 공간적이기보다는 심리 및
시간적 측면에서의 기동에 관한 것이다. 그의 이론의 핵심은 "작전 및
전략적 측면에서 기습적이고도 매우 위험한 상황을 연출함으로서 적 지
휘부의 전쟁 수행 의지를 말살하겠다는 것이었다."[58] 이같은 목표를 달

---

58) William S. Lind, *"Military Doctrine, Force Structure, and the
Defense Decision-Making Process,"* Air University Review 30, no.

성하려면 상대방보다 빠른 속도로 작전을 수행해야 한다. 달리 표현하면, 그의 이론이 의도하는 바는 매우 빠른 속도로 상황을 전개하여 적으로 하여금 정신적 측면에서 대응할 수 없도록 하는 방식으로 적을 무력화시키겠다는 것이었다.

그는 『아측 입장에서 마찰을 유발할 가능성이 있는 요소를 극소화할 필요가 있다』는 클라우제비츠의 주장과 『상대방이 느끼는 마찰의 요소를 교묘히 활용하게 되면 분쟁을 유리한 방향으로 유도해 갈 수 있다』는 손자의 사상을 받아 들여 불확실성과 마찰의 요소로 충만 되어 있는 전장환경에 쉽게 적응할 수 있을 뿐 아니라 전장환경을 자신에게 유리한 방향으로 조성해 나갈 수 있어야 한다는 논리를 전개하였다.

아측이 느끼는 마찰의 요소를 최소화하려면 상대방보다 빠른 속도로 행동 및 반응할 필요가 있다고 그는 생각하였다. 이를 구체적으로 표현하면 지휘축선 상의 하부 계층에서 전쟁을 주도적으로 수행할 수 있도록 해야 한다는 개념이었다. 공동 목표가 없는 상태에서, 그리고 지휘관의 의도를 효과적으로 충족시킬 수 있는 방안에 대한 공동 인식이 없는 상태에서 하위 제대의 지휘관이 임의로 판단 및 행동하게 되면 노력이 분산되며, 그 결과로 마찰이 증가하게 된다. 따라서, 일의 처리 방식은 하부 계층에서 분권적으로 결정할 필요가 있지만 '무엇'을 '왜'하는 가의 문제는 중앙에서 지휘할 필요가 있다는 생각이었다.

상대방 적이 느끼는 마찰의 정도를 증가시키려면, 여러 다양한 형태의 방안을 이용해 가장 빠른 속도로 공격할 수 있어야 한다. 오늘날의 '병행전(Parallel Warfare)' 개념과 유사하게, 여러 다양한 방안을 이용해 매우 빠른 속도로 공격하게 되면 그 효과는 자못 치명적이어서 적은 어느 것을 먼저 대응해야 할지 모르는 상태에 빠지게 된다. 다시 말해 이 같은 적은 방향 감각을 완전히 상실하게 된다. 이는 상대방 적의 물리적

4(May-June 1979): 22.

및 정신적 능력을 점차적으로 저하시키게 되면 적의 저항 의지까지도 말살할 수 있다는 논리다.

아측이 행한 작용에 대해 자신이 올바로 반응하려면, 자신이 인지하고 있는 상황과 실제 상황간의 불일치를 제거할 수 있어야 한다. 상대방 적으로 하여금 이같은 불일치를 제거할 수 없도록 하려면 적의 정보처리, 의사결정 및 행위처리 능력을 방해할 필요가 있다. 이처럼 자신의 상황파악 능력이 공격을 받은 적은 자신에게 일어나고 있는 상황 뿐 아니라 이들에 대한 대응 방안까지도 전혀 감지할 수 없게 된다. 이같은 적은 공격 초기에는 혼란을 느끼지만 그 정도가 심해지면 체계 마비에 따른 공포의 분위기로 확산되며, 결과적으로는 저항 의지 및 능력을 잃게 된다는 논리였다.

보이드는 상대방 적을 의지적-정신적-물리적 보루(堡壘), 그리고 이들을 연결하는 연결고리 또는 행위로 구성되어 있는 3차원의 존재로 보았다.[59] 상대방 적을 격파하려면 '중심(Center of Gravity)'을 공격할 필요가 있다고 클라우제비츠는 주장하였지만 그는 "권력 및 행동의 중심"을 모두 격파할 필요는 없으며, 이들 중심을 묶어주고 있는 의지적-정신적-물리적 연결 부위를 공격하여 상대방 적의 중심들이 상호 협조할 수 없도록 하는 것으로 충분하다고 주장하였다. 이처럼 연결부위를 공격받은 적은 '내적 조화의 부재'와 '외부 세계와의 단절'로 인해 '무기력 감'이 팽배하게 되고 '저항 의지'가 붕괴되게 된다는 생각이었다.

모든 이성적인 인간들은 주기적으로 '관찰 · 상황파악 · 의사결정 · 행위(OODA: Observe, Orient, Decide, Act)'를 반복하면서 행동한다고 그는 주장하였다. 이같은 관점에서 보면, 전쟁에서의 승리란 OODA 주기를 누가 먼저 완료할 수 있는 가에 따라 달라지는 문제다.

---

59) Boyd, *"Patterns of Conflict"*, p 141.

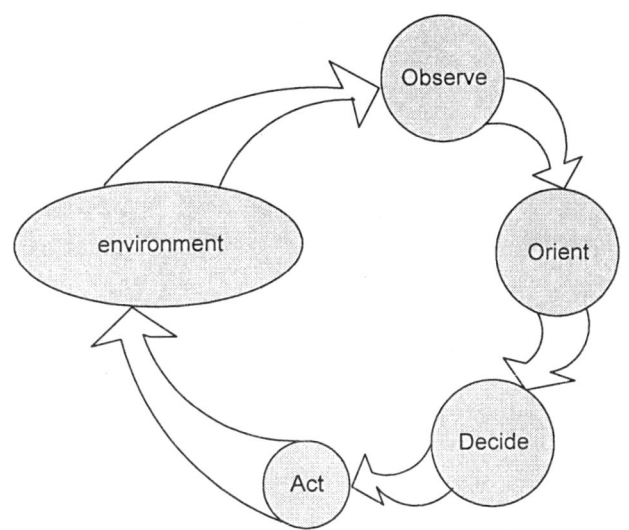

[그림 1] 존 보이드의 O-O-D-A Loop

상대방보다 빠르고도 정확히 그리고 지속적으로 OODA 주기를 완료한 측이 전쟁에서 승리할 것이라는 주장이었다. OODA 주기를 신속하고도 정확하게 완료하는, 다시 말해 전쟁에서 승리하는 비결은 상황을 효율적이고도 효과적으로 파악하는 것이다.

앞에서 언급한 내용을 종합해 보면, 전쟁에서 승리하려면 상대방보다 빠른 속도로 정확하게 그리고 지속적으로 OODA 주기를 완료할 수 있어야 한다는 점을 보이드는 강조하고 있다. 군 지휘관이 이를 수행하는 방법에는 다음과 같은 두 가지가 있다.

첫째, 주도권을 장악하고, 조화 있는 반응을 통해 자신이 느끼는 마찰의 정도를 감소시켜야 한다. 자신이 느끼는 마찰의 정도를 줄이게 되면 OODA 주기가 탄력성을 갖게 된다. 다시 말해, 의사결정에 소요되는 시간을 크게 단축시킬 수 있다.

둘째, 다양하고도 신속하게 반응함으로서 상대방이 느끼는 마찰의 정도를 극대화할 필요가 있다. 상대방 적이 느끼는 마찰의 정도가 증가하게 되면 이들 적의 의사결정 과정은 크게 이완되게 된다. 다시 말해, 의사결정 및 행위를 위해 소요되는 시간이 크게 증가하게 된다. 이들 모두를 종합해 보면, 느끼는 마찰의 정도를 조작하면 상대방 적이 위협을 느끼게 되고, 아측은 예측할 수 없을 정도의 빠른 속도로 OODA 주기를 완료할 수 있게 된다. 이 경우 상대방의 진영에서는 혼란과 무질서의 양상이 나타나다가 이것이 공포와 두려움으로 발전하게 되는데, 이같은 적은 대응능력 및 저항의지의 측면에서 심각한 수준의 마비 현상을 체험하게 된다.

1980년대 초 그는 펜타곤의 미 공군 참모부에 구성되어 있던 Checkmate Division을 대상으로 강의하였는데, Checkmate Division의 임무는 미 공군의 활용과 관련해 장·단기 기획을 작성하는 것이었다. Checkmate Division의 장은 '전략적 마비'의 중요성을 새롭게 강조하고 있는 존 와든이었다.

(2) 존 와든의 사상

1991년도의 걸프전 당시 다국적군이 승리하는 과정에서 결정적인 역할을 담당한 항공작전을 기획한 바 있는 미 공군의 와든 대령은 21세기의 전쟁 양상에 대한 '비전'을 갖고 있었다. 그는 지·해상 전력과 비교할 때 항공전력이 단연 우위에 있다면서, 대부분의 항공이론가와 마찬가지로 항공력은 전략적 영역에서 활용될 때 가장 큰 효과를 볼 수 있다는 주장을 전개하였다. 그러나 종전의 전략 항공 이론가들과는 달리 그는 항공력을 이용한 공격 대상으로 경제적 요소보다는 정치적 요소에 비중을 두었다. 다시 말해, 항공력을 이용해 적의 리더십을 공격함으로서 의도하는 바에 따라 정치적 변화를 유도해 나아갈 수 있어야 한다고 그는 주장하였다.

와든이 이같은 개념을 갖게 된 것은 영국의 군사이론가인 풀러(J. F. C. Fuller)의 덕분이다. 풀러는 '알렉산더 대왕의 용병술(The Generalship of Alexander the Great)'이란 자신의 저서에서 상대방 국가의 지휘 요소를 공격하면 그 효과가 매우 클 것이라고 주장하고 있다. 다시 말해, 전쟁에 관한 풀러의 전략은 『왕의 목을 베어 적을 무력화시킨다』는 것이었다. National War College의 학생으로 있을 당시 그는 '알렉산더 대왕의 천재성'에 관해 논문을 구상하고 있었는데, 풀러의 '알렉산더 대왕의 용병술'이란 작품을 읽고는 그 개념을 항공작전에 도입하는 방향으로 논문을 전개하였다. 오늘날 전 세계의 수많은 국가에서 애독되고 있는 '항공전: 전투기획(The Air Campaign: Planning for Combat)'이란 명저가 출현하게 된 것은 이같은 배경에서였다.

전쟁에서의 항공력 활용의 문제를 다루고 있는 이 책은 국가적 차원에서의 정치적 목표와 전략적 차원에서의 군사 목표를 전구차원의 전쟁 기획으로 변형하는 방법을 다루고 있는데, 전쟁 전반에 걸친 항공력의 기여 방안에 역점을 두고 있다. 이 책은 항공력에 관한 이론과 실제를 바라보는 미국의 시각을 그대로 반영하고 있다. 『오늘날의 전쟁에서는 공중우세(Air Superiority)의 확보가 엄청나게 중요하다』는 와든의 주장은 1943년도에 발간된 '미 육군 야전교범(Army's Field Manual)' FM 100-20에서 비롯되고 있다. 마찬가지로, 적의 '중심(Center of Gravity)'에 해당하는 부위를 집중 공격해야 한다는 그의 주장 또한 적 후방 깊숙이 숨어 있는 핵심부를 공격해야 한다는 미첼의 주장을 연상케 하는 것이었다. [60]

'항공전: 전투기획'이란 책의 요지는 항공력을 올바로 활용하게 되면 최소한의 비용으로도 최대의 효과를 볼 수 있는데, 이는 여타의 어떤 무

---

60) Col John A. Warden III, *The Air Campaign: Planning for Combat*, (Washington, D. C: National Defence University Press, 1988), pp. 51-58

기에서도 볼 수 없는 현상이란 것이다. 항공력의 본질인 빠른 속도, 폭넓은 작전반경, 그리고 융통성을 활용하면 신속하고도 결정적인 방식으로 전 전장에 걸쳐 있는 적의 모든 능력을 공격할 수 있다는 주장이었다. 와든의 주장에서 '핵'을 이루는 개념에 적의 '중심'이란 표현이 있는데, 이는 클라우제비츠[61]가 처음 정의한 용어였다. 그 후 수많은 군사 사상가들이 서로 상이한 이름으로 '힘을 가했을 때 가장 큰 효과를 유발하는 부위'를 언급하고 있는데 그 의미는 동일한 것이었다.[62]

와든은 " '중심'이란 적의 가장 취약한 부위, 그리고 공격을 가했을 때 가장 결정적인 효과가 유발되는 부위라고 정의하고 있다."[63] 군 작전을 기획 및 수행하는 과정에서 가장 중요한 첫 번째 단계는 적의 '중심'을 규명해 내는 일일 것이다.

---

61) 클라우제비치는 '무게중심'이란 "권력과 이동의 중심이기 때문에 모든 것의 생사를 좌우하는 부위. 우리의 모든 정력을 집중시켜야 할 부분."이라고 정의하였다. 출처 : Carl von Clausewitz, "On War", (New Jersey: Princeton University Press, 1976), p. 596. '무게중심'이란 용어를 만들어낸 1800년대 초 당시 그는 적군, 특히 적의 지상군이 '무게중심'이라는 생각을 갖고 있었다. 따라서 육군을 격파하면 상대방 국가는 순순히 항복할 것으로 생각하였다. 당시 적군을 주요 표적으로 분류하였던 것은 국가의 지휘부를 지원하는 것은 국민이고 국민을 보호하는 것이 군이었기 때문이었다. 따라서, 적군을 격파하면 전쟁은 보통 종료될 수밖에 없었다. 그러나 항공력이 등장하면서 상황은 크게 바뀌었다. 항공력을 이용하면 육 · 해군과 접촉하지 않으면서 적의 '심장과 영혼'에 해당하는 부위를 곧 바로 공격할 수 있게 되었다.

62) 듀헤는 이를 "핵심부(Vital Centers)", 리메이(Curtis Lemay)는 "핵심 표적(Vital Targets)", 조미니는 "전략적 측면에서 결정적인 지점(Decisive Strategic Points)", 헤리스(Bomber Harris)는 "만병통치약과 같은 효과를 유발하는 표적(Panacea Targets)", 리델 하트(Liddell Hart)는 적의 "아킬레스건(Archilles Hell)", 미첼(Billy Mitchell)은 "신경의 중심부(Nerve Centers)", 그리고 클라우제비치(Clausewitz)는 이를 "무게중심(Center of Gravity)"이란 용어로 표현하였다.

63) Col John A. Warden III, Op.Cit, p. 9.

이미 수많은 사람들이 '중심'이란 개념을 항공력 이론에 접목시켰는데, 와든의 경우에서 특이한 점은 적의 '중심'을 적의 강점 부위인 동시에 취약 부위로 언급하고 있다는 점이다.[64] '중심'이란 개념에 이처럼 양면성이 내재해 있다는 점은 전투기획 과정, 특히 육·해·공군 중 주도적인 역할을 담당해야 할 군을 규명하는 과정에서 적지 않은 의미를 부여하고 있다. "적의 '중심'에 도달할 수단 및 능력을 지상군 및 해군은 보유하고 있지 않기 때문에 항공력이 이들 3군 중에서 주도적인 역할을 담당해야 한다"[65] 고 와든은 주장하였다.

적의 '중심'을 올바로 규명하고 이들을 적절한 수단을 이용해 공격하는 것이 매우 중요하다는 점을 강조하고 있기는 하지만 자신의 저서 '항공전: 전투기획'에서 이같은 일을 수행하는 방법에 대해 그는 자세히 언급하고 있지 않다. '중심'을 규명하기 위한 과정을 와든은 자신의 저서가 발간된 지 몇 년 뒤에 구체화시켰다. 펜타곤에서 일하면서 그는 항공력에 관한 일관성 있는 이론이 절실히 요구되고 있다고 생각하였다. 1988년도 말 그는 항공력과 관련해 '중심'이란 개념에 적합한 '조직구도(Organizing Scheme)'를 찾는 과정에서 [그림 2]에서 볼 수 있는 5개의 동심원(同心圓) 형태의 모델을 개발하였는데, 그는 항공력을 이용해 이들 개개 동심원의 핵심부를 공격해야 한다고 주장하였다.

시스템의 측면에서 적을 분석해 보면 적이 보유하고 있는 모든 전략적 개체는 다섯 개의 부분으로 쪼갤 수 있다고 그는 주장하였다.[66]

---

64) 클라우제비치는 '무게 중심'을 강점의 측면에서만 바라보았다.
  출처: Carl von Clausewitz, Op.Cit, p. 596.

65) Col John A. Warden, Op.Cit, p 149.

66) Col John A. Warden III, "The Enemy as a System", Airpower Journal 9. no. 1, Spring 1995, p. 55.

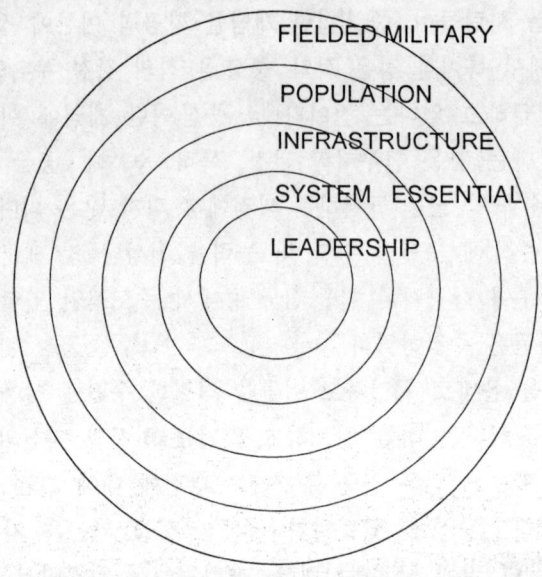

FIELDED MILITARY

POPULATION

INFRASTRUCTURE

SYSTEM ESSENTIAL

LEADERSHIP

[그림 2] 존 와든의 동심원

시스템의 측면에서 바라볼 때 적의 가장 중요한 부분은 가장 내부에 위치하고 있는 원(圓)인 지휘부(Leadership)다. 동심원의 중심에서 외부로 나아감에 따라 그 중요도가 감소하게 되는데, 이들은 체계핵심(System Essential), 기반구조(Infrastructure), 국민(Population), 그리고 야전군의 순이다. [67]

개개의 원은 단일의 '중심'으로 구성되어 있는 경우도 있지만 일군(一群)의 '중심'들이 상호 연계된 상태에서 권한 및 이동의 핵을 이루고 있는 경우도 있다. 특정 '중심'을 격파 또는 무력화시키게 되면, 그 '중심'이 위치하고 있는 원은 제 기능을 발휘할 수 없게 되며, 이것으로 인해 시스템 전체가 영향을 받게 되는데, 기능을 멈춘 원의 성격에 따라 영향

---

67) Col John A. Warden III, *"Air Theory for the Twenty-first Century"*, (Air Command and Staff College), Jan 1994.

의 정도는 달라진다. 다시 말해, 지휘부에 해당하는 원이 기능을 멈추게 되면 그 효과는 엄청나지만, 야전군에 해당하는 원의 경우에는 시스템 전체에 미치는 효과가 상대적으로 크지 않다는 생각이었다. 개개의 링 내부에 위치하고 있는 '중심'을 정확히 규명할 수 있는 방법으로 와든은 개개의 링을 다시 지휘부, 체계핵심, 기반구조, 국민, 그리고 야전군으로 나누고, 이들 개개를 다시 다섯으로 나누는 과정을 진정한 '중심'이 표출될 때까지 반복하라고 제언하였다. [68]

5개의 동심원에 기반을 둔 와든 이론의 핵심은 전략을 기획하는 과정에서는 적의 지휘부에 최우선적인 비중을 두어야 한다는 것이었다. 적의 지휘부가 표적(標的)에 포함되어 있지 않다면, 항공 전략가들은 여타의 원에 위치하고 있는 '중심' 중에서 적 지휘부에 심리적 측면에서 가장 큰 영향을 미칠 수 있는 것들을 집중적으로 공격해야 한다고 그는 주장하였다. 이들 개개의 원에는 공격을 가하면 물리적 차원에서 마비를 유발할 수 있는 '중심'들이 있는데, 이들이 공격을 받은 상태에서 적 지휘관이 저항하게 되면 그 대가는 엄청날 것이라는 생각이었다. 지휘부라는 '중심'을 공격하는 경우에는 물리적 차원에서 시스템 전체가 마비되지만, 여타의 원에 위치한 '중심'을 공격하면 물리적 차원에서의 마비는 제한적이지만 적 지휘부가 느끼는 심리적 압박은 거의 감당할 수 없을 정도라는 인식이었다.

1991년도 당시의 걸프전에서 미 군사 기획가들은 실현 가능한 대응방안을 검토하였는데, 게 중에서 와든이 제시한 항공력 중심의 방안이 채택되었다. 적의 '중심'을 공격할 때 얻을 수 있는 효과는 엄청날 것이라는 확신에서, 그는 5개의 동심원에 근거한 자신의 모델을 전략 항공작전을 지도하기 위한 주요 수단으로 삼았다.

1991년도의 걸프전을 통해 와든은 전략 항공에 관한 자신의 이론을

---

68) Ibid.

더욱 다듬었는데 그 내용을 요약하면 다음과 같다. 첫째, 전략 공격의 중요성과 전략적 차원에서 국가의 취약성. 둘째, 전략 및 작전적 차원에서의 공중우세 상실은 치명적인 결과를 유발한다는 점. 셋째, 병렬전, 다시 말해, 전 전구에 걸쳐 있는 적의 전략적 '중심'을 거의 동시에 공격하게 되면, 그 효과는 매우 엄청날 것이라는 점. 넷째, 정밀무기와 스텔스 기술이 결합되면 집중과 기습의 효과를 동시에 발휘할 수 있다는 점 (예전에는 집중과 기습은 서로 대립되는 개념이었다.). 다섯째, 향후 50년까지는 대부분의 주요 분쟁에서 항공력이 주도적인 역할을 담당할 것이라는 점."[69] 등이다.

항공력에 관해 평소 품고 있던 생각과 1991년도 걸프전에서의 경험을 종합하여 와든은 21세기의 항공력 활용 방안에 대한 이론적 기반을 구축하였다. 이 기본 골격에서는 다음과 같이 목표·방법 그리고 수단의 문제를 집중적으로 다루고 있다. 첫째, 항공 전략가들은 군사 행위를 통해 얻고자 하는 정치적 목표가 무엇인지를 올바로 이해하고 있어야 한다 (목표).

---

69) Ibid. 본 논문에서 와든은 집중과 기습의 관계에 대해 다음과 같이 언급하고 있다.

인류 전쟁 역사상 최초로 단일의 개체가 집중과 기습을 동시에 연출할 수 있게 되었다. 기습이란 전쟁에서 매우 중요한 요소였다. 병력의 열세를 보충할 수 있다는 측면에서, 기습은 가장 중요한 요소다. 기습은 집중의 개념과 상충된다는 측면에서 그 달성이 어려웠다. '전쟁이란 확률의 경기'에서 승리할 수 있을 정도의 충분한 투사체를 발사할 수 있으려면 고도의 군사력을 유지할 필요가 있는데, 이를 위해서는 대규모의 병력을 소집 및 이동할 필요가 있었다. 물론, 은밀히 대규모 병력을 소집 및 이동한다는 것은 항공기에 의한 정찰 수단이 출현하기 이전에도 대단히 어려운 일이었다. 따라서, 기습의 가능성은 높지 않았다. 스텔스기를 이용한 은밀한 적진침투와 정밀유도무기의 정밀성으로 인해 '문제의 양면: 집중과 기습'을 모두 해결할 수 있게 되었다. 은밀한 적진침투에 의해 기습이 가능하며 정밀성의 확보로 인해 과거 수천 개의 무기로도 해결하지 못했던 것을 단 한방의 무기로 달성할 수 있게 되었다.

둘째, 정치적 목표에서 정의하고 있는 바에 적이 순응할 수 있도록 유도하기 위한 최상의 군사전략을 결정해야 한다(방법). 셋째, 적의 '중심'을 규명하여 병행적으로 공격할 수 있도록 항공 전략가들은 5개의 동심원에 근거한 이론을 사용해야 한다(수단).

전쟁을 수행하는 목적은 정치적 목표를 달성하기 위함이라는 클라우제비츠의 명언을 와든은 받아들이고 있었다. 정치가가 사용할 수 있는 여타의 방법과 비교할 때 전쟁에 나름의 장점과 제한점이 있는 것은 사실이지만, 전쟁이란 본질적으로 정치적 목표를 달성하기 위한 수단이다. 이같은 관점에서 볼 때, 전쟁이란 전쟁 당사국의 정치 지도자들간에 '대화를 하는 과정'으로 볼 수 있다. 그렇다면, 모든 군사 행위가 추구하는 목표는 적의 군사력을 파괴하는 것이 아니고 적 지휘부의 의지를 아측이 원하는 방향으로 전환시키는 것이다. 와든은 이들 내용을 다음과 같이 상세히 언급하고 있다.

> 전쟁이 의도하는 바는 적 지휘부로 하여금 아측이 원하는 바에 따르도록 하는 것이다. 다시 말해, 일련의 정치적 양보를 획득하기 위함이다…. 자국의 작전적 및 전략적 '중심'이 위협을 받거나, 견딜 수 없을 정도의 심각한 압력이 가해지는 경우 적 지휘부는 이같은 양보를 할 수밖에 없다…. 따라서, 상대방 국가의 산업 및 기반 구조를 공격할 때 의도하는 바는 이들 공격을 통해 적의 야전군이 아니고 적의 지휘부 및 군사 지도자들에게 직접 영향을 미치겠다는 것이다.[70]

적으로 하여금 아측이 의도하는 바에 순응토록 하는 세 가지의 방식을 와든은 제안하고 있는데, 대항하는 경우에는 엄청난 대가가 따른다는 점을 인식시키는 방법, 전략적 마비를 통해 무력감을 조성하는 방법, 그리

---

70) Ibid.

고 섬멸전을 통해 상대방 적을 격파하는 방법이 그것이다.[71] 어떠한 전략을 채택할 것인가는 추구하는 목표의 정도에 따라 달라지는 문제이다.

대항하면 엄청날 정도의 대가가 수반된다는 점을 인식토록 하는 전략이란 적의 지휘부로 하여금 저항에 따른 대가를 사전에 인식토록 하여 저항을 포기토록 하는 방법이다. 이는 적이 인내할 수 있는 고통의 한계를 적의 가치 체계에 근거하여 예상한 후 특정의 표적군(標的群)에 대해 격렬하고도 거의 동시에 병행적으로 공격을 감행하여 이들 한계점이 초과될 수 있도록 하는 방법을 통해 달성할 수 있다. 이론적으로 볼 때, 이처럼 공격하게 되면 아측이 요구하는 조건을 적의 지휘부는 수용할 수밖에 없으며, 적 시스템을 부분적으로 마비시키거나 적 시스템 전체를 마비시키겠다고 위협함으로서 적이 자신의 정책을 바꿀 수밖에 없도록 할 수 있을 것이다.

전략적 마비를 이용한 전략이란 적의 지휘부가 지속적으로 저항할 수 없도록 만드는 방법이다. 적의 모든 시스템을 동심원의 안에서 밖으로 나아가는 순서대로 거의 동시에 완벽하게 무력화시키게 되면 전략적 마비를 유도할 수 있다는 생각이었다. 이같은 경우 아측은 적이 선택해야 할 정책을 미리 정해 놓고 적으로 하여금 이를 받아들이도록 강요할 수 있다는 주장이었다.

마지막으로, 파괴 전략에서는 적 시스템의 궤멸을 추구하고 있기 때문에, 적의 지휘부로 하여금 정책을 바꾸도록 한다는 논리는 타당성을 잃게 된다. 그러나 "파괴 전략을 수행한 경우는 역사상 거의 없으며, 이는 수행하기도 힘이 들고, 적지 않은 윤리적 문제가 따르며, 예상치 못한 결과가 유발될 수 있기 때문에 일반적으로 의미 있는 방안은 아니다."[72] 고 와든은 주장하였다.

---

71) Ibid.

72) Ibid

적의 '중심'을 규명하려면 개개의 작전적 및 전략적 차원의 원을 5개의 동심원으로 분할하여 그것을 공격하게 되면 부분적으로 또는 완벽히 마비시킬 수 있다고 생각되는 바로 그것을 찾을 때까지 원을 지속해서 분할시켜야 한다고 와든은 주장하고 있다. 이처럼 지속적으로 분할해 나아가면 하나의 시스템으로서 적이 내부적으로 상호 연결되어 있다는 점 또는 상호 의존적인 관계를 유지하고 있다는 점을 알게 된다. 결론적으로, 시스템을 완전히 분석해 보면 일련의 '중심'들이 개개의 원(圓)을 연결하는 역할을 할 뿐 아니라 개개의 원에 하나의 구성원으로서 존재하고 있음을 알게된다.

전략적 마비에 관한 와든의 이론 중에서 두드러진 부분을 요약해 보면,

첫째, 항공 전략가들은 정치 지도자들이 설정한 목표의 성격과 구체적인 내용을 완벽히 이해하고 있어야 한다. 정치 지도자들이 설정한 목표에는 적 지휘부의 행동을 어떠한 방향으로 변화시키는 것이 바람직한가, 이같은 변화를 유발하려면 어느 정도의 전략적 마비를 유발해야 할 것인가와 같은 내용들이 포함되어 있다.

둘째, 항공 전략가들은 적 지휘부 및 지휘부가 운영하는 체계를 적절한 수준에서 전략적으로 마비시킴으로서 지휘부의 마음을 직·간접적으로 변화시킬 수 있도록 혼신의 노력을 다해야 한다.

셋세, 항공 전락기들은 적을 5개의 상호의존적인 동심원의 관점에서 분석하여 이들 원 내부에 존재하는 또는 이들 원을 상호 연결하는 '중심'으로서 그들을 격파 또는 무력화시키는 경우 충분할 정도의 전략적 마비가 유발되는 그러한 '중심'을 찾아내야 한다.

넷째, 아측에 유리한 방향으로 가장 신속한 결론이 유도될 수 있도록 모든 정의된 표적을 병행적으로 공격해야 한다.

(3) 존 와든 및 존 보이드의 사상과 정보전

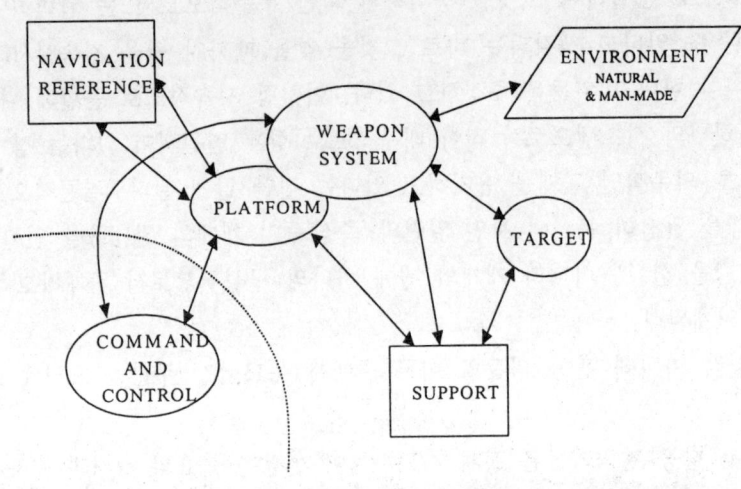

[그림 3] 확장된 무기체계

　　오늘날의 인터넷에서 '정보전(Information Warfare)'이란 이름으로
자료를 수집하게 되면 수 만에 달하는 논문을 접하게 된다.
　　'Cyberwar', 'Netwar', 'Command and Control Warfare' 등 정
보전에 관한 명칭만도 수십 개에 달하고 있는 실정이다. 이같은 연유로
『코끼리를 본 적이 없는 다수의 장님들이 코끼리를 만져보고는 기둥 같
다는 등 전혀 다른 견해를 표명하였다』는 인도의 옛 이야기와 마찬가지
로 정보전에 대한 견해 또한 매우 다양할 뿐 아니라 극히 단편적인 시각
에서 정보전을 언급하고 있는 분들도 적지 않은 실정이다. 예를 들면,
컴퓨터 분야에 근무하는 분들은 컴퓨터 바이러스 또는 헤커의 측면에서
정보전을 바라보고 있다. 그러나 '인류 최초의 정보전(The First
Information Warfare)'이란 자신의 명저에서 미 공군대학의 교수인 알
렌 캄판(Allen Campen)은 1991년도의 걸프전을 '정보전'이었다고 주

장하고 있는데, 걸프전에서 헤커나 컴퓨터 바이러스가 사용되었다는 증거는 없다. 그러면 정보전의 본질은 무엇이고 걸프전을 인류 최초의 정보전이라고 언급하고 있는 이유는 무엇인가?

'기동학파(Maneuver School of Thought)'에게 존 보이드의 사상이 중요한 의미를 갖고 있는 바와 마찬가지로 오늘날의 '정보전사(Information Warrior)'에게 토마스 로나(Thomas P. Rona) 박사는 엄청날 정도의 영향력을 구사하고 있다. 그는 정보전을 여타 형태의 군사기획 및 작전 뿐 아니라 국가전략이라는 보다 큰 문제와도 연계시켰는데, 『빈번한 정보 교류 그리고 첨단 기술의 측면에서 국가전략을 바라보아야 한다』는 것이 그가 주장하는 바의 핵심이다.

로나는 '확장된 무기체계(The Extended Weapon Systems): [그림 3]'란 개념을 구상하였는데, 이는 정밀유도무기와 이들 무기를 둘러쌓고 있는 주변 환경 뿐 아니라 항공기와 같은 정밀유도무기의 운반체계, 레이더와 같은 정보수집 체계, 그리고 정밀유도무기를 표적으로 유도하기 위한 통신 경로간의 상호의존적인 연계 관계를 포함하는 개념이었다. 확장된 무기체계에서 이들은 거미줄처럼 서로 연결되고 있는데, 정보전이 전개되는 공간은 바로 이곳이다.

정보전에서는 서로 밀고 당기는 미묘한 관계가 지속되는데, 그 와중에서 정보전에 참여하고 있는 해당 군들은 상대방의 '확장된 무기체계'를 교묘히 이용 및 조작할 뿐 아니라 이들 체계가 제대로 작동하지 못하도록 방해 활동을 전개하고 있다. 한편, 자신의 '확장된 무기체계'에 대해 상대방 적이 이같은 행위를 자행하지 못하도록 모든 조치를 강구하고 있다. 상대방 적의 '확장된 무기체계'의 연계 관계를 교묘히 이용하기 위한 공세적 행위 그리고 적의 이같은 행위로부터 아측의 '확장된 무기체계'를 보호하기 위한 방어적 행위간에 가장 적절히 조화를 이룰 수 있는 자가 경쟁에서 우위를 확보할 수 있을 것인데, 이는 미래전에서 승리하기 위한 선결적(先決的) 요건이다. 「지휘통제체계가 추구하는 근본적인 목표는 적 지휘통제체계를 파괴하는 것이다」는 로나의 주장과 마찬가지로 상대방에 대한 정보우위의 확보는 미래전에서 매우 중요한 요소이다. [73]

1991년도의 걸프전 당시 미국을 중심으로 한 다국적군은 인공위성과 같은 정보 수집수단, 첨단 지휘통제체계, 그리고 정밀유도무기를 상호 연계하여 작전을 수행함과 동시에 항공력을 이용하여 이라크의 지휘통제 체계를 집중적으로 공격한 바 있는데, 걸프전을 정보전으로 부르는 것은 이같은 이유 때문이다.

상대방 국가의 정보 능력을 공격 및 교묘히 이용한다는 의미에서의 공세적 정보전이 출현하는 과정에서 존 보이드 및 존 와든과 같은 항공 사상가들의 역할이 적지 않다. 따라서 이들의 사상을 정보전의 맥락에서 재정리해 볼 필요가 있을 것이다.

존 보이드와 존 와든은 전략항공 이론의 측면에서 큰 획을 긋는 분들 이다. 이들 이전의 항공 사상가들은 산업화시대의 산물인 무기 공장 등과 같은 곳을 공격하여 상대방 국가를 마비시켜야 한다는 경제전 (Economic Warfare)을 표방하였지만 이들 두 분은 상대방 국가의 지휘통제체계를 마비시키는 것이 현대전에서 승리하기 위한 첩경이라고 주장하고 있다. 20세기 내내 전략항공 사상의 핵심은 상대방을 마비시킨 다는 개념이었지만, 보이드와 와든은 마비의 대상을 산업화시대의 표적에 근거한 경제전에서 정보를 표적으로 한 지휘통제전으로 바꾸어야 한다고 주장하고 있다.

1940년대 후반에 출현한 컴퓨터로 인해 산업화 사회에서 정보화 사회로 전환되는 일대 변혁의 시대에 우리가 살고 있다는 측면에서 이들의 주장은 타당성을 더해가고 있다.

존 보이드는 지휘통제전을 통한 전략적 마비에 역점을 두고 있다. [74]

---

73) 권연근 번역, "미래전 어떻게 싸울 것인가", 연경문화사, pp 494-496, 1999.

보다 구체적으로 말하면, 지휘통제전이 추구하는 바는 지휘통제 과정을 와해시킴으로서 적 지휘부의 의식을 교란하겠다는 것이다. 이미 살펴 본 바와 같이, OODA 순환 주기를 상대방보다 빠른 속도로 종료함으로서 시간의 측면에서 우위를 확보하게 되면 분쟁에서 승리할 수 있는데, 순환 주기가 크게 지연된 적은 의사결정 및 행위를 취하는 과정에서 적지 않은 심적 마비 현상을 노출하게 된다.

OODA 모델은 통제를 위한 것이기도 하지만 정보의 수집 · 분석 그리고 분배 과정을 나타내는 것이기도 하다. 『전투에서 승리하려면 정보가 매우 중요하다』는 점을 강조하고 있다는 측면에서 그는 고대 중국의 전쟁 사상가인 손자로부터 다수의 영향을 받은 듯 하다.[75] 그는 전략 · 작전 · 전술 지휘관들이 신속하고도 정확하게 의사를 결정할 수 있으려면 그 과정에서 정보는 필수적이라는 식으로 손자의 개념을 접목시켰다. 정보의 흐름을 보다 잘 통제할 수 있는 자가 시간 및 방법의 측면에서 보다 효율적으로 관찰 · 상황파악 · 의사결정 그리고 행동할 수 있기 때문에 상대방보다 빠른 속도로 OODA 주기를 완료할 수 있다는 주장이었다. 이처럼 정보의 흐름을 효율적으로 통제할 수 있게 되면 적의 정보 채널을 거부 및 활용할 수 있는 반면에 자신의 채널에 적이 접근하지 못하도록 할 수 있다는 생각이었다.

---

74) Alan D. Campen, "*The First Information War*", (Fairfax, Va: Armed Forces Communications and Electronics Association International Press, 1992), xxi, note 6.

75) 손자는 다음과 같이 말한 바 있다. "모든 전쟁의 기본은 기만이다. 따라서, 힘이 있으면서도 없는 것처럼 행동하고, 활동 중에는 정지하고 있는 것처럼 위장할 필요가 있다. 적을 유인하려면 미끼를 던져야 한다; 적을 공격하고자 한다면 아측이 혼란 상태에 있는 것처럼 위장하여 적으로 하여금 공격하게 할 필요가 있다. 따라서 적을 알고 나를 알면 百戰百勝이라 말할 수 있을 것이다." 출처: Sun Tzu, The Art of War, trans. Samuel B. Griffith (New York: Oxford University Press, 1982), pp. 66, 84.

보이드와 마찬가지로, 존 와튼은 적 지휘부를 표적으로 한 지휘통제전을 통한 전략적 마비를 주장하고 있다. 그러나 OODA에 근거한 보이드의 '처리 중심' 이론과는 달리 와튼은 지휘통제의 구사 형태에 중점을 두고 있으며, 상대방 적의 체계를 5개의 동심원으로 표현할 때 지휘부는 '두뇌의 정 중앙'에 해당한다고 완곡히 표현하고 있다. 정치적 또는 실천적 이유로 인해 '두뇌의 정 가운데'에 해당하는 상대방의 지휘부를 직접 공격할 수 없다면 정보 및 통제 사항을 전달하는 신경 계통에 이상이 있는 경우 두뇌가 제 기능을 발휘할 수 없는 바와 마찬가지로 지휘부로 연결되는 통신 채널을 파괴, 교란 및 교묘히 이용하는 것과 같은 간접적인 방식을 통해 공격하게 되면 상대방의 지휘부에 대한 직접적인 공격 못지않게 효과적이라는 주장이었다.

5개의 동심원이 상호 연계된 상태에서 작동될 수 있는 것은 이들 "상호간을 연결해 주는 정보 고리(Information Bolt)"가 있기 때문이라고 가정하면서, 정보(Information)가 원만히 관리될 때만이 '적이라는 시스템'은 제대로 작동할 수 있다.[76] 고 와튼은 생각하였다. 이들 상호간을 연결해 주는 '정보 고리'가 끊어지게 되면 원(圓)들 내부에 있는 구성 요소들은 통제가 불가능할 정도로 헛 바퀴를 돌게 된다는 주장이었다. 다시 말해, 적 체계를 붕괴시키려면 개개의 원을 상호 연결해 주고 있는 '정보 고리'를 끊어주면 된다는 논리였다.

보이드와 와튼은 전략적 마비 이론을 재래식 전략 항공력에 적합한 형태로 변형하였다. 그들은 공격의 대상을 '전쟁을 지원하는 기업'에서 군 지휘통제체계로 전환하였다. 다시 말해, 경제전에서 지휘통제전으로 선회시켰다. 그러나 보이드와 와튼의 출현으로 미래의 전쟁 수행 양상이 확정된 것은 아니다. 수많은 미래 학자들이 예견하고 있는 바와 같이,

---

76) Col John A. Warden III, *"War in 2020,"* Air War College, Maxwell AFB, Ala., Sep 1993.

오늘날 진행되고 있는 '정보혁신(Information Revolution)'으로 인해 향후에도 전쟁의 수행 양상이 끊임없이 변할 것이다.

영국공군의 원수를 역임한 바 있는 존 슬레서(John Slessor)는 "미래 전 또한 과거의 경우와 거의 유사할 것이라는 가정에 못지 않게 위험한 발상은 미래전은 과거의 경우와는 전혀 다를 것이기 때문에 과거의 전쟁에서 체득한 교훈은 없었던 것으로 해도 무방하다는 발상이다."[77]고 말한 바 있다. 1991년도의 걸프전 당시 전략 항공력을 활용하는 과정에서 체득한 가장 중요한 교훈은 '정보지배(Information Dominance)'의 확보가 매우 중요하다는 점이었다.[78] 이라크 군의 눈·귀 그리고 입에 해당하는 부분을 파괴하고, 그들의 지상 및 우주에 위치한 데이터 처리 체계를 교묘히 이용함으로서 다국적군은 '정보의 우위(Information Superiority)'를 신속히 확보할 수 있었는데, 이것에 의한 효과는 과거의 전쟁에서 '공중우세(Air Superiority)'를 확보한 경우에 누릴 수 있었던 효과에 못지 않았다.[79] 훌륭한 정보·처리 체계의 지원을 받지 않고는 향후에 출현할 무기 및 장비들을 효과적으로 운영할 수 없을 것이기 때문에, 전장터에서 정보를 수집·분석 그리고 전파하는 체계를 거부·교란 그리고 조작하는 행위가 보편화될 것이다. 따라서, 미래전은 적어도 한 가지 측면에서는 1991년도의 걸프전과 동일할 것인데, 이는

---

77) J. C. Slessor, *"Airpower and Armies"*, (London: Oxford University Press, 1936), x.

78) Andrew Krepinevich, *"The Military-Technical Revolution"*(Paper for thr OSD Office of Net Assessment, Washington, D.C., Fall 1992), p 22.

79) 『정보지배의 중요성을 망각하고 있는 자는 항공우세 확보의 필요성을 인식하지 못하고 있는 자가 겪는 것과 동일한 고초를 겪게 될 것이다』고 미 공군의 지휘관은 말하고 있다.
　　출처: Clarence A. Robinson, Jr., *"Information Dominance Edges Toward New Conflict Frontier,"* Signal 48, no.12(1994): p 37.

상대방의 전쟁 수행을 지원하는 '데이터 공간(Datasphere)'을 전략 및 작전 측면에서 통제하는 방식으로 '정보지배'를 추구할 것이라는 점이다. [80]

랜드(RAND) 연구소의 아퀼라(John Arquilla)와 론펠트(David Ronfeldt)는 '정보지배'를 놓고 벌어지는 향후의 전쟁을 '사이버전(Cyberwar)'이란 용어로 표기하였다. 사이버전에 대한 이들의 정의는 다음과 같다.

> 사이버전이란 정보(Information) 원리에 따라 군사작전을 수행하거나, 작전을 준비하는 행위를 지칭한다. 이는 적의 정보 · 통신 체계를 파괴는 아닐 지라도 교란하는 행위를 의미하며, 광의의 의미에서는 적의 군사 문화까지도 포함하는 개념이다. 적이 아측을 알지 못하도록 하면서 적에 관해서는 가능한 한 많은 것을 알려고 하는 행위를 의미한다. "정보와 지식간의 균형(Balance of Information and Knowledge)"을 자신에게 유리한 방향으로 선회시키는 행위를 의미한다. [81]

아퀼라와 론펠트가 말하고 있는 바는 물리적 · 전자적 수단을 이용해 적의 통신 노드 및 연결 부위와 같은 주요 정보 관련 '중심'을 공격함으로서 전략적 마비를 유도하겠다는 것이다.

향후에는 지휘통제와 관련된 기술을 항공기 등과 같은 무기 운반 수단과 상호 연계시키는 행위가 보다 빈번할 것이기 때문에 21세기의 전쟁은 매우 빠른 속도로 진행될 것이다. 수일이 아니고 수분 이내에 전장에서 필요한 정보를 수집 · 분석 · 분배 그리고 이용할 수 있을 것이기 때문

---

80) Joint Warfare of US Armed Forces, p. 57, Nov 1991.

81) John Arquilla and David Ronfeldt, *"Cyber is Coming"*, Rand Report p-7791(Santa Monica, Calif: RAND, 1992), p. 6.

에 아측 및 적의 OODA 주기가 매우 빨라질 것이다.[82] 그 결과, 대부분의 분쟁에서 데이터 공간의 통제가 가장 중요한 요소로 대두할 것인데, 그 이유는 향후에는 공격 체계들이 정보의 수집 및 분배 과정에 크게 의존할 것이기 때문에 이들 과정을 파괴하는 것이나 이들 정보를 이용하는 항공기·무기 등을 격파하는 것이나 거의 다를 바가 없기 때문이다.[83] '정보지배'를 확보하게 되면 아측은 현 상황을 파악하고 있는 반면 적은 전장 상황을 전혀 모르는 상태에서 작전을 수행하는 결과가 초래되기 때문에 '정보지배'는 전쟁에서 승리하기 위한 필수적 요건일 것이다.

4. 전략적 마비에 필요한 요소

(1) 올바른 표적 선정

일부 이론가들이 주장하고 있는 바와 같이 '보유하고 있는 항공력의 정도와 표적선정(Targeting) 능력은 불가분의 관계에 있다'고 한다면, 항공력의 잠재성을 제대로 발휘하려면 표적선정은 필수적 요건일 것이다. 전략적 마비 이론은 『모든 표적의 가치가 동일한 것은 아니다』는 전쟁을 통한 경험 및 일반적 상식에 기인하고 있다. 항공 자산은 제한적이며 고가이기 때문에, 가장 큰 효과가 유발되는 표적에 항공력을 집중시킬 필요가 있다.

핵심 표적들을 중심으로 힘이 모아져 있기 때문에 적의 핵심 요소들을 선별해 무력화시킬 수 있다면, 전략적 차원에서의 마비를 유발할 수 있

---

82) General Gordon R. Sullivan and Colonel James M. Dubik, War in the Information Age, (Military Review, April 1994), p. 47.

83) Maj James L. Rodgers, "*Future Warfare and Space Campaign*", (Maxwell AFB, Ala: Air Command and Staff College, 1993-1994), p 116.

을 것이다.

국가가 보유하고 있는 핵심 표적은 지휘부·통신·산업시설·국민·군사·동맹국 그리고 운송 체계로 분류할 수 있다. 이들 표적에 대해 다음과 같은 네 가지 사항을 가정할 수 있을 것이다.

첫째, 핵심 표적을 바라보는 개개 국가의 인식은 서로 다를 수도 있다는 점이다. 국가들이 힘을 얻는 요소는 동일할 수 있지만, 이들 개개의 요소로부터 얻는 힘의 정도는 국가마다 다를 것이다. 예를 들면, 미국과 북한의 경우를 생각해 보자. 이들 국가도 앞에서 언급한 요소들로부터 힘을 얻고 있다. 그러나 이들 개개의 요소가 차지하는 중요성은 미국 및 북한의 경우 서로 같지 않을 것이다.

둘째, 이들 각국이 중요하다고 생각하는 요소들 간에는 상호 보완적 관계가 있다는 점이다. 다시 말해, 한 요소의 힘이 감소하게 되면 이를 보완해 주는 요소들이 있다는 점이다.[84] 이들 사례가 보여주듯이 단일의 표적을 공격하여 국가를 붕괴시키는 것은 쉬운 일이 아니다. 전쟁에서 상대방 국가가 중요하다고 생각하는 다양한 형태의 표적을 동시에 공격해야 하는 것은 이같은 이유 때문이다. 1991년도의 걸프전 당시 이라크의 모든 통신 시설 또는 수송 수단을 단 기간에 격파했다고 할지라도 이라크는 항복하지 않았을 것이다. 이처럼 모든 것을 격파해도 여타의 것들이 이들 손실을 보완했을 것이다.[85]

---

84) 제2차 세계대전 당시의 독일이 대표적인 경우다. 연합군은 독일의 전쟁 물자 생산에 가장 중요한 요소가 「Ball Bearing」이라고 생각하였다. 따라서, 이들의 생산 시설을 격파하면 전쟁을 종료할 수 있다는 생각이었다. 이들 생산 시설을 거의 완벽히 파괴하였지만 기대했던 바와 결과는 크게 달랐다. 독일은 스웨덴으로부터 이들 물자를 수입하였을 뿐 아니라 이들의 생산 시설을 분산시키고, 이미 생산된 재고품을 이용하여 공격에 대응하였다.

85) 클라우제비츠가 말하고 있는 단일의 '무게중심'에 해당하는 부분을 찾는 것이 불가능하다는 의미가 아니다. 존 와든과 같은 분들은 상대방 국가의 지휘부가 이같은 무게중심이라 말하고 있다. 그러나 이 경우도 국가마다 다르다. 예를 들면,

셋째, 상대방 국가의 정부가 이성에 근거하여 판단할 것이라는 점이다. 목표 달성을 위해서는 어떠한 형태의 희생도 불사하는 그 같은 경우가 없는 것은 아니지만 이처럼 극단적인 경우를 고려할 수는 없다.[86]

넷째, 표적 선정에 관한 것인데, 표적을 올바로 선정할 수 있으려면 충분하고도 적절한 형태의 '첩보(Intelligence)'가 필수적이라는 점이다. 전략적 마비 이론이 성공하려면 과거 어느 경우에서도 볼 수 없을 정도의 방대한 규모의 심도 있는 첩보를 적시에 받아 볼 필요가 있다. 단순히 어느 도시가 아니고 어느 건물 및 어느 사무실을 공격해야 할 것인가를 알 필요가 있다.[87] 적 지휘부를 공격한다면, 누구를 공격해야 할 것인가에 대한 세부적인 첩보가 필요하며, 통신 체계를 공격한다면 주요 공격 대상을 알고 있어야 할 것이다. 또한, 산업 시설을 파괴한다면 어느 건물을 공격해야 할 것인지를 알고 있어야 할 것이다. 이처럼 정확한 부위를 선별적으로 공격해야만 하는 것은 이미 오래 전 리델하트(Liddel Hart)가 언급했고, 그 후 역사를 통해 확인할 수 있었듯이 지나친 파괴는 이같은 파괴를 자행한 국가에 커다란 부담이 되기 때문이다.[88]

걸프전 당시의 사담 후세인, 그리고 제2차 세계대전 당시의 히틀러와 민주 국가의 대통령이 이들 국가에서 차지하는 비중은 다를 것이다.

86) 중세의 십자군 전쟁처럼 종교를 사이에 두고 벌어진 전쟁이 그 대표적인 사례다.

87) 1998년도 8월 클린턴 대통령은 아프리카의 미 대사관 테러범으로 간주되고 있던 사우디 아라비아 출신의 갑부를 사살하기 위해 아프가니스탄의 '테러범 양성소'를 공격한 바 있다. 이는 그가 머물고 있는 방의 위치까지도 정확히 알 필요가 있는 경우였다.

88) "오늘날의 전쟁에서 얻을 수 있는 두드러진 교훈 중 하나는 오늘날의 문명 국가는 상업 및 부의 측면에서 상호 긴밀하게 연결되어 있기 때문에 상대방 국가를 지나칠 정도로 파괴하게 되면 공격을 가한 국가에 그 결과가 되돌아온다는 점이다." 출처: Basil Henry Liddell Hart, "Thoughts on War", (London: Faber and Faber Ltd., 1944), p 42.

(2) 기술

육군 및 해군(잠수함은 제외)과 비교할 때 항공력의 경우에는 기술 의존도가 매우 높다. 항공력을 이용한 전략적 마비란 이론을 구현할 수 있으려면 고도의 기술이 필요하다. 예를 들면, 스텔스 능력 · 정밀유도무기 · 크루즈 미사일 · '강하고도 두툼한 물체를 관통할 수 있는 포탄(Deep-Penetrating Bomb)' · '위치파악위성(GPS: Global Positioning Satellite)' 등이 그것이다. 40,000 파운드 이상의 포탄을 퍼부어야 격파할 수 있었던 교량도 오늘날에는 단 한발의 포탄으로 무력화시킬 수 있게 되었다.[89] 오늘날에는 무기의 정확도 및 치명도가 크게 향상되었기 때문에 공격에 의한 부수적 피해를 거의 유발하지 않으면서도 적의 주요 표적을 선별적으로 무력화시킬 수 있게 되었다.

---

89) 항공기에서 사용하는 포탄의 위력과 정확성이 문제였다. 제2차 세계대전 당시 500 파운드의 포탄을 갖고는 철교를 폭파할 수 없었으며, 정확한 위치에 떨어진 포탄은 거의 없었다. 예를 들면, 1941년도의 야간 공습 당시 표적 반경 5 마일 이내에 포탄을 투하한 영국 공군의 조종사는 20%도 채 안되었다. 대 보름날의 공습에는 그 수치가 40%로 증가하였지만, 초생달 하에서의 공습에서는 7% 이하로 떨어졌다: Martin Middlebrook and Chris Everitt, "The Bomber Command War Diaries", (New York: Penguine Books, 1990)

오늘날에는 무기의 정확도가 획기적으로 개선되고, 인공위성과 같은 감지 능력이 크게 신장되면서 "감지된 것은 공격 가능하며, 공격한 것은 100% 파괴할 수 있는 시대가 되었다."

출처: U.S. Army Field Manual 100-5, Operations(Washington: Dept. of the Army, 1976), p.2-6.

예를 들면, 대 탱크용 미사일인 TOW를 이용하면 3000 미터 떨어져 있는 탱크를 90%의 확률로 일격에 격파할 수 있게 되었다.

출처: 권영근 번역, Op.Cit, p 254.

(3) 공격에 취약한 기반 구조

『항공력은 고도의 산업사회에 적용할 때 그 효과가 크다[90]』고 알렉산더 세바스키(Alexander de Seversky)는 말한 바 있다. 항공력이 효과를 발휘하려면 공격할 만한 가치가 있는 표적이 있어야 한다는 의미였다. 이같은 관점에서 볼 때 전략적 마비란 발전된 근대 국가에 적용할 때 그 효과가 클 것이다. 대규모의 수송망·교량·첨단 생산시설·근대화된 통신체계 등을 보유하고 있지 않은 제3세계 국가는 이들을 구비하고 있는 나라의 경우와 비교할 때 항공력에 의한 공격에 그다지 큰 영향을 받지 않을 것이다. 왜냐하면 존재하지도 않는 물체를 공격할 수는 없는 노릇이기 때문이다. 그와 마찬가지로 발견이 불가능한 물체를 공격할 수도 없다. 월남전 당시 항공력이 제 위력을 발휘할 수 없었던 것은 숲 속 깊숙이 숨어있는 베트콩을 항공력을 이용해 공격할 수는 없었기 때문이었다. 오늘날 국가 기반시설의 구축에는 막대한 자원이 소요되며, 특히 외부로부터의 공격에 대비해 건설하는 경우에는 더욱 그러하다. 이같은 기반시설을 공격하게 되면 적이 느끼는 충격의 정도는 매우 클 것이며, 그 결과 상대방의 행동에 변화를 유발할 수 있을 것이라고 전략적 마비 이론에서는 가정하고 있다.

(4) 항공 통제

전략적 마비 이론은 적의 영공 통제를 전제로 하는 개념이다. 오늘날의 군사작전에서 공중우세의 확보 및 유지가 절대적으로 중요하다는 것은 주지의 사실이다. 그러나 전략적 마비 이론의 적용 과정에서는 공중우세 확보가 절대적이다. 적의 핵심부를 선별적으로 공격할 필요가 있다면, 적 영토를 마음대로 공격할 능력이 있어야 한다. 그렇다고, 전 지역

---

90) Maj Alexander P. de Seversky, *"Victory Through Air Power"*(New York: Simon and Schutter, 1942), pp. 101-102.

에 걸친 완벽한 영공 통제가 필요한 것은 아니다. 제한된 영공을 통제할
수 있으면 대부분의 경우 충분하다. 미 공군교범(Air Force Manual)
1-1은 영공통제(Aerospace Control)란 "영공을 확보 및 통제하고, 적
이 영공을 사용할 수 없도록 하는 제반의 임무 및 역할"[91] 이라고 정의
하고 있다. 영공통제는 종전의 공중우세(Air Superiority)와는 그 의미
가 다르다.[92] 이같은 관점에서 볼 때 상대방 국가가 운영하는 레이더에
거의 감지되지 않는 속성을 갖고 있는 스텔스기는 자체 내에 '영공통제'
를 달고 다닌다고 말할 수 있을 것이다. 사실, 상대방 국가가 자국 상공
의 일부를 통제할 수 있다고 할지라도 이것이 적의 표적을 공격하는 과
정에서 부정적인 영향을 미치지 않는 한 이는 전혀 문제가 되지 않는다.
전략적으로 마비시키기에 충분할 정도로 영공을 통제할 수 있다면 상대
방 적을 어렵지 않게 무력화시킬 수 있을 것이다.

---

91) AFM 1-1, Basic Aerospace Doctrine of the United States Air Force,
   vol. 2, March 1992, p. 269.

92) 항공우세란 "상대방 적 공군력에 대한 우위의 정도로서, 아측의 육 · 해 · 공군이
   주어진 장소와 시간에 적으로부터 커다란 간섭을 받지 않으면서 작전을 수행할
   수 있는 상태"를 의미. 항공패권(Air Supermacy)이란 "상대방 공군에 의한 효
   과적인 간섭이 불가능할 정도의 항공우세"를 의미. 출처: AFM 1-1, vol. 2, p
   273.

5. 결언

1991년도의 걸프전 이후 그 전성기를 맞고 있는 전략적 마비란 개념
이 출현한 것도 이미 오래 전의 일이다. 적을 섬멸 또는 소모시키는 것
이 아니고 비 치명적인 방식을 통해 무력화시킬 필요가 있다는 개념은
지상군에 의한 참호전에서 대 살육이 유발되는 것을 목격한 제1차 세계
대전을 거치면서 출현하였다. 항공력이 참여한 최초의 주요 전쟁에서 항
공력은 인간의 피를 짜내고, 이성을 잃게 하는 도구였다. 당시의 전쟁에
참여한 바 있던 항공인들은 살상이 아니고 마비의 관점에서 생각할 필요
가 있다는 점을 절실히 느꼈는데 이는 전혀 놀랄 일이 아니었다. 와든과
보이드라는 두 명의 항공인이 이 일을 수행하였다.

이미 설명한 바와 같이, 보이드는 OODA라는 과정 중심에서 생각했
으며, 심리적 측면에서의 마비를 안중(眼中)에 두고 있었다. 상대방의
OODA 주기 안으로 기동해 들어감으로서 적의 입지를 곤란케 만들라는
주장이었다. 다시 말해, 적을 주변이라는 외부 환경과 단절시킴으로서
내적으로 고착 관념에 빠지도록 만들라는 것이었다. 내적인 고착 관념에
빠지게 되면 주변 세계와 괴리감을 느낄 수밖에 없다는 주장이었다. 위
급한 전쟁 상황에서 초기에 혼란 및 무질서를 경험한 적은 내부적으로
분열을 일으키게 되고, 그 결과 저항 의지가 와해될 것이라는 주장이었
다.

전략공격에 관한 와든의 이론은 물리적 측면에서의 마비를 염두에 두
고 있다. 적을 다섯 개의 동심원으로 표현하였을 때, 이들 동심원을 병
행적으로, 그리고 안에서 바깥으로 놓여 있는 순서대로 원을 공격해야
하며 이들 체계의 핵은 정 가운데 원에 위치하고 있는 적의 지휘부라고
와든은 주장하고 있다. 이들 원을 지속적으로 분해하다 보면 원의 내부
에 위치한, 또는 원과 원을 연결하고 있는 다수의 '중심'을 찾아낼 수 있
는데, 이들을 공격하게 되면 적의 체계는 총체적 또는 부분적 마비 증상

을 보이면서 무기력해질 수밖에 없다는 주장이다. 와든의 이론은 실천적인, 다시 말해 행동하는 방법을 강조하고 있다.

보이드와 와든은 전략적 마비의 대상을 상대방 국가의 산업 시설에서 지휘통제체계로 전환시켰다. 오늘날 소위 말하는 정보전 또는 지휘통제전의 시대가 열리도록 한 것은 이들 두 분의 노력 때문이다. 전략적 마비란 전쟁 유형이 정보화시대에서 주류를 이룰 것으로는 생각되지만 구체적으로 무엇을 표적으로 해야 할 것인가에 대해서는 어느 정도 변화가 있을 것이다. 따라서, 지금까지도 그러하였지만, 항공력 이론은 융통성 및 즉응성 있게 적용되어야 할 것이다. 제3의 물결 전쟁이 주류를 이루게 될 향후에도 제1의 물결 및 제2의 물결 형태의 전쟁이 완전히 사라지지는 않을 것이라는 토플러의 경고를 항공인들은 명심해야 할 것이다.

전략적 마비란 개념이 제 위력을 발휘하려면 올바른 표적(첩보)을 적합한 무기(기술)로 공격해야 하며, 상대방 적이 잘 발달된 근대화된 체계에 의존하는 정도가 높아야 하고, 적의 영공을 통제할 수 있어야 할 것이다.

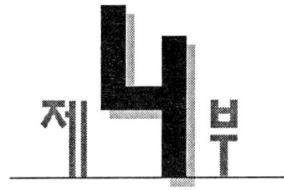

제4부

지휘통제의 문제

1. 개요
2. 정보화시대의 지휘통제
3. 항공력에 관한 갈등(공지전투)
4. 합동전력 발휘를 위한 지휘통제체계 구축방안
5. 지휘통제체계 사례 연구(공군)

1 개 요

'지휘통제체계(C4I: Command, Control, Communication, Computer and Intelligence)'란 「임무 수행을 위해 할당된 군사력에 대해 지휘관이 권한과 지시를 행사하는 과정에서 도움을 주는 체계」로 정의되는데, 오늘날 군의 지휘통제는 지휘통제를 실제 구사하는 인간조직(정부·군대) 뿐 아니라 그 사회의 기술역량과 밀접한 관계를 맺고 있는 문제이다. 현대 경제이론이 그러하듯이 군의 지휘통제는 많은 것이 상호 영향력을 구사하는 가운데 이루어지고 있다. 예를 들면, '가용한 정보기술'·'해당 군에서 운용 중인 무기의 유형'·'전술과 전략'·'군구조'·'인력체계'·'훈련 및 교육체계'·'국가의 정치적 형태' 등 모든 것들이 군의 지휘통제 과정에 영향을 미치고, 지휘통제의 유형에 따라 이들 모두가 영향을 받고 있다.

지휘통제에 관한 첫 번째 논문인 '정보화시대의 지휘통제'에서는 컴퓨터 및 데이터통신을 중심으로 한 정보기술의 발전에 따라 지휘통제에 관한 개념이 어떻게 바뀌어야 할 것인가의 문제를 다루고 있다.

지휘통제를 바라보는 육·해·공 각군의 시각은 매우 상이하나. 예를 들면, 미 육군은 "지휘란 상관의 뜻과 의지를 부하에게 주입시키기 위한 지시의 과정이라면서, 지휘가 가능하려면 부하의 행동이 신뢰할 수 있을 정도로 믿음직스러워야 한다."며 "통제란 상관의 뜻과 의지에 위배되는 부하의 행위를 규명하여 교정하는 과정이다. 통제란 부하의 행동에 바람직하지 않은 요소가 있다는 것을 전제로 하는 개념이다. 지휘관의 입장에서 볼 때 부하가 바람직하지 않은 행동을 하는 주된 이유는 태만함이 그 첫째이고, 그 뒤에 전투를 바라보는 시각의 차이, 임무 또는 지휘관의 의도를 잘못 이해하거나 전쟁의 불투명성(Fog of War) 때문이다."고 밝히고 있다. 지휘통제를 바라보는 육군의 시각 가운데 해·공군이 공감하는 부분도 있을 것이다. 그러나 이들 정의는 전장에 상존 하는 수십만에 달하는 객체를 전술 및 전략적 차원에서 일관성 있게 유지할 필요가 있는 육군에게만 적용되는 독특한 것이다.

"지휘의 속성은 영원하다"고 반 크레벨트(Van Creveld)가 말한 바 있는데, "지휘 관계에서 가장 역점을 두어야 할 점은 지휘축선을 짧고 간명하게 정의하여 누가 무엇을 담당하고 있는가를 분명히 알 수 있도록 하는 것이다."는 미 합참의 견해가 아마도 여기에 해당될 것이다. 지휘통제 과정은 '관찰·상황파악·의사결정·행동(OODA: Observation, Orientation, Decision, and Action)'이란 4 단계의 측면에서 바라볼 수 있다.

"지휘의 본질은 변함이 없지만, 지휘수단은 끊임없이 바뀌고 있다"고 반 크레벨트는 말하였다. "그는 지휘수단을 조직·절차 그리고 기술의 입장에서 바라보았다." 군의 통신수단은 전보에서 시작하여 다량의 정보를 신속히 전달할 수 있을 정도로 발전하였지만, 군은 이들 통신수단을 프리드릭(Frederick) 대제와 나폴레옹이 고안한 중앙집권적 통제 및 계층적 구조하에서 운영하고 있다.

OODA는 정보수집과 의사결정이라는 두 개의 사이클이 동시에 진행되고 있는 과정으로 생각할 수 있다. 첫 번째 사이클은 진행되고 있는 상황을 파악하기 위해 정보를 수집하는 과정이고, 두 번째 사이클은 이들 정보를 이용해 무엇을 할 수 있을 것인가 또는 해야만 하는가를 결정하는 과정이다. 이 모델에서 정보수집 사이클은 관찰과 상황파악을, 그리고 의사결정 사이클은 의사결정과 구체적인 행동을 포함하는 개념이다.

　정보수집 주기와 의사결정 주기간에 적절히 균형을 이루어야 만이 작전을 신속히 추진할 수 있다. 오늘날에는 정보수집 주기가 획기적으로 단축되고 있는데, 그 이유는 AWACS, JSTARS 및 지상의 레이더와 같은 첨단 정보수집 능력과 획득된 정보를 신속히 전송할 수 있는 데이터통신 분야가 급속히 발전하고 있기 때문이다. 예를 들면, "데이터의 전송 속도는 매 18개월마다 2배의 속도로 빠르게 발전하고 있다." 1991년도의 걸프전에서는 초당 3메가 비트를 전송할 수 있었던 반면에, 오늘날에는 초당 300메가 비트도 전송할 수 있게 되었다.

　그러나 불행하게도 의사결정에 도움을 주는 인공지능(Artificial Intelligence) 기술 등은 정보수집 기술과 비교할 때 그 발전 속도가 매우 느리다. 따라서, 의사결정 주기는 알렉산더 대왕 당시와 별 차이가 없다. 이같은 이유 때문에 정보수집 주기와 의사결정 주기간의 불균형을 기술을 통해 해결할 수는 없는 실정이다. 그러므로, 지휘통제에 영향을 미치는 또 다른 요소인 조직과 운용 개념을 갱신할 수밖에 없다.

　정보화시대에 대비하여 육군·해군 그리고 해병대는 분권적인 지휘통제를 지향하고 있는 반면에, 공군은 '중앙집권적 통제, 분권적 임무수행'이라는 전통적인 교리를 고집하고 있다. 정보화가 크게 진전된 국가의 경우에는 지휘통제에 관한 공군의 교리가 '중앙집권적 지휘, 분권적 통제 및 분권적 임무수행'이란 방향으로 바뀌어야 할 것이다.

　지휘통제에 관한 두 번째 논문인 '공지전투의 문제'에서는 오늘날 항공력의 활용 방안에 관한 육·공군간의 갈등의 문제를 다루고 있다.

　공지전투(Airland Battle) 개념은 두 개의 중요한 사항을 전제로 하고 있다. 그 첫째는 최첨단의 지휘통제체계이고 두 번째는 육군과 공군이 새로운 차원에서 작전적으로 통합되어야 한다는 것이다.

　공군이 공지전투 개념에 반대한 이유는 '지휘구조(Command Structure)', 교리 그리고 '자원분배'의 측면에서였다. 흥미로운 사실은 이들 모두가 「항공력이란 본질적으로 공격적이고 융통성 있게 사용되어야 한다」는 항공전략과 관계가 있었다. 두헤(Gulio Douhet)나 미첼의 항공이론 뿐 아니라 북 아프리카와 노르망디에서의 역사적 교훈을 통해 볼 때 항공력은 야포처럼 지상군 지휘관에게 배당되는 형태가 되어서는 않된다는 것이다. 그와는 반대로, 항공력은 집중된 상태로 운영하여 적 표적을 공격함으로서 항공우세를 확보하는데 우선적으로 사용해야 한다는 주장이다. 일단 항공우세가 확보되면, 지상군에 대한 근접항공지원을 포함한 모든 항공작전이 원활히 진행될 수 있다는 주장이다. 더욱이, 항공전은 항공전략 뿐 아니라 역사적 교훈을 통해 보더라도 '전구차원(Theater-Level)'의 관점에서 바라보아야 한다는 것이다. '군단중심(Corps-Level)'의 시각에서 출발하고 있는 공지전투 이론에 대해 공군이 이의를 제기한 것은 이같은 이유 때문이다.

공지전투 교리는 '중앙집권적 통제(Centralized Control) 분권적 임무수행(Distributed Execution)'이라는 현대 항공교리의 기본 골격을 위배하고 있었다.

공지전투에 관해 논하면서 빼 놓을 수 없는 사항에 스티븐 캔비(Steven L. Canby)의 논리가 있다. 공지전투 이론의 성공 여부는 첨단의 지휘통제체계에 달려 있는데 오늘날의 지휘통제체계는 두 가지 측면에서 위험하다는 것이다. 그 하나는 이들 체계가 제대로 작동하지 않음으로서 오는 위험이고 다른 하나는 제대로 작동한다고 가정하였을 때 발생하는 위험이라는 것이다.

1986년에 접어들면서, 공지전투 교리는 최신의 탱크 · 기갑장비 그리고 첨단 헬리콥터의 능력들을 최대한 반영하는 방향으로 새롭게 발전하게 된다. 무엇보다도, 신 교리에서는 '주도권장악(Initiative)', '신축성(Agility)', '종심(Depth)' 그리고 '동시성(Synchronization)'을 강조하게 된다. 이들 4가지 요소가 가능하려면, '의사결정을 적보다 신속하고 정확하게 실시(Turning inside his decision loop)'하여 적의 지휘통제 능력이 그 의미를 상실하도록 만들 필요가 있다. 이는 적과 비교할 때 아측이 월등한 수준의 지휘통제 능력을 보유하고 있어야 함을 의미하였다.

그러나 적 지휘통제 구조에 대한 보다 직접적인 공격 방안이 미 공군 대령 와든(John Warden)에 의해 개발되었는데, 그의 이론은 공지전투와는 전혀 색다른 가정(假定)을 근거로 하여 만들어졌다. 와든은 길리오 두헤와 빌리 미첼이 개발한 고전 항공이론을 오늘의 환경에 접목시켰다. 그는 '항공전(The Air Campaign)'이란 저서에서 『항공력은 그 어느 무기와 비교할 수 없을 정도로 공세적(Offensive)인 성격을 갖고 있다』고 주장하였다. 『항공력이란 「아측에 비교할 때 적의 강점(Strong Points)」이라고 생각되는 부분 또는 '적의 중심(Center of Gravity)' 과 같은 곳에 대한 공격 수단으로 활용될 때 그 효과가 결정적이다』는 근거를 이론적으로 제시하였다. 특히, 그는 상대방 국가의 지휘통제 능력이 이들 국가의 중심에 해당한다고 주장하였다.

와든이 제시한 전략 항공이론과 공지전투 이론을 놓고 1991년도의 걸프전 당시 육군과 공군간에 심각한 갈등이 있었는데, 이는 항공력의 활용방안에 따라 수많은 사람들의 목숨이 좌우되기 때문이었다. 그러나 육군과 공군은 거시적 차원에서 이라크의 지휘통제체계를 와해 및 붕괴시킬 필요가 있다는 점에 인식을 같이 하였다. 걸프전 당시 동맹군이 수행한 대부분의 행위는 『이라크의 지휘기능(Command Function)을 공격해야 한다』는 와든의 이론에 따라 실행되었다.

지휘통제에 관한 세 번째 논문인 '합동전력 발휘를 위한 지휘통제체계 구축방안'에서는 오늘날 합동작전을 수행하고자 할 때 요구되는 지휘통제체계를 어떻게 건설할 수 있을 것인지에 대해 설명하고 있다.

오늘날 육·해·공군은 땅·바다·하늘이라는 서로 상이한 작전환경에서 임무 및 역할을 수행하고 있다. 작전환경이 서로 다르기 때문에 전쟁을 바라보는 이들 군의 시각, 소위 말해 군사전략은 서로 같지 않다.

예를 들면, 전쟁을 바라보는 육군의 시각은 클라우제비츠(Karl von Clausewitz)와 조미니(Antoine-Henry Jomini)의 사상에 근거한 지상전투이론의 입장에서다. 각군의 모든 행위는 이들 군의 군사전략과 밀접한 관계가 있다. 각군이 서로 상이한 군 구조·인사체계·군수체계 등을 유지하고 있는 것은 이들 군의 군사전략이 서로 다르기 때문이다.

현대전은 그 특성상 육·해·공군이 보유하고 있는 전력의 통합(Unified)을 요구하고 있다. 해·공군의 경우와는 달리 육군에는 보병·포병·기갑·공병 및 통신이라는 다수의 전투병과들이 있는데, 이들 병과는 지상전투이론에 의해 통합(Integrated)되고 있다. 다시 말해, 이들 전투병과는 지상전투이론에 근거하여 통합전력을 발휘하고 있다. 육군이 국방부 및 합참에서 자군의 예산을 획득하고, 획득된 예산을 이들 전투병과에 배정할 때 사용하는 '주요 무기'도 지상전투이론이다. 육군의 모든 병과가 단일의 체계(예: 인사·군수 등)에 의해 지원을 받을 수 있는 것도 이들 병과가 단일의 전쟁이론에 의해 움직이기 때문이다.

지상전투이론에 의해 육군의 전투병과들이 통합(Integrated)되듯이 육·해·공군을 통합(Unified)할 수 있는 이론(미국에서는 '전략의 일반이론(General Theory of Strategy)'이라고 지칭)이 존재한다면, 이 이론에 근거하여 육·해·공군에 자원을 효율적으로 배분할 수 있을 뿐 아니라, 이들 군의 전투력을 극대화할 수 있을 것이다. 그러나 불행하게도 이같은 이론은 존재하지 않는다. 따라서, 각군은 서로 상이한 체계를 유지할 수밖에 없다. 오늘날 각군이 독자적인 정보체계(인사·군수·C4I 등)를 유지해야 하는 것도 육·해·공군을 통합할 수 있는 단일의 군사전략이 존재하지 않기 때문이다. 따라서 합동작전 또는 통합작전을 위한 체계는 각군이 건설한 체계를 기반으로 구축되어야 한다.

오늘날 미국을 비롯한 정보화 선진국들이 각군의 정보체계(인사·군수·C4I 체계 등)를 기반으로 합동작전을 위한 체계를 건설하고 있는 것은 이같은 이유 때문이다. 한편 각군을 위한 체계가 구축되어 있다면 합동작전 또는 통합작전을 위한 체계는 컴퓨터 및 데이터통신의 특성인 체계통합(System Integration)을 이용해 어렵지 않게 구축할 수 있다.

지휘통제에 관한 세 번째 논문인 '지휘통제체계 연구 사례(공군)'에서는 항공작전을 지원하기 위한 지휘통제체계의 구축 방안을 데이터의 측면에서 기술하고 있다.

현대전에서 지휘통제체계가 중요한 것은 사실이지만 공군의 작전환경인 하늘에는 전파(電波)의 투사를 방해하는 물질이 거의 존재하지 않는다는 점, 그리고 공군의 주요 지휘통제대상인 항공기는 매우 빠른 속도로 움직인다는 점으로 인해 여타의 군과는 달리 공군에서 지휘통제체계의 중요성은 이루 말할 수 없을 정도로 지대하다. 따라서 공군은 항공기 한 대 더 구입한다는 생각을 지양하고 자군의 지휘통제체계 획득에 심혈을 기울여야 할 것이다.

공군이 운영해야 할 지휘통제체계의 수는 엄청날 정도로 많지만 이들 체계는 데이터를 기반으로 운영된다는 공통점을 갖고 있다. 오늘날 군의 지휘통제체계는 레이더와 같은 감지체계에서 입수한 데이터와 수기식으로 입력된 데이터(인사·군수 등과 같은 자원관리체계)를 기반으로 하고 있다. 따라서 군이 원하는 지휘통제체계를 구축할 수 있으려면 이들 데이터가 관련 부서로 '자연스럽게' 올라갈 수 있어야 할 것이다.

말단제대에서 수기식으로 입력한 데이터가 상급 제대로 자연스럽게 올라갈 수 있으려면, 군의 자원관리체계는 각군의 현실을 완벽히 반영한 상태에서 구축되어야 할 것이다. 각군은 각군 본부에서 말단제대까지를 고려하여 구축해야 할 체계를 설계한 후 이들 체계를 말단 제대부터 단계적으로 구축해야 한다. 오늘날 이들 자원관리체계를 국방부 및 합참과 같은 상급제대에서 일괄적으로 구축하고자 하는 경향도 없지 않은데, 이는 정보체계 구축에 관한 근본 원리를 위배하는 것으로서 이같은 방식으로는 정보체계를 구축할 수 없을 것이다.

적에 관한 정보를 수집하는 체계의 경우에는 이들 체계에 대해 작전적 측면에서 가장 높은 전문성을 갖고 있는 군 또는 이들 체계를 가장 많이 사용할 것으로 예상되는 군이 획득 과정에서 주도적인 영향력을 행사해야 한다. 이들 체계는 육·해·공 각군이 공통으로 사용할 수 있는 성격이라고 하여 육·해·공군이 아닌 여타의 집단에서 체계 획득을 추진해서는 곤란하다. 정보수집 수단을 통해 수집된 데이터는 통신망을 이용하여 공유할 수 있을 것이다.

2 정보화 시대의 지휘통제

1. 서언

오늘날 우리 군에서도 군사혁신(Revolution in Military Affairs)에 대한 관심과 열기가 고조되고 있다. 오늘날의 군사혁신은 미국이 주도하고 있다. "미국은 격감(激減)하고 있는 국방예산과 병력 규모에도 불구하고 군사력이 급 신장하는 기현상(奇現象)을 누리고 있는데 이는 '합동 감시 표적공격(合同監視 標的攻擊) 레이더체계(JSTARS: Joint Surveillance Target Attack Radar System)', '공중 조기경보 통제기(AWACS: Airborne Warning and Control System)'와 같은 감지(感知) 체계, 첨단의 지휘통제체계, 그리고 정밀무기체계 분야에 투자를 아끼지 않았던 냉전시대의 노력에 기인한다."[1] 미국은 감지·지휘통제·정밀무기체계를 상호 연계한 '복합체계로 구성된 체계(System of Systems)'를 꿈꾸고 있다. 미 퇴역 합참차장인 오웬(William A. Owens) 제독은 "1991년도의 걸프전에서 의미 있는 표적의 15%정도를 미국이 실시간에 감지·처리·공격할 수 있었던 반면 2005년에는 그 비율이 90% 이상으로 증가할 것"[2] 이라 말하고 있다.

그러나 새로운 기술을 군에 접목한다고 군사혁신이 유발되는 것은 아니다. 기술의 발전으로 일의 효율성은 높아지겠지만, 일을 처리하는 방

---

1) Stuart E. Johnson and Martin C. Libicki, Dominant Battlespace Knowledge, (National Defence University, April. 1996), p. 1.

2) Admiral Williams A. Owens, System of Systems, (Armed Forces Journal International, January 1996), p. 47.

식과 조직 구조가 근본적으로 바뀌지 않으면 혁신은 가능하지 않다. 기업에서 정보기술에 의한 혁신은 기업의 리엔지니어링, 다시 말해 조직을 바꾸고 업무를 재분배하면서 나타났다. 이는 군의 경우에도 똑같이 적용되는 논리이다. 유명한 군사 전문가인 크레피네비치(Krepinevich) 박사는 "군사혁신은 다수의 군 체계에 새로운 기술을 적용함과 동시에 작전 개념과 조직을 혁신적으로 변화시켜서 분쟁의 성격과 수행 방법을 근본적으로 갱신할 때만이 가능해진다."[3]고 말하고 있다.

컴퓨터와 데이터통신의 접목(接木)이 보편화되기 시작한 1980년대 이전까지만 해도 군 조직은 계층적 구조를 형성하고 있었다. 정보 또한 계층적으로 구성되어 있는 통신망을 따라 유통되었다. 지휘관들은 '통제의 폭(Span of Control)'을 확장한다는 차원에서 정보기술을 이용해 계층적 구조와 중앙집권적 통제를 강화하였다.

그러나 "1991년도의 걸프전에서 다국적군은 통신체계의 전형적 유형인 계층적 구조가 아닌 새로운 방식으로 통신 문제를 해결하였다. 여러 단위 부대들이 팩스와 컴퓨터를 이용해 분권적으로 통신하였다."[4] 이는 컴퓨터와 데이터통신에 기반을 두고 있는 오늘날의 정보통신 기술이 순수 계층적 구조보다는 중간 계층의 단순화, 분권적 관리 그리고 범세계적으로 연결되는 속성을 갖고 있기 때문이었다.

이러한 현상은 민간 기업들에서도 나타나고 있다. 오늘날의 민간 기업은 이같은 정보기술의 속성을 최대한 활용하여 피라미드 계층을 대폭 줄이고, 분권적으로 업무를 수행할 수 있도록 조직을 리엔지니어링하고 있다. 세계 경제의 주도권도 제너럴모터스와 같이 피라미드 구조인 산업화 시대의 기업에서 마이크로소프트와 같이 분권화와 중간 계층이 크게 단

---

3) Andrew F. Krepinevich, Cavalry to Computer: The Pattern of Military Revolution, (The National Interest, No. 37(Fall) 1994), p. 30.

4) 권연근 번역, "미래전 어떻게 싸울 것인가", 연경문화사, p 508, 1999.

순화된 정보화시대의 기업으로 이전되고 있다.

장차 군의 조직 구조도 정보화시대의 민간 기업이 나아가는 방향으로 변모해 갈 것으로 보는 낙관적인 견해도 있다. 그러나 군 조직은 변화를 거부하는 성향을 갖고 있다는 점과 "가장 우수한 천재는 신무기를 발명해 내는 집단이 아니고 새로운 전투 조직을 창출해 내는 집단"[5] 이라는 풀러(J. F. C. Fuller)의 주장을 고려해 볼 때, 군 조직의 갱신은 결코 쉬운 일이 아닐 것이다.

필자는 본 글에서 정보기술에 의한 오늘날의 군사혁신을 한국군이 조만간 겪게 될 것으로는 보지 않는다. 왜냐하면 "한국의 정보기술 수준은 선진국의 수준에 훨씬 못 미치고 있기 때문이다."[6] "지난 수십 년간 국방 예산의 10% 정도를 C4I 분야에 투자하여 10,000개 이상의 지휘통제체계를 보유하고 있는 미국"[7] 의 경우와는 달리 "정보기술 분야에 대한 우리 군의 투자는 극히 미미한 수준이다."[8] "향후 얼마 동안 정보기술에 의한 군사혁신을 체험할 나라는 오직 미국뿐"[9] 일 것이라는 견해도 있다. 그럼에도 불구하고 정보기술에 기반을 둔 군사혁신이야말로 한국군이 지향해야 할 이상적 가치요 목표다. 그러므로 본고에서는 오늘날 정보기술의 속성을 살펴보고 미국의 사례를 조명해 봄으로써 우리군의

---

5) J. F. C. Fuller, Armament and History, (New York: Charles Scriber and Sons), p. 158.

6) Department of Defence, Military Critical Technology List, 1997.8, p. 8-1.

7) Ropelewski, Robert, Command, Control Priorities Shift, Steady Funding Persists, (Signal, May 1996), p. 41.; 권연근 번역, Op.Cit, p 498.

8) 대한민국 국방부, 「국방백서」, (대한민국 국방부, 1996-1997), 100 쪽.

9) Eliot A. Cohen, A Revolution in Warfare, (Foreign Affairs, Volume 75 No. 2. March/April, 1996), p. 51.

지휘구조가 어떻게 바뀌어야 할 것인가를 논의하고자 한다.

　정보기술에 기반을 둔 군사혁신이 그 의미를 최대한 발휘할 수 있으려면, 군의 조직 구조가 오늘날의 정보기술 속성을 반영할 수 있어야 한다. 즉, "중앙집권적 통제 및 계층적 구조"의 사고방식으로부터 "분권화 및 간략화된 계층/네트워크 구조"의 지휘통제 개념으로의 전환이 필요하다.

　제2절에서는 지휘통제를 바라보는 시각과 지휘통제의 대표적 모델인 존 보이드(John Boyd)의 모델을 설명하기로 한다. 제3절 및 제4절에서는 정보기술의 발전을 기반으로 중앙집권적 통제와 계층적 구조의 지휘통제 개념으로부터 분권화된 통제와 간략화된 계층/네트워크 구조의 지휘통제 개념으로 사고방식의 전환이 이루어지게 된 배경을 역사적 측면에서 기술한다. 제5절에서는 미국을 사례로 들어 변화된 지휘통제 개념을 구현하기 위한 노력을 살펴보고, 마지막으로 제6절에서는 정보기술을 반영한 우리 군이 어떠한 방향으로 지휘통제 구조를 발전시켜 나아가야 할 것인지를 제시하고자 한다.

2. 지휘통제 일반

　(1) 지휘통제를 바라보는 시각

　지휘와 통제는 군에서 너무도 보편화된 용어이기 때문에, 그 의미에 문제가 있다고 생각하는 분들은 많지 않다. 지휘와 통제는 두 단어이지만 보통 하나의 의미로 사용되고 있다. 때문에 이들 용어가 독자적 의미를 갖고 있다는 점을 알고 있는 사람은 많지 않다. 이들 용어를 개별적으로 정의하고자 한 사람들은 다수 있었지만 그들 또한 의견이 분분한 실정이다.

"전·평시의 지휘통제(Command and Control for War and Peace)"란 책에서 토마스 콜리(Thomas Coaley)는 이들 두 단어가 나오게 된 배경을 설명하고 있다. 고대(古代)에는 통제라는 개념이 존재하지 않았던 점을 그는 주목하였다. "고대 사람들은 통제를 지휘에 부속되어 있는 기능으로 생각하였다. 통제란 용어는 제1차 세계대전 중에 처음 등장하여 자동화 및 첨단 무기가 보편화된 제2차 세계대전 당시부터 빈번히 사용되었다. 이같은 연유로 지휘는 사람 그리고 통제는 기계와 관련된 용어라고 생각하게 되었다."[10] 예를 들면, 항공기를 통제하는 조종사를 지휘관이 지휘한다는 표현이 그것이다. 지휘는 전략 및 작전적 측면이고 통제는 전술적 측면이라는 견해도 있다. 지휘는 예술이고 통제는 과학에 가깝다는 견해도 존재한다. 존 보이드는 지휘란 지시, 명령 및 강요하는 것이고 통제란 기준을 정하고 이들 기준을 따르도록 하는 것이라는 식으로 지휘와 통제를 구분하였다. 나아가 보이드는 "지휘와 통제라는 표현보다는 리더십과 모니터링(Monitoring)이란 용어가 보다 더 적합"[11] 한 것으로까지 말하였다.

지휘통제에 관한 미 합참의 정의를 보아도 이들 용어에 대한 혼선은 해소될 기미가 보이지 않고 있다. 미 합참 JCS Pub 0-2는 지휘를 다음과 같이 정의하고 있다. "지휘란 계급 및 직분의 측면에서 군의 지휘관이 부하에 대해 합법적으로 행사하는 권한을 의미한다. 지휘란 가용한 자원을 효율적으로 사용하고자 할 때 수반되는 권한과 책임, 할당된 임무를 수행하기 위한 군사력의 기획, 조직의 편성, 지시, 조정 및 통제를 포함하는 개념이다."[12]

10) Thomas P. Coakley, Command and Control for War and Peace, (Washington D. C: National Defence University Press, 1992), p. 36.

11) John R. Boyd, Organic Design for Command and Control, p. 2.

12) Joint Pub 0-2, Unified Action Armed Forces, (Washington, D. C.:Joint Chiefs of Staff, Feb 1995), GL-4.

미 합참의 정의에 따르면 통제는 지휘에 예속된 개념이다. 그렇다면, 지휘와 통제를 특별히 구분하고 있는 이유는 무엇인가? 그리고 통제란 개념은 별도로 취급하면서 조직의 편성, 지시 또는 조정이란 개념은 함께 사용되는 이유는 무엇인가?

미군의 정의를 보아도 이들 용어에 대한 혼선은 해소되지 않고 있다. 미 육군의 지휘통제 교리에 의하면 "지휘란 상관의 뜻과 의지를 부하에게 주입시키기 위한 지시의 과정이라면서, 지휘가 가능하려면 부하의 행동이 신뢰할 수 있을 정도로 믿음직스러워야 한다."고 밝히고 있다. 그러나 통제는 전혀 다른 문제다. "통제란 상관의 뜻과 의지에 위배되는 부하의 행위를 규명하여 교정하는 과정이다. 통제란 부하의 행동에 바람직하지 않은 요소가 있다는 것을 전제로 하는 개념이다. 지휘관의 입장에서 볼 때 부하가 바람직하지 않은 행동을 하는 주된 이유는 태만함이 그 첫째이고, 그 뒤에 전투를 바라보는 시각의 차이, 임무 또는 지휘관의 의도를 잘못 이해하거나 전쟁의 불투명성(Fog of War) 때문이다."[13] 지휘통제를 바라보는 육군의 시각 가운데 해·공군이 공감하는 부분도 있을 것이다. 그러나 이들 정의는 전장에 상존하는 수십만에 달하는 객체를 전술 및 전략적 차원에서 일관성 있게 유지할 필요가 있는 육군에게만 적용되는 독특한 것이다.

"지휘의 속성은 영원하다"[14] 고 반 크레벨트(Van Creveld)가 말한 바 있다. 그러나 지휘 및 통제를 바라보는 시각이 너무도 상이하기 때문에 오늘날 "전투력의 승수(乘數) 요소"로 간주되고 있는 지휘통제체계를 구축하는 과정에서 혼선이 유발되고 있다. "지휘 관계에서 가장 역점을

---

13) U. S. Army, Field Circular 101-55, Corps and Division Command and Control, (Ft. Leavenwonh. KS: U.S. Army Command and General Staff College. Feb. 28, 1985), pp. 3-1 and 3-2.

14) Martin Van Creveld, Command in War, (Cambridge: Harvard Univ Press, 1985), p. 9.

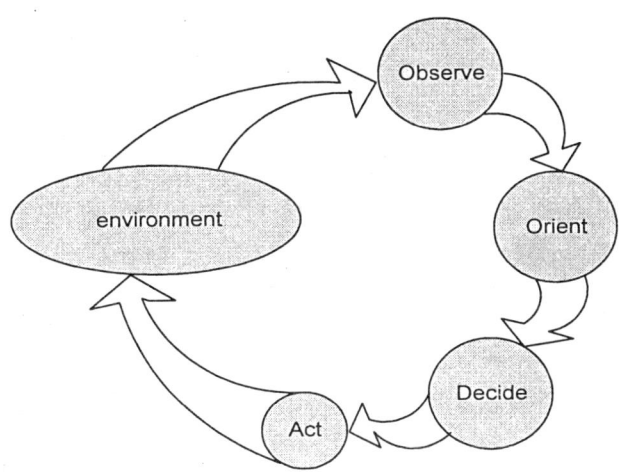

[그림 1] 존 보이드의 O-O-D-A Loop

두어야 할 점은 지휘축선을 짧고 간명하게 정의하여 누가 무엇을 담당하고 있는가를 분명히 알 수 있도록 하는 것이다."[15] 라고 미 합참의 Pub 1은 말하고 있는데, 지휘가 시간 및 기술이란 요소에 구애받지 않는 영원한 속성을 갖는 개념이라면 아마도 이를 두고 하는 말일 것이다.

(2) 지휘통제 모델

지휘통제 과정을 정립하기 위해 다수의 권위 있는 분석가들이 노력해 오고 있다. 존 보이드의 지휘통제 모델은 아마도 가장 간단하면서도 가장 널리 알려져 있는 경우라 할 것이다. 존 보이드는 관찰 · 상황파악 · 의사결정 · 행동(OODA: Observation, Orientation, Decision, and Action)이란 4 단계의 측면에서 지휘통제를 바라보았는데, [그림 1]에 이들 관계가 예시되어 있다. 지휘통제에 관한 존 보이드의 4 단계를

---

15) Joint Pub 1, Joint Warfare of the Armed Forces of the United States, 1995, III-9.

OODA라고 간략히 표현하기도 한다. 이들 단계는 전술적 차원에서 의사를 결정하기 위한 순환 주기라고 부르는데, "순환 주기를 보다 빨리 완료하는 지휘관이 전쟁에서 승리한다."고 보이드는 주장하고 있다. "적보다 빠르고, 일관성 있게 의사를 결정할 수 있는 경우에는 상황을 자유자제로 통제할 수 있다."며 "그 후, 적의 의사결정 과정을 혼란시키게 되면 적의 지휘통제체계는 붕괴되고, 이러한 적은 패배할 수밖에 없다."는 것이 그의 논리이다.

전투 조종사였던 그는 공중전(空中戰)의 관점에서 전투를 바라보았다. 전광석화(電光石火)와 같은 속도, 본능적인 감각 그리고 보다 중요한 것은 상대방과 비교할 때 좋은 위치를 점령한 측이 전투에서 승리할 수 있다는 논리이다.

존 보이드의 의사결정 순환과정은 오늘날 기동전(機動戰) 이론의 근간을 이루고 있는데, 그 이유는 이들 이론이 치중하는 것이 적의 지휘구조, 특히 상대방 지휘관의 의식구조이기 때문이다. "오늘날의 기동전이 추구하는 공격 목표는 적의 군사력이 아니라 지휘체계이다. 예를 들면, 주 전력과 접전하기보다는 적의 취약 부분인 지휘 메커니즘(본부·지휘소·통신 교환소 등)을 공격하여 혼란을 유발해 적을 격파한다는 것이다."[16]

3. 지휘통제 개관

"전쟁사를 살펴보면, 지휘관들은 '전장상황 파악'과 그에 대한 '조치'라는 두 가지 문제를 놓고 일관되게 고심하였다."[17] 첫 번째 문제는 정보수집 과정에, 그리고 두 번째의 것은 의사결정에 관한 것이다. 컴퓨터와

---

16) 권영근 번역, op. cit., p. 273.

17) Frank M. Synder, Command and Control: The literature and Commentaries, (National Defence University, 1993), p. 15.

데이터통신이 본격적으로 접목되기 시작한 1980년대 이전까지의 군은 중앙집권적 통제와 계층적 구조를 강화하여 정보수집과 의사결정의 문제를 해결하였다.

(1) 산업화시대 이전의 지휘통제

산업화시대가 시작되는 시점인 1700년대 중반 이전의 전쟁에서는 지휘관이 직접 정보를 수집하여 의사를 결정하였다. 당시의 전쟁에서는 지휘관이 결정적인 역할을 담당하였기 때문에 적 지휘관을 체포 또는 사살하는 것이 적군을 격파하는 최선의 방안이었다. 산업화시대 이전의 대표적 지휘관에 알렉산더 대왕이 있다. "그는 강력하면서도 중앙 집중화된 방식으로 통제하였다. 일반참모 또는 하급 지휘관이 필요하지 않다고 생각하였기 때문에 대왕은 혼자서 지휘하였다. 대왕이 지휘하는 병력의 수는 50,000이 채 안되었다. 대왕은 본인이 직접 관찰하고, 적에 대한 지식, 자신에 대한 평가, 과거 전투에서의 경험, 그리고 천부적인 전투 기획 능력에 근거하여 전쟁을 준비하였다. 적이 내려다보이는 고지에 서서 대왕은 정보를 수집하였다. 결정된 사항은 대왕이 부하들에게 직접 지시하였다. 의사 전달을 위해 장비를 사용한 경우도 있었지만 대부분의 경우 50,000여 명에 달하는 병사들 앞을 말을 타고 지나가면서 대왕은 구두(口頭)로 지시하였다."[18]

그러나 한 사람이 지휘할 수 있는 범위에는 한계가 있었다. "적과의 접전을 대왕이 진두 지휘하다 보니 접전 중에는 정보를 수집할 수 없었으며, 주변에 있지 않은 부하들에 대해서는 의사를 결정할 수가 없었다."[19] 산업화시대 이전의 전쟁에서는 지휘 방침도 단순하였으며, 지휘 과

---

18) John Keegan, The Mask of Command, (Penguin Books, 1987), pp. 36-55.

19) Ibid., p. 90.

정에서 기술이 사용된 경우도 거의 없었다. "전자(電子) 및 항공기술이 출현하기 이전에는 지휘통제체계가 전쟁에서 차지하는 비중은 경미하였다."[20] 당시 군의 지휘통제는 기술이 아니고 지휘관의 지휘 능력과 관계가 있는 문제였다.

(2) 산업화시대 이후의 지휘통제

1700년대 중반부터 시작된 산업화시대에 접어들면서 새로운 기술과 개념을 이용하여 대군(大軍)을 통치할 수 있게 됨에 따라 지휘통제가 전쟁의 승패를 좌우하는 결정적인 요소가 되었다. 당시 군은 신기술에 근거하여 계층적 구조와 중앙집권적 통제 개념을 도입하였다. 대규모의 병사를 통제할 수 있도록 계층적 지휘구조와 참모 개념을 최초로 도입한 것은 프러시아 군대였다. 이같은 지휘 개념의 혁신으로 정보를 수집하고 의사를 결정하는 과정에서 대변화가 있었다.

대규모의 군사력이 광범위한 지역에 흩어져 있었기 때문에, 산업화시대에는 정보를 수집하고 의사를 결정하는 과정에서 지휘관을 도와주는 사람이 절대적으로 필요하였다. 예를 들면, "프리드릭(Frederick) 대제는 종전의 지휘관과는 달리 후방에 위치한 본부에서 정보를 수집하고 의사를 결정하였다. 대왕은 참모 및 부하들이 제공하는 정보에 근거하여 의사를 결정하였다. 주변으로부터 도움을 받아 의사를 결정하였기 때문에, 산업화시대의 지휘관은 클라우제비츠가 말하는 '불확실성의 영역'에 빠질 위험이 있었다. 불확실성의 요소를 해소하기 위한 방안으로 지휘관들은 중앙집권적 통제를 보다 강화하였다."[21]

"나폴레옹도 계층적 구조를 이용해 중앙집권적으로 통제하였다. 나폴

---

20) James P. Coyne, Airpower in the Gulf, (The Airforce Association, 1992)

21) Martin Van Creveld, op. cit., pp. 10-11.

레옹은 자신의 두뇌를 과신한 탓인지 하급 지휘관들에게는 의사결정권을 주지 않았다. 그는 계층적 지휘구조 때문에 필요한 정보를 원활히 수집할 수 없다고 생각하였다. 나폴레옹은 정보수집을 위한 집단을 별도로 편성하였는데, 그는 이를 방향성이 있는 망원경(Directed Telescope)"²²⁾ 이라고 지칭하였다.

다수의 혁신적인 개념을 도입하여 대처하였음에도 불구하고 나폴레옹의 지휘통제 방식에는 한계가 있었다. 특히, 단일 지휘관이 중앙집권적으로 의사를 결정하는 방식으로는 규모 · 복잡성 그리고 진행속도의 측면에서 급격히 변신하고 있던 산업화시대의 전쟁에 대처할 수가 없었다. "나폴레옹은 아우스테리치(Austerliz)에서 85,000여 군사를 성공적으로 지휘하였지만, 예나(Jena)에서는 150,000 군사를 거의 반밖에 지휘하지 못했으며, 180,000여 군사를 동원해 라이프찌히(Leipzig)에서 전쟁할 당시에는 거의 지휘하지 못했다."²³⁾

"나폴레옹이 몰락하게 된 것은 고도의 중앙 집중화된 방식으로 지휘 및 통제하였기 때문이었다."고 존 보이드는 말하고 있다. "중앙에서 독자적으로 의사를 결정하였기 때문에, 나폴레옹군의 하급 제대에서는 창조성이라고는 전혀 볼 수 없는, 규격화 및 예측 가능한 방식으로 행동할 수밖에 없었다. 때문에, 나폴레옹이 이끄는 군은 기습에 필요한 모호성 있는 행동, 기만 및 기동력을 연출할 수가 없었다."²⁴⁾

이들 문제는 혁신적인 조직 개념 또는 신기술의 도입을 통해서만이 해결 가능한 것이었는데, 기술을 활용한 방안이 먼저 대두하였다. 1800년대 중반, 철도와 전보가 등장하면서 전쟁에 대혁신이 유발되었다. 철도를 이용해 대규모 군사를 단시간에 원거리로 이동할 수 있었으며, 전보

---

22) Ibid., p. 75.

23) Ibid., pp. 104-105.

24) Ibid., pp. 96-102.

를 이용해 원거리에서 통제할 수 있었다. 지휘관들은 이들 기술을 이용하여 최상위 차원에서의 통제를 강화하였다. 그러나 이들 기술에는 양면적인 측면이 있었다. 이들 기술을 이용해 하급 지휘관들에게 보다 많은 정보를 요구할 수 있게 된 반면에 자신들도 상급 지휘관에게 보다 많은 사항을 보고해야만 하였다. 이같은 현상을 오스트리아의 한 장교는 다음과 같이 술회하였다. "수많은 정보를 보고해야 하는 지휘관들을 가엾게 생각해야 합니다. 이들 지휘관은 전선(戰線)의 적, 그리고 후방에 위치하고 있는 자신의 직속 상관이란 두 부류의 적과 대적하고 있는 것입니다."[25] "크리미아 전쟁 당시 나폴레옹 3세는 러시아에서 전쟁을 지휘하고 있던 휘하의 장군들을 통신수단을 이용해 파리에서 달달 볶았다."[26]고 역사책은 적고 있다. "제2차 세계대전 당시 일부 중대장들은 상부로부터 오는 전화를 받지 않으려고 전선에 배치된 소대에 합류해 전투를 수행한 적이 있다."고 마샬(S. L. A. Marshall) 대령은 말하고 있다. 이들이 이처럼 행동한 이유는 10분에서 15분마다 전선 상황을 보고하라는 대대장의 독촉에 신물이 날 정도로 지쳐있었기 때문이었다. 이들 사례에서 보듯이, 지휘관들은 정보기술을 이용하여 중앙집권적 통제를 강화하였다.

하급 지휘관에게 행동의 자유를 보장하면서 적절한 수준의 정보를 요구할 필요가 있는데, 이는 쉽지 않았다. "프러시아의 지도자 몰트케는 전보의 가치를 거의 최초로 인지한 선각자였다. 그는 전선에서 벌어지고 있는 상황을 전보로 확인하고 싶은 강렬한 충동을 느끼곤 하였다."[27]

지휘에 관해 몰트케는 다음과 같이 말하였다. "최고지휘관의 입장에서

---

25) Ibid., pp. 96-102.

26) Roger Beaumont, The Nerves of War, (Armed Forces Communication Electronics Association International Press, 1986), p. 9.

27) Martin Van Creveld, op. cit., p. 108.

가장 불쌍한 사람은 지나치게 감시 받고 있는, 다시 말해 자신이 구상하고 있는 사항을 매 시간마다 보고해야 하는 사람이다. 감시에는 대리인을 통한 방법과 전보를 이용한 방법이 있다. 감시가 지나치게 되면, 독자성, 신속한 의사결정, 그리고 과감한 행동이 불가능하기 때문에 제대로 전쟁을 수행할 수가 없다."[28]

제2차 세계대전을 회고한 전기에서 페튼(George Patton) 장군은 라디오를 경청해야 하고 전화기의 신호를 주시해야 했다는 점에 대해 불만을 토로하면서 다음과 같이 말한 바가 있다. "전화 및 라디오 앞에 가만히 앉아 있으면 불안해 견딜 수가 없었습니다. 부하 지휘관의 행위에 관여하고 싶어 미치겠습니다."[29] 이같은 충동의 정도가 지나친 경우가 있었다며, 풀러 소장은 다음과 같이 적고 있다. "장군들이 방안에 앉아서 통제하는 경향이 보다 심해지고 있습니다. 이들은 현장을 방문하지 않고 전화 및 전보와 같은 기계적 수단을 이용해 하급 지휘관과 접촉을 꾀하고 있습니다. 하급 부대를 직접 방문할 수도 있으련만 장군들은 전선의 지휘관들로 하여금 직접 전화를 걸도록 하고 있습니다. 제1차 세계대전 당시, 선도(先導)는 하지 않으면서 전화를 통해 끝없이 지껄이던 지휘관들의 행위는 정말로 견디기 어려웠습니다."[30]

정보기술의 발전으로 고위 지휘관들이 휘하 지휘관들의 의사결정에 더욱 관여하게 되었다. 예를 들면, "베트남 전쟁 당시 지휘관들은 헬리콥터를 타고 전투 상공을 배회하면서 병사들에게 라디오를 이용해 직접 지시하곤 하였다. 이같은 지휘 방식이 어느 정도 효과는 있었다. 그러나 이는 하급 지휘관들의 의사결정권을 박탈하는 행위였다."[31] "이처럼 고위

---

28) Daniel J. Hughes, ed., Moltke on the Art of the War: Selected Writings, (Novato, Calif: Presidio Press, 1993), p. 77.

29) Roger Beaumont., op. cit., p. 28.

30) J. F. C. Fuller, Generalship:Its Diseases and Their Cure, (Military Service Publishing, 1936), p. 61.

지휘관들이 전술 작전에 관여하는 행위를 제대를 월권하는(Skip Echelon) 전투관리라고 지칭하였는데, 이미 결정된 사항을 공중(空中)에서 상급 지휘관들이 번복하는 행위에 대해 하급 장교들은 크게 분개하였다."[32] 정보기술이 보다 발전해 감에 따라 지휘제대를 월권하여 전투를 관리하는 현상이 크게 늘어났다. 정보기술로 인해 원거리에 위치한 군사력도 어렵지 않게 통제할 수 있게 되었다.

군은 권력을 중앙집중화 하고자 하는 조직 성향을 가지고 있다. 이같은 성향에 부응하여 통신체계들이 발전하였는데, 이들 통신 체계를 이용하다 보면 권력이 보다 중앙집중화 되는 경향도 없지 않았다. "권력의 중앙집중화는 지양되어야 한다는 사실은 1980년도 '이란의 미 인질 구출 과정'에서 대 실패를 경험하면서 처음으로 절감하게 되었다."[33] "군사 전문가, 특히 현장 지휘관의 판단을 보다 존중해야 한다는 요지를 미국의 레이건 행정부가 주요 국방정책으로 강조하게 되었다. 이에 따라, 1981년도의 Sidra만 사건(당시 미 해군기 F-14가 리비아 전투기를 격추시켰다)과 같은 소규모의 작전에서뿐만 아니라 1983년도의 그라나다 침공 및 1991년도의 걸프전 당시와 같은 대규모 군사작전에서조차 전술 지휘관이 통제할 수 있는 범위가 크게 신장되었다."[34]

더욱이, 1991년도의 걸프전은 지휘통제의 성격을 새로운 각도에서 바라볼 수 있도록 한 사건이었다. 오늘날의 지휘통제 성향을 그대로 유지해야 할 것인가 아니면 보다 현대화된 지휘통제 패턴을 발굴해 내어야 할 것인가를 고민토록 했다는 점에서 1991년도의 걸프전은 분수령을 이

---

31) Roger Beaumont, op. cit., p. 22.

32) Ibid., p. 22.

33) 권영근 번역, op. cit., p. 246.

34) Ibid., p. 140. ; Thomas A. Keaney and Eliot A. Cohen, Gulf War Air Power Survey Report, (Department of the Air Force, 1993), p. 219.

룬 전쟁이었다. 첨단 정보기술을 이용해 중앙집권적 통제와 계층적 구조를 강화해야 할 것인가 아니면 분권적 통제와 보다 융통성 있는 조직 구조로 나아갈 수 있도록 해야 할 것인가의 문제를 놓고 고민할 수밖에 없었다.

4. 정보화시대의 지휘통제 특성

"지휘의 본질은 변함이 없지만, 지휘수단은 끊임없이 바뀌고 있다"[35] 고 반 크레벨트는 말하였다. "그는 지휘수단을 조직 · 절차 그리고 기술의 입장에서 바라보았다."[36] 군의 통신수단은 전보에서 시작하여 다량의 정보를 신속히 전달할 수 있을 정도로 발전하였지만, 군은 이들 통신수단을 프리드릭 대제와 나폴레옹이 고안한 중앙집권적 통제 및 계층적 구조하에서 운영하고 있다. 산업화시대의 지휘통제 성향을 그대로 유지하게 되면 최신 정보기술이 주는 이점을 제대로 발휘할 수 없을 것이다. 미래전에서는 빠른 속도로 전투가 진행될 것인데, 지휘관이 신속히 정보를 수집하여 의사를 결정할 수 없으면 문제는 심각해진다.

(1) 미래의 전장상황: 시간의 측면

정보기술의 발전으로 전장터에서 시간의 개념이 크게 단축되고 있다. 예를 들면, 영국전투(Battle of Britain) 당시, 영국공군은 날아오는 적 항공기를 레이더를 이용해 식별할 수 있었다. 적 항공기가 레이더에 잡히게 되면 비행단에 비상을 걸어서 적 항공기가 날아오는 방향으로 전투기를 유도하였다. 특별한 이상이 없는 한 영국의 공군 조종사들은 적

---

35) Martin Van Creveld, op. cit., p. 9.

36) Ibid., p. 10.

기를 요격 · 격추한 후 비행기지로 무사히 귀환할 수 있었다. 그러나 미래의 항공작전은 적 항공기의 식별 · 통보 · 접전에 관한 사항들을 인간의 능력만으로는 결정할 수 없을 정도로 빠르게 진행될 것이다.

미래에는 해상 및 지상 전투 또한 이같은 방식으로 진행될 것이다. "지휘통제체계를 이용해 감지체계와 공격체계를 연결(Sensor-to- Shooter Link)"할 수 있게 됨에 따라 미래에는 표적의 식별에서부터 무기 발사에 이르는 과정에 소요되는 시간이 크게 단축될 것이다. 정보수집에서부터 행위를 취하는 과정에 이르기까지 인적인 요소가 개입될 수 없을 정도로 미래전은 매우 빠른 속도로 진행될 것이다.

이는 작전적 차원에서도 적용되는 현상이다. 퇴역 미 육군참모총장 설리반(Gordon R. Sullivan) 대장은 『Military Review』에 게재한 논문에서 전장에서의 시간이 갖는 의미가 크게 변하고 있음을 도표를 이용해 설명하고 있다.

존 보이드의 OODA 모델을 이용하여 설리반 대장은 프랑스혁명 전쟁 이후 관찰 · 상황파악 · 의사결정 · 행동을 수행하기까지 소요되는 시간이 크게 줄어들고 있음을 설명하고 있다. "1991년의 걸프전에서는 프랑스혁명 당시 한 계절이 소요되었던 전투 준비기간이 하루로 단축되었다."고 그는 말하고 있다.

[표 1] 시간과 지휘통제

	프랑스혁명 이전	남북전쟁	2차세계대전	91년의 걸프전	미래전
관 찰	망원경	전 보	라디오/유선	거의 실시간	실시간
동향 판단	수 주	수 일	수 시간	수 분	지속적
의사 결정	수 개월	수 주	수 일	수 시간	즉 시
행동 개시	한 계절	1달	1주	하 루	한시간 이내

이런 추세로 나아가면 "미래전에서는 적대 행위가 시작된 지 불과 몇 시간 이내에 전투 준비가 완료될 것이다"[37] 라고 설리반 장군은 말하고 있다.

그는 도표를 이용하여 "전장에서 시간의 개념이 변하고 있다."는 사실을 설명하였다. 제2차 세계대전 당시 몇 일이 소요되던 일들이 미래에는 몇 시간, 몇 시간 걸리던 일은 몇 분, 그리고 몇 분 걸리던 일은 수 초 내에 완료될 수 있을 것이다. 이들이 군의 작전개념 및 조직에 끼치는 영향은 지대하다.

(2) 미래전에서의 조직 모델이 갖는 특징

미래전에서는 급변하는 전장 상황에 신속히 대응할 수 있어야 할 것이다. 상대방보다 전장 상황에 신속히 대응할 수 있는 지휘관만이 전장의 흐름을 주도할 수 있을 것이다. 존 보이드의 모델에 따르면, 적보다 한 발 앞서서 OODA 과정을 종료할 수 있는 지휘관이 전쟁에서 승리할 것이다.

OODA는 정보수집과 의사결정이라는 두 개의 사이클이 동시에 진행되고 있는 과정으로 생각할 수 있다. 첫 번째 사이클은 진행되고 있는 상황을 파악하기 위해 정보를 수집하는 과정이고, 두 번째 사이클은 이들 정보를 이용해 무엇을 할 수 있을 것인가 또는 해야만 하는가를 결정하는 과성이다. 이 모델에서 정보수집 사이클은 관찰과 상황 파악을, 그리고 의사결정 사이클은 의사결정과 행동 개시를 포함하는 개념이다.

정보수집 주기와 의사결정 주기간에 적절히 균형을 이루어야 만이 작전을 신속히 추진할 수 있다. 오늘날에는 정보수집 주기가 획기적으로 단축되고 있는데, 그 이유는 AWACS, JSTARS 및 지상의 레이더와

---

37) General Gordon R. Sullivan and Colonel James M. Dubik, War in the Information Age, (Military Review, April 1994), p. 47.

같은 첨단 정보수집 능력과 획득된 정보를 신속히 전송할 수 있는 데이터통신 분야가 급속히 발전하고 있기 때문이다. 예를 들면, "데이터의 전송 속도는 매 18개월마다 2배의 속도로 빠르게 발전하고 있다."[38] 1991년도의 걸프전에서는 초당 3메가 비트를 전송할 수 있었던 반면에, 향후에는 초당 300메가 비트의 전송도 가능할 것이다.

그러나 불행하게도 의사결정에 도움을 주는 인공지능(Artificial Intelligence) 기술 등은 정보수집 기술과 비교할 때 그 발전 속도가 매우 느리다. 따라서, 의사결정 주기는 알렉산더 대왕 당시와 별 차이가 없다. 이같은 이유 때문에 정보수집 주기와 의사결정 주기간의 불균형을 기술을 통해 해결할 수는 없는 실정이다. 그러므로, 지휘통제에 영향을 미치는 또 다른 요소인 조직과 운용 개념을 갱신할 수밖에 없다.

① 불확실성의 제거: 중앙집권적 통제 對 분권적 통제

군이 중앙집권적 통제를 선호했던 것은 지휘관이 정보를 직접 수집하지 않기 때문에 발생하는 전장 상황에 대한 불확실성을 줄이기 위함이었다. 그러나 미래전에서는 상급 지휘관이 느끼는 불확실성의 정도를 줄이는 것도 중요하지만, 하급 지휘관들이 확신을 갖고 행동할 수 있도록 하는 것은 보다 중요하다.

불확실성의 문제는 "지휘통제를 위해서는 불확실한 요소가 전혀 없어야 한다는 주장과 불확실성이란 클라우제비츠가 언급한 바와 같이 전쟁의 본질에 관한 문제이기 때문에 감수할 수밖에 없다"[39]는 크게 두 가지 방식으로 대응할 수 있다. "불확실성 요소를 완벽히 제거하려면 고도

---

38) 권영근 번역, op. cit., p. 491..

39) John F. Schmitt, A Concept for Marine Corps Command and Control, (Armed Forces Communications Electronics Association International Press, 1994), p. 17.

의 효율적인 지휘통제 구조를 창안해낼 필요가 있다."는 것이 첫 번째 주장을 옹호하는 분들의 생각이다. "불확실성의 요소를 완벽히 제거하고자 하는 체계에서는, 지휘관이 고삐를 걸머지고 통제한다. 지휘통제는 중앙을 중심으로, 공식적이고도 융통성이 없는 방식으로 진행된다. 반면에 하급제대의 지휘관은 상급제대에서 제시한 방향을 엄격히 준수하여 통제하며, 하급제대의 독자적인 의사결정 및 자발성은 거의 용납되지 않는다."[40]

이들 체계에서는 상급 지휘관이 자신의 의도에 따라 전적으로 통제하기 때문에 일의 진행 사항을 포함한 모든 면에서 상급 지휘관이 느끼는 확실성은 증가하지만, 하급 지휘관의 경우에는 자신의 의도와 무관하게 일이 진행되기 때문에 진행되는 일을 확실하게 예측할 수가 없다. 다시 말해, 이같은 체계에서는 상급 지휘관이 느끼는 불확실성의 요소는 감소하지만 하급 지휘관이 느끼는 불확실성의 요소는 증대되게 된다. "'전쟁에는 불확실성의 요소가 내재해 있다.'는 클라우제비츠의, 그리고 '플라톤 시대에서 오늘에 이르기까지 지휘통제의 역사는 끊임없이 확실성을 추구하는 과정이었는데, 이같은 모든 행위는 수포로 끝났다.'는 반 크레벨트의 주장이 사실이라면, 중앙집권적 통제는 전혀 극복할 수 없는 전쟁 본질의 문제를 극복하고자 한 불합리한 개념이다."[41]

이에 반해, 어느 정도의 불확실성을 감수하면서 작전을 수행하는 두 번째 접근 방식의 핵심은 "요구되는 확실성의 정도를 낮춘다"[42] 는 것이다. 두 번째 방식이 지향하는 것은 분권적 지휘통제이다. "이같은 체계에서는, 지휘관이 통제할 수 있는 범위는 미미한 반면에 하급지휘관이 독자적으로 행동할 수 있는 폭은 매우 넓다. 하급지휘관은 자발적 판단

---

40) Ibid., p. 17.

41) Ibid., p. 17.

42) Ibid., p. 17.

에 의해 행동한다···. 분권화, 비 규격화 및 융통성 있는 방식으로 지휘
통제를 실시하기 때문에 하급제대는 작전을 신속히 진행할 수 있을 뿐만
아니라 유동적이고도 불규칙적으로 진행되는 상황에 능동적으로 대처할
수 있다."[43]

분권적인 방식으로 지휘통제하는 경우에는 몇몇 상급 지휘관이 느끼는
불확실성의 정도는 증가하지만, 군 시스템의 대부분을 차지하고 있는 하
급 지휘관들이 느끼는 불확실성은 감소하기 때문에, 군 시스템 전체가
느끼는 불확실성의 정도는 크게 감소하게 된다. "상황이 동일하다면 시
스템 전체의 측면에서 느끼는 불확실성의 정도가 감소된 상태인 분권적
으로 의사를 결정할 때 시스템의 효율이 크게 증대된다고 한다."[44] 다시
말해, 분권적 지휘통제는 군의 효율성을 크게 증진시키는 개념이다. 또
한, 분권적으로 지휘통제하는 경우에는 상황에 맞추어 하급 지휘관들이
신속히 대응할 수 있기 때문에, 정보수집 주기가 의사결정 주기보다 빠
르게 진행되고 있는 오늘날, 이들 두 주기간 균형을 유지할 수 있도록
함으로서 OODA 주기를 크게 단축할 수 있다.

② 계층적 구조 對 네트워크 구조

일반적으로 지휘통제 조직 및 구조에는 계층적 구조와 네트워크 구조
가 있다. 전통적으로 군의 지휘통제 성향은 계층적이었다. 군이 계층적
지휘통제 구조를 선호했던 이유는 계층을 따라 정보를 주고받으면 최소
한의 통신으로 지휘 및 통제할 수 있기 때문이었다.

---

43) Ibid., p. 17.

44) Proceedings of the 1992 Symposium on Command and Control,
    (Naval Post Graduate School, June 1992)

(3) 계층적 구조

조지 오르(George Orr)는 계층적 지휘통제 구조를 다음과 같이 설명하고 있다. "이들 체계에서는 단일의 지휘관이 모든 군사력을 관장한다. 하급 제대는 최고 지휘관의 명령에 따라 정확하고도 표준화된 방식으로 반응하며, 군사력 통제에 필요한 자료를 최고 지휘관에게 제시한다. 이들 체계는 계층을 따라 운영되며, 하급 제대는 입수한 모든 정보를 상급 제대에 보고하고, 모든 전투는 중앙에서 관리한다."[45]

계층적 지휘구조에서는 정보수집 및 의사결정 과정을 단일의 지휘관이 관장하고 있다. 계층적 지휘구조 내의 개개 지휘관이 어느 정도의 권력을 갖고 있는가는 보유하고 있는 정보의 종류 및 규모에 따라 좌우된다.

계층적 지휘구조의 첫 번째 문제점은 정보의 흐름이 개개 계층에서 통제되기 때문에 정보를 효과적으로 활용할 수 없다는 점이다. 계층적 구조에서는 하급 제대에서 올라온 정보의 진위를 파악·정제·가감 그리고 수정하여 상급 제대에 보고하는 과정이 매 계층마다 진행된다. 이 과정에서 다수의 시간이 소요되기 때문에 필요한 사람에게 필요한 정보가 적시에 전달되지 못하는 경우가 종종 있다. 모든 차원의 지휘관들이 의사를 신속히 결정할 수 있으려면 정보가 보다 자유롭게 유통될 수 있어야 한다.

계층적 구조의 두 번째 문제점은 조직의 최 고위부가 모든 의사결정을 통제하는 경향이 있다는 점이다. 최고위 차원에서 중앙집권적으로 통제하는 방향으로 오늘날의 첨단 정보기술을 활용할 수도 있다. 그러나 이는 하급 지휘관의 창조성과 자발성을 제한하는 행위이다. 윌리암 슬림(Sir William Slim)이 아래에서 설명하고 있는 바와 마찬가지로 하급 지휘관의 행위를 중앙에서 상급지휘관이 지나치게 간섭하는 것은 바람직

---

45) George E. Orr, Combat Operations C3I: Fundamentals and Interactions, (Air University Press, 1983), pp. 87-88.

하지 않다. "모든 차원의 지휘관들은 자신의 판단에 근거하여 행동할 수 있어야 한다. 최고 지휘관이 의도하는 바를 하급 지휘관들은 나름의 기획과 실천을 통해 달성할 수 있어야 한다. 이같은 과정을 반복하다 보면 지휘관에 의존하지 않고도 정보를 최대한 활용하여 급변하는 상황에 군은 신념과 융통성을 갖고 신속히 대처할 수 있게 된다."[46]

따라서, 하급 지휘관의 창조성과 자발성을 살리면서 의사를 신속히 결정할 수 있으려면 분권적 통제가 가능하도록 조직 성향을 바꿀 필요가 있는데, 이는 최고지휘관이 부하를 신뢰할 때만이 가능하다. "남북전쟁 당시 그란트(Ulysses Grant) 대장의 부대가 승리할 수 있었던 것은 중앙에서 통제하기 위한 기술적 수단을 보유하고 있었음에도 불구하고 하급 지휘관들에게 기본적인 지침만을 제시하고 세부 사항은 이들 지휘관이 독자적으로 판단해 행동할 수 있도록 하였기 때문이다."[47]

1991년도의 걸프전에서 노만 슈워츠코프(Norman Schwartzkopf) 대장은 그란트가 말한 바를 그대로 적용하였다며, 다음과 같이 밝혔다. "부하들을 신뢰하였더니 구성군(Component Forces)간에 신뢰가 구축되었습니다…. 진정으로 합동을 원한다면 구성군의 일에 일일이 간섭해서는 안 됩니다."[48]

이들 모두를 고려해 볼 때, 반 크레벨트의 다음과 같은 견해는 타당성이 있는 듯 생각된다. "단일 지휘관을 중심으로 한 '지휘통합(Unity of Command)'이 군에서 가장 중요한 것이긴 하지만 한 사람이 모든 것을 다 알 수는 없다. 지휘할 군사력의 규모가 커지고 이들 군사력의 성격이 보다 복잡해짐에 따라 이는 매우 절실한 문제다."[49]

---

46) William Slim, Defeat into Victory, (Cassell and Company, 1956), p. 292.

47) John M Vermon, The Pillars of Generalship, (Parameters, 1987), p. 11.

48) Joint Pub 1, op. cit., II-6.

(4) 네트워크 구조

계층적 조직 구조와는 달리, 네트워크 형태의 조직에서는 분권적 통제가 가능하여 정보기술을 보다 효율적으로 활용할 수 있다. 조지 오르는 "네트워크 구조"[50] 를 다음과 같이 정의하였다. "이들 구조에서는 하급 지휘관들이 상호 협조하여 문제를 해결한다. 이들 체계의 핵심은 모든 차원의 지휘관들이 독자성에 근거하여 행동할 수 있도록 하는 것이다. 분산체계 및 구조를 개발한 후 분산체계를 구성하는 개개 요소들을 망으로 연결하여 분권화 된 상태에서 의사를 결정할 수 있도록 하는 것이다."[51]

네트워크 구조에서는 정보수집도 분권적으로 수행된다. 때문에 모든 계층의 지휘관들이 보다 많은 정보를 보다 신속히 접수할 수 있게 된다. 이 구조에서는 지휘관이 정보의 흐름을 통제하지 않고 여타의 요원들과 정보를 공유하기 때문에, 모든 차원의 사령부가 거의 동일한 확실성을 갖고 신속히 의사를 결정할 수 있다.

네트워크 구조의 장점은 네트워크를 구성하는 요소, 즉 개개의 단위 부대에서 보다 많은 정보가 생성되며, 이들이 또한 보다 많은 정보를 공유할 수 있다는 점이다.

---

49) Martin Van Creveld, The Transformation of War, (New York: Free Press, 1991), p. 109.

50) 미 합동 C4I체계인 「전투원 중심의 C4I」(C4I For the Warrior), 그리고 대표적 합동 전술 C4I체계인「합동전술 자료분배체계」(JTIDS: Joint Tactical Information Distribution System)가 추구하는 철학 또한 네트워크 구조에 기반을 둔 분권적 지휘통제이다. 〔권영근, 합동 C4I체계 발전 연구」, (국방정보체계연구소, 1997년 12월), 76-78 쪽 & 87-91 쪽〕

51) George E. Orr, op. cit., p. 88.

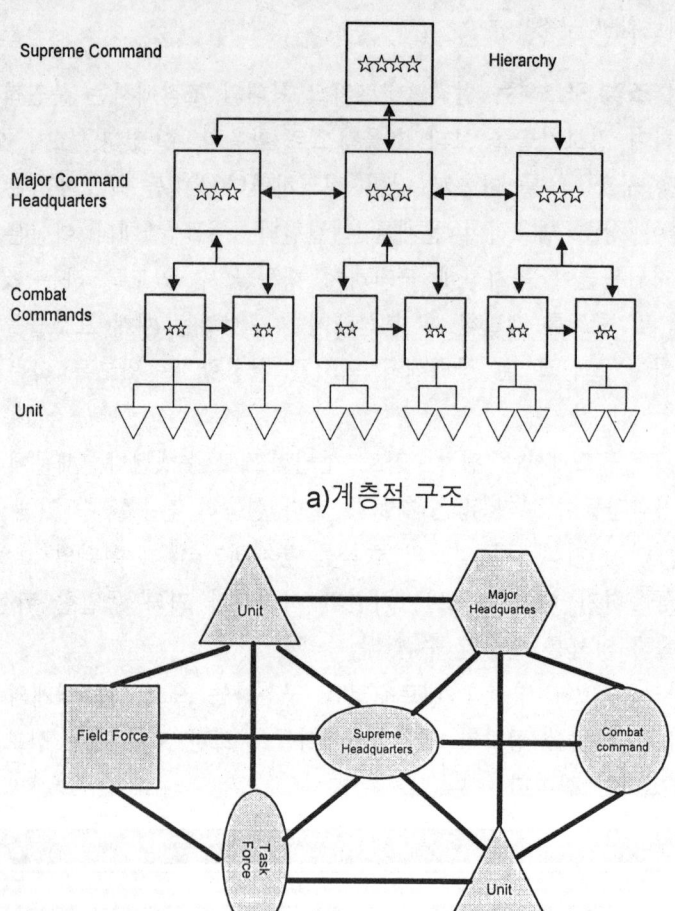

a)계층적 구조

b) 네트워크 구조

[그림 2] 계층적 구조와 네트워크 구조

급변하는 미래전에서 의사를 보다 신속히 결정할 수 있으려면 모든 차원의 사령부가 '지휘관의 의도'에 따라 작전을 분권적으로 수행할 수 있어야 하는데, 이는 모든 차원의 부대가 정보를 공유할 수 있을 때만이 가능하다. 이같은 체계에서 최고 사령부의 역할은 존 보이드가 말하듯이 하급 지휘관들이 하는 행위를 관찰하는 차원에 불과하다. 여기서 지휘관의 의도란 "작전의 수행 목적을 간략히 표현한 것인데, 지휘관이 위치한 제대보다 2단계가 낮은 위치의 제대에 있는 지휘관들까지 지휘관이 의도하는 바를 분명히 이해하고 있어야 한다. 지휘관은 임무 목적을 통해 자신이 의도하는 바를 명백히 밝혀야 한다.

모든 하급 제대는 지휘관이 의도하는 바에 따라 하나로 엮어져야 한다…. 지휘관은 하급 지휘관들이 바람직한 방향으로 나아갈 수 있도록 해야 한다."[52]

지휘관이 의도하는 범주 내에서 하급 지휘관들은 독창성을 발휘할 수 있다. 적보다 빠르게 행동할 수 있는 방안에 대해 토의하면서 존 보이드는 이같은 주장을 다음과 같이 옹호하였다. "적보다 신속히 행동할 수 있으려면 지휘축선의 범주 안에서 하급 지휘관들이 독자적으로 행동할 수 있어야 한다. 그러나 '무엇을 왜 해야 하는가'에 대한 지휘관의 지침 안에서 하급 지휘관들은 자신의 부대를 분권적으로 통제해야 한다."[53]

미 해병 MCDP 1-1은 "지휘관이 의도하는 바의 범주 안에서 하급 지휘관들이 의사결정을 분권적으로 할 수 있을 때 작전을 신속히 수행할 수 있다."[54] 면서 존 보이드의 견해와 동일한 주장을 펼치고 있다. 따라서, 지휘관은 일정한 범주를 정하고, 이들 범주 안에서 하급 지휘관들이 의사를 독자적으로 결정할 수 있도록 함으로서 작전이 신속히 진행될 수 있도록 해야 한다.

정보를 공유하게 되면 시스템 전체가 느끼는 불확실성의 정도는 크게

---

52) FM 100-5, Operations, (Department of the Army, 1993), 6-6.

53) John Boyd and John Warden, Airpower's Quest for Strategic Paralysis, (Air University Press, 1995), p. 15.

54) US Marine Corps MCDP 1-1, Campaigning, (Department of the Navy, 1997), p. 73.

감소되며, 하급 사령부 차원의 의사결정 또한 지원해 줄 수 있다. "국가 사령부 차원의 지휘부들이 정보를 공유하고 있었기 때문에 '지휘계층을 무시(Skip Echelon)'하고 하급 제대의 작전을 통제 또는 관찰할 필요가 전혀 없었다."는 점을 크리스트 대장은 다음과 같이 말했다. "현장 지휘관인 해군소장 레스(Less), 플로리다 주의 탐파(Tampa)에 위치하고 있던 사령부의 지휘관인 크리스트(Crist) 대장, 국방장관 그리고 합참의 장이 공통의 형상을 동일의 데이터 베이스를 공유하면서 볼 수 있었기 때문에 이들간에는 특별히 대화가 필요 없었다. '적색'과 '하늘색'으로 상황의 위급(危急) 정도를 표시하였기 때문에 상황에 따른 우선 순위에 근거하여 의사결정을 효과적으로 할 수 있었다."[55]

네트워크 구조는 정보를 공유하고자 할 때 이상적인 반면에, 전투 중 중요한 결정을 내려야 하는 지휘관의 경우에는 최상이 아닐 수도 있다. 기업의 총수와는 달리 지휘관은 생사를 좌우하는 의사를 결정해야만 한다. 네트워크에 기반을 둔 조직에서는 모두가 협조 관계에 있는데 그 중에서 생사에 관한 주요 결정을 내려야 할 사람은 누구인가? 전쟁에서는 협조자뿐만 아니라 지휘관도 필요하다. 따라서, 정보를 수집하는 경우와는 달리 의사결정은 계층적인 성향이 있다. 의사결정 과정에서 계층적 구조가 효율적이지는 못하지만 어느 정도의 계층적 구조는 절대적으로 필요하다.

의사결정 과정을 단순화하려면 계층적 구조에서 계층을 줄일 필요가 있다. 지휘관과 일선 작전 요원간의 지휘 계층을 줄이게 되면 의사결정을 손쉽게 할 수 있다. 지휘관의 의도를 인지한 후, 지휘관이 의도하는 범위 내에서 모든 하급 지휘관들이 자율적으로 행동함으로서 융통성·창의성 그리고 독자성을 발휘할 수 있도록 하는 것이 이상적인 지휘구조이

---

55) Jerry O. Tuttle, C3: An Operational Perspective, (Science of Command and Control: Part II), Va : 4.

다. "제2차 세계대전 당시 독일 지휘관들은 상급 제대와 교신이 두절되는 경우, 자신이 위치하고 있는 사령부보다 2단계 높은 제대의 지휘관이 의도하는 바라고 생각되는 것을 달성하기 위해 어느 누구로부터도 간섭을 받지 않고 작전을 수행할 수 있었다."[56] 개개 계층의 지휘관들은 최고지휘관이 의도하는 바를 인지하고 있었으며, 여타의 지휘관들이 어떻게 행동할 것인가를 알고 있었다. 이처럼 분권적으로 의사를 결정하였기 때문에 독일군들은 상대방보다 상황에 빠른 속도로 대처할 수 있었다.

따라서, 이상적인 지휘통제 조직이란 "네트워크 조직의 특징인 정보의 공유"와 "분권화 및 간략화 된 계층 구조의 의사결정에서의 장점"을 적절히 결합한 구조이다. 1991년도의 걸프전에서 항공작전을 주도하였던 미 공군대령 와든(John Warden)은 이같은 구조를 다음과 같이 지지하고 있다. "걸프전에서 다국적군은 자신들의 군 구조가 프리드릭 대제가 만들어 놓은 형태의 것을 벗어나지는 못하였지만 각종 정보를 만족할 정도로 충족할 수 있었다. 미래전에 대비하여 군은 오늘날의 정보수집 수단들을 최대한 활용할 수 있도록 조직 구조를 재편성할 필요가 있을 것이다. 이는 '종적 계층을 줄이고(Flattening Organization)', 대부분의 중간 관리자를 없애며, 최하급 부대로 의사결정을 이관시키고, 제반 전투 수단 및 능력을 최대한 활용할 수 있도록 전 세계적인 정보통신망을 구축해야 한다는 것을 의미한다."[57]

정보기술이 주는 이점을 최대한 활용할 수 있으려면 군의 조직 성향을 재 설계할 필요가 있다. 그러나 오늘날의 정보기술을 가장 효율적으로 활용할 수 있는 조직 체계가 무엇인가에 대해서는 의견이 분분하다.

---

56) James G. Hunt and John D. Blair, Leadership on the Future Battlefield, (Pergamon-Brassey's, 1985), p. 183.

57) Barry R. Schneider, Principles of War for the Battlefield of the Future, (Air University Press, 1995), p. 37.

5. 미래전에 대비한 각군의 지휘통제 성향

미국의 각군은 정보화시대의 전쟁에 대비하여 자군의 조직을 구상하고 있는데, 미 육군·해군 및 해병대는 분권적 지휘통제를 그리고 미 공군은 중앙집권적 통제를 염두에 두고 있다. 미래전은 1991년도의 걸프전에서보다 훨씬 빠른 속도로 진행될 것이다. 전쟁이 진행되는 속도를 보통 Tempo라고 표현하는데, 미 공군에서는 Tempo라는 용어 대신 '속도'라는 표현을 사용하고 있다.

미 공군을 제외한 미국의 각군은 작전이 진행되는 속도, 즉 작전 Tempo를 촉진시키려면 분권적으로 통제하고, 의사결정을 최하급 부대로 이관해야 한다는 점에 인식을 같이 하고 있다. 예를 들면, 1991년도 걸프전 이후 미 육군의 21세기 개념(The Army Force XXI Concept)과 해병대의 바다 용(Sea Dragon)에서는 분권적 통제 및 의사결정을 강조하고 있다.

(1) 분권적 지휘통제

이미 밝힌 바와 같이, 미국의 육군·해군 그리고 해병대는 미래의 전쟁 상황에 대처하려면 지휘통제를 분권적으로 구사해야 한다는 점에 의견을 같이 하고 있다.

먼저 미 육군의 경우를 살펴보자. 미 육군은 "전쟁에서 기선(Initiative)을 제압하려면 최하급 부대 차원에서 의사를 분권적으로 결정할 수 있어야 한다."[58]고 생각하고 있다. 미 육군의 대표적 교리는 공지전투(Airland Battle) 이론이다. 공지전투 이론은 『질적 우세를 통해 양적으로 우수한 군사력을 격파할 수 있다』고 밝히고 있다. 1982년도에 최초로 발간된 이 교리는 리더십·훈련 및 기습과 같은 불투명한

---

58) FM 100-5, op. cit., 2-6.

요소들이 전쟁에서 중요하다는 점을 강조하고 있다. 공지전투 교리는 1986년 그리고 1993년도에 개정되었는데, 주요 골자는 주도권장악(Initiative) · 민첩성(Agility) · 종심(Depth) · 다양성(Versatility) · 동시성(Synchronization)이란 5가지 기조로 요약된다. 이들 기본 기조 중에서 분권적 지휘통제를 특별히 강조하고 있는 기조는 주도권 장악과 민첩성이다. 여기서는 분권적으로 지휘통제할 필요가 있다는 미 육군의 견해를 주도권 장악의 측면에서 서술해보자.

"주도권을 장악한다 함은 전투 상황 또는 전투 조건을 행동을 통해 구체적으로 변화시킨다는 의미다. 이는 모든 작전을 공세적으로 추진할 때 가능하다. 군 전체의 측면에서 보면 주도권 장악이란 적으로 하여금 아측이 의도하는 바를 따를 수밖에 없도록 강요하는 것인데, 이는 아측의 경우에는 취할 대안이 있지만 적의 경우에는 아측이 유도하는 바 이외에는 어떠한 대안도 갖지 못하도록 함으로서 가능해진다. 이는 아측 부대들이 사전에 전선 상황을 예측하여 적보다 빠르게 행동할 때만이 가능하다. 병사 및 단위 지휘관의 측면에서 보면 최고 지휘관이 의도하는 범주 내에서 독자적으로 행동할 수 있을 때만이 주도권을 장악할 수 있다. 공격 당시의 주도권 장악이란 최초 공격에 의한 충격에서 적이 헤어나지 못하도록 함을 의미한다. 공격을 감행하는 지휘관은 자신이 선택한 시간 · 장소 그리고 공격수단을 갖고 적을 기습해야 만이 주도권을 유지할 수 있다. 주도권을 지속적으로 유지하려면 상황을 미리 예측하여 예기치 못한 방식으로 공격할 수 있는 능력이 요구된다. 공격을 당하고 있는 지휘관의 경우에는 선제 공격에 의한 적의 우세를 만회하려면 적보다 빠르게 대응할 수 있어야 한다. 이들 모두를 고려해 보면 전투에서 주도권을 장악하려면 의사결정권을 최하위 제대로 분권화시킬 수밖에 없다."[59]

해군의 경우를 살펴보면, 해군은 "작전을 신속히 진행할 수 있으려면

---

59) Ibid., 2-6.

하급 지휘관들이 기회를 최대한 활용할 수 있도록 권한을 분산해야 한다."[60] 는 시각을 견지하고 있다. "오늘날의 해전에서는 짧은 순간(적 표적을 최초 발견 후 3분 40초 이내에 미사일 발사의 여부를 함장이 결정해야 한다)에 대부분의 주요 사항이 결정되기 때문에 승무원은 적지 않은 심적 부담·혼란 그리고 공포를 느끼고 있다."[61] 이같은 현대 해전의 특성 때문에 해군은 분권적 지휘통제를 선호하고 있다.

"적 해군을 붕괴시키려면 적의 중심(Center of Gravity), 또는 취약부를 공격해야 한다. 적으로 하여금 대응하면 할수록 약점을 노출시키도록 만들 필요가 있다. 이를 위해서는 작전의 진행 속도, 즉 Tempo를 빠르게 유지하여 전투역학(Dynamics of Warfighting)을 최대한 활용할 필요가 있다. Tempo를 촉진시키려면 의사결정 주기를 단축시킬 필요가 있다. 의사를 보다 신속히 결정할 수 있는 지휘관은 그렇지 못한 지휘관에 비해 월등한 우위를 점유하게 된다. Tempo란 단순히 무기를 활용하는 차원의 것이 아니며, 무기 그 자체다. 의사결정 주기가 저조한 상대방 적의 핵심부를 신속하고도 예기치 못한 형태로 공격하게 되면 적은 압도될 수밖에 없으며, 이같은 적은 대응 한번 제대로 하지 못하고 붕괴될 수밖에 없다. 작전을 빠르게 진행하려면 적의 취약 부위에 대한 정확하고도 시의 적절한 첩보, 하급 지휘관들이 기회를 최대한 활용할 수 있도록 권한의 분권화 그리고 최하위 차원에서도 분명히 이해할 수 있도록 전시 절차를 만들어서 평시부터 연습할 수 있도록 할 필요가 있다."[62]

---

60) Naval Doctrine Publication 1, Naval Warfare, (Department of the Navy, 1994), pp. 40-41.

61) U.S. Dept. of Defense, Investigation Report: (Formal Investigation into the Circumtances Surrounding the Downing of Iranian Air Flight 655 on 3 July 1988), (Dept. of Defense, July, 1988), p. 43.

62) Naval Doctrine Publication 1, op. cit., pp. 40-41.

마지막으로 해병대의 경우를 살펴보자. 미 해병대는 "작전의 진행속도, 즉 작전 Tempo를 높이고, 불확실성 · 무질서 그리고 전투의 유동성을 극복할 수 있으려면, 분권적으로 지휘해야 한다."[63] 는 시각을 갖고 있다. "Tempo란 행동의 진행 속도를 의미한다. Tempo를 빠르게 함으로서 전쟁에서 주도권을 잡을 수 있기 때문에 Tempo는 일종의 주요 무기라 말할 수 있다. 작전적 측면에서 Tempo를 유발하는 방법에는 1939년과 1941년 당시 독일이 다수의 산재된 곳에서 주공을 전개하였던 바와 같이 다수의 전술적 행위를 동시에 전개하는 것이 그 한 가지 방법이다. 개개의 전술적 행위가 불러올 결과를 사전에 예측하고 후속조치를 지체없이 행하는 것이 두 번째 방법이다. Tempo를 유발하는 세 번째 방법은 최고 지휘관이 의도하는 범주 내에서 의사결정을 분권적으로 진행하는 것이다."[64]

지금까지 언급한 바와 같이 미국의 육군 · 해군 그리고 해병대는 미래전에 대처하기 위해 지휘통제를 분권적으로 실시하고, 권한을 하급제대에 이양해야 한다는 점에 인식을 같이 하고 있다.

(2) 중앙집권적 지휘통제

정보화시대에도 미 공군은 공군교리의 핵심인 '중앙집권적 통제 및 분권적 임무수행'을 견지할 수밖에 없다는 점을 기본교리에서 다음과 같이 밝히고 있다. "항공 · 우주 자산의 강점인 속도 · 항속거리 · 융통성 · 정밀성 그리고 치명성을 최대한 활용할 수 있으려면, 공군의 조직은 중앙 통제를 염두에 둔 것이어야 한다. 예기치 못한 상황에 대응하고 이들 상황을 최대한 반영할 수 있으려면, 임무를 분권적으로 수행해야 한다."[65]

---

63) US Marine Corps MCDP 1-1, op. cit., p. 73.

64) Ibid., pp. 74-75.

'중앙집권적 통제, 분권적 임무수행'을 고집하고 있는 공군의 성향은
여타의 군과는 크게 다르다. 엘리옷 코헨(Eliot Cohen)은 " '함대를 나
누지 말고 집중해야 한다(Don't divide fleet)'란 구호가 초창기 미 해
군 전략의 핵심이었던 바와 마찬가지로 '중앙집권적 통제, 분권적 임무
수행'은 공군교리의 근간(根幹)이다."[66]고 주장하고 있다.

공군교리의 근간은 "합동군내의 공군구성군(JFACC: Joint Forces
Air Component Command)"과 "항공임무명령서(ATO: Air Tasking
Order)"를 최대한 활용하여서 중앙통제를 강화한다는 것이다. 예를 들
면, "1991년도의 걸프전 당시 공군구성군 사령관 호너(Charles
Horner) 중장은 500 피트 이상의 상공을 비행하는 헬리콥터 그리고 크
루즈 미사일을 포함한 육·해·공군이 보유하고 있는 항공 자산의 대부
분을 통제하였다."[67] 더욱이, 미래전에 대비하여 공군은 현 교리를 "중앙
집권적 통제, 중앙집권적 임무수행"으로 바꾸어야 한다고 주장하는 분들
도 있다. 제프 바넷(Jeff Barnett)은 미래전(The Future War)이란
저서에서 "지휘통제체계를 중앙 집중적으로 구축해야 만이 전쟁에 내재
되어 있는 혼란을 방지할 수 있다. 분권적 임무수행으로는 미래의 공중
상황에 대처할 수 없을 것이다."[68]고 주장하고 있다.

그러나 반대 의견도 없지 않다. 공군은 항공임무명령서를 이용하여 항
공력을 중앙집권적으로 통제하고 있는데, 항공임무명령서는 고도의 중앙
집권적으로 작성되기 때문에 융통성이 크게 떨어지는 개념이라는 것이

65) US. Air Force, Air Force Doctrine Document 1, (Dept Of US Air
    Force, 1997), p. 24.

66) Eliot A. Cohen, The Mystique of U. S. Air Power, (Foreign Affairs,
    Jan/Feb 1994), p. 116.

67) Ibid., p. 116.

68) Jeffery R. Barnett, Future War: An Assessment of Aerospace
    Campaign in 2010, (Air University Press, 1996), p. 33.

다. "걸프전에서의 항공력 요약 보고서(Gulf War Air Power Survey Summary Report)"에 따르면 리야드(Riyadh)에서 항공 기획가 및 지휘관들이 사용한 항공임무명령서는 NATO에서 오랜 기간 사용해 오던 방법을 약간 수정한 것이었으며, 제2차 세계대전 당시의 항공전에서 미군 기획가들이 사용하던 방법과 너무도 유사한 점이 많았다고 한다. [69]

"항공임무명령서에 포함되어 있지 않은 항공기는 비행을 하지 않는다"는 것이 일반적인 인식이었다. 항공임무명령서에 대해 다음과 같이 말하고 있는 비행 대대장도 있다. "항공임무명령서는 3일 단위로 작성되는데, 3일째 예정된 사항들은 이미 임무를 완수한 경우가 대부분이어서 역사적 자료에 불과한 경우도 있었다. 항공임무명령을 대부분 전화로 수신하고 있으며, 항공임무명령의 내용이 바뀌는 경우도 적지 않았다." [70]

"항공임무명령서를 발행한 후 조종사들이 임무를 준비하기까지의 몇 시간 사이에 항공임무명령서의 20% 정도가 변경되고 있다. 항공임무명령서가 공식적으로 배포되기 이전 또는 항공기가 기지를 떠난 이후 보다 많은 내용이 수정되고 있다." [71] "항공임무명령서의 빈번한 변경은 조종사들에게 불확실성을 유발할 수 있다." [72]

항공력은 육군 또는 해군의 경우와는 달리 중앙집권적으로 통제해야 한다는 것이 일반적인 인식이다. "항공력을 분권적으로 통제할 필요가 있다는 의견을 개진하면 제2차 세계대전 당시의 북 아프리카에서, 그리고 월남전에서 항공력을 분할해 운영하면서 겪었던 실패 시례를 시람들은 거론하곤 한다." [73] 그러나 군의 정보 능력이 획기적으로 발전되어 있

---

69) Thomas A. Keaney and Eliot A. Cohen, op. cit., p. 247.

70) Scott Norwood, Thunderbolts and Eggshells, (Air University Press, Sep 1994), p. 24.

71) Eliot A. Cohen, op. cit., p. 113.

72) Ibid., p. 113.

는 국가의 경우에는, 공군의 조직 성향을 새로운 각도에서 재 구상할 필요가 있다. 즉, 정보기술을 활용하여 정보수집 주기와 의사결정 주기간의 간격을 단축할 수 있도록 조직을 갱신할 필요가 있다. 컨베이어 벨트와 같이 저속으로 움직이는 산업화시대의 전쟁은 종말을 고하고 있으며, 신속하고도 적응력이 뛰어난 조직만이 생존할 수 있을 것이기 때문이다.

군의 정보화가 성숙되어 있는 국가에서는 "중앙집권적 지휘, 분권적 통제 및 분권적 임무수행"이 바람직한 시대가 되었다. 정보수집 주기와 의사결정 주기간에 균형이 요구되는 미래전에 대비하여 새로운 지휘통제 성향이 절실히 요구되고 있다. 정보화시대에는 공군의 성향도 바뀌어야 한다. [74]

미 공군의 장교가 말하고 있는 바와 같이 "임무 형태별로 명령 (Mission-Type Order)을 내려야 만이 극심한 체증을 겪고 있는 통신망의 부담을 경감시킬 수 있다." [75] 그러나 항공임무명령서는 중앙집권적으로 발간할 수밖에 없다는 것이 미 공군의 인식이다. 따라서, 여타의 대안을 구상하기보다는 미 공군은 항공임무명령서의 생산 주기를 단축하는 방향으로 문제를 해결하고자 할 것이다. 미 공군은 여타의 군과는 달리 항공임무명령서를 중심으로 한 중앙집권적 지휘통제 성향을 고수할

---

73) 권영근 번역, op. cit, p.191.; Richards E. Volz, Jr, Army JTIDS: A C3 Case Study, (Naval Postgraduate School, March 1991), p. 2.

74) "오늘날의 공군이 기획 및 집행 절차를 3일 동안 준비한다는 것은 매우 부끄러운 일이다. 공군은 '첨단 제트 항공기'를 '氣球를 이용해 비행하던 시대'의 관습대로 운영하고 있다. 항공임무명령서를 중심으로 한 융통성 없는 지휘통제체계로 인해 공군은 항공력의 대장점인 융통성과 즉응성을 크게 활용하지 못할 수도 있다." 출처: James P. Marshall, Near-Real-Time Intelligence on the Tactical Battlefield, (Air University Press, Jan 1994), p. 66.

75) Taylor Sink, Rethinking the Air Operations Center, (Air University Press, Jan 1994), p. 66.

것이다. 그러나 분권적으로 통제하지 않으면 빠른 속도로 진행되는 미래전에 대응할 수 없기 때문에 오늘날의 항공임무 명령서를 분권적 통제 개념에 근거해 생산할 필요는 있을 것이다.

6. 결언

우리 군 및 국가의 정보 능력은 이제 성장기에 접어들었으며, 성숙기에 도달하기 위해서는 앞으로도 많은 시간과 노력의 투자가 필요한 형편이다. 본 고에서는 우리 군의 정보화 노력과 지휘통제 개념을 승화시킨, 미래의 정보화 된 지휘통제 구조가 어떠한 모습을 가져야 할 것인가를 논의하기 위하여 지휘통제 개념의 변천과정과 사례 그리고 오늘날의 정보기술 속성을 중심으로 서술하였다. 여기서는 논의되었던 사항들을 요약 강조하면서 결론을 맺고자 한다.

기술은 단순한 도구에 불과하며, 도구를 어떠한 방향으로 사용할 것인가를 결정하는 것은 인간이다. 스크루드라이버를 이용해 얼음을 깰 수도 있으며, 컴퓨터를 땅에 내리쳐서 못을 자를 수도 있다. 정보기술·컴퓨터 그리고 통신장비를 이용해 보다 효율적으로 전투를 수행할 수도 있다. 전투를 보다 효율적으로 수행할 수 있도록 하는 것이 추구하는 목표라고 한다면, 이들 신 장비를 효율적으로 활용할 수 있도록 조직을 재편성하지 않으면 안된다. 이 때 다음의 사항이 고려되어야 한다.

첫째, 지휘란 기획·조직·지시·조정 및 통제를 포함하는 개념이다. 바라보는 시각은 다양하지만, 지휘란 조직의 변화 및 기술의 발전에 무관한 개념이다. 지휘 관계의 핵심은 지휘축선을 짧고 간명하게 정의하여 누가 무엇을 담당하고 있는가를 분명히 알 수 있도록 하는 것이다.

둘째, 정보는 그 본질상 계층적으로 통제하면 효과가 크지 않다. 계층적 구조의 특징은 개개의 계층에서 정보를 통제한다는 점이다. 모든 지휘계층에서 정보를 공유할 수 있도록 네트워크형 조직의 이점을 최대한 활용할 필요가 있다. 정보를 공유하면 불확실성을 줄일 수 있으며, 의사 결정에 소요되는 시간을 크게 단축할 수 있다. 정보수집을 공유하면 작전의 진행속도를 크게 개선할 수 있다.

셋째, 의사결정을 원활히 하려면 지휘 계층을 단순화할 필요가 있다. 지휘 계층을 줄이면 작전의 진행 속도가 가속화된다. 분권적으로 통제하면 최하급 부대의 차원에서 지휘 혁신이 가능하다.

넷째, 정보화시대의 전쟁에 대응하려면 "중앙집권적 통제 및 분권적 임무수행"이라는 공군의 교리는 "중앙집권적 지휘, 분권적 통제 및 분권적 임무수행"이란 방향으로 재검토될 필요가 있다. 합동군 내의 공군구성군 및 항공임무명령서란 개념은 계층적 조직 구조와 중앙집권적 통제의 산물이다. 이들 개념은 산업화시대의 전쟁에서는 효과가 있었다. 그러나 이들 개념은 중앙 통제를 강조하고 있기 때문에 적시성 · 융통성의 측면에서 정보화시대의 전쟁에는 적합하지 않을 수도 있다. 미래전에 대비하여 여타의 군이 조직 성향을 바꾸고 있는 오늘날, 합동작전 및 연합작전을 수행해야 할 공군 또한 변할 필요가 있을 것이다.

신속히 작전이 진행되는 미래전에서는 계층적 조직을 통한 중앙집권적 통제는 바람직하지 않을 것이다. 정보화시대의 전쟁에서는 관련자들이 정보를 공유하면서 분권적으로 작전을 수행할 필요가 있다. "시대에 따라 전쟁에서 요구되는 특질은 서로 다르다. 농경시대에는 '힘과 잔꾀', 산업화시대에는 '조직과 훈련', 그리고 정보화시대에는 '지식과 창의성'이 가장 중요한 요소다."고 칼 빌더(Carl Builder)는 말하고 있다. 시대를 반영하는 특질들이 최대한 발휘될 수 있도록 군의 조직 구조를 재편성할 필요가 있다. 현재에도 그러하지만 미래에도 우수한 지휘능력은 우리 군이 지향해야 할 가장 중요한 요소일 것이다.

3 │ 항공력에 관한 갈등(공지전투)

1. 서언

군은 전통적으로 근육(항공기·탱크·함정·병력 등)과 신경(지휘통제체계·감지체계 등)을 이용하여 전쟁을 수행해 오고 있는데, 신경이란 무기에서 외교적 수단에 이르기까지 국가안보와 관련되는 근육들간에 조화를 이루도록 하기 위한 수단이다.[76]

컴퓨터와 데이터통신의 비약적인 발전으로 신경의 중요성이 크게 강조되고 있는 최근까지만 해도 국방력을 가름하는 주요 척도는 보유하고 있는「프렛홈(Platform) : 항공기·탱크 및 함정」의 성능과 이들의 보유대수였다.[77]「각국의 국방력(Military Balance)」과 같은 저명한 책자

---

76) Thomas P. Coakly, *"Command and Control for War and Peace"*, National Defence University, pp. 8-9, Jan 1992.

77) 19세기 중반에서 최근에 이르기까지 전투의 승패는 양측이 보유하고 있는「프렛홈(Platform) : 항공기, 탱크 또는 함정 등의 유형」이 무엇인가에 따라 좌우되었다. 상대방 보다 우수한 항공기, 탱크 또는 함정을 보유하게 되면 상대방을 쉽게 제압할 수 있었으며, 이 경우 상대방 장비들은 폐품 처리될 수밖에 없었다.… 전쟁의 결과에 프렛홈이 미치는 효과는 크게 감소하고 있는 반면, 프렛홈 내에 내장되어 있는 센서, 탄약 그리고 전자장비 등의 품질 정도가 매우 중요한 요소가 되었다. 출현 한지 30년이 경과된 노후한 機種이라 할 지라도 최신의 장거리 공대공 미사일을 장착하고 공중 조기경보기로부터 적절한 정보를 제공받으면 출현 한지 10년밖에 되지 않았으나 무장과 誘導의 측면에서 뒤 처진 항공기를 격파할 수 있게 되었다.

출처 : Eliot A. Cohen, *"A Revolution in Warfare"*, Foreign Affairs, March/April 1996, Volume 75 No. 2, p 45.

에서 군의 전투력 정도를 무기의 종류 및 대수의 관점에서 비교·평가해 왔던 것은 이같은 연유에서였다. 그러나 오늘날에는 이같은 물리적인 수치만을 갖고 전투력을 평가한다는 것이 불가능하게 되었다.[78] 오늘날에는 지휘통제체계와 같은 눈에 보이지 않는 요소가 「전투력을 획기적으로 배가(Force Multiplier)」시키는 요인으로 간주되고 있는 실정이다.[79]

공군이 보유하고 있는 자산 중에서 가장 중요한 것이 항공기이고, 공군의 전력이 항공기를 통해 발휘되고 있다는 측면에서 공군의 지휘통제

---

78) 종전에는 국방력, 경제력, 인구, 에너지의 보유 정도, 영토의 크기, 천연 자원 등에 관한 계량적인 방법으로 힘의 균형 관계를 평가해 왔다. 이것들에 의미가 없는 것은 아니지만 이들 수치만으로는 소련의 붕괴를 설명할 수 없다....정보화 시대의 국가의 능력을 평가하는 주요 요소는 기술 및 교육, 그리고 제도적 신축성의 정도다. 반면에, 인구 등과 같은 수량적인 요소의 중요성은 크게 격감되고 있다. 출처: Joseph S. Nye, Jr., and William A. Owens, Op.Cit, p 22.

『탱크와 항공기의 대수, 병력의 수 또는 이 보다 정확한 판단 기준인 화력에 근거한 전투력 평가 방법이 의미가 있는가』하고 의문을 제기한 사람들이 과거에도 다수 있었다. 그러나 오늘날에는, 이와 같은 數値는 전투력을 평가하는 과정에서 전혀 도움이 되지 않는다. 항공기, 탱크, 함정과 같은 프렌홈의 의미가 퇴색되고, 이들에 내장되어 있는 탄환의 종류 특히도 정보(Information)처리 능력이 중요한 요소가 되고 있는 오늘날, 각 국의 전력을 비교 평가한다는 것은 容易한 일이 아니다. 출처: Eliot A. Cohen, Op.Cit, p 53.

79) 『1991년도의 걸프전 당시 미국을 중심으로 한 동맹국의 전투력은 이라크와 비교할 때 적어도 1000배는 되었는데, 당시 이라크는 8년간에 걸친 이란과의 전쟁을 통한 경험 그리고 보유하고 있는 무기의 측면에서 볼 때 세계적으로 4번째의 강대국이었다. 이는 미군이 첨단의 지휘통제체계, 스틸스기 및 크루즈 미사일과 같은 방공제압(Air Defence Suppression) 수단, 그리고 정밀유도무기를 보유하고 있었기 때문이었다.』고 미 국방장관을 역임한 바 있는 윌리암 페리 (William Perry)는 말하고 있다. 출처: William J. Perry, *"Desert Storm and Deterrence,"* Foreign Affairs 70, no.4 (1991), pp 66-82.

체계란 항공기의 활용에 관한 것이라고 해도 크게 과언은 아닐 것이다. 따라서, 전쟁에서 항공력의 역할이 크게 강조되고 있는 오늘날 항공기의 활용 개념은 매우 중요한 요소라 할 수 있을 것이다. 왜냐하면 잘못된 개념에 의해 항공력이 활용되게 되면 전쟁의 승패에 엄청난 해악을 끼칠 뿐만 아니라 국가안보를 크게 위협할 수 있기 때문이다.[80]

특히 항공력 활용의 문제를 여기서 거론하지 않을 수 없는 것은 항공력의 활용 개념에 따라 공군이 구비해야 할 항공기의 종류 및 대수 뿐 아니라 이들을 지휘하기 위한 지휘통제체계의 구축 개념이 크게 달라지기 때문이다. 예를 들면, 우리 국방의 일부에서 주장하듯이 『공군의 항공기를 가장 효율적으로 운용하는 방안은 이들을 육군의 군단에 몇 대씩 할당하고, 이들 항공기는 군단장의 지휘를 받도록 하는 것이다』고 한다면 이들 항공기를 지휘통제하기 위한 체계는 이같은 개념을 전제로 하여 구축되어야 할 것이다. 반면에, 1921년도 당시 길리오 듀헤(Gulio Douhet)란 항공 사상가가 주장한 바처럼 『지상군은 현 전선을 고수하고 있는 반면 항공력을 이용해 적의 '중심(Center of Gravity)'을 공격

---

80) 사실, 항공기, 탱크, 및 함정과 같은 산업화 시대의 산물이 전쟁의 승패에 결정적인 영향력을 발휘할 당시에는 시대에 걸맞지 않은 군사 사상을 기반으로 군을 건설해도 전혀 표시가 나지 않았다. 다시 말해, 겉으로 보기에는 전혀 문제될 것이 없었다. 그러나, 인공위성과 같은 첨단의 감지체계, 컴퓨터와 데이터 통신에 기반을 둔 지휘통제체계, 그리고 크루즈 미사일과 같은 정밀유도무기가 결정적인 역할을 하는 정보화 시대의 전쟁에서는 이들 체계의 건설 및 활용을 지원할 수 있는 최신의 전략·전술과 같은 군사 사상이 필수적인데, 그 이유는 이들 체계들이 현대전을 염두에 두고 설계·건설되었기 때문이다. 『미국을 중심으로 한 오늘날의 군사혁신(Revolution in Military Affairs)은 정보기술과 같은 몇몇 기술의 발전에 힘입은 바 있지만, 특히도 이들 기술을 결합할 수 있는 능력, 그리고 이들 기술의 잠재성을 활용하기 위한 교리, 전략 및 전술을 미군이 창안해 낼 수 있기 때문이었다.』 Joseph S. Nye, Jr., and William A. Owens, *"America's Information Edge"*, March/April 1996, Volume 75 No. 2, p 23.

하는 수단으로 항공력을 활용해야 한다」 [81] 면 이같은 개념을 지원하기 위한 지휘통제체계는 항공기를 육군의 군단에 할당하여 운영하기 위한 경우와는 전혀 다를 것이다.

2. 항공력에 대한 원초적 갈등

20세기 초 항공기가 출현하면서 이들 항공기를 보유하고 있는 국가들의 고민은 항공기의 위치는 무엇인가? 라는 질문이었다. 클라우제비츠 및 조미니의 지상전투이론에 근거하여 '무기의 결합(Combine of Arms): 보·포·기병 등과 같은 전투병과가 보유하고 있는 무기를 통합해 작전을 수행해야 한다는 개념'과 결정적인 순간 및 장소에 이들 무기를 집중해야 한다는 개념에 젖어있던 육군은 항공기를 이들 무기와 동등한 차원에서 결합하여 전쟁을 수행하고자 하였다.

그러나 항공기가 운용되는 하늘과 지상의 특성은 여러 면에서 근본적인 차이가 있었다. 예를 들면 지상은 특정 경계를 중심으로 나눌 수가 있지만 하늘은 이같은 인위적인 분할이 불가능하였다. 지상에서는 할당된 지역을 군단 또는 사단과 같은 단위 부대로 하여금 담당하도록 하고, 개개의 단위 부대 내에서의 작전은 육군의 전투병과들을 통합해 수행할 수 있었다. 그러나 항공기가 작전을 수행하는 하늘이라는 공간은 육군의 경우와 같이 지역별로 나눌 수 없기 때문에 육군의 단위 부대에 할당해 사용할 수 없다는 것이 문제였다. 항공력과 하늘이 갖고 있는 이같은 본질적인 특성에도 불구하고 육군의 지휘관들은 항공기를 '날아다니는 대

---

81) 1919년도의 걸프전은 듀헤의 사상에 근거하여 진행되었다. Philips S. Meilinger, *"The Paths of Heaven: The Evolution of Airpower Theory(The School of Advanced Airpower Studies)"*, USAF Air University Press, 1997, p. 1.

포' 또는 '부양된 상태에서 방공(防空) 임무를 수행하는 도구'에 불가하
다고 교육을 받고 있다는 것이 문제였다. 이같은 이유로 인해 항공력은
각군 내부에서 뿐 아니라 각군간의 관계에서도 적지 않은 마찰을 불러일
으키는 요인이었다. [82]

한편 클라우제비츠는 『전쟁이란 정치적 수단의 연장이며, 전쟁의 목적
은 아측의 의도를 상대방 적으로 하여금 수용토록 하는 것이다』고 말하
면서, 아측의 의지를 수용토록 하려면 상대방 국가의 육군을 격파해야
한다고 주장하였지만, 산업혁명을 통해 국가의 생산력이 엄청날 정도로
증가하게 됨에 따라 단순히 상대방 국가의 군대를 격파하는 것으로는 전
쟁의 목적을 달성할 수 없다는 점을 사람들은 인지하게 되었다. 그 대표
적인 사례를 제1차 세계대전에서 찾아볼 수 있는데, 당시에는 참호를 중
심으로 한 소모전(消耗戰)으로 인해 일보의 진전도 못하면서 수백 만의
인명이 살상되었다.

제1차 세계대전의 참극을 목격한 길리오 듀헤(Gulio Douhet), 빌리
미첼(Billy Mitchell), 트렌차드(Trenchard)와 같은 군사 사상가들은
『항공력은 공세적 성격의 무기이며, 적 깊숙이 위치하고 있는 상대방
국가의 '중심'을 공격하는 수단으로 활용될 때만이 제 위력을 발휘할 수

---

82) 제2차 세계대전 내내 미군의 '육군내 공군(Army Air Force)'의 首將이었던 아
놀드(Henry A. Arnold) 대장은 당시 육군과 해군간의 경쟁 관계는 사실은
해·공군간의 갈등에서 비롯된 것이라고 그의 회고록에서 다음과 같이 밝히고
있다.
태평양 전쟁을 수행하는 과정에서 육군이 불쾌하게 생각했던 경우가 여러 번
있었다. 해군이 육군의 지상작전 또는 육군의 항공작전을 이해하지 못하고 있다
는 것이 일반적인 인식이었다…. 일본 공군을 격멸시키려면 항공력을 집중된 형
태로 활용해야 하는데 해군은 항공자산을 종심에 걸쳐 분산시켜 놓았다. 이는 가
뜩이나 부족한 조종사와 항공기의 능력을 낭비하는 작태로써 한심해 보였다. 항
공력과 관련된 육군의 교리는 후방에 위치한 적 항공력을 일순간에 격파시킨다
는 차원에서 집중시키는 것이었다. 출처: Gen. Henry H. Arnold, Global
Mission (New York : Harper Bros., 1949), p.349.

있다』며 『이를 위해서는 항공력은 지 · 해상군 지휘관에 의한 '족쇄'로부터 해방되어야 한다』[83]고 주장하게 되었다. 이같은 주장에 근거하여 영국과 이탈리아는 육군과 해군으로부터 독립적으로 운영되는 항공 부서를 일찍이 창설하였다.[84] 이처럼 이탈리아 및 영국이 독립된 항공 조직을 운영하고 있다는 점, 미 '육군내의 공군(Army Air Force)' 요원들의 피눈물나는 노력[85], 그리고 제2차 세계대전 당시 북 아프리카 전역에서의 쓰라린 경험[86]에 근거하여 항공력 활용의 문제를 다루고 있는 FM

---

83) "누나들의 관용에 의존하는 불쌍한 신데렐라의 신세가 아닌, 다시 말해 육군 및 해군의 통제로부터 벗어나서 자신의 요구사항을 관철할 수 있는 항공력이 절대적으로 필요하다." 출처: 2. Giulio Douhet, "하늘의 지배(The Command of the Air)"의 번역판(번역자 Sheila Fisher: 1958), P 229. 또는 "*The Paths of Heaven: The Evolution of Airpower Theory(The School of Advanced Airpower Studies)*", USAF Air University Press, 1997, p 79.

84) 영국은 제1차 세계대전 중인 1918년도에 영국 공군(Royal Air Force)을 창설하였으며, 1920년도 당시 이탈리아 정부는 듀헤의 조언을 받아들여 육 · 해 · 공군성을 별도로 창설하고 이들을 하나의 국방조직 아래에 두었다.

85) 1925년도 당시 모로 위원회(Morrow Board)에 출두한 육군 항공군단의 호레스 히캄(Horace M. Hickam) 소령은 다음과 같이 주장하였다:
국방부라고 불러도 전혀 손색이 없는… 오늘날 우리의 장군들이 보병 · 기병 및 포병 등 필수 참모들의 도움을 받아 작전을 지휘하는 것과 마찬가지로 육 · 해 · 공군 작전에 정통해 있는 장교들의 도움하에 새로운 유형의 지휘관들이 작전을 지휘하지 않고는 미래의 상황에 대처할 수는 없을 것이다… 육 · 해 · 공군을 능숙하게 다루고, 전쟁 기획능력이 있으며, 독자적으로 또는 상호협조하에 이들 군사력을 활용할 능력이 있는 '일반 참모조직'을 만들어야 한다고 생각한다. 출처: Lawrence J. Legere, Jr., "*Unification of the Armed Forces*" Manuscript (Washington: U. S. Army, Office of the Chief of Military History, n.d.), pp. 125-126.

86) 1943년도 당시 북 아프리카 전역에서 미군은 항공력을 지상군 지휘관에게 분할해 운영토록 하였는데 그 결과로 독일 공군에 비해 엄청난 열세에 직면하였다.

100-20이 1943년도에 출현하게 되었으며, 1947년도에 독립된 미 공군이 창설되었다. FM 100-20은 "지상군과 항공군은 동등한 위치에 있으며 상호의존적인 전력으로써, 이들 중 어느 것도 다른 것의 보조 수단이 아니다."는 첫 마디로 시작하고 있다. 이 교범에는 항공력의 지휘와 관련된 다음과 같은 교리가 명시되어 있다.

> 항공력의 본질은 융통성인데, 이는 항공력만이 갖고 있는 가장 큰 자산이다. 항공력의 특성인 융통성으로 인해 가용한 모든 항공자산을 활용하여 특정 지역 및 목표물을 순차적으로 공격할 수 있다…. 항공자산은 중앙집권적으로 통제되어야한다. 항공자산의 본질인 융통성과 결정적인 일격 구사 능력을 최대한 활용하려면 항공력은 항공 지휘관이 지휘해야 한다. 따라서, 작전 지역 내의 항공 및 지상군의 지휘는 지역 내에서 실질적으로 작전을 수행하는 최상위 지휘관에게 부여되며, 최상위 지휘관은 항공력은 항공군 지휘관, 지상력은 지상군 지휘관을 통해 지휘권을 행사할 것이다. 최상위 지휘관은 항공력이 거리 및 통신의 차원에서 두절되어 있는 경우를 제외하곤 지상군 지휘관의 예하에 배속시켜서는 안될 것이다.[87]

롬멜 장군에 대항한 카세린(Kasserine) 계곡의 전투에서 미군이 쓰라린 패배를 경험한 것은 이같은 이유 때문이었다.

전쟁의 와중에서 「항공력을 집중시키고, 이를 항공력의 특성인 융통성과 결합하면 이들 항공력으로부터 여타의 전투 수단과는 비교할 수 없을 정도의 막강한 전투력이 창출된다.」는 영국 공군 원수인 아더 코닝함(Arthur Coningham)과 공군 총장인 아더 테더(Arthur Tedder)의 주장에 근거해 미군은 공군 구성군 사령부를 편성하여 모든 항공력을 구성군 휘하로 집결시켰다. 이 같은 항공력의 집중으로, 항공 조종사들이 그렇게도 열망하던 융통성이 확보됨에 따라, 폭격기들은 적 보급선을 공격하고 전투기들은 자신의 주임무인 항공 우세 확보의 과업을 성취할 수 있었다. 항공우세가 확보되면서, 지상군 부대에 대한 근접항공지원이 가능해졌다.

87) U.S. Army FM 100-20, Field Service Regulations, Command and Employment of Air Power (Washington : War Dept., July 21, 1943)

3. 육군과 공군의 합동작전

제2차 세계대전 초 북아프리카 사막에서의 그리고 여타 지역에서의 경험에 따르면, 항공자산을 집중시켜서 공중우세를 확보하는 것이 전술적 차원에서 승리하기 위한 비결이라는 것이었다. 항공력을 끊임없이 집중시키게 되면 결국에 가서는 공중우세가 확보되며, 공중우세가 확보되면 어떠한 제약도 받지 않으면서 지상군 작전을 위한 근접항공지원을 실시할 수 있다는 논리였다. 이 이론은 노르망디 상륙작전 뿐 아니라 그 후 전개된 북유럽 전투에서도 그 타당성이 입증되었다. 이처럼 매우 단순한 전술항공작전 이론에 근거하여 공군과 지상군이 공조하고 있었는데, 이 이론은 제2차 세계대전 중 놀라울 정도의 효과를 발휘하였다.

한국전 및 월남전에서 얻은 교훈을 반영하여 공군과 지상군간의 합동작전 체계를 더욱 발전시켰다. 그 결과, 공군 및 지상군 부대에 병행적으로 존재하는 지휘계통을 통해 사전 기획에 의거 또는 즉흥적으로 항공력을 요청할 수 있게 되었다. 오늘날에는 관측용 경 항공기를 타고 전투장 상공을 비행하는 '전방항공통제사(Forward Air Controller)'가 공군의 연락장교 뿐 아니라 대대급 이상의 모든 지상군 부대에 있는 '전술항공통제단(Tactical Air Control Parties)'과 교신을 담당하고 있다. 월남전에서는 미 해군 · 해병대 · 공군의 항공기 뿐 아니라 월남 공군기, 그리고 미 육군의 헬기가 작전에 참여하였다. 이처럼 작전에 참여하는 항공기의 대수가 크게 늘어남에 따라 공군과 지상군간의 합동작전 체계가 해결책이 되지 못하는 경우가 종종 있었다. 그러나 이 체계는 공중우세가 확보된 상황에서는 융통성 있게 적용할 수 있었다.[88]

---

88) Riley Sunderland, Evolution of Command and Control for the Close Air Support (Washington: Office of U.S.A.F History, March 1973), pp. 42-60. For an example of more recent scholarship on Air Force operations over North Vietnam. see Mark Clodfelter, Tte Limits of

공군과 지상군간의 합동작전 체계의 핵심은 '전술항공통제본부(Tactical Air Control Center)'인데, 이곳의 임무는 작전 관할구역에 할당된 모든 항공력을 중앙에서 지휘통제하는 것이다. 다시 말해, 전투지역 영공을 관리하는 통제망의 핵심이 전술항공통제본부다. 지상군은 근접항공지원 및 장거리 항공차단에 관해 이곳에 지원을 요청하고 있다. 지상군을 직접 지원하기 위한 부서로 '항공지원작전본부(Air Support Operation Center)'가 있는데, 이는 육군의 군단급 차원 전술본부에 위치하고 있다. 근접항공지원 요구를 즉시 처리할 수 있도록 전방의 지상군 부대에 항공지원작전본부의 휘하 부서로 '통제단(Control Parties)'이 배치되어 있다.

전술항공통제체계에 속하는 이들 모든 요소를 이용해서 전구차원에서의 항공작전이 수행되고 있다. 더욱이, 전술항공통제체계는 하늘이 아닌 지상에서 통제한다는 특이점을 갖고 있다. AWACS와 같은 조기경보기 및 정찰기들이 광범위하게 사용되고 있음에도 불구하고, 이들 체계가 전술항공통제체계의 핵이 아닌 것은 이런 이유 때문이다. 이들 여러 센서에서 수집한 핵심 정보들은 통신망을 이용해 지상에 위치한 국에 전파된다. 지상의 국에서는 이들 정보에 근거하여 항공기의 활용에 관한 의사를 결정하게 된다.

항공기간에 전개되는 교전(交戰) 통제를 주목적으로 AWACS 기를 활용하지 않는 것은 이같은 중요한 교리적 관점 때문이다. 이와 마찬가지로, 육군의 지상군과 함께 일하는 전술항공 연락 장교는 독립된 통제본부가 아니고 정보를 전달하는 매체에 불과하다. 공군은 공군의 '전략적 패러다임'·역사·경험 그리고 교리에 근거하여 항공력의 할당에 관한 결정은 전술항공통제체계의 지상에 위치한 본부에서 내리고 있다.[89]

Air Power(New York: Free Press, 1989).

89) U.S. Army Field Manual, FM I00-25, The Air-Ground Operations Systems (Washington: HQDA, March 30, 1973).

4. 공지전투

『질적인 우세를 통해 양적으로 우수한 군사력을 격파할 수 있다』고 공지전투(Airland Battle) 이론은 설파하고 있다. 1982년도에 처음 발간된 이 교리는 리더십, 훈련 및 기습과 같은 불투명한 요소들이 전쟁에서 중요하다고 강조하고 있다. 공지전투 이론이 강조하고 있는 첫 번째 사항은 적의 종심을 공격하여 후속제대를 와해시킬 필요가 있다는 것이다. 두 번째는 전투원 개개인이 전투에서 주도권을 잡아야 한다는 것이다. 세 번째는 지휘통제체계를 분권화시켜서 전투 지휘관이 주도권을 잡은 후 이를 지속적으로 유지할 수 있도록 해야 한다는 것이다. 네 번째는 화력의 효과를 극대화하려면 기동이 중요하다는 것이다. 다섯 번째의 개념은 전술과 전략의 중간에 작전적 차원을 삽입한 점이다. 여섯 번째는 연합작전 및 합동작전을 강조하고 있다는 점이다.

공지전투 교리는 1986년에 개정되었는데 주요 골자는 아래와 같은 4가지 기조로 요약된다. 여기서는 공지전투 이론의 기본 기조인 주도권 장악, 민첩성(Agility), 종심(Depth) 그리고 동시성(Synchronization)의 중요성을 재차 강조하고 있다. 주도권을 장악한다 함은 전투상황 또는 전투조건을 행동을 통해 구체적으로 변화시킴을 의미한다. 민첩성이란 적보다 신속히 행동을 취하는 능력을 말한다. 종심이란 공간·시간 그리고 자원의 측면에서 작전 영역이 확장됨을 의미한다. 동시성이란 결정적인 순간에 전투력을 극대화하기 위해서 시간·공간 그리고 목적의 측면에서 전투 행위를 배열하는 것을 의미한다.

공지전투 교리의 성공적인 이행 여부는 이들 네 기조를 적절히 활용할 수 있는가에 전적으로 달려 있는데, 고도의 신뢰성과 융통성을 구비하고 있는 지휘통제체계가 없이는 이들 네 기조는 그 실행이 불가능하다.

(1) 공지전투 이론의 출현 배경

소련의 군사력이 급 신장하면서 야기된 도전이 없었다면 육군과 공군 간의 합동작전 체계에도 변함이 없었을 것이다. 1973년도의 욤 키프르 (Yom Kippur)전쟁 이후 소련군의 현대화는 나토군의 경우보다 훨씬 빠른 속도로 진행되었다. 『소련의 방공체계가 그 수를 더해 가고 첨단화 됨에 따라 월남전 및 욤 키프르 전쟁에서 목격된 현상이 가속화될 것이 다』고 미 공군은 확신하였다. 예를 들면, 1986년도 판 '소련의 군사력 (Soviet Military Power)'이란 책자에서는 소련이 4,600대의 전술용 지대공 미사일 발사대와 12,000대의 대공포를 전선의 연대급 부대에 그리고 25,000대의 견착용 지대공 미사일을 대대 및 중대급 부대에 배 치하고 있다고 밝히고 있다. 이처럼 다양한 종류의 체계를 소련이 배치 한 것은 나토군에 의한 어떠한 종류의 항공작전도 무력화시킬 수 있는 전술 방공체계를 구축하기 위함이었다. [90]

동 책자에서는 전선에 배치된 소련의 항공력이 지속적으로 성장을 거듭 하고 있다고 밝히고 있는데, 1970년대 중반 이후 소련이 전선에 배치된 전 술 항공기의 폭격 능력을 거의 4배로 신장시켰다는 것이다. 소련은 5,440 대에 이르는 전투기 · 요격기 · 전폭기와 정찰기를 140여 비행 연대 및 대 대에 배치하여 전선의 소련군 지휘관들이 활용할 수 있도록 하였다. 소련을 제외한 바르샤바 조약국들이 보유하고 있는 항공기도 2,300여 대에 달하 고 있었다. 더욱이, 소련의 최신 항공기인 SU-27/29와 MIG-29은 하방 탐색(Look-Down)과 하방공격(Shoot- Down)이 가능한 레이더와 장거 리 공대공 미사일, 첨단의 항공전자체계를 보유하고 있었다. 또한, 이들 항 공기는 작전 반경이 크게 신장되어 유럽 국가들이 보유하고 있는 최신예 전 투기와 비교해도 결코 성능이 뒤지지 않았다. 이는 심각히 우려할 만한 사

---

90) U.S. Dept. of Defense, Soviet Military Power (Washington: OPO, 1986), pp. 80-81.

태였다.[91]

소련의 군사력 증강에 대해 다수의 서방 전문가들이 연구하기 시작하였던 1970년대 중반에 공지전투 교리에 대한 최초 연구가 시작되었다. 공지전투 교리는 3 단계에 걸쳐서 발전하였는데, 첫 번째 단계는 FM 100-5 '작전(Operations)'의 출간과 함께 1976년도에 시작되었다.

미 '교리 및 훈련사령부(TRADOC: Training and Doctrine-Command)'의 지휘관인 윌리안 드피(William E. DePuy) 대장의 영도하에 작성된 신 매뉴얼에서는 욤 키프르 전쟁에서 목격한 바 있는 정밀유도무기의 가공성(可恐性)을 염두에 두고 있었다. 1970년대의 FM 100-5는 '적극방어(Active Defence)'를 주장하고 있는데, 이는 수적으로 우세한 적과의 향후 전쟁에서 초기에 승리하기 위해 필요한 구비 사항을 육군이 갖추고 있어야 한다는 가설에 근거하고 있었다. 지상전투에서의 승리를 '적극 방어'란 개념을 활용해 달성하겠다는 수세적(守勢的) 측면의 이 교리는 크게 비판을 받았는데, 이는 당연한 것이었다. 따라서 FM 100-5는 논란의 여지가 많은 매뉴얼이라고 간주되었다.

공지전투 교리의 두 번째 개정판은 '(군개혁자/기동학파): 군의 개혁가 또는 기동의 중요성을 신봉하는 사람'들에 의해 혹독한 비판을 받았다. 『FM 100-5의 내용은 고비용 및 고 기술의 무기체계가 요구하는 바를 고려해 전통적인 미국의 전쟁 개념인 소모전(消耗戰)을 재 언급하고 있는 수준에 지나지 않는다』면서 『이들 내용을 갖고는 전쟁에서 승리할 수 없다』고 이들 개혁파들은 주장하였다. 이들 기동학파들은 『화력을 이용한 소모전 개념은 바람직하지 않다』며 『전술적 우위를 확보하기 위한 기동이 중요하다』고 강조하였다. 또한 『적을 정면에서 대적하면 안된다』며 『적이 아측을 관통하도록 방치하여 아측의 보병 방어군과 접전할 수 있도록 해야 한다』고 이들은 주장하였다. 바로 이 순

---

91) Ibid., pp. 76-79.

간, 아측은 중무장한 장갑차 군을 이용해 적 배후의 취약 부위인 보급선·지휘통제라인 그리고 지휘통제소를 공격해야 한다는 것이다. 적의 주공이 아측의 방어지역까지 침투해 들어 올 수 있도록 방치하는 한편, 적의 병참 및 의사결정 체계를 차단함으로서 지휘구조를 이용해 적이 OODA 과정을 수행할 수 없도록 해야 한다는 논리였다.

돈 스테리(Donn A. Starry) 육군대장의 책임하에 FM 100-5의 개정판이 1982년도에 출간되었다. 이 개정판의 핵심은 공지전투였다. 소련군의 현대화가 그 결실을 맺게 됨에 따라 소련군 지휘관이 선택할 수 있는 폭이 매우 넓어졌다. 『소련군 기계화 부대와 탱크 사단의 진격 속도 및 기동성이 그 전례가 없을 정도로 향상되면서 이들 소련군이 작전적 기동군을 편성하여 나토의 후미 지역을 독자적으로 관통해 들어와 분쇄작전(Slashing Operation)을 감행할 수 있게 된 우려할 만한 사태가 발생하였다[92]』고 영국의 국방 분석가인 크리스토퍼 도넬리(Christopher Donnelly)는 소리 높여 경고하였다. 이같은 일련의 사태를 고려해 볼 때, 『미국은 나토의 중부전선에 배치되어 있는 소련 육군의 제1제대를 격파할 수 있어야 할뿐만 아니라 후방에 위치한 제2제대와 바르샤바 동맹군을 격파할 수 있어야 한다』며 『동부에 위치한 이들 제2제대와 바르샤바 동맹군을 즉시 격파하지 않으면, 이들은 곧 바로 전선에 도착해서 강력한 증원군이 될 것이다』고 스테리는 생각하였다.

소련군 제1제대 뿐 아니라 후속 제대들과도 교전해야 한다는 논리적 근거를 공지전투 이론은 제시하고 있었다. 1982년도 8월에 발간된 FM 100-5는 공세를 신속히 확보할 수 있으려면 기동과 역공격을 적극적으로 감행해야 한다는 점을 강조하고 있다.

---

92) Christopher N. Donnelly. "Soviet Operational Concepts in the, 1980's, in Strengthening Conventional Defence in Europe, Report of the European Security Study" (London: St. Martin's Press, 1983), pp. 105-136.

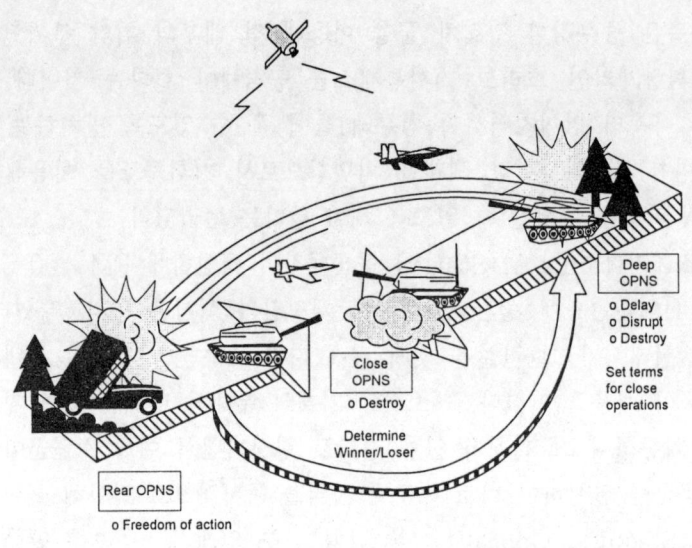

[그림 1] 공지전투의 작전 개념

『공지전투는 주도권장악(Initiative), 종심(Depth), 신축성(Agility) 그리고 전술·작전·전략적 차원 모두에서 모든 무기가 동시성 있게 발휘될 수 있어야 함을 전제로 하고 있다』고 이 매뉴얼은 강조하고 있다. "1976년도에 FM 100-5란 메뉴얼이 발간되고, 매뉴얼의 내용에 대해 격론하는 과정에서 전장을 바라보는 새로운 개념이 도출되었다. 이들 개념에서는 소련군의 후속 제대를 공격하고, 미군에 유리한 방향으로 역공세를 전개하려면 정밀유도무기·대탱크 무기·'레이저로 유도되는 포탄과 크루즈 미사일'을 활용해야 한다는 점을 강조하고 있다."[93]

공세를 재 강조함에 따라 이 신 교리는 다수의 군사 평론가로부터 좋은 평을 받았다. 그러나 공지전투 이론에서 가장 큰 관심을 불러일으킨 부분은 전략적 종심에 위치한 소련군 제2제대를 공격해야 한다는 발상

---

93) Herbert I. London, Military Doctrine and American Character (New Brunswick. NJ Transaction Books, 1984), p. 24.

인 종심공격(Deep Strike) 개념이었다. 소련군 제2제대에 의한 위협을 고려한다면 이같은 개념은 자연스럽게 도출될 수 있는 성질의 것이다. 그러나 적 후방 100 마일 이상 떨어진 곳에 위치한 전장을 군단 지휘관이 볼 수 있어야 할 뿐 아니라 이들 지역을 책임져야 한다는 발상은 놀라울 따름이었다.

공지전투 개념으로 인해 기동과 소모전에 관한 모델이 결합되었을 뿐만 아니라 전략적 사고(思考)가 다시금 부활하게 되었다. 예를 들면, 1986년도 판 FM 100-5에서는 주도권장악(모든 작전 활동에서 공세적 정신을 견지한다는 의미), 종심(공간 · 시간 그리고 자원의 측면에서 작전이 확장됨을 의미), 신축성(적보다 빠르게 행동할 수 있는 능력) 및 동시성(결정적인 순간에 전투력을 극대화할 수 있도록 시간 · 공간 · 목적의 측면에서 전장 활동을 배열)이 강조되고 있다. 전투작전을 종심과 동시성의 측면에서 바라볼 필요가 있다는 육군의 주장은, 전쟁에 대한 작전술, 다시 말해, 전구차원의 작전에서 전략적 목적을 달성하기 위해서는 군사력을 합동군 차원에서 활용하는 것이 중요하다는 의미에 불가하였다. 이는 매우 중요한 두 가지 의미를 담고 있었다. 첨단의 지휘통제 체계가 필요하다는 점과 전투작전을 수행하면서 육군과 공군이 보다 높은 차원에서 작전적으로 결합되어야 한다는 의미였다.[94]

(2) 육군과 공군간의 갈등

적 후속제대가 전선에 무임(無賃) 승차하지 못하도록 적의 종심(Depth)을 공격해야 한다는 공지전투란 미 육군교리가 대두하면서 각

---

94) Raoul Henri Alcala, *"The United States Army and the Future of Land Warfare: The Airland Battle,"* in Robert L. Pfaltzgraff, Jr., et al., eds., Emerging Doctrines and Technologies (Lexington, MA: D. C. Heath, 1988), pp. 173-187

군간의 갈등이 재현되었다. 공지전투에서는 육군이 보유하고 있는 야포 등과 같은 원초적 장비들의 사정거리를 벗어나는 지역을 거론하고 있는 데, 이들 지역은 전통적으로 공군이 담당하고 있던 영역이었다.

공지전투 이론이 전제로 하고 있는 핵심 사항은 두 가지인데, 첫째는 첨단의 지휘통제체계가 있어야 한다는 점이고 두 번째는 육군과 공군이 새로운 차원에서 작전적으로 통합되어야 한다는 것이다. [95]

공군이 공지전투 이론에 반대한 주된 이유는 지휘구조(Command Structure), 교리 그리고 '자원 분배'의 측면에서였다. 흥미로운 사실은 이들 모두는 「항공력이란 본질적으로 공격적이고 융통성 있게 사용되어 야 한다」 는 항공전략과 관계가 있었다. 두헤나 미첼의 항공이론 뿐 아 니라 북 아프리카와 노르망디에서의 역사적 교훈을 통해 볼 때 항공력은 대포처럼 지상군 지휘관에게 배당되는 형태가 되어서는 아니 되며 그와 는 반대로, 항공력은 집중된 상태로 운영하여 적의 주요 표적(標的)을 공격함으로서 공중우세를 확보하는데 우선적으로 사용되어야 한다는 주 장이었다. 일단 공중우세가 확보되면, 지상군에 대한 근접항공지원을 포 함한 모든 항공작전이 원활히 진행될 수 있다는 주장이었다. 더욱이, 항 공전은 항공전략 뿐 아니라 역사적 교훈을 통해 보더라도 '전구차원 (Theater-Level)'의 관점에서 바라보아야 한다는 것이었다. '군단중심 (Corps-Level)'의 시각에서 출발하는 공지전투 교리를 공군이 의혹의 눈초리로 바라본 것은 이같은 이유 때문이었다. 미 공군의 제임스 마초 스(James Machos) 소령은 이 점을 다음과 같이 표현하고 있다. "군단 지휘관들이 자신이 담당하고 있는 지역에 대한 후방차단용으로 항공력을 낭비하게 되면 전구차원에서의 통합된 항공작전이 불가능해 진다. 이 경 우 항공력은 전구차원에서의 시각이 아니고 개개의 군단들이 이들 항공

95) U.S. Army, Field Manual 100-5, Operations(Washington: Headquarters, Dept. of Army, May 1986), pp. 10-17.

력을 경쟁적으로 자기 담당 지역에 보다 많이 활용하고자 하는 좁은 시각에서 운영되게 된다…. 이는 쓰라린 경험을 맛보았던 북아프리카에서의 상황으로 적어도 몇 가지 측면에서 복귀함을 의미하는 것이다. 그 결과는 무엇인가? 결정적인 시간과 장소에 항공력을 집중하지 못할 것이다."[96]

'군단중심'의 시각은 사고(思考)의 후퇴(後退)일 뿐 아니라 한국전 및 월남전의 교훈을 통해 다듬어진 오늘날의 항공-지상 작전체계를 와해시킬 수 있다는 주장이었다. 오늘날의 항공-지상 작전체계가 그 효과를 최대로 발휘하려면 통합사령부(Unified Command)내에 계급과 권한의 측면에서 동등한 위치에 있는 공군구성군 지휘관과 육군구성군 지휘관을 두는 병행적인 구조가 필요하다. 그러나 1973년도 이후 육군은 '전구차원의 육군(Theater Army)'이란 제대를 없애버렸다. 따라서 군단 위의 제대는 육군에 존재하고 있지 않다. 육군이 군 구조를 바꿈에 따라 육군구성군사령부와 공군 구성군사령부에 공존(共存)하고 있는 TACC가 예전과는 달리 단일의 육군이 아니고 개개의 군단을 상대하게 되었다. 공지전투 교리가 출현하면서 이같은 갈등은 보다 심화되었다.[97] 공지전투 교리는 '중앙집권적 통제 분권적 임무수행'이란 현대 항공교리의 기본 골격을 위배하고 있었다. 미 공군교범은 이들 교리를 다음과 같이 기술하고 있다.

항공력을 효율적으로 통제하려면 중앙집권적 통제는 필수적이다. 전반적 측면에서 공중 상황을 파악하여 항공력을 최적으로 활용할 수 있는 차원의

---

96) Maj. James A. Machos, *"TACAIR Support for the Airland Battle"*, Air University Review 35:4(May-June 1984), p. 21.

97) U.S. Air Force(XOXID), *"The Air Force Role in the Airland Battle, 1984"*, Doctrine Information Publication no. 13(Washington: Headquarters, U.S.A.F., n.d), pp. 2-5.

단일 지휘관이 항공력을 중앙집권적으로 통제한다. 이런 차원의 권한과 책임
은 특정 사령부에 있으며, 통합사령부 또는 연합사령부의 경우에는 공군구성
군 사령관에게 부여된다. 이같은 개념하에서 항공작전은 최적으로 운용될 수
있다. 이것이 분권적 임무수행이다. [98]

'군단중심'의 시각에 기본을 둔 공지전투 교리는 오늘날의 항공작전을
위한 지휘구조와 항공교리 모두를 위협하고 있다. 이 점을 지적하면서
공군의 한 비평가는 다음과 같이 말하고 있다. "공지전투 교리에서는 육
군의 전장(戰場)이 확장되고 있는데, 이는 육군이 감지체계를 이용하여
보다 멀리 보고, 전선(戰線)에서 보다 멀리 떨어져 있는 지역의 자산을
통제하겠다는 의미다. 공지전투 교리는 공군이 통제하고 있는 영역을 육
군이 통제하겠다는 발상에 지나지 않는다"[99]

영역에 대한 개념과 이들 영역을 누가 통제해야 할 것인가의 문제에서
육군과 공군간의 세 번째 갈등 사항인 '자원 분배'의 문제가 유발되고 있
다. 육군과 공군이 첨예하게 대립하고 있는 부분 중 하나는 지상군을 위
한 근접항공지원과 공중우세 확보를 위한 임무간에 항공력을 어떠한 비
율로 배정해야 하는 가의 문제가 있다. 1984년의 논문에서, 미 공군차
관 티달 멕코이(Tidal McCoy)는 이 문제를 거론하면서 다음과 같이
주장하였다. "지상군을 위한 근접항공지원이 중요한 것은 사실이지만,
제공권(制空權: Command of the Air)을 확보하지 못하면 항공작전
뿐 아니라 지상작전도 성공할 수 없기 때문에 공중우세의 확보는 미 공
군의 최우선적 임무다. 더욱이 '중앙집권적 통제, 분권적 임무수행'은 가

---

98) U.S. Air Force, Air Force Manual 1-1, Basic Aerospace Doctrine of
   the United States Air Force(Washington: Headquarters, U.S.A.F.,
   Mar. 16, 1984), pp. 4-2 and 4-3.

99) Col. Thomas A. Cardwell, "One Step Beyond: Airland Battle,
   Doctrine, Not Dogma", Military Review 64:4(Apr. 1984), p. 48.

용 항공력을 최대로 활용하기 위한 방안이며 이와는 반대로 이들 항공력을 지상군에게 분할하게 되면 항공전력이 최대로 발휘될 수 없다"[100] 고 주장하였다. 이와 비슷한 맥락에서, 1985년도 미 공군대학은 '공지전투 교리는 잘못되었다'라는 다음과 같은 내용의 논문에 최우수상을 수여하였다. "공지전투 교리에서 언급하고 있는 '종심공격(Deep Strike)'이 가능하려면 적 후방 깊숙이 볼 수 있는 감지체계와 종심을 강타할 수 있는 항공자산이 필수적으로 요구되는데 이같은 수단을 육군은 보유하고 있지 않다. 따라서 가뜩이나 부족한 공군의 자산을 나누어 사용해야 한다는 결론이다. 더욱이 공지전투 교리에서는 전구간에 빈번히 기동할 필요가 있다는 점을 언급하고 있는데 이를 지원하려면 항공기를 이용해 수없이 수송할 필요가 있다. 이는 매우 잘못된 발상이다."[101]

이같은 격론의 와중(渦中)에서, 미 육군참모총장 위캄 대장과 공군참모총장 가브리엘은 오랜 기간 유지해 왔던 우정과 공군과 육군이 보다 협조해야 한다는 점으로 인해 의기를 투합하였다. 1983년도 중반 두 장군은 공지전투 교리를 중심으로 합동전투력을 기획 및 개발하기 위한 논리를 만들어 보라고 참모들에게 지시하였다. 1984년 5월 22일 두 참모총장은 육군-공군간에 협의된 사항 31개를 펜타곤의 기자실에서 발표하였다. 이 중에는 '방공(防空)', '적 방공체계의 제압', '전투정보 융합' 등과 같이 공지전투 교리에 핵심적인 사항 몇 가지가 있었다. 그러나 그후 이들 군은 별 다른 성과를 얻지 못하였는데, 아마도 대부분의 쉬운 문제들은 해결할 수 있었던 반면에 매우 어려운 문제들만이 남았다는 표

---

100) Tidal W. McCoy, "'Full Strike': The Myths and Realities of Airland Battle", Armed Forces Journal International 212:11(June 1984), p. 83.

101) Maj. Jon S. Powell, "Airland Battle: The Wrong Doctrine for the Wrong Reason", Air University Review 35:4(May-June 1985), pp. 15-22.

현이 보다 적합할 것이다. 이들 난제(難題)중에는 다음과 같은 것들이 있다.

- 병행적인 지휘계통과 종적인 구조를 갖고 있는 공군-육군간의 작전체계를 이용해 공지전투의 특색인 분권화(Decentralized)된 상태에서의 난투(亂鬪)를 어떻게 지원할 수 있을 것인가?
- 근접항공지원을 위한 차세대 항공기는?
- 항공-지상 정찰을 중심으로 한 합동체계들을 개발 및 획득할 수 있을 것인지?[102]

(3) 진행 상황

공지전투 교리에 대한 육군과 공군간의 갈등 과정에서 볼 수 있듯이, 군이란 여러 다양한 인간 집단들로 구성되어 있는 조직이라는 점을 이해할 필요가 있다. 이들 인간 집단은 서로 다른 규범 및 가치 체계를 견지하고 있다. 이들 특성의 차이로 인해 다수의 분야에서 우리들 인간은 상호 대립하게 된다.

1986년에 접어들면서, 공지전투 교리는 최신의 탱크, 기갑장비 및 최첨단 공격용 헬리콥터의 능력들을 최대한 반영하는 방향으로 새롭게 발전하게 된다. 무엇보다도, 새로운 공지전투 교리에서는 '주도권 장악', '신축성', '종심' 그리고 '동시성'을 강조하고 있다.[103] 이들이 가능하려면, 적보다 빠르고도 정확하게 의사를 결정할 수 있어서 적의 지휘통제 능력이 그 의미를 상실하도록 만들 필요가 있다. 이는 상대방과 비교할 때

---

102) See U.S. Congress, Office of Technology Assessment, New Technology for NATO: Implementing Follow-On Forces Attack, OTA-ISC-309(Washington: GPO, 1987), pp. 143-167.

103) U.S. Army, Field Manual 100-5, Operations(Washington: Headquarters, Dept. of Army, May 1986), pp. 12-18.

월등히 우수한 지휘통제 능력을 아측이 보유하고 있어야 함을 의미한다.

그러나 적 지휘통제 구조에 대한 보다 직접적인 공격 방안을 미 공군 대령 와든 3세(John Warden)가 제안하였는데 그의 이론은 공지전투 교리와는 전혀 색다른 가정(假定)에 근거하고 있었다. 와든은 길리오 두헤 및 빌리 미첼의 고전적 항공이론을 오늘의 환경에 접목시켰다. 그는 '항공전(The Air Campaign)'이란 저서(著書)에서 『항공력은 여타의 무기와는 비교할 수 없을 정도로 공세적이다』고 주장하였다. 그는 자신의 저서에서 『항공력이란 아측과 비교할 때 적의 강점(强點)이라고 생각되는 부분 또는 적의 '중심(Center of Gravity)'과 같은 곳을 공격하는 수단으로 활용할 때 그 효과가 결정적이다』는 이론적 근거를 제시하였다.

> 지휘통제체계는 자체 내에 통신 기반시설과 정보수집 기능을 갖고 있기 때문에 적의 '중심'이라고 말할 수 있으며, 태초부터 그러하였다. 고대 전투에서 왕이 살상되면 전쟁에서 패배한 것과 다름 없었듯이 오늘날의 전쟁에서 지휘구조가 와해된 적은 신속히 패배할 수밖에 없다.[104]

비록 적의 지휘통제체계가 아측과 비교할 때 적의 강점인 곳은 아니지만, 와든은 지휘구조를 정보(Information), 의사결정 그리고 통신이란 3가지 기능으로 분류하고는, 『이들 기능은 공중우세를 확보하기 위한 항공전 수행 과정에서 직·간접적으로 공격 가능하다[105]』고 주장하였다. 이러한 와든의 이론은 「1991년도 당시 이라크에 대항한 항공전을 기획 및 집행하는 과정에서 그대로 적용되었다」는 측면에서 학문적 이상의

---

104) John A. Warden, The Air Campaign(Washington, D.C: NDU Press, 1988), p. 51.

105) Ibid., pp. 53-54.

의미를 갖고 있었다. 와든은 와싱톤에 위치한 공군 참모부에서 걸프전을 위한 항공전 기획을 주도하였으며, 와든의 이론을 수용한 공군의 실무자들은 리야드에 위치한 합동군 내의 공군구성군사령부에서 그의 이론을 현장에 적용하였다.

전략 항공작전을 강조하고 있는 와든의 이론과 항공력이란 적의 지상군에 대한 공격용으로 주로 사용되어야 한다고 주장하는 공지전투 교리 간에 걸프전 기간 내내 심각한 갈등이 있었는데, 이는 당연한 것이었다. "항공력의 활용 방안에 따라 수많은 사람들의 생사(生死)가 좌우되었기 때문에 항공력 활용에 관한 논쟁 과정에서 당사자들의 감정이 크게 격앙되었다."[106] 그러나 거시적 차원에서 육군과 공군은 적 지휘구조를 와해(瓦解) 및 붕괴(破壞)시키는 것이 매우 중요하다는 점에 의견을 같이 하였다. 따라서 전략적 차원에서 다국적군의 주요 목표는 적 지휘구조를 공격하여 이를 와해시키는 것이었다. 1991년도의 걸프전 당시 다국적군이 수행한 대부분의 행위는 『이라크의 지휘기능(Command Function)을 공격해야 한다』는 와든의 이론에 따른 것이었다. 다국적군은 이라크의 정보(Information와 Intelligence) 체계를 마비시키는 것에서부터 「바그다드에서 최전선에 위치한 이라크군 관측소(Observation Posts)를 연결하는 지휘중심부(Command Centers)」에 대한 체계적인 공격에 이르기까지의 모든 제반 행위를 와든의 이론에 따라 감행하였다. 이라크의 정보(Information) 및 의사결정 기능체계들이 주요 공격 대상이었지만 와든이 지휘구조의 3번째 요소로 분류하였던 통신체계(마이크로웨이브 전송소, 전화 중계소, 광케이블이 지나가는 교량 등) 또한 조직적으로 공격하였다.[107] 걸프전에서 얻은 교훈과 이들 교훈이 미래에

---

106) Army-Air force tension during the air campaign are reported extensively in Atkinson, Crusade, pp. 216-240 et passim.

107) Department of Defence, Conduct of the Persia Gulf Conflict, p. 98.

주는 의미를 당시의 통합사령관 슈워르츠코프(Schwarzkopf) 육군대장
은 다음과 같이 요약 정리하고 있다. "지구상 곳곳에서 발생하는 위협에
대처하기 위해서는 최첨단의 장비가 절실히 요구된다는 점을 걸프전을
통해 확인할 수 있었다. 미 공군기의 스텔스 능력과, 기동성 그리고 지
휘통제체계(C4I)가 '군 전력을 결정적으로 배가(倍加; Decisive Force
Multiplier)'시키는 요인임을 걸프전에서 확인할 수 있었다."[108]

공지전투 교리를 논하면서 스티븐 캔비(Steven L. Canby)의 논리를
거론하지 않을 수 없다. 공지전투의 성패(成敗) 여부는 첨단의 지휘통제
체계에 달려 있는데 오늘날의 지휘통제체계는 두 가지 측면에서 매우 위
험하다는 주장이다. 그 중 하나는 이들 체계가 제대로 작동하지 않음으
로서 오는 위험이고 다른 하나는 제대로 작동한다고 가정하였을 때 발생
하는 위험이라는 것이다. 즉 첫째로, 「고도로 우수한 정보수집 및 표적
획득체계」뿐만 아니라 이와 관련된 '자동화체계'를 획득하는 과정에서
사용되는 기술도 화력을 이용한 직접 공격, 기만, 전자전 등과 같은 공
격에 의해 쉽게 무력화될 수 있다는 논리다. 이들 체계에서 사용되는 레
이더와 같은 감지체계 또는 '컴퓨터 내부에 위치하고 있는 연산(演算)
장비'도 적의 이같은 술책(術策)에 의해 쉽게 기만당하거나 그 기능이
완전히 말살될 수도 있는데, 이들이 없다면 공지전투에서 주장하는 종심
공격은 불가능하다.

둘째, 이들 체계가 정상적으로 작동한다고 가정해도 이들이 제대로 동
작하려면 다량의 자료를 수집하고 이들 자료를 미리 정해진 알고리즘에
따라 융합할 필요가 있는데 그 과정에서 적의 '전략적 차원에서의 기만
(Strategic Deception)'과 '눈속임(Spoofing)'이 있을 수 있다. 자동화
를 지나치게 의존하면 이같은 형태 또는 아측 체계에 막대한 정보를 투

---

108) General H. Norman Schwarzkopf, *"Why Desert Storm was a Success"*, Prepared statement to the Senate Appropriations Committee, June 13, 1991.

여하여 아측의 의사결정 체계가 붕괴되도록 하는 형태로 적이 반응할 수 있다. "간단히 말해, 적이 아측 체계의 속성을 파악하고, 예측 불가능한 형태로 반응하는 경우 자동화체계가 대응할 수 있는 방도는 거의 전무한 실정이다."[109] 이같은 주장에 대한 명쾌한 답변은 없다. 전쟁사(戰爭史)를 살펴보면 캔비가 설명한 형태의 대응 수단으로 인해 무력화되지 않은 기술은 거의 없었다.

5. 결언

20세기초에 출현한 항공기로 인해 전 세계의 각군에서는 심각한 갈등이 있었다. 당시 전 세계 각군은 항공력을 육군과 해군을 보조하는 도구의 정도로 간주하였다. 제1차 세계대전이 지상군을 중심으로 한 참호전으로 전개되면서 전선이 극도로 정체되었을 뿐만 아니라, 전쟁 수행 도중 수백 만의 인명이 살상되면서 사람들은 항공기를 이용하면 전선을 자유롭게 통과하여 상대방 국가의 종심부를 공격할 수 있다고 생각하였다.

그러나 군이란 여러 다양한 인간들로 구성되어 있는 집단이었다. 특히도, 지상군 중심의 사상에 물들어 있던 당시의 군 지도자들은 항공무기를 지상군의 시각에서 바라보았다. 당시, 이탈리아의 듀헤, 미국의 미첼, 영국의 트렌차드와 같은 젊은 장교들은 항공력은 육군의 보병·포병·기갑과는 차원이 다른 무기일 뿐만 아니라, 전략적인 목적으로 사용될 때 제대로 효과를 발휘할 수 있다는 논리를 전개하였다. 새로운 사상 또는 문명이 정착되는 과정에서 엄청난 갈등이 수반되듯이, 항공력의 경우에

---

109) Steven L. Canby, "The Conventional Defence of Europe: The Operational Limits of Emergeing Technology", Working Paper no. 55, Wilson Center(Washington: Smittsonian Institute, April 1984), p. 23.

도 예외는 아니었다. 당시의 군 지도자들에 대항한 이들 사상가의 피눈물나는 노력에 의해 독립된 공군이 출현하고, 전략적 측면에서의 항공력 활용 방안이 전세계적으로 정착되게 되었다.

1980년대에 등장한 공지전투로 인해 항공력 활용을 놓고 군 내부에서 첨예한 갈등이 재현되었다. 공지전투 개념은 육군과 공군이 작전적 측면에서 밀접하게 결합되어야 함을 전제로 하는 개념이었다. 항공력을 공지전투 이론에 근거해서 또는 오늘날 항공인들이 주장하고 있는 바와 같이 전략적 측면에서 활용할 것인가에 따라 국방력 건설 방향이 크게 달라질 수 있다. 더욱이, 잘못된 이론에 근거해 국방력을 건설하게 되면, 엄청날 정도의 예산이 낭비될 뿐 아니라 국가안보에 심각한 주름살이 생길 가능성도 없지 않다.

특히 국방력의 현대화란 지휘통제체계의 현대화를 의미하고 있는 오늘날에는 전쟁 이론이 잘못된 경우에는 국방력 건설 자체가 불가능하다. 다시 말해, 항공기·탱크·함정과 같은 프렛홈이 전쟁의 승패에 중요한 요소로 작용하던 산업화시대에는 전쟁 이론이 잘못된 경우 올바른 방향으로 국방력을 건설하기가 어려웠지만, 국방력의 건설 자체가 불가능하지는 않았다. 그러나 오늘날에는 잘못된 군사 이론으로는 국방력 건설이 근본적으로 불가능한데, 그 이유는 군이 하는 모든 행위는 군사 사상과 긴밀한 관계가 있으며, 군의 지휘통제체계 건설은 군이 하는 모든 행위와 직결되어 있기 때문이다.

필자는 항공력은 전략적인 시각에서 활용해야 한다는 항공 이론가들과 견해를 같이 하는 입장이다. 항공력을 전술적 영역, 그리고 육군 및 해군을 보조하는 수단으로 생각하게 되면 오늘날 군사혁신을 가능하도록 하는 주체인 첨단의 감지체계(인공위성, AWACS, JSTARS 등)를 효과적으로 활용할 수 없기 때문이다. 다시 말해, 오늘날의 군사혁신은 첨단의 감지체계, 지휘통제체계, 그리고 정밀유도무기를 결합한 '복합체계로 구성된 체계(System of Systems)'에 의해 유발되고 있는데, 이들 체계는 항공력을 이용해 상대방 국가의 핵심부를 공격할 때 그 효과를 십분 발휘할 수 있다. 1991년도의 걸프전에서는 이들 '복합체계로 구성된 체계'와 항공력이 결합되면서 다국적군은 최소의 피해로 적을 무력화시킬 수 있었다. 당시의 전쟁을 '항공력에 의한 군사혁신', '인류최초의 정보전', '인류 최초의 우주전', 또는 '전략적 마비에 의한 전쟁'으로 부르고 있는 것은 이같은 이유 때문이다.

1. 서언

오늘날 우리는 새로운 기술을 혁신적으로 적용하고 군의 교리·작전개
념·군 구조를 획기적으로 바꿈으로써 군 작전의 성격과 행위를 근본적
으로 갱신 가능한 '군사혁신(RMA: Revolution in Military Affairs)'
의 시대에 살고 있다.[110]

오늘날의 군사혁신은 컴퓨터와 데이터통신과 같은 정보기술이 주도하
고 있다. 우주에 위치한 '정찰·감시 체계(Reconnaissance and
Surveillance)', 무인 항공기 그리고 레이더와 같은 감지체계(感知體系)
의 출현으로 지난 십여 년 전에는 감히 상상도 할 수 없었던 '정보·정
찰·감시 체계(ISR: Intelligence, Surveillance and Reconnaiss-
ance)'가 대두하였다. 지구상 어느 곳이든 전송 가능한 디지털 통신과
실시간 전송을 가능하게 하는 광대역 전송체계의 출현으로 지휘통제의
개념이 근본적으로 뒤바뀌고 있다. 미사일·포탄·보병화기 등에서 볼
수 있는 '두뇌가 있는 무기(Smart Weapon)'가 출현하면서 '정밀유도무
기(PGM: Precision Guided Munitions)'라고 지칭되는 새로운 유형
의 무기가 탄생하여 『감지된 것은 모두 공격 가능하며, 공격한 것은
100% 파괴할 수 있다』는 새로운 환경이 조성되었다. 군 역사에서 지

---

110) Jeffrey Mckitrick, James Blackwell, Fred Littlepage, George
     Kraus, Richard Blanchfield, "*The Revolution in Military Affairs*", in
     Schneider and Grinter(eds.), Battlefield of the Future: 21st Century
     Warfare Issues, Maxwell AFB, AL: Air War College, 1995.

난 10여 년간 발생한 획기적인 사건들의 이면(裏面)에는 이와 같은 기술이 숨어 있었다. 이들 기술로 인하여 '군사혁신'이 유발되었다. [111]

오늘날 미국은 격감하고 있는 국방예산과 병력 규모에도 불구하고 군사력이 급 신장하는 기현상을 누리고 있는데 이는 '합동감시 표적공격 레이더체계(JSTARS: Joint Surveillance Target Attack Radar System)', '공중 조기경보 통제기(AWACS: Airborne Warning and Control System)'와 같은 감지체계, 첨단의 C4I체계 그리고 정밀무기 체계 분야에 투자를 아끼지 않았던 냉전시대의 노력에 기인한다. [112] 미국은 감지 · 지휘통제 · 정밀유도무기 체계를 상호 연계한 '복합체계로 구성된 체계(System of Systems)'를 꿈꾸고 있다. 미 퇴역 합참차장인 오웬(William A. Owens) 제독은 『1991년의 걸프전에서 미국이 의미 있는 표적(標的)의 15%를 실시간에 감지 · 처리 · 공격할 수 있었던 반면 2005년에는 그 비율이 90% 이상으로 증가할 것이다』고 말하고 있다. 다시 말해, '청천 하늘에서의 날벼락과 같은 공격'이 가능해질 전망이다. [113]

'지휘통제체계(C4I: Command, Control, Communication, Computer and Intelligence)' [114]란 「임무 수행을 위해 할당된 군사력에 대해 지휘

111) Alan D. Campan외 3인, "CyberWar: Security, Strategy and Conflict in the Information Age", AFCEA, p. 31, 1996. 12.

112) Stuart E. Johnson and Martin C. Libicki "Dominant Battlespace Knowledge", National Defence University, p. 1, April. 1996.

113) Admiral Williams A. Owens, "System of Systems", Armed Forces Journal International, p. 47, January 1996.

114) C4I체계의 기능은 정보수집 수단을 이용해 자료를 수집(Collecting)하고, 통신 매체를 이용해 이들 자료를 전송(Transport)하며, 이들 자료를 컴퓨터를 이용해 처리(Process)하고, 처리된 결과를 배포(Disseminate) 함과 동시에 이들 과정에서 자료를 비 인가자로부터 보호(Protect)하는 것이다.

출처: Department of Defence, "Doctrine for Command, Control,

관이 권한과 지시를 행사하는 과정에서 도움을 주는 체계」[115] 로 정의 되는데, 오늘날 군의 지휘통제는 지휘통제를 실제 구사하는 인간 조직 (정부·군대) 뿐 아니라 그 사회의 기술 역량과 밀접한 관계를 맺고 있 는 문제이다. 현대 경제이론이 그러하듯이 군의 지휘통제는 많은 것이 상호 영향력을 구사하는 가운데 이루어지고 있다. 예를 들면, '가용한 정 보기술'·'해당 군에서 운용 중인 무기의 유형'·'전술과 전략'·'군 구 조'·'인력체계'·'훈련 및 교육체계'·'국가의 정치적 형태' 등 모든 것들 이 군의 지휘통제 과정에 영향을 미치고, 지휘통제의 유형에 따라 이들 모두가 영향을 받는다.[116]

첨단 C4I체계를 포함한 정보 능력이 현대전에서 핵심 요소가 됨에 따 라, 한국군 또한 공군의 MCRC, 해군의 KNTDS, 육군의 전술 C4I체 계와 같은 다수의 C4I체계를 계획 또는 개발하고 있는데, 국방부·합참 그리고 각군 차원에서 이같은 활동이 지속될 것으로 전망된다.

현대전에서는 단일군이 아닌 육·해·공군 중 2개군 이상이 합동작전 을 수행할 필요가 있는데, 오늘날의 정보기술로 인해 이들 각군의 지휘 통제체계가 상호 통합(Integration)될 수 있게 됨에 따라, 합동전력을 다 쉽게 발휘할 수 있게 되었다. 「정보기술을 지휘통제에 활용하게 되 면 물리적으로 멀리 떨어져 있는 항공기·탱크·함정과 같은 이질적인 요소들을 상호 연결할 수 있다」는 사실에서 알 수 있듯이 이들 기술의 잠재성은 대단하다.

이같은 사실을 인식한 탓인지 한국군 또한 각군을 초월한 체계(합참

Communication, and Computer Systems Support to Joint Operations, 1995, p I-4.

115)   Coakley, T.P, *"Command and Control for War and Peace"*, National Defence University Press, p. 17, January 1992.

116) Martin Van Creveld, *"Command in War"*, Cambridge: Harvard Univ Press, p. 261, 1985.

및 국방부체계)를 다수 구축하고 있는데, 구축 과정에서 근본적인 문제
점들이 노출되는 경우도 없지 않다.

이들 문제가 발생하는 근본적인 원인은 정보기술이 아닌 제도 · 절차에
대한 이해 부족 때문이라는 인식 하에서 본 고에서는 육 · 해 · 공군을 1
차원 높은 수준에서 바라볼 수 있는 합동전략(Joint Strategy)은 오늘
날 존재하지 않는다는 점과, 이같은 합동전략이 존재하지 않기 때문에,
땅 · 바다 · 하늘이라는 서로 상이한 작전환경에서 작전을 지원하기 위한
각군의 지휘통제체계를 통합(Integration)해 통합 및 합동 전력을 발휘
할 수밖에 없다는 점, 그리고, 정보체계 [117] 를 통합해 건설한다는 의미
는「각군의 제도 · 절차를 하나로 통일해 단일의 체계를 건설하는
것」 [118] 이 아니고, 각군이 자군을 위해 독립적으로 건설한 체계를 소프

---

117) 정보체계란 정보를 蒐集 · 處理 · 貯藏 · 轉送 · 展示 · 配分 및 活用하기 위한 基
盤體系 · 조직 · 인력 그리고 構成要素들로 정의된다. 출처: Dept of Defence,
"Military Critical Technology List", 1997. 8. page 8-1.
　　정보체계에는 컴퓨터 · 통신기기 그리고 응용소프트웨어들이 포함되는데, 이들
은 (인간)조직을 지원한다. 출처: Alexander H. Levis, *"Architecting
Information Systems"*, AFCEA Educational Foundation Fairfax,
Virginia, AFCEA Course 401B, pp 1-A-11, Mar 31. 1996. 따라서, 인
사 · 군수 그리고 C4I와 같이 제도 절차를 다루는 체계를 정보체계(Infor-
mation)라 지칭한다. 이들 정의에 따르면 항공기 또는 미사일에 내장되어 있는
소프트웨어는 정보체계가 아니다.

118) 미국은 육 · 해 · 공군이 사용하는 통신장비 조차도 통일할 수 없다는 점을 경
험을 통해 잘 알고 있다. 1970년대 초 미국은 각군의 통신체계 모두에 적용되는
단일의 체계구조를 도출하고, 이들 체계구조를 이용해 통신체계를 개발 · 획득하
면 이들 통신 장비간 작전적 융통성이 보장되며, 후속 군수 지원이 간편해지고,
장비 획득에 소요되는 비용도 줄일 수 있다고 생각하였다.
　　이 프로그램을 TRI-TAC이라 부르는데, 여기서는 통신 장비에 관한 각군의 다
양한 요구 조건뿐만 아니라 아날로그를 이용한 과거의 통신 장비 그리고 향후의
디지털 장비를 모두 고려하는 단일의 체계를 설계해야만 하였다. 통신 장비와 관
련해 각군이 요구한 사항을 모두 반영하여 모든 사람이 이용할 수 있는 체계로

트웨어적으로 연결해 상위체계를 건설한다는 것임을 보일 것이다. 통합의 의미를 각군의 제도 · 절차를 하나로 통일한다는 의미로 받아 들여 정보체계를 건설하는 경우에는 「정보체계의 '핵'」 [119] 인 데이터가 구축될수 없다는 점, 다시 말해 정보체계는 절대로 건설될 수 없다는 점과 이같은 행태는 국가의 안보를 크게 위협할 수도 있다는 점을 밝힐 것이다.

각군의 제도 · 절차를 존중하면서 정보체계를 구축하려면 정보체계 관련 소프트웨어는 각군 중심으로 설계 및 구현될 수밖에 없으며, 반대로이들 정보체계 사업을 합참 또는 국방부가 주도하게 되면 심각한 문제가발생할 수 있다는 점과 각군의 체계가 건설되어 있는 경우 육 · 해 · 공군에 의한 체계통합전 [120] 을 지원하는 합참 또는 국방부 차원에서의 체계

TRI-TAC 프로젝트를 진행하다 보니, 최종적으로 만들어진 장비는 너무도 크고, 무거울 뿐 아니라 비용 또한 매우 高價였다. 출처: 권영근 번역, "미래전 어떻게 싸울 것인가", 연경문화사, pp 358-362, 1999.

119) 정보체계를 컴퓨터로 구현하면 데이터와 이들 데이터를 조작하는 소프트웨어로 귀착된다. 컴퓨터 소프트웨어란 제도 절차를 컴퓨터가 이해할 수 있는 언어로 표현한 것인데, 이들 소프트웨어를 정보체계의 핵이라 말하고 있는 분들도 있다. 이들은 소프트웨어만 개발되면 데이터의 구축은 전혀 문제가 안된다며, 경부고속도로의 경우를 예로 들어 자신들의 논리를 전개하고 있다. 그들의 주장에 따르면 소프트웨어는 고속도로이고, 데이터는 차에 비교할 수 있다는 것이다. 경부고속도로를 건설할 당시 대한민국에 차는 몇 대 안되었다며, 따라서 많은 분들이 고속도로 건설에 반대하였지만 오늘날에 사는 우리들이 경부고속도로에 대해 매우 감사해 하고 있지 않느냐는 주장이다.
정보체계를 굳이 경부고속도로에 비교한다면, 이들의 주장과는 달리 데이터가 고속도로이고 소프트웨어는 차에 비유될 수 있다. 국방의 제도 절차는 끊임없이 변하고 있다. 따라서, 이들 제도절차를 구현하고 있는 소프트웨어는 하루가 멀다 하고 바뀔 수밖에 없다. 매일 같이 입력해야 하는 데이터는 일단 구축하면 그 내용이 거의 변하지 않으며, 과거 데이터 또한 'History Data'로 보관하고 있는 실정인데, 이들 데이터의 구축은 매우 어려운 일이다. 일단 데이터를 구축할 수 있는 방안이 확립되면 소프트웨어의 작성은 그렇게 어려운 일이 아니다.

120) 체계통합전이란 여러 체계를 통합해 전쟁을 수행한다는 의미이다. 이는 통합

는 간단히 구축될 수 있음을 보일 것이다.

2. 합동전략(Joint Strategy)과 지휘통제

(1) 합동전략이란?

오늘날 육·해·공군은 땅·바다·하늘이라는 상이한 작전환경에서 작전을 수행해 오고 있다. 작전환경이 서로 다르기 때문에 각군이 전쟁을 수행하는 방식(전략 이론)은 같지 않다. 예를 들면, 육군은 조미니와 크리우제비치가 정립한 지상전투이론, 해군은 마한의 이론 그리고 공군은 듀헤와 미첼의 이론을 변형하여 전쟁을 수행하고 있다. 이들 각군은 자군이 전쟁에서 결정적인 역할을 수행하고 있다면서, 국방부 및 합참과 같은 각군간의 조직에서 자군에 보다 많은 자원이 배분되어야 한다고 주

할 여러 체계가 이미 존재하고 있다는 점을 암시하는 개념이다. 이와 비슷한 개념에 System of Systems가 있는데, 이는 이미 건설되어 있는 여러 시스템들을 통합해 만들어진 시스템이란 의미이다. 예를 들면, 미국의 합동 C4I 체계인 GCCS(Global Command and Control System)를 구축하기 위한 2번째 단계인 「Mid-Term」의 추진 전략은 미국이 이미 구축한 다수의 C4I체계(개개의 C4I체계는 통신망으로 연결되어 있음)를 상호 연결해 '망들로 구성되어 있는 망(Network of Networks)'을 구축하여 문제 해결을 위한 방안을 보다 풍부히 한다는 개념이다.

미군은 지난 수십 년간 국방 예산의 10%를 C4I 분야에 투자한 결과 10,000개 이상의 C4I체계를 갖고 있다 출처: Ropelewski, Robert, "Command, Control Priorities Shift, Steady Funding Persists", Signal, May 1996, pp 41-44.과 권영근 번역, Op.Cit., p 498. 따라서, 이들에게 체계 통합은 대단한 의미를 갖는 개념이다. 불행히도, 우리에게는 건설되어 있는 체계가 많지 않다. 우리에게 중요한 것은 단위체계를 부지런히 건설하는 것이다. 여기서의 System of Systems는 미 퇴역 합참차장 오웬 제독이 언급한 The New System of Systems를 포함하는 일반적인 개념이다. 오웬이 언급한 The New System of Systems란 AWACS와 같은 감지체계, 첨단 지휘통제체계 그리고 정밀유도무기체계를 상호 연계한 개념이다.

장하고 있는데, 각군의 전략 이론이 이같은 주장을 뒷받침해 주는 역할
을 담당하고 있다.

　육군의 전투이론은 보병·포병·기갑 등과 같은 전투병과를 결합하여
결정적인 순간에 전력을 집중시키는 것인데, 지상전투이론에 의해 이들
전투병과들은 작전적 측면에서 통합(Integration)되고 있다. 지상전투
이론에 의해 육군의 전투병과들이 통합(Integrated)되듯이 육·해·공
군을 한 차원 높은 수준에서 작전적으로 통합(Unified)할 수 있는 이론
이 있다면, 효율적인 자원의 활용과 전투효과의 극대화라는 측면에서 매
우 바람직할 것이다. [121] 이처럼 육·해·공군을 통합해 주는 이론을 합

---

121) 군 내부의 무기(예를 들면, 육군의 보병·포병·기갑·공병 등)를 결합해 작
　　　전을 수행하는 경우 이를 통합(Integrated) 작전이라고 표현하지만, 타군간의
　　　결합(예를 들면, 육군 작전에 해군이 함포 사격을 지원하는 경우)는 통합작전이
　　　아니고 상호 협조(Cooperation)에 의한 작전이라고 부른다. 작전 환경이 상이
　　　한 다수의 군을 단일의 지휘관이 통제하는 경우를 통합(Unified)이라고 한다(예
　　　를 들면, 육군·해군·공군 구성군으로 구성된 Unified Command). 따라서,
　　　Integrated와 Unified를 한국말로 '통합'으로 번역하지만 그 의미는 크게 다르
　　　다. 출처: Alexander de Serversky, *"Victory Through Air Power"*,
　　　Garden City Publishing Co, 1943, pp 258-259.
　　　군의 전력을 통합하기 위한 최선의 군 구조는 합동(Joint)이라는 것이 일반적
　　　인 인식이다. "각군이 보유하고 있는 전투력을 진정으로 통합(Unified)하기를
　　　원한다면(소위 말해, 우리는 이것을 합동이라고 부른다) 육·해·공 각군에는 이
　　　들 군이 보유하고 있는 무기의 측면에서 뿐 아니라 각군 자체로도 강점과 약점
　　　이 있다는 사실을 기점으로 출발하지 않으면 안된다. 현명한 지휘관이란 이들 무
　　　기와 군 가운데에서 상황에 따라 필요한 것을 선택해 사용할 수 있는 자다." 출
　　　처: Philips S. Meilinger, *"The Paths of Heaven: The Evolution of
　　　Airpower Theory(The School of Advanced Airpower Studies)"*, USAF
　　　Air University Press, 1997, p 269. 이와 유사한 논리를 전개하는 글이 또
　　　있다. "오늘날에는 육·해·공군을 중심으로 한 합동작전이 강조되고 있지만, 합
　　　동전이란 개개 군의 전문성에 근거함을 명심해야 한다." 출처: Doctor Alan
　　　Stephen, *"Aerospace Strategy"*, RAAF Base Fairbairn Canberra 1993,
　　　p 1. 오늘날의 미 공군이 출현하는 과정에서 지대한 역할을 한 알렉산더 세바

동전략(Joint Strategy)이라고 칭한다.

(2) 합동전략이 갖추어야 할 요건

첫째, 이와 같은 전략 이론은 매우 엄격한 조건들을 충족해야 한다. 분쟁의 형태, 그리고 분쟁이 발생하는 장소와 시간에 구애(拘碍)됨이 없이 이들 이론을 적용할 수 있어야 한다. 어떤 제약 조건하에서도 적용 가능해야 한다. 이들 이론은 클라우제비츠와 조미니의 지상전투이론, 마한의 해양전투이론 뿐 아니라 두헤나 미첼의 항공이론을 포함한 모든 군사전략을 개념적으로 수용할 수 있어야 한다.[122]

둘째, 이와 같은 일반 이론은 모든 기준을 포용할 수 있을 정도로 신축성이 있어야 할 뿐 아니라 실제적인 지침을 제시할 수 있을 정도로 세부적이어야 한다. 『'모든 경우에 적용 가능한 전략 이론'이란 작전적 환경(땅·바다·하늘)의 차이에서 유발(誘發)되는 전쟁에 대한 각군의 시각을 하나로 묶을 수 있는 것이어야 한다』로 요약될 수 있다. 진정한 의미에서의 대전략 또는 합동전략은 각군 전략 이론의 모든 장점을 수용할 수 있을 정도로 광범위한 개념이어야 한다. 다시 말해, 이들 대전략을 땅·바다·하늘과 같은 특정 작전환경에 적용하는 경우, 육·해·공

스키 소령도 이와 유사한 논리를 전개하고 있다. "빨강, 노랑 및 파랑이란 삼원색을 이용하여 모든 색깔을 만들 수 있는 바와 마찬가지로 육·해·공군의 전투력을 적절히 결합하면 변화하는 상황에 대처할 수 있을 것이다. 화가가 이들 색을 적절히 결합해 원하는 색채를 만들 수 있는 바와 마찬가지로 육·해·공군이 보유하고 있는 능력을 적절히 조합해 상황에 대처해야 한다."며, "변질된 색을 이용해 모든 색을 표현할 수 없는 바와 같이 육·해·공 각군은 땅·바다·하늘이라는 자군의 작전 환경에 적합한 전술·전략·군 구조 등을 유지하고 있어야 한다." 출처: Alexander de Serversky, Op.Cit, p 254-261.

122) Rear Adm. J. C. Wylie, *"Military Strategy: A General Theory of Power Control"*, New Brunswick, NJ: Rutgers Unive. Press, p. 37, 1966.

군을 위한 전략 이론들이 땅·바다·하늘이란 작전환경에서 누리는 것과 동일한 효과를 발휘할 수 있어야 한다. 그러나 대전략은 각군 전략들이 주장하는 바의 수위(水位)를 낮추고, 공통의 목표를 추구하는 과정에서 각군의 무기들을 효율적으로 활용하며, 승수 효과에 의해 보다 큰 결과를 유발시킬 수 있을 정도로 구체적이어야 한다. 『군사적 천재란 오직 하나의 자질(資質)이 전쟁에서 절대적인 영향력을 구사하도록 내버려두는 것이 아니라, 여러 세력을 조화할 수 있는 능력인데, 때로는 이들 세력 중 일부가 득세할 수도 있지만 상호간에 대립되지 않도록 하는 능력이다』는 클라우제비츠의 문구가 여기서의 철학적 기저(基底)를 이루고 있다.

(3) 합동전략의 존재 유무

각군이 보유하고 있는 무기(육군의 경우 보병·포병·기갑 등과 같은 전투병과)의 능력이 신장(伸張)되고 자군 내에서 이들 무기를 통합하여 전쟁을 수행하기 때문에, 「보유하고 있는 무기를 결합하여 전쟁을 수행한다」는 원칙은 각군의 철칙(鐵則)이다. 마찬가지로, 각군을 대전략 또한 합동전략의 일부분으로 바라보는 행위도 각군이 존재하는 주된 목적을 인정하고, 이들 각군이 전체에서 차지하는 부분을 올바로 파악할 수 있을 때만이 가능하다. 이는 언뜻 보아도 어려운 일이지만 단일군의 교리(전쟁에 관한 각군의 시각과 관련이 있음)가 통합사령권(Unified Commander)이 요구하는 바와 대립을 보이는 경우(예를 들면 지상군이 상륙하는 해안에 근접항공지원을 요구하는 경우)에는 보다 어려워진다. 논리적 측면에서만 본다면, 합동전략이 모든 사람이 이해할 수 있을 정도의 단일 원리로 귀착(歸着)되지 못할 가능성도 있다. 그 이유는 합동 전쟁이란 것도 알고 보면 육·해·공군을 번갈아 가며 사용하는 것에 지나지 않기 때문이다. 지난 50여 년간의 미 국방 정책은 육·해·공군의 측면에서 이와 같은 목표를 달성하고자 하는 것이었는데, 이를 뒷받침해 줄 페러다임(사물을 바라보는 시각)을 아직 찾지 못했다. [123]

(4) 합동전략과 지휘통제

오늘날 각군이 운용하고 있는 '무기의 유형' · '전술과 전략' · '군 구조' · 인력체계 · '훈련 및 교육체계' · 군수체계 등은 작전을 수행하는 환경(땅 · 바다 · 하늘)이 상이하기 때문에 서로 다를 수밖에 없다. [124] 오늘날 각군이 별도의 지휘통제체계(공군의 MCRC, 해군의 KNTDS, 육군의 전술 C4I)를 구축하는 배경은 이러한 이유 때문이다. 공군 및 해군과는 달리 육군의 경우에는 여러 다양한 무기(보병 · 포병 · 기갑 등과 같은 전투병과)를 통합하여 전투를 수행하는데, 이들 육군의 전투병과들은 지상전투이론에 의해 통합(Integrated)된다. 따라서 보병 · 포병 또는 기갑을 위한 별도의 C4I체계는 존재하지 않으며, 단일의 C4I체계 즉 육군 전술 C4I체계가 이들 모든 병과를 지휘 · 통제한다.

지상전투이론에 의해 육군의 모든 전투병과들이 통합되는 바와 마찬가

---

123) 미국이 합동전략을 발견하지 못했다고 해서 우리도 발견할 수 없다는 논리는 타당성이 없다. 그러나 새로운 이론을 제시할 때에는 이들 이론이 타당성이 있어야 하며, 신뢰성 있는 기구로부터 검증을 받지 않으면 안된다. 검증되지 않은 이론을 국방에 적용함은 국가의 안보를 담보로 '일대 모험'을 벌이는 행위와 동일하다.

육군과 공군이 보다 높은 차원에서 작전적으로 결합되어야 한다는 취지에서 대두한 개념인 공지전투(Airland Battle) 교리조차도 합동교리가 아닌 단순한 육군교리에 불과하다는 인식이다. 출처: 권영근 번역, Op.Cit., p 314.

124) "땅 · 바다 · 하늘에서의 작전은 서로 다를 것이라는 점은 누구나 쉽게 이해할 수 있는 사항이다. 그러나 이들 작전환경이 서로 상이하기 때문에 개개의 작전영역에서 원활히 작전을 수행하기 위해 필요한 사상 · 조직 등은 서로 다를 수밖에 없다는 것은 당연하면서도 잘 납득이 되지 않는 사실이다"고 케네스 알러드(Kenneth Allard)는 말하였다. 권영근 번역, Op.Cit., pp 434-457

지로 육·해·공군을 통합할 수 있는 이론인 합동전략(미국에서는 '전략
의 일반이론(General Theory of Strategy)' 또는 '합동전략(Joint
Strategy)' 등으로 지칭)이 존재한다면, 단일의 지휘통제체계(C4I)를
이용하여 육·해·공군 작전을 지휘할 수 있을 것이다. 그러나 불행하게
도 이같은 이론은 오늘날 존재하지 않고 있다. 합참차원에서의 단일
C4I체계가 아닌, 각군 별도의 C4I체계 사업이 진행되고 있는 것은 이
같은 이유 때문이다. 미국이 합동작전을 지원하는 합동 C4I체계를 각군
의 C4I체계를 기반으로 해서 상호 공유할 사항을 통합(Integrated)해
구축하는 것도 이같은 이유 때문이다. 미 합참은 각군에서 구축한 사항
중 합동작전의 측면에서 활용할 부분을 통합할 수 있도록, 해당 부분에
대한 데이터의 표준화와 '운영환경(Operating Environments): 데이
터베이스·컴퓨터 프로그래밍 언어·운영체계 등'의 표준화를 주도하고
있다. 향후의 전쟁 또는 분쟁은 그 성격상 2개군 이상이 결합하여 대처
할 수밖에 없기 때문에, 다양한 지휘통제체계간의 상호운용성[125] 보장은
필수적이다.

---

125) 상호운용성이란 통신-전자 체계 또는 장비간 정보(Information) 또는 서비스
를 직접 또는 만족할 수준에서 주고받을 수 있는 상태를 의미한다. 어느 정도
상호운용성을 보장해야 할 것인가는 체계마다 다르다(JCS Pub. 1). 상호운용
성이란 체계 및 장비뿐 아니라 교리·절차 및 훈련을 망라하는 개념으로, 작전
요구 기준에 근거하여 실시간 또는 거의 실시간에 음성·데이터 및 화상정보를
체계들간에 효율적으로 주고받을 수 있는 능력을 의미한다. 여기서의 절차란 각
군의 체계들간에 자료를 주고받는 과정에서의 절차를 의미하며 이는 운영환경과
데이터의 표준화를 통해 보장된다. 출처: Office of the Secretary of the
Army, "The Army Enterprise Strategy, The Vision", Director of
Information Systems for Command, Control, Communications, and
Computers, p. 13, July 1993. 여기서의 절차는 각군의 세부 업무 처리 절
차(예: 군의 물자 처리절차)가 아님을 유의.

3. 합동작전

(1) 과거의 합동작전

인간은 상호운용성이 보장되는 대표적인 개체이다. 사용하는 언어가 동일하다면, 이들 인간은 언어를 이용하여 상호간 자유롭게 의사를 교환할 수 있다. 제2차 세계대전 이후부터 컴퓨터를 이용한 정보통신 매체가 등장하기 이전까지의 합동작전은 완벽하게 상호운용성이 보장되는 개체인 인간, 그리고 음성 통신수단을 이용하여 수행되었다. 최근까지의 합동작전은 아래와 같은 원칙에 기반을 두고 있다.

첫째, 군에서 활용되는 모든 라디오들이 동일한 '주파수 대역(Channel)'을 사용하도록 함으로써 개개의 라디오들이 여타의 라디오들과 상호 교신할 수 있도록 하는 것은 문제 해결을 위한 방안이 아니다. 모든 라디오들이 동일의 주파수 대역을 사용한다면, 병목현상으로 인해 전혀 교신이 되지 않을 것이다. 따라서, 군 통신의 기본은 가용한 '전자장 스펙트럼'을 적절히 배분하여 개개의 라디오들이 임무와 목적에 따라 서로 상이한 주파수 대역을 사용할 수 있도록 하는 것이다.

둘째, 서로 다른 주파수 대역에서 작동하는 라디오를 사용하는 요원들은 육·해·공군의 상급 지휘관을 연결하는 '기능적 측면에서의 망(Functional Network)', 예를 들면 화력지원을 위한 망 또는 각군간 협조를 위한 망을 설정해 정보를 공유할 수 있다. 보다 복잡한 내용을 주고받을 필요가 있는 경우에는 육·해·공군 개개 구성군(Component Forces)간에 필수 통신장비를 구비한 연락장교를 상호 파견해 문제를 해결하는 것이 일반적인 관례이다. 예를 들면, 전방의 육군 부대에 파견되어 있는 공군의 연락 장교들은 보통 두 종류의 라디오를 사용하는데, 그 중 하나는 자신이 지원하고 있는 지상군 부대와 교신하기 위함이고 다른 하나는 지상군 부대를 지원하고 있는 공군의 항공기를 통제할 목적이다. 따라서, 개개의 구성군이 상호 간섭 없이 통신할 수 있도록 주파수 대역과 통신망을 별도로 할당하는 것이 합동작전을 위한 기획에서 가장 중요하며, 구성군간을 상호 연결해 주는 공통의 통신채널은 필요에 따라 설정하면 되는 부차적인 성격의 것이었다.

(2) 오늘날의 합동작전 : 체계통합

을지훈련을 포함한 지금까지의 전쟁 또는 전쟁 연습에서는 인사·군수·작전 등 관련 참모들이 지휘관을 보좌하였다. 이들 참모들은 군에서 습득한 전문 지식을 이용해 지휘관을 보좌하였는데, 이들 지식은 개인의 기억에 또는 수첩에 보관되어 있었다. 1960년대 중반 이후 전술작전을 지원하기 위한 자동화체계가 급증하고, 인사·군수 등에 관한 군의 현황 자료들이 컴퓨터에 저장됨에 따라 이들 자료를 근거로 하여 지휘관의 의사결정을 지원해 주는 체계들이 다수 등장하게 되었는데, 그 결과로 지휘통제 방식이 획기적으로 뒤바뀌고 있다.

각군의 지휘통제 방식에 컴퓨터가 도입됨에 따라 두 가지의 현상이 나타나기 시작하였다. 그 첫째는 각군이 건설한 체계를 소프트웨어적으로 통합(Integration) [126] 하게 되면 육·해·공군간에 통합작전을 수행할 수 있도록 하는 합동체계를 구축할 수 있다는 점이다. 군의 지휘통제체계를 포함한 제반 업무가 정보체계로 구현됨에 따라 이들 체계는 각군

---

126) 얼마 전 국내에서는 은행 전산망과 증권 전산망을 통합해 새로운 체계를 만들었는데, 이 체계의 목적은 은행 또는 증권 분야에서 범법 행위를 자행한 사람을 여타의 모든 체계에서 감지할 수 있도록 함에 있었다. 예를 들면, 그 체계를 이용하면 증권 관련 분야에서 죄를 범한 경우 그 사실을 국내의 모든 은행이 감지할 수 있다는 것이다. 국내 은행에서 범법 행위를 한 경우에도 마찬가지이다. 이들 체계가 어렵지 않게 구축될 수 있었던 것은 은행 전산망과 증권 전산망이 국내에 이미 구축되어 있었기 때문이었다. 국내 은행망과 증권 전산망의 역사는 1960년대로 거슬러 올라간다.

작전환경(땅·바다·하늘)에서의 작전을 지원해 줄 수 있을 뿐 아니라, 이들 체계를 소프트웨어적으로 통합하게 되면 합동작전의 영역까지도 지원할 수 있는 체계를 구축할 수 있다는 것인데, 이는 매우 경이로운 현상이다. 다시 말해, 각군의 체계를 통합해 합동전력을 발휘할 수 있는 체계를 구축할 수 있게 되었으며, 현대전의 특성인 체계통합전이란 개념을 소프트웨어를 이용해 구현할 수 있게 되었다. 두 번째는 각군의 체계를 통합해 합동작전을 지원하기 위한 체계를 구축하는 과정에서 상호운용성의 문제가 불거져 나왔다는 점이다. 전통적으로 각군의 군 구조를 포함한 모든 제도·절차는 자군의 작전환경에서 작전을 지원하기 위함이었다. 더욱이, 이들 군이 운영하는 장비 또한 자군의 작전환경을 고려한 것들이었다. 이들 상이한 체계를 통합해 합동작전을 지원하는 체계를 만드는 과정에서 상호운용성의 문제는 심각하였다. [127] 이들 상호운용성의 문제는 운용환경의 표준화와 데이터의 표준화를 통해 해결할 수 있는데, 데이터의 표준화는 매우 어려운 문제이다. [128]

상호운용성을 보장하기 위한 활동 또한 매우 어려운 일이지만, 통합(Integration)이란 용어를 잘못 이해한 상태에서 국방정보화를 추진하게 되면 커다란 혼란이 유발될 수 있다. 이미 설명한 바와 같이 통합이란 서로 독립적으로 구축된 다수의 체계를 소프트웨어적으로 연결하여 새로운 체계를 만든다는 개념이다. [129] 그러나 우리 주변에서는 체계를

127) 1991년의 걸프전에서는 미국의 육·해·공군, 해병대 그리고 동맹군이 보유하고 있는 모든 항공기를 통합 운영하였는데, 그 수단은 「항공 임무 명령서(ATO: Air Tasking Order)」를 통해서였다. 걸프전에 참여하였던 각군 및 각국이 운영하는 통신망간에 상호운용성이 없었기 때문에, 미 공군의 통신망을 통해서만 ATO가 전송 가능했다는 점이 문제였다. 경우에 따라서는 항공기를 이용해 이들 ATO를 운반해야 한 적도 있었다.

128) Robert A. Hernandez, "The Global Command and Control System: The Command and Control System for all Joint Task Forces", Naval War College, pp 30-32, March 1994.

통합하여 통합전력을 발휘한다는 것을 각군의 제도·절차를 하나로 통일해 단일 조직을 만든다는 의미로 해석하는 경우도 없지 않은 것 같다. 이들 개념의 차이는 극히 작아 보이지만 이들 차이가 국가 안보에 미치는 효과는 너무도 지대하다. 따라서, 통합의 의미를 보다 자세히 살펴볼 필요가 있다.

4. 체계통합이란?

정보체계에서 통합(Integration)은 매우 보편화된 개념이다. 국방체계(예: 군수체계)를 통합해 건설한다 함은 본질적으로 상이한 각군의 체계(예: 각군의 군수체계)를 하나로 통일해서 설계 및 구현하여 각군 그리고 상급제대가 사용할 수 있도록 한다는 의미가 아니다. 각군이 사용할 수 있도록 각군의 현실을 완벽히 고려해 각군 체계를 독립적으로 구축하고, 이들 체계를 기반으로(이들 체계를 통합하여) 상급체계를 구축해야 함을 의미한다.

국방정보체계를 획득하는 과정에서 통합의 의미는 자동차를 새로 만드

---

129) 해·공군의 병력이 육군에 비교해 매우 작다는 점 때문에 해·공군을 위한 체계를 육군의 일개 병과를 지원하는 수준에 불과하다고 생각하는 분들이 있다. 육·해·공군을 위한 정보체계를 건설하고 이들 체계를 통합해 합동체계를 건설하는 것은 육·해·공군이 병립적으로 발전하고 있는 미국에서나 적용되는 방식이라는 논리이다. 그러나 병력의 수와 정보체계 건설과는 전혀 관계가 없다는 점을 명심할 필요가 있다. 정보체계를 건설하는 과정에서 중요한 것은 정보체계에서 다루는 대상의 수와 기능이다. 군수체계의 경우를 예로 들면, 해·공군이 다루는 물자의 종류는 육군의 경우보다 2 - 3배 정도가 많다. 따라서, 공군의 군수체계는 육군의 군수체계보다 건설하기가 보다 어렵다. 오늘날의 육군 병력을 반으로 줄인다고 할지라도 육군의 임무·역할 및 기능이 유지된다면, 다시 말해, 개개의 병과들이 그대로 존속한다면, 육군 군수체계를 건설하기 위해 소요되는 노력은 병력을 반으로 줄이기 이전의 상태와 전혀 차이가 없다.

는 경우에서의 통합의 의미와 유사하다. 따라서 자동차의 경우를 예로
삼아 통합의 의미를 살펴보자. 자동차를 만든다 함은 사용자 요구사항
(주행거리·순간출력 등)을 정하고, 이들 요구사항을 충족할 수 있도록
차를 설계(엔진·차체(車體)·라디에이터 등, 차에 들어가는 모든 부품
들의 규격과 이들 부품간의 관계를 결정함)하며, 이들 부품을 구입하여
통합하는 것에 불과하다. 여기서 통합이란 설계도에 근거하여 관련되는
부품들을 상호 연결하는 것이다. 자동차의 부품들을 통합한다는 것이 이
들 부품의 역할을 모두 수행하는 단일의 부품을 만든다는 의미는 아니
다. 이들 부품을 기반으로 자동차를 만들어 낸다는 것이다.

통합이란 상호간의 관계는 고려하지만 그 자체로는 독립적으로 설계된
체계들을 기반으로 새로운 체계를 만든다는 의미이다. 자동차 부품을 설
계하고자 할 때 염두에 두어야 할 것은 개개의 부품이 여타의 부품들과
어떤 관계를 유지해야 할 것인가? 즉, 상호 관계(인터페이스) 뿐이다.
다시 말해, 외형적인 기능 및 성능의 측면에서 요구사항을 충족한다면,
부품을 설계하면서 사용한 세부 기술은 전혀 문제가 되지 않는다.

따라서 육·해·공군의 체계를 통합하여 합참체계를 구축한다 함은 합
동작전의 측면에서 각군 및 합참과의 '상호관계(Interface) : (각군 체계
에서 공유할 내용 및 합참이 보아야 할 사항들)'를 규명하고, 합참이 요
구한 상호 관계를 충족할 수 있도록 각군은 자군의 체계를 설계 및 구현
하며, 각군이 개발한 체계들을 미리 정의된 상호 관계에 의거해 서로 연
결한다는 것을 의미한다.

자군을 위한 체계를 내부적으로 어떻게 설계 또는 구현할 것인가는 여
타의 군, 합참 또는 국방부가 관여할 바가 아니다. 이는 일개 군의 작전
개념이 바뀌게 되면 자군의 체계(인사·군수 등)를 변형해야 하는 경우
가 발생하는데, 이러한 상황에서도 타군과의 관계 또는 합참체계에 전혀
해악(害惡)을 끼치지 않도록 하기 위한 최선의 방법으로서, 오늘날 소프

트웨어 공학 분야에서 보편화된 개념인 '객체지향 방법론'¹³⁰⁾ 이 주장하
는 바와도 그 맥을 같이 한다.

　〔그림 1〕은 미군의 미래 지휘통제체계가 체계통합의 측면에서 구축되
고 있음을 보여주고 있다. 미국은 각군 체계를 기반으로 합참체계를 구
축하고 있다.¹³¹⁾ 합동작전을 위한 정보체계(예: C4I체계)를 미 합참이
어떻게 획득하고 있는 가를 보다 적나라(赤裸裸)하게 보여주는 문구가
있다:

　"합참의 여타 부서와 마찬가지로 J-6(C4I 참모부) 또한 지휘통제체계 획
　득과정에서 간접적인 역할만을 담당하고 있다. 따라서, J-6가 권한을 행사할
　수 있는 범위는 극히 제한적이다. 오늘날까지 J-6의 역할은 각군의 지휘통
　제체계 개발 요원들과 선린(善隣) 관계를 유지하면서, 구상 단계에 있는 체
　계들이 상호운용성을 고려하여 개발될 수 있도록 간접적으로 영향력을 행사
　하는 것이었다.

130) 객체지향방법론에서는 프로그래밍의 세계를 객체(客體: Object)의 관점에서
　　바라본다. 객체란 오늘날, 항공기·레이더 등과 같은 체계를 설계할 때 등장하는
　　개념인 '모듈(Module)'과 유사하다. F-16 이후의 전투기에서는 컴퓨터를 이용
　　하여 항공기를 정비하는데, 컴퓨터의 역할은 이상이 있는 부분의 모듈을 찾아내
　　는 것이다. 정비사는 문제의 모듈을 통체로 교환한다. 따라서 F-16 이전 세대의
　　전투기를 정비하는 경우와는 비교할 수 없을 정도로 손쉽게 항공기를 정비할 수
　　가 있다. 개개의 전투기에는 수많은 모듈이 있으며, 전투기의 설계란 개개 모듈
　　의 역할과 모듈간의 관계를 정의하는 것이다. 개개 모듈이 그 역할을 수행하기
　　위한 모듈 내부의 메커니즘은 독립적으로 설계 및 구현된다. 이처럼 모듈의 개념
　　을 이용하면, 단위 모듈 내부의 메커니즘을 매우 손쉽게 수정할 수 있다. 왜냐하
　　면, 모듈 내부의 메커니즘이 여타 모듈과 독립적으로 설계되어 있기 때문이다.
131) 미국은 미래의 합동 C4I체계인 '전투원 중심의 C4I(C4I For the Warrior)'
　　를 구상하였다. 이들 개념을 지원해 줄 단일의 C4I 구조는 없다면서, 이같은 개
　　념은 각군의 체계를 기반으로 구축될 수밖에 없다고 결론을 내렸다. 출처:
　　Gregory S. Hollister, "Multilevel Security: How it fits in the
　　Strategic Vision "C4I For the Warrior"", USAWC, p. 4, 1993.

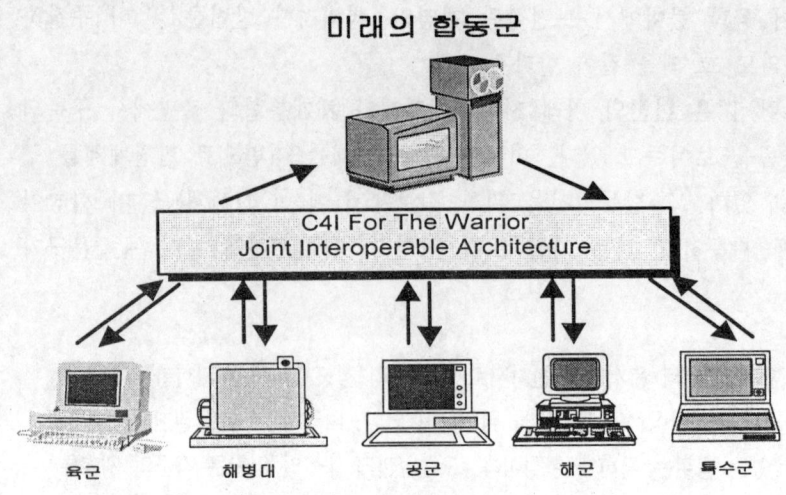

미래의 합동군

[그림 1] 미래의 미 C4I체계

각군에 뜻을 같이 하는 동지(同志)를 만드는 방식을 통해 개발 예정인 체계들에 J-6가 간접적으로 영향력을 행사하고 있는데, 이는 부여된 권한의 범주에서 합참이 취할 수 있는 최선의 방도이다…. 각군이 지휘통제체계를 획득하는 과정에서 합참의장이 자신에게 부여된 권한을 효율적으로 발휘할 수 있으려면, 합참 근무자들에게 전문성이 있어야 한다. 특히도, 각군이 획득한 지휘통제체계간 상호운용성을 보장해 이들 체계를 이용하여 합동작전을 수행할 수 있도록 하기 위해서는 합참 요원들이 고도의 전문성을 유지하고 있어야 한다. 각군이 기술적 대안을 선택하는 과정에서 자군의 작전환경 뿐 아니라 합동작전 환경도 고려토록 하는 것이 이들 활동이 추구하는 주요 목표이다". [132]

합참체계를 획득하는 과정에서 합참의 역할이 매우 제한적이라는 점, 자군에 사용할 체계를 획득하는 과정에서 각군이 주도적 역할을 담당하

132) 권영근 번역, Op.Cit., pp. 448-449.

고 있다는 점, 그리고 각군이 구축한 체계를 기반으로 합참체계를 구축
해야 하기 때문에 각군 체계간의 상호운용성 보장에 합참이 주력하고 있
다는 내용을 설명하고 있다. 미군이 Goldwater-Nichols 규약에 의해
완벽한 합동군이 되었으며, 걸프전에서의 승리에 Goldwater-Nichols
규약이 지대한 기여를 했다고 말하고 있는 현 시점에서 이는 매우 '아이
러닉'한 사실이다. 오늘날 미군이 거의 완벽한 합동군이 되어 있다는 점
은 아래의 글에 잘 나타나 있다:

"1986년에 제정된 Goldwater-Nichols 규약으로 각군이 독자성을 주장
하면서 발생하는 부정적 요소가 거의 대부분 제거되었다. 독자성 측면에서
이제 더 이상 줄일 부분은 없다. 케인즈 이론을 숭상하는 경제학자들의 표현
을 빌리면, 이제 우리는 모두 '합동전사(合同戰士)'가 되었다". [133]

따라서, 합동작전이 오늘날 강조되고 있기는 하지만, 각군의 정보체계
를 합참이나 국방부 차원의 관점에서 획득해야 한다는 논리는 타당성이
없다. 그와는 반대로, 합참체계는 각군이 자군의 작전환경을 고려하여
구축한 개개의 체계를 기반으로 구축되어야 한다. 합참의 역할은 운영환
경의 표준화를 정립하여, 각군이 이들 표준을 이용해 체계를 구축함으로
써 이들 체계가 원만한 상호 관계(상호운용성)를 유지할 수 있도록 하
고, 자신이 보아야 할 대상(예: 병력 현황 등…)을 정하며, 이들 대상에
대한 데이터의 표준화를 추진하는 것만으로도 충분하다.

그러면 정보체계를 합참 또는 국방부 주도로 설계 및 구현하게 되면
무엇이 문제인가를 구체적으로 검토해 보고, 각군의 체계를 기반으로 합
참체계를 획득할 때만이 각군 뿐 아니라 합참의 요구 사항을 충족할 수
있다는 점을 이론적으로 살펴보자. 지금부터 국방부 또는 합참을 상급제
대라 지칭하겠다.

---

133) 권영근 번역, Op.Cit., p. 440.

5. 상급제대에 의한 정보체계 획득: 무엇이 문제인가?

인사 · 군수 등과 같은 정보체계를 획득하는 과정에서 문제가 되는 것은 개개 항목의 이름을 정하는 일(예를 들면, 물자에서 워커를 A1으로 표시)과, 이들 항목의 처리 절차를 정립하는 것이다. 군수의 경우를 그 예로 설명하자. 자동화가 되기 이전에도 개개의 물자는 나름의 이름을 갖고 있었다. 또한 이들 물자는 일정한 유형의 처리 절차를 통해 획득 및 분배된다.

군수체계를 자동화한다 함은 이들 개개 물자의 이름을 컴퓨터에 표기하는 방법을 정하고, 정보기술의 발전 정도와 기존 군수 업무의 특성을 고려하여 제도 · 절차를 '리엔지니어링'한 후, 이들 제도 · 절차에 따른 물자의 처리 절차를 컴퓨터가 이해할 수 있는 언어를 이용하여 구체적으로 표현하는 것이다.

상급제대 차원에서 체계를 설계하면 각군이 운용하는 제도 · 절차와 개개 항목에 대한 이름이 노출되기 때문에 각군의 제도 · 절차 또는 개개 항목의 이름을 변경하게 될 가능성이 농후해진다. 사업관리자가 훌륭하면 이같은 현상을 방지할 수 있다는 논리를 전개할 수도 있지만, 이는 「파스칼과 같은 프로그래밍 언어에서 변수(Variable)가 노출되는 것은 사실이지만 이들 노출된 변수도 올바로만 사용하면 전혀 문제가 없다.」[134] 는 논리와 전혀 다를 바가 없다.

---

134) 예전에 전투기 · 레이더 등을 정비하기가 어려웠던 이유는 이들 내부에 있는 여러 요소들이 서로 복잡하게 연결되어 있었기 때문이다. F-16 이후의 전투기를 용이하게 정비할 수 있는 이유는 모듈의 차원에서 문제를 해결할 수 있으며, 모듈간의 관계가 간단하기 때문이다. 파스칼 또는 포트란과 같은 컴퓨터 언어를 이용해 작성한 프로그래밍을 수정하기가 어려운 이유는, 단위 프로그램들이 상호 복잡하게 연결되어 있기 때문이다. 이들 단위 프로그램들을 연결해 주는 것은 변수(Variable)이다. 「개개의 단위 프로그램이 상대방 단위 프로그램을 볼 수 있는 영역을 제한: 개개의 변수가 활용되는 영역을 제한」하면, 단위 프로그램간의

최선의 방책은 오류가 발생할 수 있는 가능성을 원천적으로 봉쇄하는 것이다. 각군 주도로 구축된 체계를 기반으로 합참체계를 구축하는 경우에는 이같은 문제가 유발될 소지가 전혀 없다. 각군의 특성을 충분히 고려하지 않은 상태에서 제도·절차 또는 개개 항목의 이름을 변경하게 되면 심각한 문제가 유발될 수 있다는 점에 초점을 맞추어 논리를 전개해 나가자.

상급제대 차원에서 체계를 설계하면 각군의 특성을 무시한 채 제도·절차 또는 대상의 이름들을 변형하는 경우가 다수 발생할 수 있기 때문에 각군의 관점을 반영하는 체계를 획득하지 못한다는 것은 자명하다. 더욱이 합참 또는 국방부의 관점을 충족하는 체계 또한 획득할 수 없다. 왜 그럴까?

먼저 각군의 관점에서 살펴보자. 각군의 관점을 반영하는 체계를 획득할 수 없기 때문에 국가안보가 저해(沮害)될 수 있다는 것이 문제이다. 정보체계를 개발하는 과정에서 각군의 관점은 개개 대상에 대한 '이름'과 이들 대상을 처리하는 '제도·절차'로 귀착된다. 상급제대 차원에서 문제를 해결하면 이들 대상의 '이름'과 대상을 처리하는 '제도·절차'를 통일하는 경우가 생긴다. 만약, 통일하지 않고 각군의 특성을 모두 고려한다면, 합참 또는 국방부 차원에서 이들 체계를 설계할 이유가 전혀 없다.

대상의 '이름'을 표준화하는 것을 '코드 표준화'라고 하는데, 군에서 사

관계를 단순화할 수 있다. 이것이 C++와 같은 객체지향 컴퓨터 언어가 추구하는 바이고, 이는 앞에서 설명한 모듈의 개념과 유사하다.

눈에 보이는 것을 활용하고 싶은 것은 인간의 본능일 것이다. 활용해서는 안되는 경우에도 활용하기 때문에 문제가 발생한다. 따라서, 보아서는 안되는 것은 보지 못하게 해야 한다. 상급제대 차원에서 체계를 설계하다 보면, 각군의 제도 절차를 보게된다. 이들을 고치고 싶은 욕망이 발생하는 것은 인간의 본능일 것인데, 그 와중에서 각군의 현실을 충분히 고려하지 못하면 국가안보에 심각한 문제가 유발될 수 있다. 왜냐하면, 각군의 제도 절차란 상이한 작전환경(땅·바다·하늘)에서 작전을 지원하기 위한 독특한 것이기 때문이다.

용하는 물자의 종류가 수십 만 건에 이르고, 이들 개개의 물자를 상이한 이름으로 수십 년간 각군이 표기해 온 상황에서 코드의 표준화는 대단히 어려운 일이다.[135] 미국에서는 합참차원에서 관심 있는 대상(군이 유지하고 있는 대상의 극히 일부임)에 관한 용어를 통일하면서도 수년에 걸쳐 수백 명의 전문가가 이들 일을 진행하고 있다. 각군이 사용하는 명칭, 즉, '코드'를 통일하는 것이 얼마나 어려운 일인가를 보여주는 구체적인 사례가 있다.

"미 공군과 해군은 데이터통신에 적합하도록 자군의 명칭을 3개의 문자를 이용, 약어로 표기해야만 하였다. 해군은 해군의 'Supporting Arms Coordinator Center'를 SAC으로 표현하겠다고 공군에 통보하였다. SAC이란 'Strategic Air Command'의 공식 약어라면서, 해군에서 SAC이란 표기를 사용해서는 안된다고 미 공군은 주장하였다. 해군은 'Supporting Arms Coordinator Center'의 첫 머리를 따 만든 용어인 SACC를 공군이 SAC이란 용어를 사용하기 훨씬 이전부터 사용하고 있었다며, 이 문제에 관해 공군이 양보해야 한다고 강력히 반발하였다".[136]

미국의 해·공군이 명칭 변경의 문제를 이처럼 심각하게 받아들이고 있는 이유는 다음과 같다. 개인의 이름을 바꾸는 경우를 생각해 보자. 나 XXX의 이름

---

135) 합동 C4I체계 Master Plan에 대한 토론회가 관련요원들이 참석한 가운데 199X년 어느 날 합참에서 있었다. 당시 모 육군 중령은 코드 표준화 문제의 심각성을 10여 분에 걸쳐 설파하였다. 그의 주장은 다음과 같았다. "국방부 차원에서 체계를 하나로 묶는 것은 거의 불가능합니다… 지난 일 년간 각군의 실무자가 모여서 수십 개의 코드도 통일할 수 없었습니다… 미국에서는 합참차원에서 보아야 할 대상(전체 대상에서 극히 일 부분)에 대한 코드를 표준화하는 데도 수백 명의 전문가 가 수년에 걸쳐서 일을 진행하고 있다고 합니다."

136) 권영근 번역, Op.Cit., pp 363-364.

을 바꾸게 되면, 동사무소에 신고해야 하는 것은 기본이고, XXX라는 이름이 사용되는 모든 곳(국민학교 친구의 기억 속까지)을 찾아가서 이름이 바뀌었다는 점을 밝혀주어야 만이 이름 변경에 따른 조처를 완료했다고 볼 수 있다. 사람의 경우에는 필수적으로 바꾸어야 할 곳(예: 동사무소의 주민등록 대장) 몇 군데를 교정하면 생활에 커다란 불편은 없다. 컴퓨터의 경우는 전혀 다르다. 공군에서 군화를 A1으로 컴퓨터에 표기하고 있는데, 이를 국방부 차원에서 B1으로 통일했다고 가정해 보자. 공군에서는 수십 년간 컴퓨터 체계를 활용해 왔기 때문에 군화를 A1으로 표기한 컴퓨터 소프트웨어 및 데이터 베이스가 무수히 많을 것이다. 이들 모든 곳을 규명하여 A1을 B1으로 바꾸어 주어야 한다. 그 과정에서 소요되는 노력과 비용은 이루 말할 수가 없다. 군에서 사용하는 군수 관련 코드만 해도 60만 종류가 넘기 때문에 육 · 해 · 공군의 코드를 모두 통일한다는 것은 불가능한 일이다. [137)]

수년간에 걸쳐 국방 예산 중 엄청난 액수를 투자하여 각군이 사용하는 코드를 통일할 수 있다고 가정한다 해도, 각군의 시각을 제대로 반영한 체계를 상급제대 차원에서 획득할 수 없는데, 그 이유는 제도 · 절차를 통일함에 따른 심각한 문제가 있기 때문이다. 육 · 해 · 공 각군은 수십만 항목의 물품을 보유하고 있는데, 이들 물품 중에는 각군 공통 항목(예: 워커)도 있으나, 각군 특유의 항목(예: F-16 전투기의 엔진)도 적

---

137) 오늘날 전 세계적으로 논란이 되고 있는 '2000년 문제'도 이와 비슷하다. 최근까지만 해도 컴퓨터의 Memory는 매우 비쌌기 때문에 프로그래머들은 메모리를 효율적으로 사용해야 한다는 강박 관념에서 연도를 두 자리로 표현했다. 예를 들면, 1901년은 01, 그리고 1999년은 99로 표현했다. 몇 년 후면 2001년이 되는데 2001년을 두 자리로 표현하는 경우 1901년과 구분할 수 없을 것이다. 따라서, 자 회사가 유지하는 컴퓨터 소프트웨어 및 데이터베이스에서 연도에 해당하는 사항들을 모두 찾아내어 고치는 문제가 '2000년 문제'를 해결하는 것인데, 여기에 소요되는 예산과 노력이 너무도 방대하다 보니 각국이 고민을 하고 있다. 코드 표준화의 문제는 '2000년 문제'보다 훨씬 심각하다.

지 않다. 각군에서 개별적으로 유지하는 항목은 고사하고 공통 항목에 대한 제도·절차도 하나로 통일해서는 안된다. 군수에서 제도·절차란 무엇인가? 이는 획득에서부터 소멸에 이르는 전 과정에서 물자를 처리하는 절차를 의미한다. 군 공통 항목에 대한 제도·절차도 통일할 수 없는 이유는 개개의 물자를 바라보는 각군의 시각은 다르며, 이들 시각이 다른 이유는 각군의 임무환경 즉 작전환경(땅·바다·하늘)이 서로 같지 않기 때문이다. 예를 들어보자. 땅에서 작전을 수행하는 육군의 경우에 '워커'는 매우 중요한 항목이지만, 비행장 안에서 항공기에 관한 내용을 지원하는 공군 장·사병의 경우에는 도보로 이동하는 거리가 멀지 않기 때문에 워커가 필수품이 아닐 수도 있다. 다시 말해, 워커가 주는 의미는 각군간에 커다란 차이가 있다.

개개 항목의 중요성과 이들 항목을 처리하는 제도·절차간에 밀접한 관계가 있다는 것이 문제이다. 예를 들면, 사람마다 자신이 중요하다고 여기는 대상은 다르다. 중요한 대상에 문제가 발생한 경우에는 자신의 모든 역량을 동원하여 조속히 문제를 해결하는데, 이는 지극히 당연한 현상이다. 이와 마찬가지로 중요한 물자와 중요하지 않은 물자를 처리하는 제도·절차는 같을 수가 없으며, 같게 만들어서도 안된다. 따라서, 워커라는 단순한 물품을 처리하는 제도·절차에서조차 각군간 이견이 있을 수 있다.

군에서 워커는 지극히 사소한 항목이다. 보다 차원을 높여 항공기 부품을 그 예로 들어보자. 공군은 그 임무가 하늘을 방어하는 것이기 때문에 항공과 관련된 항목을 처리하는 제도·절차는 매우 간편하다. 육군의 경우는 헬기를 운영하고 있지만, 육군의 주임무가 지상 작전과 관련되어 있기 때문에 헬기 부품을 바라보는 육군의 시각은 항공 관련 부품을 바라보는 공군의 시각과는 다를 것이다. 따라서, 이들 관련 물자를 처리하는 각군의 제도·절차는 같을 수가 없다. 다시 말해, 각군의 제도·절차는 통일할 수도 없고, 통일해서도 안되기 때문에 상급제대의 관점에서 단일의 정보체계를 구축할 수도, 하려고 노력해서도 안된다.

각군의 정보체계를 상급제대가 주도하여 구축해서는 안된다는 것을 또 다른 시각에서 살펴보자. 각군의 체계(인사·군수·교육·군 구조 등)가 존재하는 목적은 무엇인가? 이들이 존재하는 목적이 각군의 작전을 지원하기 위함이란 것은 명백한 사실이다. 따라서, 작전개념이 바뀌게 되면 군이 유지하는 체계들은 당연히 바뀌어야 한다. 육·해·공 각군의 군수체계를 하나로 묶어 놓으면, 각군의 작전을 지원해 줄 수가 없다. "왜냐 하면 각군의 전쟁 이론은 서로 상이하며, 더욱이 이들 전쟁 이론을 하나로 묶어주는 '합동전략'은 존재하지 않기 때문이다". [138] 따라서, 군수를 포함한 각군의 모든 체계는 상호 독립적으로 유지되어야 한다.

결론적으로 말하면, 그 목적은 다르지만 외형상 비슷해 보이는 체계(각군의 인사, 군수, 통신 등)를 하나로 묶는 것은, 전문성의 차원에서 보다 세분화해 처리해야 함(분산처리)을 강조하는 정보화시대의 정신에도 위배될 뿐 아니라 국가 안보를 심각히 저해할 수 있는 발상이다. 『비교적 제도·절차가 크게 관여되어 있지 않아 보이는 교육체계조차 통일해서는 안된다』고 미 국방대학원은 밝히고 있다:

"각군간에는 유사점이 있는 것도 사실이지만 각군이 부여받은 임무가 근본적으로 디르다는 점을 잊어서는 안된다. Goldwater-Nichols 규약에 따르면 각군 장병을 교육 및 무장시키는 일은 각군 총장의 고유 권한이다. 물론 이들 규정을 바꾸는 것은 어렵지 않다. 그러나 이는 매우 비생산적인 행태이다. 국방 예산을 절감한다는 취지로 각군이 운영하는 학교를 통합하겠다는 발상은 바람직하지 않다. 각군에서 운영하는 학교들은 나름의 목적을 갖고 있는데, 통합하게 되면 이들 목적이 상실된다. 합동작전을 고려하여 교육체

---

138) 권영근 번역, Op.Cit., p. 450.

계를 바꾸고자 할 때 바람직한 방향은 각군의 학교에서 공통으로 가르쳐야
할 내용이 무엇인가를 규명한 후, 이들 내용을 각군의 학교에서 개별적으로
가르칠 수 있도록 하는 것이다. 그 이유는 동일한 내용(예: 전자장 이론)을
가르치는 경우에도 이들 이론을 설명하기 위한 보조장비는 육·해·공군간에
서로 달라야 하기 때문이다". [139)

육군의 경우 보병·포병·기갑 등과 같은 여러 전투병과가 있음에도
불구하고 하나의 군수체계로 이들 전투병과를 지원하고 있다. 이와 마찬
가지로 육·해·공 각군의 군수체계를 하나로 통일할 수 있지 않은가 반
문할 수 있다. "단일의 군수체계로 육군의 모든 전투병과를 지원할 수
있는 것은 이들 전투병과를 통합하는 단일의 전투이론, 즉 지상전투이론
이 존재하기 때문이다. 불행하게도 육·해·공군을 묶어 주는 단일의 전
략이론은 없다". [140) 또한 "육·해·공군은 육군 내의 보병·포병 및 기갑
과는 차원이 다른 군이다". [141)

지금까지, 우리는 합참 또는 국방부의 관점에서 정보체계를 구축하고
자 하면 각군의 시각을 충분히 반영할 수 없기 때문에 국가 안보가 심각
한 위협에 직면할 수 있다는 점을 밝혔다. 또한 상급제대가 체계 구축을
주도하게 되면 합참 또는 국방부의 시각을 반영할 수 없다고 했는데, 그
이유는 데이터를 구축할 수 없기 때문이다. 상급제대가 체계 획득을 주
도하면 각군이 사용할 수 없는 체계가 구축될 가능성이 높다고 말했다.
문제는 여기에 있다. 획득된 체계가 각군의 현실을 완벽히 반영하지 못
하면 데이터는 구축될 수 없다.

---

139) Arthur G. Maxwell, JR, *"Joint Training for Information Manager"*,
   National Defence University, pp 31-32, May 1996.

140) 권영근 번역, Op.Cit., p 450.

141) Kenneth Allard, *"Command, Control and Common Defence"*,
   National Defence University, p 249, 1996.

정보체계는 제도·절차를 다루는 체계인데, 이들 제도·절차를 통해 생산되는 데이터의 양은 엄청나다. 군수의 경우를 그 예로 들면, 수십만 항목에 관한 방대한 자료들이 매일같이 발생하고 있다. 이들 변동자료를 컴퓨터에 입력하는 사람들은 누구인가? 전·후방 각지에서 근무하고 있는 우리의 사병들이다. 그들은 막중한 임무를 부여받고 있는데, 이들 임무는 여유를 갖고 수행할 수 있는 성격이 아니다. 「자신이 속해 있는 사단·비행단·함대의 시각이 올바로 반영되어 있지 않은, 다시 말해 이들 단위 부대에서 사용할 수 없는 체계」를 위해 이들 사병들이 데이터를 입력할 것이라고 기대함은 무리이다. 자신에게 부여된 현실적인 임무를 제쳐놓고 사용할 수도 없는 체계(자군의 시각이 반영되어 있지 않기 때문)에 부하들로 하여금 데이터를 입력하도록 할 지휘관이 있을 것이라고 생각한다면, 이것 또한 매우 어리석은 생각이다.

오늘날 국방정보체계를 구축하는 과정에서 데이터 구축의 문제가 우리 주변에서 심각한 사안으로 부상하고 있다. 데이터의 구축은 군의 명령체계를 통해 강제로 해결할 수 있는 사안이 아니며, 더욱이 돈으로 해결할 수 있는 사안도 아니다. 자전거를 만드는 전문가가 자전거 설계 도면을 이용해 탱크를 만들 수 없듯이, 개념이 잘못된 상태에서는 투여된 노력 또는 자원의 규모에 관계없이 국방정보체계를 위한 데이터를 구축할 수는 없을 것이다.

그러면 어떻게 해야 할 것인가? 합동작전이 강조되고 있는 현 시점에서 각군의 시각과 합참의 시각을 동시에 충족할 수 있는 방안은 없는가? 미군에서는 말단 사병이 한번 입력한 데이터가 소속군의 정보체계뿐 아니라 합참체계에서도 그대로 활용되고 있다. 따라서, 방법은 있다. 그 방법은 무엇인가? 각군 주도에 의한 구축이다. 이 방법을 이용하면 합참과 각군의 시각을 모두 충족할 수 있다는 점을 살펴보자.

6. 유일한 해결안: 각군 주도에 의한 구축

각군 주도에 의한 구축에서는 각군 상호간 관계(인터페이스)를 정립한 후, 각군 내부의 체계를 여타의 군과는 독립적으로 설계 및 구현한다. 다시 말해, 각군 본부에서 말단 제대까지를 고려해 체계를 설계한 후 최하위 제대부터 차례대로 체계를 구현하게 된다. 정보체계 사업의 승패 여부는 데이터 구축에 달려 있는데, 각군 주도에 의한 구축에서 데이터의 구축은 인간의 본능을 완벽히 활용해 이루어지고 있다. 따라서, 데이터 구축에 전혀 문제가 없다.

인간의 본능적 행태를 살펴보자. 아무리 사악한 부모라고 할지라도 자식을 사랑하지 않는 사람은 없다. 자식이 우수한 성적을 받았을 때, 즐거워하지 않는 부모는 거의 없을 것이다. 왜냐하면, 이는 인간의 본능이기 때문이다. 자신에게 직접적으로 관계되는 문제에 관심을 표명하는 것 또한 인간의 본능이다.

군 정보체계에 데이터를 구축하는 과정에서 본능의 문제를 고려해 보자. 각군 말단 부대의 업무가 전산화되어 있어서, 이들 체계를 이용하지 않고는 부대 업무를 수행할 수 없다고 가정해 보자. 다시 말해, 단위 부대를 위한 정보체계가 구축되어 있다고 가정해 보자. 모든 단위 부대에는 지휘관과 이들 지휘관을 보좌하는 참모(인사 · 군수 참모 등)가 있다. 지휘관을 훌륭히 보좌하고, 그 결과 지휘관으로부터 좋은 평가를 받아 승진하고 싶은 것은 모든 참모의 본능에 가까운 욕망이다.

지휘관으로부터 좋은 평가를 받으려면 훌륭히 업무를 수행해야 함은 당연하다. 부대 업무가 전산화되어 있기 때문에 참모는 지휘관을 보좌하면서 정보체계에서 생산된 자료를 이용할 수밖에 없다. 인사 참모는 인사와 관련된 전산처리 결과를 이용해 지휘관을 보좌한다. 이들 인사와 관련된 결과는 자신이 거느리고 있는 사병이 입력하는 데이터를 기반으로 하고 있다. 따라서, 이들 사병이 데이터를 잘못 입력하는 경우 이들 자료를 이용해 생산한 전산 처리 결과는 당연히 틀리게 된다. 잘못된 결과를 이용해 지휘관을 보좌하는 참모가 좋은 평가를 받지 못할 것은 당연하다. 따라서, 해당 참모는 자신과 관련된 데이터를 휘하의 사병들이 올바로 입력할 수 있도록 모든 수단을 강구할 것이다. 이처럼 단위 부대를 겨냥해 정보체계를 구축한 경우에는 데이터를 구축하는 과정에서 전혀 문제가 없다.

필자는 공군 XX의 통제실장을 역임한 바 있는데, 그 곳의 주요 임무는 공군의 각 비행단에서 생산된 자료들이 공군 차원에서 올바로 구축될 수 있도록 모든 조치를 강구하는 것이었다. 정보체계의 생명은 데이터의 구축에 있는데, 이들 데이터를 구축하는 것이 얼마나 어려운 일인가는 실제 경험한 사람만이 이해할 수 있을 것이다.

이같은 방식으로 합참을 위한 체계, 즉, 합동작전을 지원하기 위한 체계를 구축하는 것이 어렵지 않은가? 각군 체계간의 관계가 정립되어 있지 않을 뿐 아니라 컴퓨터의 운영환경이 표준화되어 있지 않은 경우에도 각군을 위한 체계가 구축되어 있다면 비교적 간단히 합참체계를 구축할 수 있다는 점을 밝히는 것으로서 이에 답하고자 한다.

1991년도의 걸프전 이후 합동작전이 강조되면서, 미군은 합동C4I체계를 절실히 원하였다. 그 당시 미국의 각군은 자군을 지원하는 C4I체계를 갖고 있었으나, 이들 체계는 합참차원에서 통합되어 있지 않았다. 이들 문제를 해결하기 위해 'Quick Fix', 'Midterm', 그리고 'Objective'란 3단계에 걸쳐 체계를 구축하였는데, 합동 C4I를 지원하는 체계는 첫 번째 단계인 'Quick Fix' 단계에서 사실상 완료되었다. 각군 체계를 이용하여 'Quick Fix' 단계에서 합동 C4I체계를 구축하는 과정에 소요된 노력은 극히 미미하였다.[142] 'Midterm'과 'Objective' 단계에서 하는 일

---

142) 각군의 C4I체계는 상호 독립적으로 구축될 필요가 있다. 오늘날 미국의 각군 C4I체계들이 여타의 군 C4I체계와 데이터를 주고 받을 수 없다는 것이 문제이다…. 그 해결 방안은 데이터의 표준을 정한 후 관련 데이터를 이들 표준에 근거

은 운영환경을 표준화하고, 컴퓨터 장비를 현대화하며, 보다 많은 C4I 체계를 상호 연결하여 합동 C4I체계의 효율성을 높이는 과정임을 명심할 필요가 있다. 다시 말해, 각군 체계가 구축되면 합참체계는 간단히 구축될 수 있다.

7. 결언

정보체계는 제도·절차를 다루는 체계인데, 이들 정보체계를 획득하는 과정에서 가장 중요하고도 어려운 일은 체계에서 사용할 데이터를 구축하는 일이다. 제도·절차가 잘못된 상황에서는 적용된 기술의 정도, 투여된 예산의 규모에 관계없이 데이터는 구축될 수 없다.

작전환경(땅·바다·하늘)이 근본적으로 다르기 때문에 각군이 서로 상이한 제도·절차 및 군 구조를 유지해야 함은 지극히 당연하다. 군의 정보체계를 구축하면서 명심해야 할 사항은 이같은 각군의 상이점을 완벽하게 고려해야 한다는 점이다. [143)]

하여 번역해 주는 소프트웨어를 작성하는 것이다. 대략 500에서 1500 줄 정도에 해당하는 번역 소프트웨어만 있으면 될 것이다. 출처: Richard C. Macke, "Information Exchange Poses Enhanced Warrior Prowess", Signal, pp 91-96, June 1992.

미 해군은 육·해·공군 및 해병대가 운영하고 있는 핵심 C4I체계간 데이터를 상호 번역해 볼 수 있도록 하는 소프트웨어를 개발하였다…. 그 결과 각군의 C4I체계에서 여타의 군 C4I체계에 내장되어 있는 내용을 받아볼 수 있게 됨에 따라, 육·해·공군 및 해병대 체계에 있는 내용들을 종합한 결과 즉, 합참차원에서 전술적 형상(Tactical Picture)을 구현할 수 있었다.

출처: Robert A. Hernandez, "The Global Command and Control System: The Command and Control System for all Joint Task Forces", Naval War College, pp 30-32, March 1994.

군이 운영하는 체계(인사·군수·작전 등)를 경제성의 측면에서만 바라보면 안된다. 예를 들면 군의 자원관리는 단순한 자원의 관리가 아니다. 군의 작전 지원을 전제로 한 관리임을 잊어서는 안된다. 육·해·공군의 제도·절차가 존재하는 목적은 땅·바다·하늘이라는 독특하고도 상이한 작전환경을 지원하기 위함이다. 이같은 각군의 특수성을 완벽하게 고려하지 않으면 군의 제도·절차를 자동화한 정보체계는 획득될 수가 없다.

오늘날 정보체계 분야에서 보편화된 용어 중 통합이란 표현이 있는데, 그 의미는 다양한 체계(예: 각군의 군수체계)를 하나로 통일해 구축할 수 있다는 것이 아니다. 이는 단일의 하위체계(예: 육·해·공군 체계)를 만들고, 이들 체계를 기반으로 그 위의 상위체계(합참체계)를 구축해야 함을 의미한다.

육·해·공군이 운영할 체계를 국방부 또는 합참의 시각에서 설계 및 구현하게 되면, 각군의 제도·절차가 변질될 가능성이 높다. 각군의 특수성을 고려하지 않은 채 각군의 제도·절차를 변형해 체계를 구축하고자 하면 데이터를 구축할 수 없기 때문에 원하는 체계를 획득하지 못한다. 획득한다고 할지라도 이는 탱크·함정 그리고 전투기의 역할을 모두 수행할 수 있는 '괴물'을 만들고자 하는 것과 다를 바 없다. 따라서 국가의 안보를 크게 저해(沮害)할 수 있는 행태이다.

정보화 선진 군대의 경험을 바탕으로 우리 군의 정보화를 조기에 달성하고자 할 때 참조해야 할 교훈도 많지만, 「각군의 정보체계는 상호 독립적으로 구축되어야 하며, 합참체계는 이들 체계를 기반으로 구축해야

---

143) "컴퓨터의 법칙과 연산과정은 독특하여, 컴퓨터를 사용하지 않고 문제를 해결하는 경우에는 노출되지 않을 것도, 컴퓨터를 사용하면 구체적으로 표출될 수밖에 없다"고 조셉 와이젠바움(Joseph Weizenbaum)은 주장하였다. 출처: Joseph Weizenbaum, "Computer Power and Human Reason", San Francisco: W. M. Freeman, 1976, pp. 8-16, 23-38.

한다」 $^{144)}$ 는 것은 아마도 가장 중요한 교훈일 것이다.

---

144) 군수체계를 예로 들자. 합참의 지휘통제체계에서는 각군의 군수체계에서 운영
하는 사항 중 극히 일부(예: 각군의 유류 현황 등)를 받아 볼 필요가 있을 것이
다. 합참은 지휘통제의 측면에서 보아야 할 군수 데이터의 성격과 형태를 각군에
제시하면 된다. 각군은 이들 데이터를 합참이 볼 수 있도록 조치해 주면 된다.
합참이 요구하는 데이터를 보내줄 수 있으려면, 이들 데이터를 활용하는 군수체
계가 각군에 구축되어 있어야 한다. 따라서, 방대한 데이터를 담고 있는 군수체
계를 실제 운영·유지하는 것은 각군이다. 오늘날, 탱크·함정·항공기를 직접
운영·유지하는 것은 각군이지만, 합참차원에서 논리적으로 연결된다. 이와 마찬
가지로, 물리적 차원에서 정보체계를 운영·유지하는 것은 각군이지만, 합참차원
에서 논리적으로 연결된다. 컴퓨터적 용어를 사용해 표현한다면, 합참을 위한 체
계에서는 각군이 구축한 정보체계를 이용하여 Virtual하게 자료를 보게 된다.

5 지휘통제체계 사례연구(공군)

1. 서언

데이터통신과 컴퓨터의 급격한 발전으로 군에 일대 혁신이 유발되고 있는 오늘날 군 전투력의 격차는 수십 만 배까지 벌어지고 있는 실정이다. 1991년도의 걸프전 당시 미군의 군사력은 외형적 규모(항공기 · 탱크 · 함정 · 방공망 체계 등)의 측면에서 전 세계 4위를 유지하고 있던 이라크의 군사력과 비교할 때 적어도 1000배는 되었을 것이라고 미국의 페리(William. Perry) 국방장관이 말한 바 있다.[145] 이처럼 군 전투력의 격차가 천 배 이상으로 벌어질 수 있었던 것은 인공위성, AWACS와 같은 감지체계, 첨단의 지휘통제체계, 그리고 정밀유도무기가 연계될 수 있었기 때문이다.

이들 개개 요소의 급격한 발전을 가능하도록 한 요소는 오늘날의 정보기술인데, 이들 기술의 발전 속도는 너무도 빨라서 예를 들면, 걸프전 당시 1시간 이상 걸려서 전송하였던 자료를 오늘날에는 1/3초 이내에 전송이 가능한 실정이다.[146]

---

145) 「1991년도의 걸프전 당시 미국을 중심으로 한 동맹국의 전투력은 이라크와 비교할 때 적어도 1000배는 되었는데, 당시 이라크는 8년간에 걸친 이란과의 전쟁을 통한 경험 그리고 보유하고 있는 무기의 측면에서 볼 때 세계적으로 4번째의 강대국이었다. 이는 미군이 첨단의 지휘통제체계, 스틸스기 및 크루즈 미사일과 같은 방공제압(Air Defence Suppression) 수단, 그리고 정밀유도무기를 보유하고 있었기 때문이었다.」 출처: William J. Perry, *"Desert Storm and Deterrence,"* Foreign Affairs 70, no.4 (1991), pp 66-82.

이처럼 군 전투력의 격차가 엄청나게 벌어지고 있는 오늘날 보유하고 있는 병력과 무기의 규모가 어느 정도인가는 별로 의미가 없다.[147]

특히도 상대방 국가의 영토를 점령하는 등과 같은 임무가 그 의미를 상실할 것이기 때문에 지상군의 역할은 크게 줄어들고 있는 반면에 공군·해군·방공(Air Defence) 그리고 전자전의 의미가 크게 부각되고 있다. 더욱이 앞에서 언급한 감지체계, 정밀유도무기 및 첨단의 지휘통제체계를 가장 잘 활용할 수 있는 군사력이 항공력이라는 측면에서 미래에는 항공력을 포함한 우주 자산들이 전쟁의 승패를 좌우할 것이다. 지·해상 군을 보조하던 수단이란 입장에서 벗어나서 향후의 전쟁에서는 1991년도의 걸프전 그리고 1999년도의 유고사태에서와 마찬가지로 항

---

146) Ryan Henry and Edward Peartree, *"Military Theory and Information Warfare"*, Edited by The CSIS Press With the title of *"The Information Revolution and International Security"*, July 1998, pp 112-113.

147) 종전에는 국방력·경제력·인구·'에너지의 보유정도'·'영토의 크기'·천연자원 등에 관한 계량적인 방법을 이용하여 힘의 균형관계를 평가해 왔다. 이것들에 의미가 없는 것은 아니지만 이들 수치만으로는 소련의 붕괴를 설명할 수 없다....정보화 시대의 국가의 능력을 평가하는 주요 요소는 기술·교육 그리고 '제도적 신축성'의 정도이다. 반면에, 인구 등과 같은 수량적인 요소의 중요성은 크게 격감되고 있다. 출처: Joseph S. Nye, Jr., and William A. Owens, *"America's Information Edge"*, Foreign Affairs, p. 22, March/April, 1996.

『탱크와 항공기의 대수, 병력의 수 또는 이보다 정확한 판단 기준인 화력에 근거한 전투력의 평가방법이 의미가 있는가』고 의문을 제기한 사람들이 과거에도 다수 있었다. 그러나 오늘날에는, 이와 같은 수치는 전투력을 평가하는 과정에서 전혀 도움이 되지 않는다. 항공기·탱크·함정과 같은 프렛홈의 의미가 퇴색되고, 이들에 내장되어 있는 탄환의 종류, 특히도 정보(Information)처리 능력이 중요한 요소가 되고 있는 오늘날, 각국의 전력을 비교 평가한다는 것은 용이한 일이 아니다. 출처: Eliot A. Cohen, *"A Revolution in Warfare"*, Foreign Affairs, March/April 1996, Volume 75 No. 2, p. 53.

공력이 주도적인 역할을 담당하는 반면에 지·해상 전력은 보조적인 위치로 전락할 것이다. [148]

한편, 39일간의 항공작전과 4일간에 걸쳐 진행된 지상작전 기간 중 항공력을 이용해 방공망체계·활주로·지휘통제체계·'스커드미사일'·'화학무기 생산시설'뿐만 아니라 이라크 지상군이 보유하고 있던 중무장 탱크 및 장갑차의 50% 이상을 격파한 바 있는 1991년도의 걸프전[149]을 '인류 최초의 정보전(The First Information Warfare)', '인류 최초의 우주전', '전략적 마비에 근거한 전쟁', 그리고 '항공력에 의한 전쟁' 등으로 지칭하고 있는 것에서 볼 수 있듯이 항공력의 발휘와 지휘통제체계와 같은 정보 능력은 불가분의 관계에 있다. 사실 공군의 주요 지휘통제 대상인 항공기는 그 특성상 이동 속도가 엄청날 정도로 빠르기 때문에 적을 식별하여 조치를 취하기까지에 소요되는 시간은 공군에서 매우 중요한 의미를 갖는다. [150] 더욱이 하늘이란 작전환경은 매우 단순하기 때문에 항공작전에서는 기술의 우위에 따른 효과가 거의 절대적이다. [151]

---

148) Major General Vladimir I. Slipchenko, *"A Russian Analysis of Warfare Leading to the Sixth Generation"*, Field Artillery, Oct 1993, pp 39-40.

149) Thomas A. Keaney and Eliot A. Cohen, (Gulf War Air Power Survey Summary Report: Washington D.C), pp. 35-53, 1993.

150) 시간당 움직일 수 있는 거리를 육군은 야드, 해군은 마일로 표시한나면 공군은 '대륙'으로 표시할 수 있다. 권영근 번역, Op. cit., p 22.

151) 『기술의 발전으로 지휘통제체계 또한 발전하고 있는 것은 사실이지만, 이들 지휘통제체계가 활용되는 작전환경(땅·바다·하늘)에 따라 지휘통제체계가 주는 의미는 크게 다르다』며 반 크레벨트는 다음과 같이 언급하고 있다. "바다 또는 하늘에서는 기술의 우위에 따른 효과가 절대적이다. 따라서, 바다 또는 하늘에서는 단순히 싸우기 위해 기술이 필요한 것이 아니라 기술력에서 뒤지면 생존 자체가 위협을 받는다. 이런 이유 때문에, 여타의 조건이 동일하다면, 작전환경이 단순할수록 기술의 우위가 안겨주는 효과는 절대적이다.

항공기의 측면에서 볼 때 서울을 중심으로 한 수도권이 휴전선으로부터 불과 몇 분 거리에 위치하고 있다는 점을 고려하면 상황 발생에서 조치에 이르는 과정을 공군은 수 분 이내에 종료할 수 있어야 할 것이다. 따라서, 지휘통제체계가 공군에서 차지하는 비중은 육군 및 해군의 경우와는 비교할 수 없을 정도로 엄청나다.

이미 제3부에서 언급한 바와 같이 항공력은 그 자체로서 엄청난 비용을 들여서 건설해야 하는 귀중한 자산이기 때문에 비교적 저가(低價)인 여타의 무기처럼 활용해서는 아니 된다. 다시 말해, 항공력은 적의 종심부위를 공격하기 위한 전략적 목적으로 활용되어야 할 것이다. 한국군은 일단 유사시 미군과 연합작전을 수행할 것인데, 한국 공군이 보유하고 있는 항공력은 미 공군의 자산과 함께 분명히 전략적인 목적으로 활용될 것이다. 전략적 측면을 포함한 항공력의 핵심 활용수단에 통합임무명령서(ITO: Integrated Tasking Order)가 있는데, 오늘날 한반도에서의 통합임무명령서는 미군의 지휘통제체계에서 생산되고 있다. 이외에도 미군은 10,000개 이상의 지휘통제체계를, 그리고 미 공군은 100개 이상의 핵심 지휘통제체계를 확보하고 있다. [152]

이들 모든 지휘통제체계[153]는 입력 데이터를 기반으로 하여 구축되고

반면에, 지상 환경은 인적 및 천연적 장애물이 산재해 있는 등 상황이 매우 복잡하다." 출처: Martin Van Creveld, Technology and War, (New York: Free Press, 1989), pp. 228-229.

152) (1) C4I Systems Guide, (Headquarters Air Combat Command: Langley AFB Va), May 1993.   (2) 권영근 번역, Op. cit., p 498.

153) 지휘통제체계란 정보를 수집·처리·저장·전송·배분 그리고 활용하기 위한 체계로 구성된다. 출처: Joint Pub 6-0, "Doctrine for Command, Control, Communications, and Computer Systems Support to Joint Operations", p. I-4, May 1995. 사실, 지휘통제체계의 기능 중에서 전송을 담당하는 통신망이 차지하는 비중은 매우 엄청나지만 통신망은 또다른 각도에서 검토되어야 할 것이다.

있는데, 오늘날 군에서 필요한 입력 데이터의 형태는 적 정보(인공위성 등과 같은 감지체계를 통해 수집)와 아측 정보(군수·인사 등과 같은 현황 업무체계로부터 생성)이다. 이들 데이터 중 전자(前者)는 정보의 자주 능력 확보라는 차원에서 국방부 차원에서 획득을 위한 노력이 경주되고 있으며, 후자는 군 업무의 효율화 측면에서 체계 획득이 이미 완료되었거나 또는 획득을 위한 노력이 경주되고 있는 실정이다.

사실 군수·인사 등과 같은 아측 정보를 생산하는 체계가 각군 별로 구축되어 있고, 정보 수집수단과 이들 수집수단으로부터 획득한 자료를 실시간에 분석할 수 있는 시설 및 자원이 확보되어 있다면, 이들 체계를 적절히 활용하여 군에서 필요로 하는 다양한 형태의 지휘통제체계를 확보할 수 있을 것이다. 유감스럽게도, 우리 주변에서는 이같은 단위 체계가 각군 별로 제대로 구축되어 있지 않은 상태에서 이들 체계를 전제로 하는 지휘통제체계 사업들을 구상되는 경우도 있다는 것이 본인의 생각이다. 따라서, 특정 지휘통제체계의 획득을 추진하기 이전에 이들 단위 체계가 올바로 건설될 필요가 있다는 점과, 「이들 단위 체계가 건설되어 있으면 여타의 체계는 커다란 노력을 들이지 않고도 건설될 수 있다」는 측면에서 필자는 단위 체계들에 초점을 맞추어, 다시 말해, '데이터의 원활한 흐름'을 보장하기 위한 방안을 중심으로 공군의 C4I체계를 연구할 것이다. 따라서, 여기서 언급하고 있는 논리는 육·해군 또한 자군을 위한 C4I체계를 건설하는 과정에서 그대로 적용할 수 있을 정도로 매우 일반적인 것이다.

2. 공군에 필요한 지휘통제체계

　전통적으로 군은 항공기 · 탱크 · 함정과 같은 근육(Muscle)과 지휘통제체계와 같은 신경조직(Nerve)을 활용하여 전쟁을 수행해 왔다. 사람의 경우를 예로 들면, 사람은 시각 등을 통해 상황을 감지한 후 감지된 내용을 신경조직을 통해 뇌로 운반하고 있다. 뇌에서는 자신의 경험 등을 바탕으로 상황을 파악하여 조치를 취하게 된다. 조치된 내용은 다시 신경조직을 통해 전달되는데 구체적인 행위는 근육을 통해 이루어진다. 이와 마찬가지로, 오늘날의 군은 AWACS · JSTARS · 레이더에서 수집한 적 정보 그리고 현존 자료(군수 · 인사 등)에서 얻은 아측 정보를 통신망을 통해 컴퓨터로 가져온 후 컴퓨터에서 상황을 종합적으로 파악해 조치를 취하게 된다. 조치된 결과는 다시 지휘통제체계를 통해 항공기 · 탱크 · 함정 등과 같은 타격체계로 전달되는데, 이들 매체를 통해 구체적인 행위가 이루어진다.

　모든 동물에는 근육과 신경이 있다. 호랑이의 근육과 신경조직은 약육강식의 생태계에서 동물의 왕자로 군림할 수 있도록 하는 특성을 갖고 있다. 호랑이의 근육 및 신경조직은 토끼의 경우와는 분명히 다를 것이다. 동물과 군 조직을 근육과 신경의 측면에서 비교할 수 있지만 이들 간에는 약간의 차이가 있다. 동물의 경우에는 나름의 근육과 신경조직이 있음으로서 자신이 할 수 있는 능력 및 역할의 성격이 결정되지만, 군의 경우는 무엇을 할 것인가(임무와 역할)를 정한 이후에 이것을 달성하기 위한 수단과 방법(근육 및 신경조직)의 형태를 규명할 수 있기 때문이다.

　오늘날, 공군이 구비해야 할 근육(무기체계)과 신경조직(지휘통제체계)의 특성이 어떤 속성을 갖추어야 할 것인가는 공군의 임무와 역할이 무엇이며, 항공력을 가장 적절하게 활용하기 위한 방법은 무엇인가 라는 질문들과 밀접한 관계가 있는 문제이다. 우리 군 일부에서 주장하고 있는 바와 같이 항공력의 주요 임무가 '근접항공지원(CAS: Close Air Support)'이라고 한다면 공군에 필요한 항공기 및 지휘통제체계는 이같은 임무를 효율적으로 수행할 수 있는 형태가 되어야 할 것이다. 반면에 제3부에서 제기된 바와 같이 항공력이란 본질적으로 공세적 성격의 무기이며, 전략적인 목적으로 사용될 때 그 효과를 십분 발휘할 수 있는 성질의 것이라면 공군에 요구되는 지휘통제체계는 '근접항공지원'만을 염두에 둔 경우와는 크게 다를 것이다. 여기서는 공군교리에 나와 있는 항공력의 임무 및 역할의 측면에서 문제를 접근할 것이다.

(1) 항공력의 임무 및 역할

1991년도의 걸프전에서 다국적군의 기본 전략은 '제공권(Command of the Air)'을 확보하고, 적의 전략적 '중심(Center of Gravity)'을 무력화하며, 항공력을 이용해 공세를 취하는 동안 지상군은 방어적 자세를 견지한다는 것이었는데, 한반도에서 전쟁이 유발되는 경우 또한 걸프전 당시와 유사한 상황이 벌어질 것이다.[154] 따라서, 향후의 전쟁은 항공력이 전쟁의 승패에 결정적인 영향력을 행사하는 형태가 될 것이다.

항공력에 근거한 작전은 제공작전(Counterair), 항공차단작전(Interdiction), 전략목표공격작전(Strategic Attack) 그리고 근접항공지원(Close Air Support)으로 크게 나눌 수 있다.[155]

---

154) (1) Philips S. Meilinger, *"The Paths of Heaven: The Evolution of Airpower Theory(The School of Advanced Airpower Studies)"*, USAF Air University Press, 1997, p. 1, and

(2) Mark Clodfelter and John M. Fawcett, Jr, *"The RMA and Air Force Roles, Missions, and Doctrine"*, Parameters, Summer 1995, p. 27.

155) 공군교범, "공군기본교리", 공군본부, 1997. 10. 1, p 30.

이것 외에 전자전 · 기지방어작전 등이 있지만 본 보고서에서는 앞에서
언급한 네 종류의 작전을 중심으로 논리를 전개할 것이다.

① 제공작전

제공작전은 공중우세를 획득 · 유지하기 위하여 적의 항공력과 방공체
계를 파괴 또는 무력화시키는 형태의 작전이다. 제공작전이 추구하는 궁
극적인 목표는 제공권의 확보인데, 제공작전은 공세제공작전과 방어제공
작전으로 구분된다.

공세제공작전은 공중우세를 확보한다는 차원에서 적 지역에 대해 항공
력을 운용하여 작전을 수행하는 것인데, 공세제공작전을 통해 전장에서
의 공중우세를 확보 및 유지하고, 지 · 해상군을 포함한 우군이 원활히
작전을 수행할 수 있도록 하며, 종심작전을 위한 유리한 여건을 조성할
수 있다. 적을 공격하려면 상대방의 능력 및 취약점에 대한 인식 뿐 아
니고 자신의 능력을 알고 있어야 하기 때문에 공세제공작전을 전개하려
면 피 · 아에 대한 정보의 수집 · 분석 능력이 필수적으로 요구된다.

방어제공작전은 우군에 대해 공격을 시도하거나 또는 침투를 기도하는
적의 항공력을 가능한 한 원거리에서 탐지 · 식별 · 요격 · 격파함으로써
적에 의한 공중공격을 차단 및 무력화시키기 위한 형태의 작전이다. 방
어제공작전을 통해 아측이 보유하고 있는 항공력을 보호하며, 전쟁수행
능력을 보존하고, 우군의 지 · 해상군 전력과 핵심 산업시설 · C4I체계 ·
병참선 등을 보호하며, 적의 항공전력을 약화시킬 수 있다. 공군은
MCRC체계를 이용해 적 항공기의 탐지 · 식별 · 요격 · 격파를 추구하고
있다. 따라서 한국공군이 보유하고 있는 MCRC체계는 미사일을 제외한
적 항공기를 대상으로 방어제공작전을 수행하기 위한 지휘통제체계이다.

② 전략목표공격작전

이미 제3부에서 상세히 설명한 바와 같이 이는 적의 전쟁수행의지 또는 전쟁지속 능력을 말살하기 위해 적의 전략적 중심과 관련된 전략적 성격의 표적을 공격하여 전략적 마비를 유도하기 위한 작전이다. 특정 빌딩을 공격하는 경우, 빌딩의 위치 뿐 아니라 공격할 방의 위치까지도 알고 있어야 할 정도로 공격 대상에 대한 정확하고도 상세한 정보를 보유하고 있어야 만이 전략목표공격작전이 제 효과를 발휘할 수 있다.

③ 항공차단작전

적의 군사력이 아측 지·해상군에 대해 효과적으로 사용되기 이전에 이를 교란·파괴·지연시켜서 적 전력의 증원·재보급 그리고 기동성을 제한하기 위한 작전이다. 항공차단작전을 통해 얻을 수 있는 효과는 적의 기동성을 제한시키고, 적 후속제대가 전장에 투입될 수 없도록 하며, 적의 군사적 잠재력을 파괴 또는 무력화시킴으로서 아측이 의도하는 군사목표를 달성할 수 있도록 바람직한 형태의 전장상황을 조성하는 것이다.

④ 근접항공지원작전

근접항공지원작전은 우군과 근접하여 대치하고 있는 적의 군사력을 공격하는 형태로 지·해상군을 지원하는 형태의 작전이다. 근접항공지원작전이 제 효과를 발휘하려면 전장지역에서의 공중우세 확보가 필수적이다. 작전을 수행하는 과정에서 지·해상군의 화력 및 기동계획과 긴밀한 협조가 절실히 요구된다.

(2) 항공작전을 위한 지휘통제체계

이미 언급한 바와 같이 오늘날 한국 공군이 보유하고 있고, 새롭게 획득을 추구하고 있는 MCRC 또는 제2MCRC 체계는 공군의 임무중 하나인 방어제공작전 중 적 항공기에 대응하여 임무를 수행하는 C4I체계에 불과하다. 항공작전을 지원하고자 할 때 필요한 지휘통제체계의 유형 및 종류는 너무도 많기 때문에 여기서 이들 모두를 언급할 수는 없을 것이다. 예를 들면, 미군은 10,000개 이상의 지휘통제체계를 보유하고 있으며, 미 공군의 경우 핵심 지휘통제체계 만도 100개 이상을 보유하고 있는데, 이는 미군이 지휘통제 분야에 국방예산의 10% 이상을 수십 년에 걸쳐 투자한 결과다. [156] 이외에도 지휘통제체계의 건설은 군이 하는 모든 행위와 관련이 있을 뿐 아니라, 주요 무기체계(항공기 · 탱크 · 함정)의 경우와는 달리 군에 고도의 전문성이 요구되는 일이기 때문에 '공군 지휘통제체계'의 문제를 조명하다 보면 공군의 모든 핵심 문제들을 거론하지 않을 수 없다. [157] 그렇다고 제한된 지면에서 공군의 모든 활동

---

156) Ropelewski, Robert, Command, Control Priorities Shift, Steady Funding Persists, (Signal, May 1996), p. 41.; 권영근 번역, op. cit., p. 498.

157) 국방과학연구소 또는 국방연구원에는 국방과 관련하여 미군 장교들이 작성한 보고서들(석사 과정 등)을 Micro Fish의 형태로 수만건 보유하고 있는데, 이들의 대부분이 통신망을 포함한 지휘통제체계에 관한 것이다. 탱크 · 항공기 · 함정의 설계 개념 등을 포함하여 무기의 생산에 필요한 요소들은 방위산업체에서 연구해야 할 대상이지만, 군에 필요한 지휘통제체계에 대한 개념은 군으로부터 나올 수밖에 없다. 이같은 개념에 대한 연구가 없이 통신망을 포함한 군의 지휘통제체계가 발전할 것으로 기대할 수는 없을 것이다. 다시 말해, 정보기술에 기반을 둔 오늘날의 군사혁신에 우리 군이 동참할 수 있을 것으로 기대한다면 커다란 오산이다. 오늘날 민간에서는 정보통신 기술이 엄청날 정도의 속도로 발전을 거듭하고 있다. 우리 군이 보유하고 있는 통신망의 수준은 어느 정도인지 곰곰히 생각해볼 필요가 있을 것이다.

(군 구조·인사체계·군수체계·작전개념 등)을 거론할 수는 없다.

'지휘통제체계는 군의 모든 행위와 관계가 있기 때문에 지휘통제체계를 연구하다 보면 그 과정에서 군의 제반 문제를 거론할 수밖에 없다'는 '지휘통제체계 연구의 본질'을 벗어나지 않으면서 제한된 지면의 범주에서 공군 지휘통제체계를 연구할 수 있도록 하는 요인이 있는데, 군의 모든 행위는 정보체계의 측면에서 보면 데이터로 표현된다는 점이 바로 그것이다. 인사·군수 등과 같은 조직에서 다루는 일은 당연히 데이터로 표기되는데, 이들 데이터는 군의 구조 및 제도·절차에 입각해 흐르기 때문에 데이터에는 군의 모든 행위가 녹아 있다. 다시 말해 데이터는 군이 수행하는 행위를 대변하고 있다고 말할 수 있을 것이다.

미군이 보유하고 있는 지휘통제체계의 수는 엄청나게 많지만 이들 체계는 나름의 군 구조 및 군사사상에 입각해 구성된 조직에서 생성된 '데이터'를 기반으로 운영되고 있다는 공통점을 갖고 있다. 한국군이 구축하고 있는 대부분의 정보체계는 한국군에서 생성된 데이터를 기반으로 하여 운영되는데, 이들 데이터는 생성에서 소멸에 이르기까지의 전 과정에서 한국군의 군 구조, 한국군이 운영하고 있는 체계(인사·군수 등), 각군과 합참·국방부간의 관계 등과 같은 상위 개념에 의해 직접적으로 영향을 받고 있다. 더욱이, 미군이 운영하고 있는 지휘통제체계들을 보면 이들은 인사·군수 등과 같은 현존체계에서 나오는 데이터를 기반으로 한 아측 정보와 인공위성 등과 같은 감지체계에서 입수한 적 정보를 기반으로 하고 있다. 따라서, 이들 체계에 '데이터가 원활히 흐를 수 있도록 해야 한다'는 점에 초점을 맞추어 문제를 접근하면 좋을 것이다.

오늘날 우리 주변에서는 적지 않은 예산을 들여 소프트웨어는 작성해 놓았음에도 불구하고, 체계건설을 시작한지 수년이 지난 오늘날까지도 데이터가 구축되어 있지 않은 그리고 이론적 측면에서 볼 때 데이터의 구축이 거의 불가능한 체계도 없지 않다. 다시 말해, 데이터 측면에서 체계 구축이 불가능한 경우가 없지 않다.[158] 반면에, 데이터만 원활하게 유통될 수 있다면, 이들 데이터를 이용해 원하는 체계를 획득할 수 있을 것이다. 물론 여기서 획득할 수 있다는 의미가 이들 데이터를 활용하기 위한 소프트웨어 및 하드웨어의 구축이 용이한 일이라는 의미는 아니다. 데이터가 없으면 체계 구축이 불가능하지만, 데이터가 보장된 상태에서는 문제 해결을 위한 발판은 적어도 마련되었다는 의미이다.

사실, 데이터 확보의 문제는 공군 C4I체계에만 국한되는 것이 아닌, 모든 체계가 공통적으로 직면하고 있는 사안이다. 이처럼 각군 공통의 문제를 중심으로 공군 C4I체계 건설의 문제를 접근할 수밖에 없는 이유는 오늘날 국방정보체계를 건설하는 과정에서 문제가 있다면 이는 '데이터의 원활한 유통'이 보장되어 있지 않기 때문이라는 인식에서다.

오늘날 국방정보화는 데이터 확보라는 원초적인 문제에 봉착하고 있는데, 군의 통신망이 지휘구조를 따라 흐르고 있는 바와 마찬가지로, 군에서 데이터는 당연히 지휘구조를 따라 흐를 수밖에 없다. 군의 지휘구조·인사·군수 등과 같은 모든 행위는 전쟁을 바라보는 군의 시각을 반영한 것이기 때문에, 지휘통제체계가 이들 상위 개념에 의해 크게 영향을 받는다는 반 크레벨트의 주장은 타당성이 있다. 따라서, 오늘날 우리 군에서 진행되고 있는 '군 통합', '합동전장 운영개념', '군 구조' 등에 대한 논쟁은 데이터의 흐름을 바꾸어 놓을 수도 있는 성질의 것이며, 일부 주요 정보체계에서 데이터의 구축이 난항을 거듭하고 있는 이유도 면밀

---

158) 모 부서에서 적지 않은 예산을 들여 장기간에 걸쳐 구축하고 있는 정보체계에는 수년이 지난 오늘날에도 사용할 데이터가 제대로 구축되어 있지 않은 실정이다. 이들 체계를 건설하고 있는 분들 중 데이터는 천천히 단계적으로 구축하면 된다고 말씀하시는 분들이 있는데, 이 분들은 정보체계의 본질(데이터)을 올바로 이해하고 있지 못하고 있다는 생각이다. 소프트웨어란 제도절차를 표기한 것이고, 제도 절차는 끊임없이 변하기 때문에 데이터가 없는 소프트웨어는 전혀 쓸모가 없다.

히 살펴보면 이같은 상위 개념이 잘못되었기 때문인 경우도 적지 않다.

항공작전은 공세제공작전을 통해 공중우세를 확보하고, 확보된 공중우세를 이용해 적의 전략적 중심(重心)을 공격하여 전략적 마비를 유도하며, 이같은 상태에서 항공차단작전 및 근접항공지원작전의 순으로 진행되는 것이 일반적인 상례다. [159] 일단 공중우세가 확보된 상태에서는 적의 전략적 중심을 자유롭게 공격할 수 있을 뿐 아니라 항공차단작전 및 근접항공지원을 원활히 수행할 수 있기 때문에, 공세제공작전을 수행하는 과정에서 그리고 전략목표공격작전을 지원해 주는 과정에서 필수적 요소인 '통합임무명령서'를 생산해 주는 지휘통제체계(미군의 경우 CTAPS)를 중심으로 데이터 확보의 문제를 거론함이 바람직할 것이다.

3. ITO 생산을 위한 공군 지휘통제체계의 확보 방안

이미 언급한 바와 같이 오늘날 한국 공군이 보유하고 있는 지휘통제체계인 MCRC는 항공력 활용의 본질[160] 과는 어느 정도 벗어난 방어제공작전을 수행하기 위한 체계다. 한국 공군이 방어제공작전을 위한 체계만을 보유하고 있다는 것이 유사시 한국 공군이 방어적 목적으로만 활용될 것이라는 의미는 아닐 것이다. 공세적 목적으로 항공기를 활용하고자 할 때 필요한 지휘통제체계를 한국 공군이 보유하고 있지 못하다는 의미다. 한국 공군의 조종사들은 유사시 미군의 체계에서 생산된 통합임무명령서

---

159) Gary Waters and Mark Kelton, *"Air Power Presentation"*, Air Power Studies Center, 1993, p. 40. 1991년도의 걸프전도 이같은 시나리오에 의해 진행되었는데, 이는 길리오 듀헤가 그의 저서 「The Command of the Air」에서 1921년도에 주장한 바대로 이다.

160) 항공력은 여타의 무기와는 달리 공세적 성격의 무기다. 다시 말해, 방어보다는 주요 표적을 공격할 목적으로 활용할 때 그 효과가 크다. 출처: 공군교범, Op.Cit, p 24.

에 근거해 미 공군과 연합작전을 수행할 것인데, 한국 공군과 주한 미 공군은 미리 선정된 표적들의 우선 순위에 근거하여 항공력을 활용할 것이다. 다시 말해, 유사시 한반도에서의 항공력은 이미 언급한 바처럼 공중우세의 확보, 전략적 중심에 대한 공격 순으로 활용될 것이다.

(1) 통합임무명령서 생성을 위한 체계와 데이터 구축

통합임무명령서를 생성하기 위한 체계를 포함한 모든 정보체계 (Information System)에서 가장 핵심이 되는 부분은 데이터(입력 자료)이다. 지휘통제체계와 같은 정보체계를 구축하는 과정에서 데이터가 핵심이라 함은 컴퓨터 소프트웨어와 데이터통신 체계 등이 중요하지 않다는 의미가 아니고, 이들은 데이터가 없으면 전혀 소용이 없다는 점 그리고 데이터의 구축은 매우 어려울 뿐 아니라 군이 아닌 여타의 조직에서 도와줄 수 있는 성질의 것이 아니라는 의미이다. 사실 데이터만 구축될 수 있다면 이들 데이터를 기반으로 소프트웨어를 작성하고 통신망을 구축해 원하는 결과를 도출할 수 있을 것이다. 따라서 통합임무명령서를 생성하기 위한 체계를 확보하기 위한 방안이란 체계에서 필요한 데이터를 어떻게 자연스럽게 구축할 수 있는가의 문제로 귀착된다.

오늘날 정보체계에서 사용하는 데이터의 형태는 레이더와 같은 감지체계로부터 들어오는 것과 군수 및 인사를 포함한 자원관리체계의 경우에서처럼 사람이 직접 입력하는 형태의 것이 있다. 손자의 표현을 빌리면 전자(前者)는 적을 알기 위한 것(知彼)이고 후자(後者)는 자신을 알기 위한 것(知己)이다. 통합임무명령서에서는 인공위성과 같은 감지체계에서 수집한 적 정보와 군수 등과 같은 현황 정보를 모두 필요로 하고 있다. 따라서 데이터 확보 방안을 감지체계를 통해 수집하는 경우와 수기식으로 입력하는 경우로 양분하여 논리를 전개해 보자.

① 감지체계를 통해 수집한 데이터(적 정보 등)

대표적인 사례는 공군의 MCRC체계다. 공군의 MCRC 체계에서 취급하는 주요 데이터는 레이더에서 감지한 사항들이다. 따라서 공군이 보유하고 있는 레이더가 정상적으로 작동하고 있고, 레이더에서 MCRC체계로 연결되는 통신선에 이상이 없는 한 별 다른 어려움 없이 MCRC체계로 데이터가 들어올 것이다. MCRC체계를 구축하기 이미 오래 전부터 한국 공군이 레이더를 운영해 왔다는 점에서 MCRC체계의 경우 데이터가 중요한 것은 사실이지만 이들 데이터를 확보하는 과정에서 요구되는 노력은 그다지 높은 편이 아니다. 공군의 MCRC체계는 데이터보다는 '수집된 데이터를 기반으로 실시간 작전을 가능하도록 하는 소프트웨어'의 작성이 매우 어려운 체계이다. 한국 공군은 미 공군이 운영하고 있는 방어제공작전용 소프트웨어를 수정하여 MCRC체계를 구축하였는데, 이는 미 공군과 한국 공군의 방어제공작전 체계가 매우 유사하기 때문이다. 따라서, 이들 체계에서의 데이터 확보 방안은 우수한 성능의 데이터 수집체계(MCRC의 경우는 레이더)를 확보하여 이들이 정상적으로 작동될 수 있도록 하고, 수집된 데이터를 MCRC체계로 전송하는 통신망이 정상적으로 가동될 수 있도록 하면 된다.

② 수기식으로 입력되는 데이터(아측 정보)

오늘날의 정보체계에서 가장 확보가 어렵고 문제가 되는 부분은 수기식으로 입력하는 데이터들이다. 이미 설명한 바와 같이 인사·군수체계를 위한 데이터의 경우처럼 각군에서 생산되는 데이터는 '각군이 하는 모든 행위'를 대변하고 있다는 점과 데이터를 수기식으로 터미널에 입력하는 행위가 엄청날 정도의 노력이 요구되는 일이라는 점 때문에 이들 데이터의 구축은 매우 어려운 일이다. 이같은 현존 자원을 대변하는 데이터를 구축하고자 할 때 준수해야 할 기본 원칙은 다음과 같다.

첫째, 모든 사람은 자신을 위해 데이터를 입력할 것이라는 점이다. 이는 전·후방 곳곳에서 근무하고 있는 우리군의 장·사병들이 매우 바쁘게 생활하고 있다는 점에 근거하고 있다. 이들은 자신의 행위로 인해 기존의 업무가 보다 간편해진, 다시 말해, 시간 및 노력의 측면에서 편리해지는 경우에만이 데이터를 입력할 것이다. 명령을 통해 반강제적으로 장기간에 걸쳐 데이터의 입력을 강요할 수 있다고 생각한다면 이는 커다란 오산(誤算)이다. 또한, 특정 군의 군수 요원들이 지휘소자동화 체계, 육군전술 C4I체계, 또는 국방 군수본부에서 사용할 체계를 위해 데이터를 입력할 것으로 생각한다면 이것 또한 커다란 오산이다. 예를 들면, 육군의 군수 분야에 근무하는 개개인은 자신이 소속되어 있는 조직의 업무를 지원해 주는 군수체계에 데이터의 입력이 요구되는 경우 또는 그 이전부터 상부에 보고해 오던 내용인데, 컴퓨터 단말기를 이용하여 보다 쉽게 자료를 전송할 수 있는 경우에만 데이터를 입력할 것이다. 따라서, 각군에는 이들 군수 요원들로 하여금 데이터를 자발적으로 입력하도록 하는 요소, 즉 이들이 사용할 수 있는 군수체계가 구축되어 있어야 할 것이다. 달리 표현하면, 자신이 사용할 수 없는 체계를 위해서는 데이터를 입력하지 않을 것이라는 점이다. 각군이 사용해야 할 정보체계를 국방부 및 합참과 같은 상급 부대가 주관하여 일괄적으로 개발하게 되면, 개발된 체계가 각군의 환경을 정확히 반영하지 못하기 때문에 각군에서 제대로 사용할 수가 없을 것이다. 다시 말해, 이같은 방식으로는 데이터가 구축될 수 없을 것이기 때문에, 이처럼 개발된 체계는 전혀 쓸모가 없게 될 것이다.

둘째, 데이터는 오직 한 번만 입력해야 한다는 점이다.[161] 군인들이

---

161) 이는 컴퓨터 분야에 종사하는 모든 분들이 준수해야 할 철칙이다. 예를 들면, 지휘소자동화 체계, 공군의 인사 체계, 그리고 공군 전술 C4I체계에서 개인의 인적 사항이 필요할 수 있다. '권영근'이란 인적 데이터를 이들 세 곳에 따로 입력하는 경우를 생각해 보자. 이들 체계에 입력해야 할 데이터는 수십 억을 훨씬

데이터를 입력하는 경우는 자신의 업무를 지원해주는 정보체계에서 데이터가 필요한 경우, 또는 그 이전부터 상급 부대에 데이터를 보내왔는데, 컴퓨터 터미널을 이용해 보다 용이하게 데이터를 전송할 수 있는 경우일 것이라고 앞에서 가정하였다. 이들 내용과 두 번째 철칙을 결합할 때 얻을 수 있는 결론은 각군 말단부대의 실무자들이 자신을 위해 입력한 데이터를 상급 부대의 체계에서 활용해야 할 것이라는 점이다. 다시 말해, 말단부대(예: 전투 비행단의 군수 분야)에 근무하는 사병이 자신을 지원해주는 체계에 입력한 데이터가 지휘소자동화체계, 공군전술 C4I체계, 통합군수체계(이들 체계에서는 군수 데이터를 필요로 하고 있다.) 등에서도 사용될 수 있어야 할 것이다. 즉, 말단부대의 요원들이 입력한 데이터가 이들 요원도 모르는 사이에 상급 부대에서 운영되는 체계로 자연스럽게 흘러들어 갈 수 있어야 할 것이다. 사실, 이 문제는 이미 언급한 바와 같이 국방정보체계를 건설하는 과정에서 가장 핵심적인 안건이다. 따라서, 국방부 및 합참에서 사용할 정보체계에 데이터가 구축되어 있지 않다면 이들 데이터를 이용해 업무를 수행하는 체계가 단위부대 별로 구축되어 있지 않다는 의미와 동일하다. 이를 달리 표현하면 단위부대를 위한 체계가 건설되어 있지 않은 경우에는 각군 본부, 국방부 및 합참과 같은 상급 부대에서 사용할 체계를 획득할 수 없을 것이라는 점이다.

이미 첫째 및 두 번째의 가정에서 짐작하였겠지만, 정보체계 건설 과정에서 문제가 발생하는 경우, 그 대부분은 통신 및 전산과 같은 기술의 문제 때문이 아니다. 물론 MCRC처럼 데이터 구축은 용이한 반면 소프트웨어의 획득이 매우 어려운 경우는 예외이지만, 군의 현존 자원(인사·군수 등)을 기반으로 구축된 체계가 제대로 작동하지 않는 경우의

상회할 것이기 때문에 게 중에서 데이터가 일치하지 않는 경우가 있을 것이다. 지휘소자동화체계에서는 '귀영근', 공군의 인사 체계에는 '권영근'으로 입력되어 있다면, 이들 두 체계를 통해 화면을 조회한 사용자는 이들 두 체계를 모두 불신하게 될 것이다.

대부분은 단위 부대에서 사용할 체계도 개발되어 있지 않은 상태에서 이들 체계를 전제로 한 상급부대용 체계를 건설하고자 하는 경우, 또는 각군이 사용할 체계를 여타의 조직이 주관하여 개발하는 경우 등과 같이 기술 외적인 요인들 때문이다.

오늘날, 공군의 군수체계에는 데이터와 이들 데이터를 처리하는 절차들이 활용되고 있는데, 이들 데이터 및 처리 절차가 존재하는 목적은 공군의 작전을 지원해 주기 위함이다. 데이터의 양식 뿐 아니라 이들 데이터의 처리 절차는 각군이 서로 같지 않다.[162] 이는 땅·바다·하늘이라는 육·해·공군의 작전환경을 반영해 설정된 것인데, 오늘날 국방의 일각에서는 이같은 각군의 제도·절차 및 데이터의 형태를 통일하여 육·해·공군이 함께 쓸 수 있는 단일의 정보체계를 구축할 수 있다고 주장하면서 열심히 노력하는 사람들이 있다.[163] 이들이 주장하는 바가 이론적으로 실현 불가능한 것이라면 컴퓨터로도 당연히 구현할 수 없을 것이다. 이같은 논리에 근거하여 정보체계 사업을 추진한 결과로 인해 각군

---

162) 각군이 운용하는 항공기·탱크·함정이 서로 다르다는 것을 모르는 분은 없을 것이다. 군수·인사·수송·통신·작전체계 등과 같이 각군에서 동일한 이름으로 지칭하는 체계들 또한 육·해·공군이 서로 상이한데, 이 점을 깨닫지 못하는 사람들이 우리 주변에는 적지 않다. 국방에서 사용할 체계를 건설하는 과정에서 문제를 유발하는 주요 요인중의 하나가 바로 이같은 개념에 대한 인식 부족 때문이라는 것이 다수의 경험을 통해 체득한 필자의 확고한 신념이다.

163) 한반도와 같은 조그만 나라에서는 육·해·공군을 구분할 필요가 전혀 없으며, 육·해·공군을 구분하여 정보체계를 개발하는 행위는 미국과 같은 나라에게나 해당한다는 주장이다. 육·해·공군에 대한 구분 없이 정보체계를 건설하는 나라가 지구상 어느 곳에 존재하고 있는 지를 이분들에게 묻고 싶다.
육·해·공군에 대한 구분없이 정보체계를 건설하는 행위는 전 세계 어디에서도 볼 수 없는 획기적인 방법이기 때문에 그 방법이 결실을 얻으려면 수십년이 소요될 수도 있다고 말하면서, 방법을 고수해야 한다고 말하는 분들도 있다. 전 세계 어디에서도 사용하고 있지 않은, 다시 말해 검증되지도 않은 방법을 이용해 국방체계를 획득해도 되는 것인지 의문이다.

에서 사용될 수 없는 체계가 양산되었다면, 이는 기술자들의 책임이 아닐 것이다. 각군의 체계를 모두 지원할 수 있는 단일의 체계가 존재할 것인지는 군사사상(육·해·공군의 전쟁이론) 뿐 아니라 각군 및 상급부대와의 관계라는 복잡한 사안과 밀접한 관계가 있는 문제이다. 따라서, 오늘날 '군 통합 논쟁', '합동전장운영개념' 등과 같은 상위개념을 중심으로 각군간 벌어지는 갈등의 가장 큰 희생자는 정보체계에 종사하는 사람들이 될 가능성이 높은데, 그 이유는 정보체계의 구축이 잘못되는 경우 이것이 상위 개념에 문제가 있기 때문이라는 점을 인식한다는 것이 쉽지 않을 것이기 때문이다.

결론적으로 말하면, 지휘통제체계를 구축하기 이전에 인사·군수 등과 같은 자원관리체계를 각군 중심으로 구축하지 않으면 안된다. 각군 본부는 본부에서 말단 제대까지의 업무를 고려해 이들 체계를 설계하고, 구현은 말단 제대부터 단계적으로 실시해야 한다. 이들 체계들이 구현되어 있다면, 합참·국방부 또는 특수사령부에서 사용할 체계는 어렵지 않게 구현할 수 있을 것이다. 오늘날 우리 주변에는 자원관리체계와 지휘통제체계의 관계를 항공기와 탱크의 관계처럼 완벽하게 분리해 생각할 수 있다고 생각하는 분들도 없지 않은데, 이는 크게 잘못된 관행이다. 기획·인사·군수가 자원관리체계임에도 불구하고 이들을 담당하는 장교들이 을지훈련에 배석하는 이유는 무엇인가? 이들 자원관리체계에 있는 모든 내용이 지휘통제체계에서 사용되는 것은 아니지만, 자원관리체계가 구축되어 있지 않은 상태에서는 대부분의 지휘통제체계가 구축될 수 없음을 알아야 한다.

③ 통합임무명령서를 위한 데이터

인공위성 등과 같은 감지체계, 그리고 'JTIDS와 같은 전술데이터 통신망'[161] 이 있으면 일단 적 정보 획득을 위한 기반은 조성되어 있다고 말할 수 있을 것이다. 최근 언론에는 적 정보 수집을 위한 특정체계의 성능이 크게 미흡하여 체계 획득의 진행 여부를 신중히 재검토하고 있다는 보도가 있었다. 모든 사업의 성패(成敗)는 사업에 종사하는 분들의 전문성에 의해 크게 좌우된다는 점에서 군 요원의 자질 향상은 매우 절실한 문제다. 더욱이, 필자는 정보수집 체계를 획득하는 과정에서 문제가 발생하는 주요 이유는 작전적 측면에서 고도의 전문성을 견지하고 있는 공군이 이들 체계의 획득 과정에서 주도적인 역할을 담당할 수 없기 때문이라는 견해를 갖고 있다. 군의 체계를 획득해 사용하는 조직은 육·해·공 각군이며, 2개군 이상이 공통으로 사용할 수 있어 보이는 체계의 경우에는 작전적 측면에서 가장 전문성이 있는 군이 주도하여 체계를 획득 및 운영해야 할 것이다. 이들 체계로부터 입수한 데이터는 통신망을 통해 공유하는 것이 일반적인 관행이다. 아측 정보를 확보하기 위한 유일한 방안은 개개의 체계(인사·군수·작전 등)를 각군 중심으로 건설하는 것이다. 각군은 자군이 사용할 자원관리체계를 포함한 모든 정보체계가 자군의 작전환경에 적합하도록 건설하지 않으면 안된다. 이미 언급한 바와 같이 건설된 정보체계가 각군의 작전환경을 반영하지 못해 데이터가 입력될 수 없다면 그 책임은 기술자들의 몫이 아니고 각군의 군사 전문가 및 작전 요원들의 몫일 것이다. 더욱이, 주요 무기체계(항공기·탱크·함정)와는 달리 체계 구축이 잘못됨에 따른 여파가 여타의 체계에까지 직접적으로 영향을 미치고 있는 정보체계의 건설은 문제에 따른 책임이 보다 막중함을 인지해야 할 것이다.

---

164) 권영근, 박병섭, "합동 C4I 체계 발전 연구", 국방정보체계연구소, 1997. 12, pp 85 - 135.

(2) 통합임무명령서 생성을 위한 체계 구축의 타당성

① 적 정보의 확보가 가능

오늘날의 국방에서 전투력을 획기적으로 개선시키는 요소 중에 정보수집체계가 있다. 이들 체계는 전 세계의 모든 국가들이 사용할 수 있을 정도로 보편화될 것이라는 것이 전문가들의 견해다. 이같은 맥락에서 우리 군에서도 몇몇 정보수집 수단을 획득하기 위한 사업을 진행하고 있는데, 향후에는 한국군이 인공위성까지도 보유하게 될 것으로 전망된다.

② 아측 정보의 확보가 가능

인사·군수 등과 같은 자원관리체계는 군 조직의 효율화 차원에서 구축하고 있는데, 향후에도 체계 발전을 위한 노력이 지속될 것이다.

(3) 체계 구축 방향

① 적 정보

문제는 적의 종심을 촬영·정찰하여 정보를 수집하기 위한 체계를 작전적 측면에서 주도적으로 활용할 수 있는 군은 이미 제3부에서 살펴본 바와 같이 공군이라는 점이다. 수억에 달하는 고가의 컴퓨터를 오락용으로 사용할 수도 있다. 그러나 이처럼 비싼 컴퓨터는 그것을 올바로 사용할 수 있는 사람에게 주어졌을 때만이 그 빛을 발할 수 있을 것이다. 이와 마찬가지로, 향후 우리 군이 획득할 고도의 정보수집체계는 작전적 측면에서 가장 전문성이 있는 군이 주도적으로 활용·유지할 수 있어야 할 것이다. 더욱이 이들 체계를 이용하면 적의 종심을 정찰할 수 있는데, 정찰하는 이유는 무엇인가? 유사시 이들 지역을 공격하기 위함이 아닌가? 다시 말해, 전략적 측면에서 이들 체계를 활용하겠다는 것이 아닌가?

오늘날 전략적 차원에서 적의 종심을 공격하기 위한 주요 수단은 공군을 중심으로 한 항공력이다.[165] 따라서 공군은 전략적 측면에서 항공력을 활용하기 위한 방안을 강구해야 할 것이다. 이같은 개념이 없는 상태에서 이들 정보수집 수단을 확보하고자 하는 행위는 '국민의 혈세'를 낭비하는 것에 지나지 않을 것이다.

② 아측 정보

오늘날 육·해·공군은 땅·바다·하늘이라는 서로 상이한 작전환경에서 임무 및 역할을 수행하고 있다. 작전환경이 서로 다르기 때문에 전쟁을 바라보는 이들 군의 시각, 소위 말해 군사전략은 서로 같지 않다. 예를 들면, 전쟁을 바라보는 육군의 시각은 클라우제비츠 및 조미니의 사상에 근거한 지상전투이론의 입장에서다. 각군의 모든 행위는 이들 군의 군사전략과 밀접한 관계가 있다. 각군이 서로 상이한 군 구조·인사체계·군수체계 등을 유지하고 있는 것은 이들 군의 군사전략이 서로 다르기 때문이다.

현대전은 그 특성상 육·해·공군이 보유하고 있는 전력의 통합(Unified)을 요구하고 있다. 해·공군의 경우와는 달리 육군에는 보병·포병·기갑·공병 그리고 통신이라는 다수의 전투병과들이 있는데, 이들 병과는 지상전투이론에 의해 통합(Integrated)되고 있다. 다시 말해, 이들 전투병과는 지상전투이론에 근거해 통합전력을 발휘하고 있다. 육군이 국방부 및 합참에서 자군의 예산을 획득하고, 획득된 예산을 이들 전투병과에 배정할 때 사용하는 '주요 무기'도 지상전투이론이다. 육군의 모든 병과가 단일의 체계(예: 인사·군수 등)에 의해 지원 받을 수

---

165) 오늘날에는 전략적 표적을 공격할 수 있는 수단으로 장거리 미사일이 부상하고 있는데, 이들 또한 항공력과 긴밀한 관계를 유지하면서 통합해 운영하는 것이 전 세계적인 추세이다. 이같은 맥락에서 러시아는 최근 미사일 군, 전략군 그리고 공군을 공군으로 통합하였다.

있는 것도 이들 병과가 단일의 전쟁이론에 의해 움직이기 때문이다.

지상전투이론에 의해 육군의 모든 전투병과들이 통합(Integrated)되 듯이 육·해·공군을 통합(Unified)할 수 있는 이론(미국에서는 '전략의 일반이론(General Theory of Strategy)'라고 지칭)이 존재한다면, 이 이론에 근거하여 육·해·공군에 자원을 효율적으로 배분할 수 있을 뿐 아니라, 이들 군의 전투력을 극대화할 수 있을 것이다. 그러나 불행하게 도 이같은 이론은 존재하지 않는다. 따라서 각군은 서로 상이한 체계를 유지할 수밖에 없다. 오늘날 각군이 독자적인 정보체계(인사·군수· C4I)를 유지해야 하는 것도 육·해·공군을 통합할 수 있는 단일의 군 사전략이 존재하지 않기 때문이다. 따라서 합동작전 또는 통합작전을 위 한 체계는 각군이 건설한 체계를 기반으로 구축되어야 한다. 오늘날 미 국을 비롯한 정보화 선진국들이 각군의 정보체계(인사·군수·C4I 등) 를 기반으로 합동작전을 위한 체계를 건설하고 있는 것은 이같은 이유에 서다. 한편 각군을 위한 체계가 구축되어 있다면 합동작전 또는 통합작 전을 위한 체계는 컴퓨터와 데이터통신의 특성인 통합(Integration)을 이용해 어렵지 않게 구축할 수 있다.

(4) 체계 발전방향

이미 언급한 바처럼, 공군의 지휘통제체계가 기반으로 해야 하는 선행 체계는 공군의 전산 분야에서 개발을 주도해 왔던 자원관리체계(인사· 군수 등)와 적 정보수집체계(인공위성 등)이다. 후자의 경우는 체계를 획득하고, 이들 체계를 이용해 적 정보를 수집 및 분석하는 과정에서 공 군이 주도적인 역할을 담당해야 한다. 전자의 경우는 공군에서 이미 개 발한 체계를 발전시키는 차원이 되어야 할 것이다. 정보체계, 특히 자원 관리체계의 경우 이들 체계의 핵심은 데이터다. 말단 부대의 실무자가 데이터를 입력하지 않으면 이들 체계는 전혀 소용이 없다. 따라서 현존 개발되어 있는 자원관리체계를 진화적이고도 점진적인 방식으로 분야별 (인사·군수 등)로 체계를 구축해야 할 것이다. 개개 분야별 자원관리체계를 개발하는 과정에서 국방부 및 합참에서 추진하고 있는 정보체계 사업과의 관계를 정립하는 것이 매우 중요하다. 각군간 그리고 국방부 및 합참에서 추진하고 있는 정보체계 사업과 공군의 자원관리체계간의 관계를 분명히 정립하지 못하는 경우에는 정보체계 사업이 난항에 직면할 수밖에 없으며, 각군에서 할 수 있는 일이 크게 제약을 받게 될 것이다.

4. 결언 및 제언

(1) 결언

하늘이란 공간은 지상 및 해상과는 달리 전파(電波)의 흐름을 방해하는 요소가 거의 없다. 더욱이, 하늘이란 작전환경에서 임무를 수행하는 항공기는 그 이동 속도가 매우 빠르다는 측면에서 하늘에서는 기술의 우위에 따른 효과가 거의 결정적이다. 따라서, 공군에서 지휘통제체계의 중요성은 말로 다 표현할 수 없을 정도로 지대하다. 오늘날 한국 공군이 보유하고 있는 지휘통제체계인 MCRC는 공군 임무의 극히 일부분인 방어제공작전을 지원하기 위한 체계다. 따라서, 한국 공군의 경우 여타의 임무는 미 공군의 지휘통제체계로부터 지원을 받아 수행하고 있는 실정이다.

항공력 활용을 위한 핵심 지휘통제체계는 통합임무명령서의 생산에 관한 것이다. 항공작전에 필수적으로 요구되는 이같은 지휘통제체계를 개발하려면 상대방 국가의 핵심 표적에 관한 정보와 아측 정보가 필수적이다. 다시 말해, 적 정보를 수집 및 분석할 수 있는 능력과 아측 정보를 생산해 내는 체계가 없이는 항공력 발휘를 위한 지휘통제체계는 구축될 수 없다. 반대로, 이들 체계가 확보된 상태에서는 공군이 요구하는 다양한 형태의 지휘통제체계를 구축할 수 있을 것이다. 다행히도, 우리 군은 이들 정보수집 수단의 확보를 강구하고 있을 뿐만 아니라 자군의 현존 정보(인사·군수·정보·작전 등)를 위한 자원관리체계를 구축하고 있다. 따라서, 향후에는 나름의 지휘통제체계를 공군이 확보할 수 있을 것이다.

그러나 불행히도 우리 군의 정보 자주화를 목적으로 추진되고 있는 특정 정보수집 수단을 획득하는 과정에서 적지 않은 문제가 유발되고 있다고 언론은 보도하고 있다. 다시 말해, 항공력 발휘를 위한 지휘통제체계에서 핵심적 체계인 정보수집 수단의 확보가 난항을 거듭하고 있다. 언론의 보도에 따르면 운영 요구성능에 문제가 있음을 언급하고 있는데, 모든 사업이 그러하듯이 사업에서의 문제는 사업 요원의 전문성과 밀접한 관계가 있다는 것이 일반적인 인식이다.

오늘날 땅·바다·하늘이라는 작전환경에서 전문성을 견지하고 있는 곳은 각군이다. 미국과 같은 선진국들이 군에서 사용할 대부분의 체계를 각군이 주도적으로 획득하고, 2개군 이상이 활용하는 체계의 경우에는 작전적 측면에서 보다 전문성을 견지하고 있는 군을 선택해 특정 군으로 하여금 이들 체계를 획득 및 유지토록 하는 것은 이같은 이유 때문이다. 이처럼 합동의 목적에서 사용할 체계를 일개 군이 획득 및 운영 유지해도 자원을 공유하는데 문제는 없는가? 라는 질문이 제기될 수 있다. 여기에 대한 답변은 확보된 정보는 통신망을 통해 공유할 수 있다는 점과 이같은 방식으로 정보를 공유하는 것이 문제 해결을 위한 올바른 방안이라는 점이다. 분명히 정보는 특정 군이 독점할 수 없는 공통의 자산이다. 그러나 이들 자산이 효율적으로 확보 및 관리될 수 있도록 정보수집 수단을 획득·운영·유지하는 과정에서는 작전적 측면에서 전문성이 있는 공군이 보다 큰 역할을 담당할 수 있어야 할 것이다.

군에서 소위 말하는 아측 정보는 인사 · 군수 등과 같은 자원관리체계를 통해 생산되고 있다. 우리 군은 70년대 초반부터 이들 체계의 자동화를 추진해 왔다. 각군이 보유하고 있는 이들 현존 자료를 이용하면 합참 및 국방부와 같은 상급부대에서의 의사결정에 도움이 되는 체계를 구축할 수 있을 것이다. 이같은 맥락에서 우리 군 일부에서는 각군의 정보체계(인사체계 · 군수체계 · 지휘통제체계 등)의 획득을 상급부대가 주관해야 한다고 생각하는 분들이 있다. 물론 종합적인 기획은 상급부대에서 할 수 있지만, 개발은 각군 중심으로 실시하지 않으면 안된다. 각군은 본부에서 말단 제대까지를 고려해 자군이 사용해야 할 체계를 설계하고, 말단 제대부터 단계적으로 개발해야 할 것이다. 합참 및 국방부와 같은 상급제대에서는 자신들이 보아야 할 대상(가능하면 그 내용이 적을수록 바람직하다)[166] 을 설정하고, 각군이 구축한 체계를 기반으로 자신들을 위한 체계를 구축해야 할 것이다. 각군에서 사용하기 위한 체계가 구축된 상태에서는 상급 부서를 위한 체계는 커다란 노력과 비용을 투자하지 않아도 획득할 수 있을 것이다. 반면에, 각군에서 사용할 체계가 구축되어 있지 않은 상태에서는 투자한 예산의 규모에 관계없이 상급부대에서 사용할 체계의 획득이 거의 불가능할 것이다.[167]

---

166) 수많은 정보체계를 보유하고 있는 미군의 경우 너무도 많은 정보가 유통되기 때문에 심각한 문제가 유발되고 있다. 다시 말해, 중요하지 않은 정보들이 군인들에게 홍수처럼 밀려들어오고 있다. 때문에, 미군은 이들 수많은 정보 중에서 자신에게 필요한 정보를 선택하는 방법을 교육하고 있는 실정이다. 출처: 권영근 번역, Op.Cit, p 245.

우리 군 일각에서는 합참 및 국방부와 같은 상급 제대에서 각군의 세부 사항을 컴퓨터를 통해 확인할 수 있어야 할 것으로 생각하는 분들이 있는데, 이는 크게 잘못된 생각이다. 이는 기술 및 예산의 측면에서 엄청날 정도의 노력을 요구할 뿐만 아니라 작전적 측면에서도 전혀 타당성이 없는 발상이다. 군의 사병 및 하급 장교들이 다루는 자료는 비교적 상세한 것이지만 상급 부대에 근무하는 장교에게 필요한 것은 의사 결정을 위한 개괄적인 성격의 자료임을 명심해야 한다.

오늘날 정보체계를 확보하는 과정에서 문제가 있다면, 이는 기술 때문이 아니고, 앞에서 언급한 바처럼 각군간의 관계를 정립하고, 획득의 주체를 선정하는 과정에서의 문제인 경우가 대부분이다. 이같은 관계가 올바로 정립되어 있지 않은 경우에는 공군뿐만 아니라 육군 및 해군의 지휘통제체계 또한 그 확보가 쉽지 않을 것이다.

여타의 군과 마찬가지로, 공군은 인사·군수 등과 같은 자군의 자원관리체계를 공군의 여건을 고려해 확보해야 한다. 따라서, 국방부 및 합참이 공군에서 사용할 정보체계를 일괄적으로 획득하고자 하는 경우에는 이 분들을 설득하여 자군이 사용할 체계를 공군이 책임지고 구축할 수 있도록 해야 할 것이다. 또한 군의 정보수집 수단을 획득 및 운영하는 과정에서 공군이 주도적인 역할을 담당해야 할 것이다. 이들 체계가 구축된 상황에서는 공군에서 필요로 하는 다양한 형태의 지휘통제체계를 어렵지 않게 구축할 수 있을 것이다.

한국군이 F-22 전투기를 개발할 수 없다는 것은 어느 누구나 인지하고 있지만, 군 정보체계의 건설은 F-22 생산에 못지 않게 어렵다는 점을 이해하는 분들은 많지 않은 듯 보인다. 오늘날 첨단의 지휘통제체계를 미군이 보유할 수 있게 된 것은 1940년대 후반 이후 이들 분야에 국방비의 거의 10%에 해당하는 엄청난 예산을 투여하였을 뿐만 아니라, 군에 필요한 제도·절차를 정립할 수 있는 능력[168] 그리고 뛰어난 정보

---

167) 이는 건축의 원리와 비슷하다. 지하층, 1층, 그리고 2층을 구축하지 않고 3층을 지을 수는 없는 노릇이다.

168) 오늘날 우리 군이 운영하고 있는 군 구조, 인사 및 군수 체계 등에서 미군이 정립해 준 것, 또는 미군의 경우를 그대로 답습해 사용하고 있는 부분이 적지 않을 것이다. 이들 제도 절차를 만든 미군은 왜 그러한 제도 및 절차를 유지해야 하는가를 알고 있지만 상대방의 것을 단순히 답습해 사용하는 경우에는 체계의 존재 이유를 알지 못하는 경우가 다수 있을 것이다. 이같은 경우에는 현 체계를 새로운 상황에 부응해 리엔지니어링 한다는 것이 쉽지만은 않을 것이다.

기술을 보유하고 있기 때문이다. 공군의 지휘통제체계, 아니 정보체계의 구축은 수십 년에 걸쳐 끊임없이 건설해야 할 성질의 것임을 명심해야 할 것이다.

(2) 제언

1991년도의 걸프전은 정보기술에 의한 군사혁신(Revolution in Military Affairs)이 최초로 선을 보인 전쟁이었다. TV를 통해 전 세계로 생중계 된 당시의 전쟁에서는 항공기 및 함정 등에서 발사된 정밀유도무기들이 이라크의 표적을 자로 재듯이 정교하게 공격하였다. 43일 간의 전투기간 중 39일간에 걸쳐 이라크의 주요 시설을 항공력을 이용해 정교히 공격함으로서 이라크는 소위 말해 '전략적 측면에서 마비'가 되었다. 그 이후의 전쟁은 단순한 '이삭줍기' 정도의 수준에 지나지 않았다는 견해를 표명하는 전문가들도 있다. 항공력을 옹호하는 분들은 듀헤와 미첼같은 항공 사상가들이 예언했던 바가 걸프전을 통해 입증되었다고 흥분해 외쳐될 정도로 1991년도의 걸프전에서 항공력의 역할은 가히 경이적이었다.

그러나 걸프전 당시 항공력이 결정적인 역할을 담당할 수 있었던 것은 오늘날 군사혁신의 주체인 인공위성과 같은 감지체계, 첨단의 지휘통제체계 그리고 정밀유도무기를 가장 효율적으로 활용할 수 있는 군사력이 항공력이기 때문이었다. 정보기술에 의한 군사혁신의 덕분으로 적어도 향후 50년간은 항공력이 전쟁에서 결정적인 역할을 담당할 것이라고 1991년도의 걸프전 당시 항공작전을 주도하였던 미 공군대령 와든(John Warden)은 말하고 있다. 걸프전 당시 수많은 군사 이론가들의 암울한 예측과는 달리 미군을 중심으로 한 다국적군이 미미한 인명 손실을 입으면서 이라크를 격파할 수 있었던 것은 이들 양군의 대결이 첨단의 정보체계에 기반을 둔 정보화 군과 항공기·탱크 그리고 함정을 주축으로 한 산업화 군과의 대결이었기 때문이다.

당시 이라크는 8년여 기간 동안 이란과 전투를 수행해 본 경험뿐만 아니라 외형적 측면에서 전 세계 4위의 군사력을 보유하고 있었다. 이같은 이라크와 비교할 때 미군의 전투력은 적어도 1000배 이상 되었을 것이라고 미 국방장관을 역임한 바 있는 윌리암 페리는 말하고 있다.

일본 및 중국과 같은 주변국이 정보 능력에 기반을 둔 군으로의 변모를 추구하고 있다는 점에서 우리 국가의 안보 상황은 구한말의 경우를 상기하게 하는 측면도 없지 않다. 따라서 정보화 군으로의 전환은 우리 군의 시대적 사명일 뿐 아니라 국가의 안보를 위해 추진하지 않을 수 없는 절박한 상황에 우리는 직면해 있다. 특히 현대전에서 중추적 역할을 담당해야 할 공군의 경우 정보화 군으로의 전환은 시대적 사명의식을 갖고 강력히 추진해야 할 일대 과업이다. 이같은 관점에서 몇몇 사항을 제언하고자 한다.

첫째, 항공력 활용에 관한 전략적인 안목을 키워야 할 것이다.

오늘날 전시에 대비한 우리 군의 전쟁 개념은 적어도 해·공군의 경우는 연합군 사령관이 의도하는 바에 따라 진행될 것이다. 이 경우 한국 공군의 항공력은 수많은 이론가들이 주장한 바처럼, 그리고 1991년도의 걸프전 당시에서와 같이 전략적인 목적으로 활용될 것이다. 다시 말해, 약간의 변하는 있겠지만 「항공력을 중심으로 상대방 국가의 핵심 표적을 공격하여 전략적 마비를 유도하는 동안 지상군은 적 지상군을 견제하는 형태의 전쟁」이 예상된다.

반면에 우리 군은 합참과 국방부의 범주에서 국방력을 건설하고 있는데, 우리 국방의 대다수가 지상군, 특히 보병이기 때문에 국방력 건설을 바라보는 시각이 지상군 중심이 될 가능성이 있다. 오늘날 공군이 보유하고 있는 항공력을 군단별로 할당해야 한다는 주장도 없지 않은데, 이는 지상을 지역별로 할당해 관리할 수 있듯이 하늘 또한 나누어 관리할 수 있을 것이라는 지상군들의 시각이다. 이같은 시각으로는 건설 과정에서 고가의 비용이 요구되는 항공력을 올바로 활용할 수 없을 것이다.

항공력 활용에 관한 갈등은 미군의 경우에도 없지 않았다. 예를 들면, 걸프전 당시 미 육군은 항공력을 공지전투 개념에 근거해 활용해야 한다고 주장한 반면에 미 공군은 공군대령 와든의 이론에 근거해 적의 종심을 공격하는 수단으로 활용해야 한다고 주장하였다. 결국, 미 공군이 의도한 바대로 공군의 항공기는 물론 육·해군이 보유하고 있던 대다수의 항공력 또한 단일의 항공 지휘관에 의해 전략적인 목적으로 활용되었다. 미군의 경우 군사이론에 관한 자료가 보편화되어 있기 때문에 육·해·공 각군이 전략적 시각에서의 항공력 활용방안을 이미 잘 알고 있었다는 점, 그리고 육·해·공군의 병력 규모가 대등하다는 점에도 불구하고 항공력 활용을 놓고 첨예한 갈등이 있었음을 볼 때, 우리 군의 경우 전시에 대비한 국방력 건설이 쉽지만은 않을 것이다. [169]

항공력 활용에 대한 전략적 시각이 부재한 상태에서는 인공위성·정밀 유도무기 그리고 첨단 지휘통제체계가 우리 군에 필요한 이유를 설명할 수 없을 것이다. 항공력 활용에 관한 전략적 시각이 부재한 상태에서는 오늘날 군사혁신을 유발하는 요체인 이들의 의미가 크게 반감될 것이다. 예를 들면, 상대방 국가의 심장부를 인공위성으로 촬영하여 그 상황을 실시간에 파악할 수 있다고 할 지라도 이들 자료를 즉시 활용할 의도가 없다면 인공위성이 주는 의미는 크게 반감될 것이다. 다시 말해, 이들

---

169) 우리 군에는 군사이론에 관한 자료, 특히 항공력 활용에 관한 자료가 보편화되어 있지 않기 때문에 이들 이론에 익숙해 있는 분이 미국의 경우처럼 많지는 않은 실정이다. 더욱이, 우리 군의 대다수는 19세기 초 클라우제비치가 정립한 지상전투이론에 심취해 있는 육군이라는 점과, 군의 획득에 관한 의사를 결정하는 국방부 및 합참의 고위 관리자 또한 그 대부분이 육군인 오늘날의 상황에서 현대전 이론에 근거해 국방력을 건설한다는 것이 쉽지만은 않을 것이다.

체계는 유사시 상대방 국가를 실시간에 공격하겠다는 의지가 있을 때만이 그 의미를 갖게 되는데, 오늘날 상대방 국가의 종심을 정밀유도무기를 이용해 실시간에 정확히 공격할 수 있는 수단은 항공력이다. 따라서, 항공력을 이용해 상대방 국가의 핵심 표적을 공격할 의도, 다시 말해 항공력에 대한 전략적인 시각이 없는 상태에서 이들 첨단 체계를 획득하고자 함은 국민의 '고귀한 혈세'를 낭비하는 행위에 지나지 않을 뿐만 아니라 '정보기술에 의한 군사혁신에 편승해야 한다'는 시대적 과업을 망각하는 처사일 것이다.

오늘날 국방정보체계를 획득하는 과정에서 문제가 있다면, 이는 항공력 활용에 대한 개념과 밀접한 관계가 있다. 이미 언급한 바처럼 우리군 일각에서는 항공기가 처음 출현하였을 당시인 1910년대의 시각으로 항공력의 활용을 생각하는 분들이 없지 않다. 당시의 항공력 활용개념은 미 육군과 해군이 자군 내에서 보유하고 있는 항공력에 대한 활용개념과 동일하다. [170] 오늘날 미 육군과 해군도 항공력을 보유하고 있지만, 이들 항공력은 지상전투이론 및 해상전투이론에 의해 움직이는 항공력이다. 다시 말해, 미군의 경우 현대 항공력이론에 의해 움직이는 항공력을 보유하고 있는 군은 공군뿐이다. [171] 따라서 미 육군에 소속되어 있는 항공

---

170) 1920년대 당시 길리오 듀헤는 미국처럼 자원이 풍부한 나라에서는 육군과 해군을 지원하는 항공력을 이들 군이 보유할 수도 있지만, 여타 국가의 경우는 군의 모든 항공력은 공군이 보유하고 있어야 한다고 주장하였다. 출처: Philips S. Meilinger, *"The Paths of Heaven: The Evolution of Airpower Theory(The School of Advanced Airpower Studies)"*, USAF Air University Press, 1997, p.11. 항공자산에 대해서는 임무 수행상의 고도의 전문 기술성 때문에, 유럽의 선진국에서는 공군에서 운영하고 있는 실정이다. 예컨대, 영국과 불란서에서는 CH-47과 S355/365 등 대형 헬기를 공군에서 일괄 운영하여, 지·해상군을 지원하고 있다. 또한 영국은 Nimrod 해상초계기를 공군에서 운영하고 있고, 이스라엘의 경우 AH-64와 같은 공격용 헬기를 포함하여, 일체의 항공기를 공군에서 일괄 관장하고 있다. 출처: 서진태 장군, "국방정책의 투명성과 공정성", 월간조선 97년 10월.

력은 보병·포병·기갑 등과 같은 육군의 여타 전투병과와 마찬가지로 지상전투이론에 의해 통합되고 있다. 이같은 경우 항공력을 포함한 육군의 모든 전투병과를 위한 단일의 정보체계(예: 군수체계·인사체계 등)를 건설할 수 있을 것이다. 오늘날 우리 군 일각에서는 공군의 항공력이 전략적 측면에서 사용되어야 할 것임[172]을 망각하고 보병·포병·기갑 등과 같은 육군의 전투병과와 공군 및 해군을 동일선 상에 놓고 정보체계를 획득하고자 하는 분들이 있는데, 이같은 방식으로는 국방정보체계를 획득할 수 없을 것이다. 다시 말해, 이같은 방식으로는 현대전에 대비한 국방력 건설이 쉽지만은 않을 것이다.

항공력 활용에 대한 전략적 시각이 우리 국방에 올바로 반영될 수 있으려면 국방부 및 합참에 근무하는 해·공군 요원의 규모가 육군의 경우와 대등한 수준이 되어야 할 것이다. 더 나아가서 우리 군의 조직 구조는 합동작전의 측면에서 해군과 육군을 지원할 뿐만 아니라 전략적 목적에서 중요한 역할을 담당해야 할 항공력 중심으로 전환되어야 할 것이다.

항공력 활용에 관한 전략적 시각이 형성될 때, 오늘날의 첨단 정보수집 수단을 어떠한 목적으로 어디서 어떻게 획득 및 운영해야 하는가? 라는 질문에 대한 올바른 답변이 나올 수 있을 것이다. 물론 이들이 육·해·공군이 함께 사용할 수 있는 체계인 것은 사실이지만, 작전적 측면에서 이들 체계에 관해 가장 전문성을 견지하고 있는 공군이 이들 체계를 획득·운영·유지하는 과정에서 주도적인 역할을 담당해야 한다. 획득 및 분석된 정보는 통신망을 통해 각군이 공유할 수 있을 것이다.

---

171) Air Force Basic Doctrine Document 1, United States Air Force, p 43, September 1997.

172) 전세계 각군이 독립된 형태의 항공력을 보유하고 있는 이유는 항공력을 전략적 측면에서 활용하기 위함이다.

둘째, 공군은 정보화 군 건설을 위한 인력 양성에 적극 노력해야 한다.

여타의 산업화 군에서와 마찬가지로 지금까지 우리 군은 자군이 사용할 핵심 체계(항공기 · 탱크 · 함정 등)를 외부로부터 구입하여 이들 '근육'을 이용해 전쟁을 수행해 왔다. 사실, 산업화 군의 경우 항공기 · 탱크 · 함정과 같은 핵심 체계를 획득하는 과정에서 군이 담당한 일은 극히 미미하였다. 항공기의 엔진을 제작하고, 여타의 부품을 조립하는 등의 일을 통해 첨단 항공기가 출현하는 과정에서 군이 한 일은 거의 없다고 해도 과언이 아니다. 단지 만들어 놓은 항공기를 구입하여 운영 및 유지하는 것이 공군이 담당한 일이었다. 따라서, 산업화시대에는 핵심 운영 요원(조종사 · 탱크요원 · 함상근무자)들이 군에서 주도적인 역할을 담당하였다. 그러나 정보화 군의 건설은 군이 하는 모든 행위와 관련이 있기 때문에 이들 군에서는 작전개념 및 교리 등과 같은 개념을 정립하고 이들 개념을 첨단의 컴퓨터 · 통신 이론과 접목시킬 수 있는 능력이 필수적으로 요구된다. 다시 말해, 정보화 군에서는 고도의 전문성이 요구되기 때문에 분야별 전문가들이 군에서 주도적인 역할을 담당할 수밖에 없다. 항공기 · 탱크 및 함정과 같은 프렛홈(Platform: 무기를 운반하는 수단)을 운영 및 유지하는 사람도 중요하지만 이들 능력이 수천 배 이상으로 확장될 수 있도록 하는 정보체계를 건설하는 요원 또한 못지 않게 중요함을 명심해야 한다.

정보화시대의 군에서는 특정 병과가 군을 주도하고 이들이 득세하는 것이 아니고, 엘빈 토플러의 표현처럼 '지식전사(Knowledge Soldier)'가 중요한 역할을 담당하게 될 것이다. 때문에, 공군은 우수한 자원을 선발하여 이들에게 교육의 기회를 부여하고, 이들로 하여금 공군을 주도적으로 이끌어 나아갈 수 있도록 하는 교육 · 인사 정책을 확립해야 할 것이다. [173] 오늘날 우리 군 일각에서는 실무에서 얻은 지식과 야전성(野

戰性)을 강조하면서 교육의 중요성을 경시하는 풍조도 없지 않다. 예를 들면, 특정 나라에 상관없이 조종사들 중에는 항공기를 조종해 본 경험 자체로 인해 자신이 항공작전에 정통해 있다고 착각하는 경우도 없지 않다.[174] 이는 공군의 모든 분야에 적용되는 사항이다. '자식을 사랑하지 않는 부모는 없지만 올바로 사랑하는 부모는 많지 않다'는 말과 같이, 공군에 몸담고 있는 사람으로서 공군이 육군 및 해군과의 합동작전을 통해 국가안보에 크게 기여할 수 있어야 한다고 생각하지 않는 장교들은 없을 것이다. 정녕 그러하다면, 청년 장교 중에서 우수한 요원을 발굴하여 이들에게 교육의 기회를 부여하고, 이들로 하여금 공군을 이끌어 나아갈 수 있도록 함에 있어서 공군은 인색하지 말아야 할 것이다.[175] 1991년도의 걸프전 당시 고도의 정보체계를 보유하고 있던 미군의 경우

173) 미군의 경우 우수 자원을 선발하여 이들이 군을 주도할 수 있도록 하고 있다. 미 공군의 (SAAS: The School of Advanced Air Power) 과정은 대표적인 사례다. 더욱이, 정보화시대의 군대인 미 공군에서는 과거와는 달리 조종사가 아닌 여타 분야의 전문가들의 비중이 크게 높아지고 있다고 엘리옷 코헨(Eliot Cohen)은 말하고 있다.

174) 오스트레일리아 공군이 창설된 지는 70여 년이 지났지만 항공 교리를 구비한 것은 최근의 일이다. 이같은 현상이 발생했던 것은 조종사들이 공군을 주도하였기 때문이었다. 이들은 비행할 수 있다는 능력과 항공력의 활용 능력을 동일시하는 경향이 있는데, 비행능력(기술)과 항공력 활용능력(군사전략)은 전혀 별개의 문제다. 출처: Gary Waters and Mark Kelton, "Air Power Presentations", Air Power Studies Center RAAF, 1993, p. 1.

175) 지금까지 교육을 바라보는 우리 군의 시각은 '혜택'의 차원이었다. 남들은 야전에서 고생하는데 교육기간 동안 편하게 생활하였으니 진급에서 불이익을 받아야 한다는 개념이었다. 따라서 교육을 받은 사람들이 군에 기여할 수 있는 정도는 제한적이었다. 상황이 이러하였기 때문에 군에 대한 원대한 포부를 갖고 있는 사람들의 경우에는 교육을 주저하였다. 다시 말해, 지금까지 우리 군은 준비되어 있지 사람들이 군을 이끌어갈 수밖에 없는 그러한 상황이었다. 군대 생활 30년 동안 적어도 10여년은 교육을 받아야 한다는 미군의 경우에서 볼 때, 교육은 군 장교들이 거쳐야 할 필수 과정임을 명심해야 한다.

장교들의 교육 수준이 엄청나게 높아지고 있는 실정[176] 임을 공군은 명심해야 할 것이다.

셋째, 공군을 포함한 육군 및 해군은 자군이 사용할 정보체계를 획득하는 과정에서 주도적 역할을 담당해야 한다.

오늘날 우리 군에는 각군이 사용할 정보체계(인사·군수체계 등)를 국방부 및 합참을 중심으로 중앙에서 획득해야 한다고 주장하면서 이를 실행에 옮기고 있는 분들이 있는데, 이는 크게 우려할만한 사태다. 정보체계의 핵은 데이터인데, 각군의 현실을 정확히 반영하지 않고 구축된 정보체계에는 데이터가 구축될 수 없다. 다시 말해, 이같은 방식으로는 정보체계를 획득할 수 없다. 더욱이, 주요 무기체계(항공기·함정·탱크 등)의 경우와는 달리 정보체계는 상호간 밀접한 관계를 맺고 있다.[177] 오늘날 우리 군 일각에서는 이같은 기본적인 원칙을 준수하지 않았기 때문에 체계를 획득하지 못하는 경우에도 그 결과를 기술을 담당하는 부서의 책임인 것인 양 생각하는 분들이 있는데, 이는 무지의 소치라는 점을 밝히며, 이같은 논리가 국방 정보체계를 획득하는 과정에서 득세하지 못

---

176) 권영근, 박병섭, "합동 C4I 발전 연구", 국방정보체계연구소, 1997년 12월, p. 68.

177) 특정 무기를 개발하는 과정에서 기술적 또는 여타의 이유로 인해 수년에 걸친 노력과 적지 않은 예산을 투자했음에도 불구하고 이들 체계를 획득할 수 없었다고 가정하자. 항공기·탱크 및 함정과 같은 무기의 경우는 체계 획득의 실패에 따른 후유증이 그 자체로서 끝난다. 다시 말해, 여타의 무기를 획득하는 과정에서 전혀 영향을 미치지 못할 뿐만 아니라 어떤 면에서는 실패의 사례를 경험 삼아 여타의 무기를 보다 훌륭히 획득할 수 있을 것이다. 그러나, 정보체계(인사·군수·지휘통제체계 등)의 획득은 무기의 경우와는 전혀 다르다. 예를 들면, 국방부에서 추진하고 있는 통합 군수체계가 잘못되면, 공군 전술 C4I체계, 육군 전술 C4I체계 등 국방에서 추진되는 다수의 자동화 체계가 직접적인 영향을 받게 된다.

하도록 각군은 자군의 작전환경(땅 · 바다 · 하늘)에 관해 고도의 전문성
을 견지하고 있어야 할 것이다.

 '군이 하는 모든 행위는 전쟁과 직접적인 관계를 맺고 있다'는 점에 대
해 이의를 제기할 수 있는 분은 없을 것이다. 따라서, 군에서 구축하는
정보체계 또한 전쟁과 긴밀한 관계를 맺고 있다. 반대로 말하면, 이들
체계를 획득하는 과정에서 문제가 발생하는 경우, 이는 기술의 문제일
수도 있지만 전쟁 상황을 충분히 고려하지 않았기 때문일 수도 있다. 기
술은 업체 또는 군 정보체계(통신 및 전산) 분야 실무자의 책임이지만,
전쟁 상황을 충분히 고려하지 못하여 발생한 결과에 대한 책임은 군사
이론가, 또는 국방에서 상위 개념(군수 · 인사 · 작전 등에 관한 개념)을
연구하는 특정 연구소의 몫일 것이다.

 넷째, 공군에서 지휘통제체계의 중요성은 육군 및 해군의 경우와는 크
게 다르다. 따라서, 공군은 자군의 지휘통제체계 획득에 보다 많은 노력
을 경주해야 할 것이다.

 1960년대 초의 유명한 권투선수 클레이는 자신보다 엄청난 파괴력을
보유하고 있던 리스튼에 대항해 신속한 '상황파악'에 근거하여 상대방을
제압할 수 있었다. 이들 두 선수간의 상황파악 능력은 기껏 해서 몇 배
의 차이에 지나지 않았을 것이다. 만약 이들 두 선수간의 상황파악 능력
이 몇백 배, 또는 몇천 배로 벌어진다고 가정하면 우수한 상황파악 능력
을 보유하고 있는 선수의 입장에서 보면 상대방 선수는 단순한 '샌드백'
에 지나지 않을 것이다. 존 보이드가 말하고 있는 바처럼 '관찰 · 상황파
악 · 의사결정 · 행동(OODA: Observation, Orientation, Decision,
and Action)'의 주기를 먼저 완료할 수 있는 자가 전쟁에서 승리할 것
이기 때문에 군에 관계없이 지휘통제체계는 현대전에서 매우 중요한 요
소이다.

그러나 공군의 작전환경인 하늘은 매우 투명하기 때문에 전파(電波)가 투사되는 과정에서 방해 요인이 거의 없다는 점과 항공기의 이동 속도는 육군의 보병 및 해군의 함정과는 비교할 수 없을 정도로 엄청나게 빠르다는 점으로 인해 공군에서 지휘통제체계는 전쟁의 승패를 좌우하는 핵심 요체다. 오늘날 공군이 보유하고 있는 MCRC는 공군 임무의 극히 일부인 방어제공작전을 담당하는 체계에 불과하다. 공군이 미군과는 별도로 독립적인 지휘통제체계를 구축해야 하는 이유는 오늘날 항공작전의 핵심인 통합임무명령서를 생산하기 위한 지휘통제체계의 구축을 가능토록 하는 적 정보(인공위성 등에서 수집)를 수집하기 위한 수단의 획득이 국방 차원에서 추진 또는 진행하고 있을 뿐만 아니라 아측 정보(인사·군수 등과 같은 자원관리체계로부터 도출)를 생산하기 위한 자원관리체계의 자동화가 추진되고 있기 때문이다. 문제는 재정 및 이론적 측면에서의 결함으로 인해 이들의 획득이 순조롭지 않다는 점인데, 이들에 대한 공군 차원에서의 관심이 절실히 요구된다. 공군은 항공기 한 대 더 구입하겠다는 생각을 바꾸어 지휘통제체계 확보에 심혈을 기울여야 한다. 오늘날 군의 현대화란 지휘통제체계의 현대화를 의미한다는 미군의 사례를 굳이 언급할 필요 없이 지휘통제체계는 군 전력에서 핵심적인 요소다. 이들 체계를 획득하는 과정에서 문제가 되는 것은 항공기·탱크·함정과 같은 외형적인 요소는 쉽게 이해가 가지만 눈에 잘 보이지 않는 지휘통제란 요소는 군 차원에서 개념이 있을 때만이 그 필요성을 이해할 수 있다는 점일 것이다.

다섯째, 공군은 지휘통제체계를 확보하는 과정에서 지속적이고도 꾸준한 자세를 견지해야 할 것이다.

사실, 이는 공군에게만 해당되는 것은 아니며, 육·해·공군 모두가 명심해야 할 사항이다. 오늘날 우리 주변에서는 1991년도의 걸프전, 또는 오늘날의 미국을 상기시키면서 마치 우리 군이 정보기술에 의한 군사 혁신에 돌입한 것인 양 논리를 전개하는 분들이 적지 않다. 예를 들면, 미군의 경우를 예로 들면서 한국군의 병력을 20만으로 감축할 필요가 있다는 1997년도 6월 30일자의 동아일보 기사가 그 대표적인 사례다. 미군이 이처럼 급격한 감군을 추진할 수 있었던 것은 고도의 정보 능력을 보유하고 있는 오늘날의 미군에게 병력의 수치란 그렇게 큰 의미가 있는 것이 아니기 때문이다.

오늘날 F-22 항공기를 우리가 만들 수 없듯이, 첨단 지휘통제체계는 하루아침에 획득될 수 있는 성질의 것이 아니다. 미군은 인류 최초의 컴퓨터가 탄생한 1946년도 이후 이들 컴퓨터를 이용해 국방 분야의 문제를 해결해 왔다. 더욱이, 당시에도 컴퓨터의 성능에 문제가 있었을 뿐이지 미국이란 사회는 군 문제(예를 들면: 지휘통제체계 구축)를 해결하기 위한 방법을 이미 잘 알고 있었다. 다시 말해, 미국이란 사회 및 미군에서는 분야별 고도의 전문성을 견지하고 있는 분들이 이들 컴퓨터를 이용해 지휘통제체계를 구축 및 사용하면서 문제점을 발굴하고, 발굴된 문제점에 근거하여 다시 이들 체계를 보완해 새로운 체계를 만드는 과정을 근 40여 년간 지속해 왔다는 점을 명심해야 한다. 더욱이, 미국은 국방예산의 10% 이상을 지휘통제 분야에 투여해 왔으며, 국방예산이 감축되는 상황에서도 지휘통제 분야의 예산은 오히려 늘려왔다는 점을 알아야 한다.

반면에, 지휘통제체계 및 정보체계 분야에 투자한 우리 군의 노력 및 예산은 결코 바람직한 수준이라고 말할 수 있는 상황이 아니다. 반면에 우리는 너무도 큰 결과를 기대하고 있지 않은가 생각되는 경우도 있다. 또한, 지휘통제체계에 대해 우리 군이 올바로 이해하고 있는지에 대해 의문이 가는 경우도 없지 않다. 불행히도, 우리 군 주변에서는 탱크 및 항공기를 획득하는 경우와 마찬가지로 적절한 규모의 예산만 투자하면 지휘통제체계 또한 어렵지 않게 획득할 수 있는 성격의 것으로 착각하고 있는 분들도 없지 않다. 군의 존재가 다하는 그날까지 지휘통제체계는 단계적으로 꾸준히, 그리고 정성을 다해 발전시켜야 할 성질의 것이다.

여섯째, 군의 지휘통제체계는 적 정보와 아측 정보를 기반으로 하고 있다. 따라서, 지휘통제체계를 논하기 이전에 이들 정보를 생산하기 위한 체계를 먼저 구축해야 한다.

지피지기(知彼知己)는 백전백승(百戰百勝)이라는 손자의 말과 같이 전쟁에서 승리하려면 적 정보와 아측 정보가 필수적으로 요구된다. 오늘날 우리 군 일각에서는 지휘통제체계와 자원관리체계를 분리해 생각하고 있는데, 이들 두 체계는 이들이 생각하고 있는 것처럼 간단히 나눌 수 있는 성질의 것이 아니다. 군의 아측 정보는 군수·인사 등과 같은 자원관리체계로부터 나오기 때문에 이들 체계가 구축되어 있지 않은 상태에서 지휘통제체계를 언급한다는 것 자체가 모순인 측면도 없지 않다.[178]

군수·인사 등과 같은 자원관리체계를 구축하게 되면 말단 부대의 실무자는 해당 체계를 이용해 업무를 수행할 것이다. 분명히 이들이 하는 일은 지휘통제에 관한 것이 아니다. 그러나 을지훈련에서는 인사·군수 등과 같은 분야의 참모들이 지휘관을 보좌하고 있다. 다시 말해, 인사·군수 등과 같은 현존 체계에서도 지휘통제에 관한 자료가 생성되고 있는

---

178) 지휘통제체계는 공군의 MCRC 및 해군의 KNTDS처럼 레이더와 같은 감지체계를 통해 데이터를 받아 들이는 경우와 지휘소자동화 체계의 경우처럼 인사·군수 등과 같은 자원관리체계에서 대부분의 데이터를 받아들이는 경우, 그리고 공군의 통합임무명령서를 생산하기 위한 지휘통제체계의 경우처럼 감지체계에 의한 데이터와 자원관리체계에서 생성되는 데이터를 모두 필요로 하는 경우로 크게 나눌 수 있다. MCRC 및 KNTDS와 같은 체계에 필요한 데이터는 레이더와 통신망에 이상이 없는 경우 구축 과정에서 전혀 문제시 될 것이 없다. 그러나, 이들을 제외한 여타의 지휘통제체계는 자원관리체계가 미리 구축되어 있지 않으면 구축이 불가능하다.

데, 우리는 이것을 '아측 정보'라고 지칭한다. 지난 오랜 기간 우리 군은 자원관리체계의 발전을 등한시 한 측면도 없지 않다. 그러나 모든 군의 지휘통제체계가 기반으로 하는 정보가 아측 정보와 적 정보라는 측면에서 자원관리체계는 공군 지휘통제체계를 거론하기 이전에 이미 지대한 관심을 기울였어야 했을 영역이다. 따라서 공군은 공군의 전산분야가 지난 20여 년간 수행해온 자원관리체계를 확대·발전시켜야 한다. 이들 체계는 인사·군수 등과 같은 공군의 업무 부서에서 사용할 수 있도록 공군본부를 중심으로 비행단의 말단 부서까지도 고려하여 설계한 후 말단 부서에서부터 단계적으로 구축해 올라와야 한다.

오늘날 각군이 자군의 자원관리체계를 건설하는 과정에서 크게 걸림돌이 되는 사항이 있는데, 이는 자원관리와 긴밀한 관계를 맺고 있는 몇몇 정보체계 사업이 합참 및 국방부 차원에서 진행되고 있다는 점이다. 이들 체계와 각군의 자원관리체계와의 관계를 정립하지 않고는 각군이 자원관리체계를 건설할 수 없음을 알아야 한다. 다시 말해, 각군의 정보체계실 또는 C4I 참모부에서 할 수 있는 영역이 극히 제한적이라는 점을 인식해야 한다. 오늘날 군의 정보화는 군 내부에서의 노력만으로는 해결할 수 없는 그 무엇이 있는데, 정보체계가 국방부 및 합참의 활동과 긴밀한 관계를 맺고 있기 때문이다. 따라서 상위개념이 잘못된 상태에서는 각군이 아무리 노력해도 자군을 위한 정보체계는 획득될 수 없다는 점을 알아야 한다.

또한 향후에는 적 정보를 수집하기 위한 다수의 체계(인공위성 등)들에 관한 사업이 국방부 차원에서 추진될 것인데, 이들 체계를 확보하는 과정에서 가장 중요한 것은 작전적 전문성이다. 이들 체계에 대한 활용 개념이 전혀 없는 분들 또는 기술적 능력이 없는 분들이 사업을 담당하게 되면 이들 체계는 획득될 수가 없다. 다시 말해, 이들 체계는 이미 만들어져 있는 항공기를 한 대 구입하는 것이 아니고, 우리의 실정에 맞추어 체계를 통합하는 사업이기 때문에 이들 체계의 획득은 작전적 측면에서 전문성을 갖고 있는 공군이 획득 및 운영 단계에서 중추적인 역할을 담당해야 한다. 획득된 체계에서 수집 및 분석한 자료논 통신망을 통해 공유할 수 있을 것이다.

　국방정보화 및 공군의 지휘통제체계를 구축하는 과정에서는 해결해야 할 난제가 한두 가지가 아니다. 다시 말해, 주요 무기체계(항공기 · 탱크 · 함정 등)를 획득하는 경우와는 달리 군이 각고의 노력을 경주하고, 전쟁이론 · 군구조 등 군이 하는 모든 행위에 관해 올바른 개념을 갖고 있을 때만이 정보체계는 건설될 수 있다. 따라서 오늘날 공군의 정보화 사업 또는 국방부 및 합참 차원에서 추진하고 있는 정보화 사업은 우리 군의 전반적인 수준을 정확히 대변하고 있다고 해도 과언은 아니다. 정보체계를 획득하는 과정에서 문제가 있다면 우리 군의 수준이 그 정도밖에 되지 않음을 알고 깊이 반성할 필요도 있을 것이다. 정보체계가 컴퓨터와 데이터통신에 의해 구현된다고 우리 군 일각에서는 체계 구축에 문제가 있는 경우 그 책임을 기술을 담당하는 분들의 잘못인 것인 양 생각하는 분들도 있는 실정이다. 문제가 발생하는 경우 근본 원인을 규명하고, 효과적으로 대처할 수 있을 정도로 우리 군 및 공군이 성숙해져야 할 것이다.

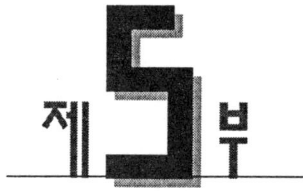

국방력 건설의 문제

1. 개요
2. 정보화 잠재능력
3. 오늘날의 군에는 왜 고도의 전문성이 요구되는가?
4. 국방력 건설은 왜 각군의 몫인가?

1 개 요

오늘날 우리는 항공기·탱크 및 함정에 기반을 둔 산업화군에서 첨단의 지휘통제 및 정보수집 체계와 같은 정보체계(Information System)를 중심으로 한 정보화군으로의 전환을 시급히 추진해야 할 수밖에 없는 역사적인 기로에 서 있다. 산업화군을 건설하는 경우와는 달리 정보화군의 건설 과정에서는 군에 고도의 전문성이 요구된다.

국방력 건설에 관한 첫 번째 논문인 '정보화 잠재능력'에서는 오늘날의 군에 고도의 전문성이 요구되는 이유를 정보체계의 특질에서 찾으면서, 정보체계 획득을 위한 능력의 확보 방안을 제시하고 있다.

정보체계란 정보를 수집·처리·저장·전송·배분 그리고 활용하기 위한 기반체계·조직·인력 그리고 구성요소들로 구성된다. 정보체계에는 컴퓨터·통신장비 그리고 응용소프트웨어들이 포함되는데, 이들은 (인간)조직을 지원한다. 지휘통제체계는 정보를 수집·전송·처리·분배·보호하는 기능을 지원한다. 지휘통제체계 또한 컴퓨터·통신장비 그리고 응용소프트웨어로 구성된다. 지휘통제체계는 군의 교리·작전개념·조직개념에 근거한 싸우는 방법(절차 및 규정)을 자동화한 체계이다. 이같은 이유로 인해 지휘통제체계는 정보체계로 분류된다. 특히 지휘통제체계의 획득은 정보체계의 경우와 마찬가지로 '조금 건설하고, 건설된 부분을 시험 평가해서 사용해 보고, 또 다시 조금 더 건설….'하는 방식을 채택해야 한다.

지휘통제체계와 같은 정보체계는 다음과 같은 몇몇의 관점에서 항공기·탱크·함정과 같은 주요 무기체계와 차이가 있다.

첫째, 무기의 경우와는 달리 정보체계는 고유(Unique)한데, 이는 정보체계가 인간 조직을 다루는 체계이기 때문이다.

둘째, 군의 정보체계는 개개 군 조직의 규정과 절차를 자동화한 체계이다. 따라서, 자동화를 위한 주요 개념이 규정과 절차를 운용하고 있는 조직으로부터 나올 수밖에 없다. 정보체계의 건설과정에서 군이 주도적인 역할을 담당해야 하는 것은 이같은 이유 때문이다.

셋째, 정보체계에서는 체계간의 상호운용성이 매우 중요하다. 따라서 특정 체계에 이상이 있는 경우에는 그 체계와 관련이 있는 여타의 체계 또한 영향을 받게 된다. 획득의 측면에서 보면 특정 체계를 획득하지 못하게 되면 그 체계와 관련을 맺고 있는 여타의 체계 또한 획득할 수 없게 된다. 다시 말해, 무기의 경우와는 달리 체계 획득 과정에서의 실패에 따른 여파가 매우 크다.

넷째, 정보체계는 조금 건설하고, 건설된 부분을 시험평가해서 사용해 보고, 또다시 조금 더 건설….”하는 ‘점증적(Incremental)’인 설계 방법으로 획득해야 한다. 따라서 무기체계와 구분하여 정보체계의 획득을 지원할 수 있는 획득 규정이 절대적으로 필요하다.

앞에서 언급한 몇몇의 이유로 인해 정보체계를 획득하는 과정에서는 군에 고도의 전문성이 요구된다. 군 정보체계를 건설하는 과정에 필요한 잠재능력은 정보체계의 건설에 종사하는 군인의 숫자, 이들의 능력(資質) 그리고 ‘능력성향(Specialty)’과 밀접한 관계가 있다.

군의 지휘통제는 군이 하는 모든 행위와 밀접한 관계를 맺고 있다는 반 크레벨트의 견해에 비추어볼 때, 정보체계의 건설 과정에서는 개개 부서에 근무하는 모든 군인들이 직·간접적으로 관여하게 된다. 따라서 오늘날의 군에는 고도의 전문성이 요구된다.

군 전력의 중심이 정보체계로 전환되고 있는 오늘날, 이들 체계의 획득에 적합한 인력을 양성하는 방향으로 군의 교육체계 및 조직이 개편되어야 할 것이다. 예를 들면, 오늘날의 정보통신 특기 요원들은 전자장비 또는 음성통신의 영역을 지양하고 데이터통신 및 컴퓨터 분야에 보다 많은 인력을 배정해야 할 것이다. 또한 군은 조직의 리엔지니어링을 통해 정보통신 분야에 보다 많은 인력이 배정될 수 있도록 해야 할 것이다.

국방력 건설에 관한 두 번째 논문인 '오늘날의 군에는 왜 고도의 전문성이 요구되는가?'에서는 오늘날 군이 체계를 획득하는 과정에서 고도의 전문성이 요구된다는 점을 보다 구체적으로 기술하고 있다.

마지막으로, '국방력 건설은 왜 각군의 몫인가?'라는 논문에서는 탱크·함정·항공기를 획득하는 과정에서 육·해·공군이 깊이 관여하는 바와 같이 정보수집체계를 획득하는 과정에서도 각군이 주도적인 역할을 담당할 수밖에 없음을 밝히고 있다.

오늘날 인공위성과 같은 감지체계를 이용하여 수집한 정보는 육·해·공군이 공유해 사용할 수 있는 성질의 것이다. 이같은 이유로 인해 각군이 아닌 여타의 조직에서 이들 체계의 획득을 주도하는 경우도 없지 않은데, 이같은 방식으로는 정보수집체계를 획득하는 과정에서 적지 않은 문제가 발생할 수 있다.

이들 체계는 작전적 측면에서 가장 전문성이 있는 군 또는 이들 체계를 가장 많이 사용할 군에서 획득하지 않으면 안된다.

2 한국군 C4I구현을 위한 "정보화잠재능력"

1. 서언

오늘날의 최첨단 전투기인 F-22를 만들 능력이 우리에게 있는가?, 향후 10년 후에는 있을 것인가?, 개발비를 무한정 투자한다면 5년 후에는 만들 능력이 있을 것인가? 여기에 대해 자신 있게 답변할 수 있는 사람은 없을 것이다. 여러 분야에서 국가의 기술 수준이 크게 향상될 때만이 가능한 일이기 때문이다.

소프트웨어는 눈에 보이는 실체가 아니다 보니, 소프트웨어와 관련된 문제는 매우 쉽게 생각하는 경향이 있다. 항공기 · 탱크 · 함정 등과 같은 주요 무기체계의 경우와 비교해 볼 때 소프트웨어 체계의 개발은 결코 쉽지 않다. 어느 면에서는 훨씬 더 어려운 일이다. 하드웨어가 주도하던 시절에는 소련 · 일본 등과 같은 국가들이 미국과 팽팽히 경쟁하였지만, 정보화시대로 접어들면서 소련은 붕괴되고, 일본 또한 미국과 큰 격차를 보이고 있다는 점이 이를 잘 입증해 주고 있다. 따라서, 첨단 C4I체계의 건설은 용기와 집념만 갖고 있다고 해서 또는 충분한 예산을 투여한다고 해서 가능한 일이 아니다.

C4I체계의 개발을 어렵게 하는 추가적 요인이 있다. 탱크 · 항공기 · 함정과 같은 하드웨어의 개발은 국가의 기술 능력이 뛰어나면 가능한 일이지만, C4I체계의 개발은 군의 능력이 없으면 절대로 불가능하다. 왜냐하면, 반 크레벨트(Martin Van Creveld)가 말한 바와 같이 오늘날의 군 C4I체계는 국가의 정보기술 뿐 아니라 전략 · 전술 · 군구조 · 군수체계 · 인사체계 등 군이 하는 모든 행위와 밀접한 관계를 맺고 있기 때

문이다. 국가의 정보기술 수준에 맞추어 군의 체계를 리엔지니어링 할 능력이 필히 요구된다. 상위 개념(전략·전술·군구조·군수체계 등)을 구상하고, 이들 개념의 타당성을 검증할 수 있는 능력이 있어야 한다. 따라서 상위 개념이 잘못된 상태에서는 투여된 예산의 규모에 관계없이 원하는 C4I체계는 건설될 수 없을 것이다.

'정보화 잠재능력(情報化 潛在能力: Information Potential)'이란 한 국가가 '정보체계(Information System)'를 개발할 수 있는 능력, 그리고 '군의 정보화 잠재능력'이란 정보체계 개발과정에서 해당 군의 능력으로 정의하자. 정의로부터 한국군 C4I를 위한 '정보화 잠재능력'이란 해당 C4I체계를 개발하기 위한 한국 사회의 능력 그리고 한국군 C4I를 위한 '군 내부의 정보화 잠재능력'이란 해당 C4I체계를 개발하기 위한 한국군의 능력을 의미하게 된다.

본 연구에서는 항공기·탱크·함정에 기반을 둔 산업화군의 건설 과정과는 달리 정보 능력에 기반을 둔 정보화군을 건설하는 과정에서는 군의 역할이 중요하다는 점을 밝히고, 그 원인을 C4I와 같은 정보체계의 특성에서 찾고 있다. 다시 말해, C4I를 포함한 정보 능력에 기반을 둔 정보화군을 건설하는 과정에서는 '군 내부의 정보화 잠재능력'이 크게 요구된다는 주장이다.

또한 C4I체계 건설을 위한 '군 내부의 정보화 잠재능력'을 함양하기 위한 방안으로 '정보화 인력: 정보체계 건설과정에 종사하는 인력'의 확보와 교육의 중요성을 강조하며, 오늘날 분야별 통합이 완료되었거나 추진 중에 있는 각군의 통신·전산 병과가 나아가야 할 방향을 제시한다. C4I체계를 개발할 수 있는 능력을 갖추기 위해서는 C4I분야뿐만 아니라 정보 영역 전반에 대한 연구 및 개발예산이 증액되어야 하며, 탱크·항공기·함정과 같은 주요 무기체계와 구분되는 정보체계 나름의 획득절차의 정립이 시급하다.

주요 무기체계(항공기 · 탱크 · 함정 등)를 획득하는 경우와는 달리 C4I와 같은 정보체계를 획득하는 과정에서는 군 내부에서 고도의 능력이 요구된다는 점을 정보체계의 특질을 통해 살펴볼 것이다.

2. 정보 · C4I · 무기 체계의 관계

(1) 정보체계

정보체계란 정보를 수집 · 처리 · 저장 · 전송 · 배분 그리고 활용하기 위한 기반체계 · 조직 · 인력 그리고 구성요소들로 구성된다.[1] 정보체계에는 컴퓨터 · 통신장비 그리고 응용소프트웨어들이 포함되는데, 이들은 (인간)조직을 지원한다.[2] 개개의 인간 조직에는 규정과 절차가 있다. 예를 들면, 개개의 회계 조직에는 규정과 절차가 있는데, 그 중 하나가 월급을 정산하는 규정 및 절차이다. 월급 정산을 위한 규정 및 절차를 프로그램화한 것을 월급 정산 프로그램이라고 한다. 월급 정산 프로그램과 같이 규정과 절차를 프로그램화한 소프트웨어를 소위 말해 정보체계라고 한다는 것이다. 이같은 관점에서 보면, 항공기나 탱크에 내장되어 있는 소프트웨어는 (인간)조직을 다루는 것이 아니기 때문에 정보체계로 볼수 없다.

(2) C4I체계는 정보체계인가?

소프트웨어 영역의 분류는 매우 중요한 사항이지만, 문제의 난해성으로 인해 이들 문제와 관련해 아직 해결되지 않은 부분이 적지 않다.[3] 기

---

1) Dept of Defence, *"Military Critical Technology List"*, p. 8-1, 1997. 8.

2) Alexander H. Levis, *"Architecting Information Systems"*, AFCEA Educational Foundation Fairfax, Virginia, AFCEA Course 401B, pp 1-A-11, Mar 31. 1996.

능의 측면에서 지휘통제체계를 무기체계로 분류하고, 이에 따라 지휘통제체계와 관련된 소프트웨어를 무기체계 소프트웨어라고 명시하기도 한다.[4] 그러나, 본 고에서는 기능의 측면이 아니라 건설, 다시 말해 획득의 측면에서 C4I체계를 바라보고 있다. C4I체계를 무기체계의 관점에서 획득하고자 할 때 발생 가능한 문제점은 다음과 같다:

> 획득 - C4I체계를 획득하는 과정에서 함정 · 항공기 · 미사일과 같은 주요 무기체계의 획득에 관한 지침인 DoD 5000 계열을 준수해야 했다는 점에서 문제가 발생하였다. 정보기술 뿐 아니라 C4I체계가 고려해야 할 작전적 여건 (주변국상황 · 군구조 · 교리 등)의 변천속도가 너무도 빠르기 때문에 무기체계의 획득에 관한 규정인 DoD 5000계열을 적용하여 C4I체계를 획득하는 경우 적지 않은 문제가 유발되었다. 무기체계 획득 규정을 적용하여 사용자의 요구대로 수년에 걸쳐 C4I체계를 개발하였는데도, 만들어진 시점에서는 그 체계가 현 작전 요구사항을 충족하지 못했다. 이런 인식하에서 C4I체계는 무기체계와는 달리 '조금 건설하고, 건설된 부분을 시험 평가해서 사용해 보고, 또 다시 조금 더 건설….'하는 방식을 채택해야 함을 알게 되었다.
> 지난 3년간 국방 획득규정을 개정하여 C4I체계를 '점진적(漸進的: Evolutionary)'인 방식으로 획득할 수 있는 길을 열었다.[5]

이같은 이유 때문에 대부분의 경우 C4I체계를 무기체계와 구분하여 취급하고 있다.[6] C4I체계란 교리 · 작전개념 · 조직개념에 근거한 싸우는

---

3) Department of the U. S Air Force, *"Guidelines for Successful Acquisition and Management of Software Intensive Systems"*, pp 2-13, Sep 1994.

4) Ibid, p. 2-2.

5) Ralph T. Allen, Stephen E. Arkin, and Robert E. Lawrence, *"Moving Naval C4I into the Next Century"*, IEEE Communication Magazine, p. 98, Oct 1995.

방법(절차 및 규정)을 자동화한 것이라는 측면과 정보체계의 정의에 입
각하여 정보체계로 분류된다.

3. 획득의 측면에서 정보체계와 주요 무기체계의 차이점

첫째, 모든 조직의 규정과 절차는 같지 않기 때문에 일반적으로 어느
두 조직의 규정과 절차를 프로그램화한 정보체계는 다를 수밖에 없다.
예를 들면, 개개 국가는 상이한 형태의 교리·작전개념·군구조 등을 유
지하고 있다. 따라서 '싸우는 방법'이 서로 다르기 때문에 전 세계 어느
나라의 C4I체계도 서로 같을 수가 없다. 반면에, 한반도의 상황에만 적
합한 탱크나 항공기는 존재하지 않는다. 오늘날 운용되고 있는 F-16 항
공기들의 내부에 내장되어 있는 소프트웨어는 항공기의 '버전(Version)'
이 같다고 가정하면 일반적으로 같다. 무기체계의 경우와는 달리 특정조
직을 위해 개발된 정보체계를 구입하여 그대로 사용할 수 없는 것은 이
같은 이유 때문이다.

---

6) Ibid, pp. 105; Department of the Army, *"The Army Enterprise Implementation plan"*, pp. 2-12, August 1994; John P. Solomond and D. Ross Grable *"Software Support: Critical to the Army's Future"*, RD&A, Headquarters Dept of Army, p.16, March-April 1996. 기능의 측면에서 보면 지휘통제체계는 정보를 수집·전송·처리·분배· 보호하는 부분으로 구성되어 있다. Joint Pub 6-0, 'Doctrine for Command, Control, Communication, and Computer(C4) Systems Support to Joint Operations' p. I-5, May 1995. 지휘통제체계는 다음과 같은 주요 부 분으로 구성된다. 첫째, 전화기, 팩스 머신 그리고 컴퓨터와 같은 단말기 (Terminal Device), 라디오(위성체계도 포함), 광섬유 그리고 동축 케이블과 같은 금속에 기반을 둔 회선을 포함하는 전송매체. 마지막으로, 전송매체와 단말 기들간을 연결하는 교환기가 그것이다. Ibid, P. Viii.

둘째, 군의 정보체계는 개개 군 조직의 규정과 절차를 자동화한 체계이다. 따라서, 자동화를 위한 주요 개념이 규정과 절차를 운용하고 있는 조직으로부터 나올 수밖에 없다. 예를 들면, C4I체계 개발의 핵심은 '싸우는 법: 교리 · 작전개념 · 군구조··· 등'을 정립하고 개개 조직간의 '운영구조(Operational Architecture): 자료의 흐름'을 규명하는 것이다. 따라서, C4I체계의 경우 군은 개념 정립에서부터 요구사항의 분석 · 설계 · 구현 · 시험 그리고 유지에 이르는 전 단계에서 중요한 역할을 담당할 수밖에 없다.

반면에, 항공기 · 탱크 · 함정 또는 이같은 무기체계에 '내장(內藏: Embedded)'되어 있는 소프트웨어를 개발하는 과정에서 군의 역할은 정보체계를 개발하는 경우와는 달리 거의 전무하다. 예를 들면, 미리 정해진 교리와 작전개념에 입각하여 무기체계를 획득하는 미국과 같은 선진국에서조차 군은 '휴즈 항공회사'와 같은 업체에 '운용요구성능(ROC : Required Operational Capability)'을 제시한 후 개발된 무기체계를 운용요구성능에 근거하여 시험 · 평가할 뿐이다. 또한 미국 · 프랑스 · 영국 · 러시아 등 몇 나라를 제외한 여타 국가의 군은 이들 국가에서 개발된 무기들을 구매하여 운영 · 유지할 뿐이다.

셋째, 특정 무기체계, 예를 들면 항공기를 개발하고자 하는 경우 기존 무기체계와의 상호관계 또는 연결성은 그다지 중요하지 않다. 반면에, 정보체계 개발의 경우에는 기존에 개발된 체계와의 '상호운용성(Interoperability)'[7]의 정도가 사업의 성공 정도를 판가름하는 척도이기 때문에 기존 정보체계와의 관계와 연결성은 필수적으로 고려되어야 한다. 기존의 정보체계 자체도 특정 군 조직의 규정과 절차를 대변하고 있기 때문에 새로운 정보체계를 개발할 당시, 군이 핵심적 역할을 담당

---

7) 상호운용성이란 체계 및 장비 뿐 아니라 교리 · 절차 및 훈련을 망라하는 개념으로서 작전 요구에 근거하여 실시간 또는 거의 실시간에 음성 · 데이터 그리고 화상정보를 체계들간에 효율적으로 주고받을 수 있는 능력을 의미한다.

해야만 하는 요인으로 작용하고 있다. 무기체계를 획득하는 경우와 비교한다면 군 정보체계의 개발 과정에서는 고려해야 할 요소들이 너무도 많다.

넷째, 무기체계 개발의 경우에는 개발 초기에 전반적인 측면에서 설계하고, 계획에 근거해 개발하는 '대전략(Grand Design)'을 적용하나, C4I와 같은 정보체계를 개발하는 경우에는 아래와 같은 이유로 인해 "조금 건설하고, 건설된 부분을 시험평가해서 사용해 보고, 또다시 조금 더 건설…."하는 '점증적(Incremental)'인 설계 방법을 적용할 수밖에 없다. 이것 또한 정보체계를 개발하는 과정에서 군이 핵심적인 역할을 담당해야 하는 이유가 되고 있다.

· 정보기술은 상상할 수 없을 정도로 그 발전 속도가 매우 빠르다.[8]
· 인간 조직의 규정과 절차는 끊임없는 변화를 거듭한다.
· 항공기 · 탱크 · 함정과 같은 무기체계는 이들 무기체계의 구성 요소들이 100% 완벽하게 구비되어야 만이 제 기능을 발휘할 수 있다. 다시 말해, 일부 부품이 없는 탱크는 탱크로서의 역할을 수행할 수 없다. 반면에 C4I와 같은 정보체계는 기능의 일부분이 없는 경우에도 체계가 작동을 못하는 것이 아니라, 체계의 성능이 약간 감소할 뿐이다. 예를 들면, 전략 C4I체계에서 인력과 관련된 소프트웨어의 존재 유무는 군수 관련 소프트웨어에 영향을 미치지 못한다.

C4I체계와 같은 정보체계를 개발하기 위해서는 군 내부에서 고도의 '정보화 잠재능력'이 필요하다는 점을 살펴보았다. 이번에는 군에 필요한 '정보화 잠재능력'의 성격, 그리고 이들 능력을 함양하기 위한 방법을 살펴보자.

---

8) David E.McDysan & Darren L. Spohn, *"ATM: Theory and Application"*, McGraw-Hill Series on Computer Communication, pp 10-12, 1995.

4. 군이 구비해야 할 "정보화 잠재능력"

(1) "정보화 잠재능력"

한국군 C4I체계를 건설하기 위해 필요한 군 내부의 '정보화 잠재능력'이란 임의의 C4I체계를 개발하는 과정에서의 한국군의 능력으로 정의하였다. 한국군 C4I체계의 건설을 위해 필요한 군 내부의 '정보화 잠재능력'은 정보체계의 건설과정에 종사하는 군인의 숫자, 이들의 능력(資質) 그리고 '능력성향(Specialty)'과 밀접한 관계가 있음은 자명하다.

군이 특정 활동에 얼마나 많은 인력을 투입할 수 있는가는 군 조직의 재편성에 관한 문제이고, 군 조직의 재편성은 의사결정권자가 조직 재편성의 필요성과 방향을 인식할 때만이 수행될 수 있는 사항이기 때문에, 군 내부의 '정보화 잠재능력'과 관련하여 군 정보체계 조직의 재편성 필요성과 재편성 방향을 살펴볼 필요가 있을 것이다.

정보체계 개발활동에 종사하는 군인들의 자질은 역할에 따라 다를 수 있기 때문에 먼저 정보체계 개발 활동에 종사하는 군인들의 유형을 역할에 근거하여 분류해볼 필요가 있다. 정보체계 개발과정에 종사하는 군 내부의 인력은 소프트웨어 개발에 관여하는 부류, 사용자 요구사항을 제기하는 부류 그리고 특정 정보체계 사업의 집행 여부·시기에 대해 결정을 내리는 의사 결정권자들과 같은 세 부류로 크게 나눌 수 있다. 이들 세 부류에게 요구되는 자질을 살펴 볼 필요가 있다.

(2) 자질의 측면에서 군 내부의 '정보화 잠재능력'을 고취하기 위한 방법

일반적으로, 군에서 요구되는 '정보화 잠재능력'은 정보체계와 관련된 과목의 수강, 관련 잡지의 구독 또는 정보체계와 관련된 소프트웨어의 개발활동에 종사 등을 통해 함양될 수 있을 것이다.

(3) 자질의 측면에서 군 내부 "정보잠재능력"의 성격

오늘날의 세대들은 '엑셀(Excel)', '스프레드시트(Spreadsheet)'와 같은 소프트웨어의 활용뿐만 아니라 '인터넷'을 통해 자료를 전송하는 등과 같은 행위에 보다 능숙하다. 컴퓨터 체계들이 보다 확산됨에 따라, 컴퓨터 체계들을 능숙하게 사용할 수 있는 젊은이들이 현재에도 많이 있지만, 향후에는 이들의 숫자가 보다 증가할 것으로 전망된다. 그러나 본 연구의 초점은 컴퓨터 체계를 사용할 수 있을 정도의 능력을 구비한 군 인력이 아니고 이들 체계를 건설하는 과정에서 일조할 수 있는 인력에 모아지고 있음을 주목할 필요가 있다. 개발된 컴퓨터 체계를 사용하는 요원들에게 요구되는 '정보화 잠재능력'과 컴퓨터 체계를 개발하는 사람들에게 요구되는 '정보화 잠재능력'간에는 커다란 차이가 있다.[9]

군에서 요구되는 '정보화 잠재능력'이란 엑셀과 같은 응용소프트웨어를 능수 능란하게 사용할 수 있는 수준을 넘어서 우리 군이 정보화를 추진하는 과정에서 요구되는 '정보화 잠재능력'을 의미한다. 이는 정보체계를 획득하는 과정에서 일어나는 민감한 사항(예를 들면, 사용자 요구사항의 결정, 체계의 설계, 만들어진 체계에 대한 시험평가 그리고 유지보수

---

9) 하나의 체계를 개발할 수 있는 능력과 개발된 체계를 사용할 수 있는 능력은 전혀 다르다. 전자는 고도의 창의성을 요구하는 일이고, 후자는 경험에 입각한 일이다. 필자가 전산학 박사를 취득하고 귀국한 1993년도 어느날 평소 절친한 선배 한 분으로부터 '아래 한글'의 사용법을 설명해 달라는 요청을 받은 바가 있다. 본인은 '아래 한글'에 대해 잘 모른다는 말과 함께, '아래 한글'에 정통한 사병을 보내줄 터이니, 궁금한 사항을 물어보라고 말씀드린 바가 있다. 당시 선배 장교는 전산학 박사가 어떻게 '아래 한글'의 사용법에 대해 모르고 있는지 전혀 이해할 수 없다는 듯한 표정을 지었다. 전산학이란 '아래 한글'과 같은 소프트웨어를 만드는 방법과 그 원리에 대해 공부하는 것이라는 점을 설명드렸다. 항공기를 능수능란하게 운용할 수 있는 능력과, 항공기를 정비할 수 있는 능력, 그리고 항공기를 설계하고 만들 수 있는 능력이 다르듯이 이미 만들어진 소프트웨어를 사용할 수 있는 능력과 소프트웨어를 개발할 수 있는 능력은 전혀 다른 것이다.

등)들에 대한 이해를 의미하며 [10], 실무자에서 최고위층의 의사 결정권자
에 이르기까지 소프트웨어 개발과정에 대한 이해가 없이는 군의 정보화
는 용이하지 않을 것이다.

(4) 자질의 측면에서 요구되는 "정보잠재능력"의 수준

정보체계에 관련되는 사람들이 소프트웨어의 개발과정을 이해하고 있
어야 한다는 것이 모든 관련 요원들이 계급·직위 또는 자신이 담당한
임무의 성격과 무관하게 동일한 수준과 동일한 분야에서의 전문성을 구
비하고 있어야 한다는 의미는 아니다. 요구되는 잠재능력의 성격은 자신
이 담당해야 할 업무의 성격에 따라 다르다. 다시 말해, 소프트웨어를
개발하는 사람, 개발된 체계를 사용하는 사람, 그리고 정보체계 사업에
관한 의사를 결정하는 사람에게 요구되는 '정보화 잠재능력'은 서로 같지
않다. 소프트웨어의 개발 과정이란 소프트웨어 해결안에 관한 '추상화의
정도(Level of Abstraction)'를 보다 상세히 하는 것이라는 사실을 알
고 있다. 다시 말해 사용자 요구사항의 분석에서 개략설계, 상세설계,
그리고 코딩에 이르는 단계는 추상화의 정도가 완화(緩和)되는 과정에
불과하다. [11] 또한 추상화의 정도가 가장 높은 사용자 요구사항을 분석하

---

10) 오늘날 모든 학문 분야에서 컴퓨터의 사용은 필수적이다. 특히도 이공학 분야
에서 석박사 과정을 수료하려면 포트란·파스칼 등과 같은 컴퓨터 언어를 이용
하여 엄청날 정도의 시뮬레이션 등을 해야 하기 때문에 이공학도들의 경우 수없
이 많은 밤을 컴퓨터 앞에서 지새우는 것이 일반적인 현상이다. 이분들이 특정의
알고리즘과 언어에 대해 정통해 있는 것은 사실이지만 군의 정보체계를 건설하
는 과정에서 요구되는 컴퓨터 및 통신에 관한 지식은 이같은 형태의 것과는 다
르다.

11) Roger S. Pressman, *"Software Engineering: A Practitioner's Approach"*, McGRAW-Hill International Editions, Third Edition, p.320, 1992.

는 단계가 추상화의 정도가 가장 낮은 코딩 단계보다 어려울 뿐만 아니라 중요하다는 사실도 잘 알고 있다. 동일한 맥락에서 개개인에게 요구되는 '정보화 잠재능력'의 수준과 성격도 소프트웨어 관리자, 사용자 요구사항을 제기하는 사람, 그리고 정보체계 사업의 추진 여부를 결정해야하는 사람의 순으로 추상화의 정도가 높아질 뿐만 아니라 그 역할도 중요해진다.

(5) 군 내부의 "정보화 잠재능력" 함양

이미 설명한 바와 같이 군 내부의 '정보화 잠재능력'을 함양하기 위한 방안에는 크게 두 가지가 있다. 그 중 하나는 '정보화 인력: 정보체계에 종사하는 사람'을 확충하고 그들의 '능력 성향(Specialty)'을 조정하는 것이며, 다른 하나는 정보체계의 개발과정에 종사하는 사람들의 자질을 향상시키는 것이다.

① 소프트웨어 관리자를 위한 "정보화 잠재능력"

ⓐ 자질 함양

군 소프트웨어 관리자의 '정보화 잠재능력'은 개인의 자질 뿐 아니라, 그 개인이 소속되어 있는 사회의 소프트웨어 개발 수준과도 관련이 깊다. 왜냐 하면, 구성원의 수준 정도에 따라서 조직 사회에 기여하는 정도가 달라지는 것과 마찬가지로 조직사회의 수준정도에 따라 조직원의 수준이 영향을 받기 때문이다.

한국사회의 정보기술 수준은 미 국방에서 작성해 놓은 '군사 핵심기술 항목(Military Critical Technology List)'에 잘 나타나 있다. [12]

---

12) Dept of Defence, Op.Cit., p. 8-2.

[표 1] 각국의 정보기술 능력 (4: 전부, 3: 대부분, 2: 부분적, 1: 제한적)

Country	C4I/Systems	CAD/CAM	High Performance Computing	Man Machine Interface	보호	Intelligent Systems	Modeling and Simulation	Networks and Switching	Signal Processing	Software	전송체계
Australia	2	2	1	1	3	1	1	2	2	3	3
Canada	2	3	2	3	2	2	3	4	3	3	4
China	1	2	1	1	2	1		2	1	1	1
France	4	4	3	3	3	1	3	4	3	4	4
Germany	3	4	3	3	4	2	3	4	3	3	4
India			3	1				2	1	3	
Israel	3	2	3	2	2			2	2	4	2
Italy	3	4	2					3	2	2	4
Japan	3	4	4	4	2	4	4	4	3	3	4
Russia	2	2	2	1	2	2		2	2	2	2
S.Africa			1	1	2	1		1	2	1	
S.Korea	2		1					2			
Spain		2						2			
Twain			3	1				3	2	2	3
UK	4	4	3	3	4	3	4	4	3	3	4
US	4	4	4	4	4	4	4	4	4	4	4

[표 1]의 리스트를 보면 한국의 정보기술 수준이 만족할 정도로 높은 것은 아니다는 점을 알게 된다. 한국군의 정보기술 능력에 대해 단언할 수는 없지만, 군의 소프트웨어 관련 능력이 한국사회의 전반적인 수준과 유사하지 않을까 생각된다.

군 내부의 '정보화 잠재능력'이 긴요하다는 점과 자질의 측면에서 우리 군의 '정보화 잠재능력'이 만족할 만한 수준이 못된다는 점을 이미 살펴보았다. 그러면 이러한 자질을 함양시키기 위한 방안은 무엇인가?

여러 방안이 있겠지만 정보화 인력의 자질을 직접적으로 향상시키기 위한 교육의 문제와 사회의 정보 능력이 향상되게 되면 군의 정보 능력이 간접적으로 향상될 수 있다는 측면에서 군 관련 정보기술 분야에 대한 연구개발의 지원이 매우 중요하다는 점을 살펴보겠다.

첫째, 자질은 교육을 통해 함양될 수 있다는 일반적인 사실에 입각하여 충분할 정도의 교육기관을 확보할 필요가 있으며, 군의 장교들이 이들 교육기관을 통해 지식을 습득할 수 있는 기회를 늘려야 한다. 오늘날 우리에게는 C4I 또는 소프트웨어공학과 같이 군과 관련된 정보화 분야에 관한 석사학위를 수여하는 기관이 거의 전무한 실정이다. 예를 들면, 민간 기업과의 공조 아래서 정보체계와 관련된 다수의 군 프로젝트들이 진행될 것으로 예상되는데, 한국에는 소프트웨어 공학에 관한 석사 학위를 수여하는 연구기관이 없다.[13] 주지의 사실과 같이 군 소프트웨어의 획득을 위한 관리는 경시하거나 군이 아닌 여타의 기관에서 대신할 수 있는 성격이 아니다.[14] 군이 소프트웨어 획득에 관한 관리의 문제를 여타의 부서에 이관하게 되면 소프트웨어의 개발뿐만 아니라 시스템의 개발 과정이 난관에 봉착하게 될 가능성이 매우 농후해진다.[15] 소프트웨어의 획득을 위한 관리는 항공기의 조종에 비유할 수 있다. 필요한 조작을 취하지 않으면 항공기가 목적지에 안전하게 도착하지 못하는 것과 마찬가지로 적절한 관리 지침과 절차를 적용하지 않는다면, 적합한 형태의 소프트웨어를 획득하지 못할 것이다. 소프트웨어공학은 소프트웨어 프로젝트를 성공적으로 관리하고자 할 때 필요한 능력을 함양해 주는 과정이다. 이런 이유로 미 공군에서는 민간 대학에도 없는 소프트웨어공학의

---

13) 미국에서도 소프트웨어 공학으로 석사학위를 수여하는 기관은 미 공군대학과 같은 몇몇의 군 교육 기관뿐이다. 우리도 군에는 절실히 필요하지만 민간대학에서 중점을 두지 않고 있는 분야를 발굴하여 교육할 수 있도록 해야 할 것이다.

14) 모든 형태의 소프트웨어가 다 그런 것은 아니지만, 군의 제도·절차를 취급하는 소프트웨어의 경우에는 체계 획득을 위한 관리를 군이 담당할 수밖에 없다. 군의 제도·절차를 가장 잘 이해하고 있는 부서는 사용자 부서라는 점 때문에서뿐만 아니라 체계 획득 과정에서 사용자(군)와 개발자(업체)간에 끊임없는 대화가 필요하기 때문이다.

15) U.S Air Force, *Software Management Guide*, Software Technology Support Center, p. 1, Oct 1990.

석사과정을 공군대학원(空大院: Air Force Institute of Technology)
에 설치해 운영하고 있는 실정이다.

둘째, 정보기술과 C4I 분야에 대한 연구개발 예산을 늘릴 필요가 있
다. 정보기술은 민군 겸용이라는 인식 하에서 국방예산을 투자할 필요가
없다고 생각하는 사람들이 있는데, 이는 사실이 아니다.[16] 더욱이, 민간
이 아닌 군에서 관심을 표명해야 할 정보기술 분야가 적지 않은데, '다
단계 보호체계(Multilevel Security)'는 그중 하나이다.

국방 총예산에서 정보기술에 대한 연구개발이 차지하는 비율을 보여주
는 수치는 없다. 1996년도 국방 총예산에서 연구개발 분야가 차지하는
비중이 3.05%[17] 라는 점에서 볼 때, 정보기술 분야에 대한 투자가
3.05%보다는 작을 것이라고 추측할 수 있을 뿐이다. 반면에, 1996년
도 당시 미국과 프랑스는 국방 총예산의 13%, 영국은 11%, 독일은
5%를 연구개발 분야에 투자하였다.[18] C4I 분야에만도 미국은 국방 총
예산의 9.5% 정도를 투자해 오고 있다.[19] 오늘날 미국이 정보기술에 의
한 군사혁신을 체험하고 있는 것은 이처럼 관련 분야에 대한 예산과 인
력을 수십 년에 걸쳐 투자해 왔기 때문이다. 군 전투력의 중심이 항공

---

16) 오늘날의 정보기술이 민간에서 유래되고 있는 것은 사실이지만, 군에 필요한
    것은 이같은 기술을 통합(Integration)해 새로운 체계를 만드는 것이며, 여러
    다양한 체계를 통합해 새로운 체계를 만들어 낼 능력을 갖고 있는지가 오늘날의
    군사혁신에 편승할 수 있는지를 좌우하는 관건이다. 소위 말해, '복합체계로 구
    성된 체계(System of Systems)'를 만들어낼 수 있는 능력을 함양하기 위해 군
    은 정보기술 분야에 예산과 인력을 투자하는데 인색해서는 안될 것이다.

17) ROK DOD, *Defence White Paper*, p. 100, 1996-1997.

18) Toshiyuki Shikata, *Japan Needs Two Umbrellas*, 97 International
    Symposium for Defence Information held at Seoul Korea, p. 5, June
    1997.

19) Ropelewski Robert, *Command, Control Priorities Shift, Steady
    Funding Persists*, Signal, pp 41-44, May 1996.

기·함정·탱크와 같은 프랫홈에서 첨단의 지휘통제체계·정밀유도무
기·감지체계와 같은 정보기술에 기반을 둔 체계로 전환되고 있는 오늘
날 우리 군 또한 정보기술 분야에 보다 큰 관심을 표명해야 할 것이다.

정보기술 분야에 대한 미미한 수준의 연구개발과 투자예산으로는 항공
기·탱크·함정에 기반을 둔 산업화군에서 정보 능력에 기반을 둔 정보
화군으로의 전환이 쉽지만은 않을 것이다. 소위 말해, 오늘날의 군사혁
신에 동참할 수 없을 것이다.

(6) 정보화 인력의 확보

군의 '정보화 잠재능력'에 영향을 주는 또 다른 요소에 정보체계 건설
에 종사하는 요원의 다수 정도가 있다. 새로운 기능이 부상하는 경우,
군 조직의 변화를 통해 이들 기능을 지원해 줄 요원을 확보할 수 있을
것이다. 정보화 인력의 확보를 위해 군 조직을 어떤 방향으로 바꾸어야
할 것인지를 미 공군의 사례를 통해 살펴보자.

[표 2] 미 공군 통신-전산 장교 현황

년 도		85년도		86년도		88년도		97년도	
직 위		장 교	하사관 및 병	장 교	하사관 및 병	장 교	하사관 및 병	장 교	하사관 및 병
C4I체계관 련특기 단위(명)	통신-전산	전산기술		정보체계		통신-전산		통신-전산	
		3362	15282	7082	14728	6855	20266	4466	15556
	통신-전자	3637	28299	0	28076	0	25745	0	18008
총 인원		108400	488600	109400	494700	105500	465648	82000	356061
공군에서 통산-전자와 통신-전산이 차지하는 비율		6.4	8.9	6.4	8.6	6.4	8.6	6	9.8
통신-전산의 비율		3.1	3.1	6.4	2.9	6.4	2.9	6	4.8
통신-전자의 비율		3.3	5.8	0	5.7	0	5.7	0	5

〔표 2〕는 미 공군 정보체계 관련 분야의 조직 변화를 보여주고 있다.[20] 1985년도 이전의 미 공군에는 '전산기술(Computer Technology)'과 '통신-전자(Communication-Electronics)'라는 두 종류의 특기가 있었다. 1986년도 전산기술과 통신-전자 특기 분야의 장교들이 '정보체계(Information System)' 특기로 통합되었으며, 전산기술 특기의 사병들이 정보체계 특기로 바뀌었다. 반면에 통신-전자 특기의 사병은 과거와 같이 통신-전자 특기를 그대로 유지하고 있다. 1988년 미 공군의 정보체계 특기는 '통신-전산(Communication-Computer)' 특기로 명칭을 바꾸어 오늘에 이르고 있다.

주지하는 바와 같이, 1980년대 중반은 데이터통신이 통신분야에서 주도적인 역할을 담당하기 시작하는 시기이다. 데이터(디지털)통신과 음성통신(아날로그)간에는 몇몇의 측면에서 뚜렷한 차이가 있다. 우선, 아날로그 통신의 경우와 비교할 때 데이터통신 기술은 그 발전 속도가 엄청날 정도로 빠르다.[21] 따라서 데이터통신 기술을 군에 적용하는 과정에서는 적지 않은 노력이 요구된다.[22]

둘째, 데이터통신의 시대에는 컴퓨터 또한 통신에 이용되고, 컴퓨터와 통신이 하나로 연결되기 때문에 통신과 컴퓨터의 구분이 없어지고 있다.[23]

---

20) U. S Air Force, *"Education Level-USAF Line Officers"*, Air Force Magazine, May of 85, 86, 88 & 97.

21) David E. McDysan & Darren L. Spohn, Op.Cit, p. 37, 1995.

22) 컴퓨터와 데이터통신은 상용의 기술이기 때문에 특별히 노력을 하지 않아도 군에 적용하는 과정에서 전혀 문제될 것이 없다고 말하는 분들이 있는데, 이는 사실과 다르다. 이같은 주장과는 달리, 엄청날 정도의 노력이 요구된다.

23) 1980년대 중반까지만 해도 군은 데이터통신을 거의 취급하지 않았다. 현대전의 특성으로 인해 군의 통신량이 폭발적으로 증가하고 있으며, 특히 전체 통신량에서 데이터통신이 차지하는 비중이 2010년이 되면 99% 이상이 될 것으로 예

셋째, '모듈(Module)' 개념의 도입으로 컴퓨터 · 통신 · 전자 장비의 유지 · 보수가 매우 용이해졌다.

미 공군 장교의 전산기술과 통신-전자 특기가 정보체계(그후 통신-전산 특기로 명칭 변경) 특기로 합쳐지고, 컴퓨터 · 통신 · 전자 장비의 유지와 관련된 일들을 준사관 및 사병들이 담당하게 된 것은 이같은 이유 때문이다.

(7) 정보화 인력의 성향 변화

확보된 정보화 인력의 '성향: 전문성의 영역' 변경은 '정보화 잠재능력'을 극대화시킨다는 차원에서 매우 중요한 사안이다.

예를 들면, 전자(電子)와 관련된 연구소에 기계공학에 박식한 요원이 필요한 경우도 있겠지만, 전자분야의 전문가들이 다수 있어야 할 것임은 당연한 논리이다. 보다 세분화해 살펴보면 전자분야 연구소의 성격이 무엇인가에 따라 요구되는 전자분야의 전공도 세부적으로 구분되어야 할 것이다. 이와 마찬가지로, 오늘날 정보체계를 구성하는 주요 기술인 컴퓨터와 통신-전자 기술이 합쳐졌을 때 정보기술(컴퓨터와 데이터통신)을 취급하는 분야와 여타 분야(전자통신과 전자 분야)[24] 의 비율이 어떻게

상되고 있다.

출처 : William E. Howard III and Dennis K. Evans, *"Growth in Data Speed Creates Opportunities and Bottlenecks"*, Signal, p 68, Sep 1994.

이같은 상황에서 데이터통신을 전담하는 요원들이 군에 크게 필요해지고 있는데, 이들을 확보하기 위한 방안은 무엇인가? 한쪽 분야의 중요성이 크게 증가했다면 반면에 그 중요성이 감소된 분야가 있지 않겠는가? 그 부분을 발굴해 새로운 분야로 전환시켜야 함은 당연한 논리일 것이다. 한국군에는 데이터통신 분야의 전문가가 크게 부족하다는 것이 이 분야에 다년간 종사해온 필자의 생각이다.

24) 향후에는 군통신에서 데이터통신이 차지하는 비중이 크게 증가할 것이기 때문에 전자통신의 비중은 상대적으로 크게 감소할 것이다.

되어야 할 것인가는 매우 중요한 사안이다.

한국군 정보화 인력의 성향이 어떠한 방향으로 바뀌어야 할 것인가는 특기통합을 통해 이미 10여 년 전에 성향 조정을 완료한 바 있는 미 공군의 사례를 통해 짐작해 볼 수 있을 것이다. [25] [표 3]은 미 공군 통신-전산 장교들의 자격 요건(교육의 측면)을 보여주고 있는데, 특기 통폐합 이후 이들 장교의 자격 요건이 정보기술 중심으로 바뀌었음을 보여주고 있다. [26]

전자공학에 대한 지식을 요구하는 세부 특기 분야는 System Engineer-A 특기뿐이다. 이 세부 특기에서조차 정보기술 분야에서 12학점 이상의 이수를 요구하고 있다. 통신-전산 장교의 여타 세부 특기에서는 정보기술과 관련된 보다 폭넓은 지식이 요구되고 있는데, 이같은 현상이 발생하게 된 배경은 무엇일까?

그 이유는 적용되는 기술과 조직간의 긴밀성이란 측면에서 찾을 수 있을 것으로 생각된다.

이들 긴밀성의 측면에서 보면 정보기술(데이터통신과 컴퓨터)과 그 기술이 적용되는 조직간에는 밀접한 관계가 있지만 레이더와 같은 장비에

---

25) 미 공군을 그 사례로 든 이유는 컴퓨터-통신 분야에 관한한 미 공군의 수준이 최첨단을 유지하고 있다는 점 때문이다. 이들의 현재 및 과거를 보면 우리가 나아가야 할 방향을 정립하는데 어느 정도 도움이 될 수 있다는 생각이다. 지구상 어느 조직도 같은 경우는 없을 것이기 때문에 한국군에 적합한 조직이 무엇인지를 연구하고자 할 때 가장 바람직한 방법은 한국군의 여건을 고려하여 축소해야 할 부분과 신장시켜야 할 부분을 찾아내는 것일 것이다. 자신이 소속되어 있는 분야는 시대의 흐름에 따라 그 기능이 대폭 줄었음에도 불구하고, 그렇지 않다고 주장하는 것이 인간의 본성이라는 것이 문제다. 모두가 소속 분야의 중요성을 강조하는 경우, 제한된 인력의 범주안에서 새로운 분야에 필요한 인원을 충원하기 위한 방안은 무엇인가?

26) AFR 36-1(C7), *Officer Air Force Specialty*, U. S Air Force, April 1992.

관련되는 기술인 전자공학의 경우에는 군의 조직과 긴밀성이 높지 않다.
　다시 말해, 정보기술의 경우, 특히 컴퓨터 소프트웨어는 군의 제도·
절차와 밀접한 관계를 맺고 있지만, 여타의 전자공학 분야는 그렇지가
않다. 조직의 형태에 따라서 적용되는 기술의 양상이 다를 것이기 때문
에 소프트웨어 분야에 보다 많은 전문 인력이 배정되어야 하며, 향후 군
통신의 대부분이 데이터통신이 될 것이라는 측면에서 데이터통신 분야에
다수의 전문가가 필요할 것이다. 다시 말해, 군 정보체계를 다루는 장교
들의 성향은 정보기술(데이터통신과 컴퓨터)이 그 중심이 되어야 할 것
이다.

[표 3] 미 공군 통신-전산 특기 장교의 교육 요건

		미 공군 통신-전산 장교의 성향					
		System Staff	System Program&Analysis	System Engineer A	System Engineer B	Systems	Systems Director
교육	대학	CS, SE, IS, MAT, IE, PwCS, BwCS	CS, CT, SE, PwCS, BwCS, MwCS,	EE	SE, CSwSE	IS, CS, Mat, SC, Eng, BwCS	IS, CS, MAT, SC, ENG, BwCS
교육	대학원	SE, CS, C3, ST	SE, IS, CS, C3	CS, EE, IS, C3	CS, EE, IS, C3		Man, IS, CS, C3, SE
계급		소령에서 대령까지	소위에서 중령까지	소위에서 중령까지	소위에서 중령까지	소위에서 중령까지	소위에서 중령까지

■범례 : CS(Computer Science), SE(Software Engineering),
IS(Informati Systems), MAT(Mathematics),
IE(Industrial Engineering) ST(System Technology),
PwCS(Physics with Computer Science oriented), BwCS(Business with
Computer Science oriented), CT(Computer Technology),
MwCS(Management with Computer Science oriented), C3(Command,
Control and Communication),
EE(Electrical Engineering), Man(Management),
CSwSE(Computer Science with Software Engineering oriented)

1990년대 말에 접어들면서 군의 전산기술과 통신-전자 특기가 통신-전산 특기로 통합되고 있을 뿐만 아니라 통신-전산 특기를 중심으로 각 군에는 자군의 지휘통제체계를 담당할 지휘통신 참모부가 출현하고 있다. 현대 지휘통제체계의 핵심이 컴퓨터와 데이터통신에 기반을 둔 정보기술이라는 측면에서 이들 군 통신-전산 장교들의 성향 또한 정보기술이 그 중심이 되어야 할 것인데, 이는 10여 년 전에 자군의 조직 성향을 정립한 미 공군의 사례에서도 분명히 알 수 있다. 군은 필요 없는 분야 또는 그 필요성이 감소하고 있는 분야를 발굴하여 이들 분야를 과감히 정리하고 새롭게 부상하는 분야에 적정의 인력이 배정될 수 있도록 해야 할 것이다.

향후 한국군의 통신-전산 특기는 전자 중심에서 데이터통신과 소프트웨어를 중심으로 그 역할을 전환하지 않으면 안될 것이며, 전자 분야는 미 공군의 경우와 마찬가지로 하사관과 사병 집단으로 그 역할을 이관할 필요가 있을 것이다. 공군의 측면에서 논의하였지만, 미 육군과 해군의 경우에도 정도의 차이는 있으나 정보기술의 비중이 높아지는 것[27]에서 볼 때 비슷한 결론을 도출(導出)할 수 있을 것이다.

② 사용자 요구사항을 제기하는 요원 및 의사결정군자를 위한 "정보화 잠재능력"

앞에서 설명한 바와 같이, 한국군 C4I체계를 구현하는 과정에서 사용자 요구사항을 제기하는 집단과 의사결정권자의 역할은 소프트웨어를 관리하는 집단에 못지 않게 중요하다. 20년 전 컴퓨터에 처음 접하였을 때, "컴퓨터는 쓰레기를 집어넣으면 쓰레기가 나오는 속성을 갖고 있다(Garbage in Garbage out)"는 말을 선배 장교로부터 들은 바가 있다.

여기서 적절하지 못한 사용자 요구사항은 예를 들면, '쓰레기를 집어

---

27) Arthur G. Maxwell, JR, *"Joint Training for Information Manager"*, National Defence University, p. 15, May 1996.

넣는 행위'에 비유될 수 있을 것이다. 다시 말해, 사용자의 요구사항에 일관성이 없거나 이들 요구사항이 올바르지 못하게 되면, 소프트웨어의 관점에서 "설계·코딩·체계통합·시험"을 완벽하게 하였다고 해도 의미 있는 결과가 도출될 수 없다는 것이다.

따라서, 사용자 요구사항을 제기하는 사람들은 자동화할 업무에 대한 요구사항을 올바로 제기할 능력을 갖추어야 한다. 요구사항을 올바로 제 기할 수 있으려면 현존 업무에 정통해 있어야 할뿐만 아니라 부상하고 있는 신기술에 입각하여 자신의 업무를 '리엔지니어링'할 수 있어야 할 것이다.

이와 마찬가지로, 각군 총장을 비롯한 군의 의사결정권자들은 정보체 계의 특성뿐만 아니라 이미 구현중이거나 계획중인 정보체계들의 역할에 대해 익숙해 있어야 한다. 또한 정보 능력의 활용과 관련하여 미래에 대 한 '비전'을 갖고 있어야 한다.

예를 들면, 미 육군참모총장을 역임한 바 있는 슐리반(Gordon Sullivan) 대장이『정보기술을 최대한 활용하는 방향으로 군을 개혁하 고, '힘의 투사(Power Projection)'를 가능토록 하는 프로그램들을 개 발해야 한다」[28] 고 말했을 때, 그는 정보 능력과 관련하여 미 육군이 나아가야 할 방향에 대해 비전을 갖고 있었다. 군의 의사결정권자들은 정보체계 개발과정을 이해하고 있어야 할 것이다.

사용자 요구사항을 제안하는 부류와 군 의사결정권자들의 '정보화 잠 재능력'을 함양하기 위한 방안은 무엇인가? 이미 추측이 가겠지만 최선 의 방안은 교육이다. 우수한 병사만이 뛰어난 무기를 다룰 수 있기 때문 에 정보화시대의 군인은 지식으로 무장되어 있어야 한다.

---

28) Department of the Army, Op.Cit., p. 3-1.

[표 4] 미 공군 장교의 교육 수준

년도	88	89	90	91	92	94	97
박사 또는 Professional Degree	1.4	1.5	1.4	1.7	1.4	1.7	9.1
석 사	41.2	43.2	43.6	46.2	47.4	49.5	42.8
석사 이상	42.6	44.7	45	47.9	48.8	51.2	51.9
학 사	57.2	55.2	54.9	52.1	51.1	48.4	41.6
고졸이하	0.08	0.1	0.1	1.66	0.1	0.3	1.6

교육을 받지 않은 군인은 '제1물결'의 전형적 전쟁 양상인 육박전에서 용감하게 싸울 수 있으며, '제2물결' 형태의 전쟁에서 용감히 투쟁하여 승리할 수 있지만, 교육을 받지 않은 근무자가 '제3 물결' 형태의 기업에서 짐이 되는 것과 마찬가지로 '제3 물결' 형태의 군에서는 부담스런 짐으로 작용하게 된다.[29] 〔표 4〕는 미 공군 장교의 50% 이상이 석사 이상의 학력을 갖고 있음을 보여주고 있다.[30] 더욱이 미군의 경우에는 상위 계급으로 올라 갈수록 학력이 높아지는 경향을 보이고 있다. 예를 들면, 미 준장급 장군의 88% 이상이 석사 이상의 학력을 보유하고 있나.[31] '제3 물결' 형태의 군대인 미 공군에서는 군의 학력이 매년 높아지고 있다. 한국군도 교육을 장려하는 인사정책을 정립해야 할 것이다. 고학력자들에게 진급에 특혜를 주는 것도 그중 한 방안일 것이다.

---

29) Alvin and Heide Toffler, *"War and Anti-War"*, Little Brown, p. 73, 1993.

30) U. S Air Force, *"Education Level-USAF Line Officers"*, Air Force Magazine, May of 88, 89, 90, 91, 92, 94 & 97.

31) Alvin and Heide Toffler, Op.Cit., p. 74.

5. 결언

C4I를 포함한 정보 능력이 현대전에서 핵심 요소로 부상(浮上)하고 있다. 이런 이유로 인해 전 세계 각국은 자국의 정보 능력을 고양시키기 위해 각고의 노력을 경주하고 있다.

C4I체계와 같은 정보체계는 군의 교리·작전개념·조직구성 등에 근거한 '싸우는 법'을 자동화한 것이다.

C4I체계처럼 인간 조직을 다루는 체계와 기계적 절차를 다루는 내장형 소프트웨어간에는 근본적인 차이가 있다. 예를 들면, 내장형 소프트웨어의 경우에는 복사하여 사용할 수 있지만, 인간 조직의 제도·절차를 다루는 C4I체계에 들어가는 소프트웨어의 경우에는 그렇지가 못하다. C4I체계와 같은 제도·절차를 다루는 체계를 개발하는 과정에서는 사용자 요구사항의 정립에서부터 설계·시험평가·유지에 이르는 전 과정에서 군의 역할이 크게 요구되는데, 이는 항공기·탱크·함정과 같은 주요 무기체계를 획득하는 과정에서는 볼 수 없었던 현상이다. 이외에도, 주요 무기체계의 경우와는 달리 C4I체계를 건설하는 과정에서는 "조금 건설하고, 건설된 부분을 시험평가해서 사용해 보고, 또 다시 조금 더 건설···."하는 방식을 채택해야 한다. 국방부 차원에서 이같은 획득 개념이 정립되어 있지 않은 상태에서는 C4I체계를 포함한 군 정보체계의 획득은 거의 불가능할 것이다.[32] 다시 말해, 요구사항을 100% 충족하여 체계를 성공적으로 개발한 경우에도, 개발이 완료된 시점에서는 이들 체계를 전혀 사용할 수 없게 될 것이다. 왜냐하면, 끊임없이 군의 제도절차가 바뀌고 있을 뿐만 아니라 정보기술이 엄청날 정도의 속도로 발전하고 있기 때문이다.

한국군 C4I를 위한 '정보화 잠재능력'이란 해당 C4I체계를 개발하기

---

32) 우리군 일각에서는 정보체계의 획득을 무기체계의 관점에서 생각하는 경향도 없지 않다.

위한 한국사회의 능력 그리고 한국군 C4I를 위한 '군 내부의 정보화 잠재능력'이란 해당 C4I체계를 개발하기 위한 한국군의 능력을 의미한다. 이들 '정보화 잠재능력'은 군 정보체계의 건설과정에 종사하는 군인의 숫자, 이들의 능력 그리고 이들의 전문 성향과 밀접한 관계가 있는 문제이다. C4I와 같은 정보체계를 개발하는 과정에서는 군에 고도의 '정보화 잠재능력'이 요구된다.

한국군 C4I체계 건설에 관한 군 내부의 '정보화 잠재능력'을 개인 자질의 측면에서 함양하기 위한 최선의 방법은 교육이다. 교육을 받지 않은 근무자가 '제3 물결' 형태의 기업에서 짐이 되는 것과 마찬가지로 '제3 물결' 형태의 군에서는 부담스런 짐으로 작용하게 된다. '제3 물결' 형태의 군에서는 고학력의 인력이 요구된다.

정보체계 개발에 종사하는 군 내부 요원은 소프트웨어를 관리하는 집단, 사용자 요구사항을 제시하는 집단, 그리고 특정 정보체계 사업의 집행 여부 및 집행 시기에 대해 의사를 결정하는 부류와 같이 세 종류의 집단이 있다. 이들 개개 집단에 요구되는 '정보화 잠재능력'의 수준과 성격은 소프트웨어 관리 집단, 사용자 요구사항을 제시하는 집단, 그리고 정보체계 사업의 의사결정권자의 순서로 '추상화의 정도(Level of Abstraction)'가 높을 뿐 아니라 그 역할도 중요하다.

정보체계 분야에서 요구되는 인력을 확보하기 위한 방안에 군 조직의 갱신이 있다. 1990년대 말에 접어들면서 한국군은 전산기술과 통신-전자 특기를 통신-전산 특기로 통합하고 있는데, 이들 두 특기가 하나로 합쳐진 배경은 군이 보유하고 있는 컴퓨터들이 데이터통신망으로 연결됨에 따른 것이다. 향후에는 군 통신에서 데이터통신이 차지하는 비중이 99% 이상이 될 것으로 전망되고 있다. 오늘날의 군사혁신이 정보기술(컴퓨터와 데이터통신)이라는 비교적 새로운 분야에 의해 야기되고 있다는 측면에서 이들 분야에 대한 인력이 엄청날 정도로 요구되고 있으며,

이같은 소요는 가속화될 것으로 예상된다. 군 전체의 측면에서 볼 때, 이들 요원들이 차지하는 비중이 높아져야 할 뿐만 아니라 통신-전산 특기 분야 내에서도 컴퓨터와 데이터통신을 중심으로 그 성향이 바뀌어야 할 것이다.

군은 과거의 관행과 고착 관념에서 과감히 탈피하여 현재 그 중요성이 크게 감소되고 있거나, 감소될 분야를 발굴하여 이들 분야에 종사하는 인력을 새롭게 부상하는 분야(예; 정보기술)에 과감히 배정해야 할 것이다. 이는 군 조직의 활성화를 위해서도 절대적으로 필요한 것일 뿐 아니라 군 조직에 몸담고 있는 개개인을 위해서도 필수적으로 요구되는 것이다. 왜냐하면, 시대에 적합하지 않는 분야에 종사하고 있는 사람들은 어느 순간에는 도태될 수밖에 없을 것이기 때문이다. 이같은 관점에서 한국군의 통신-전산 특기는 전자 중심에서 소프트웨어와 데이터통신 중심으로 그 역할을 바꿀 필요가 있으며, 전자 중심의 역할은 준사관이 중심이 된 사병 집단으로 과감히 이관해야 할 것이다.

오늘날의 군에는 왜 고도의 전문성이 요구되는가?

1. 서언

얼마 전 우리 국가에 IMF라는 불청객이 방문하였는데, 그 여파로 인해 아직까지도 적지 않은 사람들이 추위에 떨고 있다. 소위 말해 IMF의 한파가 우리 사회의 곳곳에 영향력을 행사하고 있다. 당시 정들었던 사람들이 직장을 떠나고, 서울역 주변에는 수많은 노숙자들이 추위에 떠는 사태가 발생하였다. IMF 사태가 발생하기 전까지만 해도 동남아·유럽·미국 등 지구상 곳곳을 향해 떠나는 관광객으로 김포공항이 일대 혼잡을 겪었다는 점과, 인력부족으로 사람 구하기가 쉽지 않았다는 점을 생각하면 IMF 사태가 몰고 온 상황은 일반적인 상식으로는 납득할 수 없는 그러한 것이었다.

당시 전문가라는 분들이 '왜 한국에 IMF라는 불청객이 방문하게 되었는가?'라는 제목에 관해 TV에서 또는 대중을 모아 놓고 좌담 또는 강연을 벌인 바가 있다. 일부 연사의 경우에는 세계 경제는 미국과 이스라엘이 주도하고 있는데, 한국이 이들 국가에 잘못 보였기 때문이라는 논리를 전개하기도 하였다. 이같은 주장은 오늘날 경제적으로 어려움을 겪고 있는 나라가 한국뿐만이 아니라는 점에서 설득력이 없다. 더욱이, 이는 옆집에 사는 부자가 도와주지 않아 굶어 죽게 되었다는 논리와 다를 바가 없다. 왜 가난하게 되었는가? 라는 근본적인 이유를 밝혀야 한다. 비슷한 맥락에서 단기 외채의 대부분을 빌려준 일본이 조기 상환을 요구했기 때문이라는 주장도 앞의 경우와 크게 다를 바가 없다.

IMF에 관한 필자의 견해는 한국을 비롯한 전 세계 대부분의 국가(유

럽과 미국을 제외)가 산업화 사회에서 정보화 사회로 제대로 전환하지
못하기 때문이라는 인식이다. 이같은 관점에서 필자는 산업화 사회와 정
보화 사회의 특질 그리고 우리 주변에서 벌어지고 있는 사례를 중심으로
오늘날의 군에는 고도의 전문가들이 요구됨을 밝힐 것이다. 다시 말해,
오늘날의 군에서 '교육은 사치가 아니고 필수적인 요소'라는 점을 주장할
것이다. [33]

2. 산업화시대의 군

'테일러 시스템', '컨베이어 벨트', '분업화', 또는 '계층적 구조'로 요약
되는 산업화시대에는 소수의 엘리트가 조직을 이끌어 갔다. [34] 산업화시

---

33) 우리 군 일각에서는 교육을 혜택으로 간주하는 경우도 없지 않다. 예를 들면,
당신은 남들이 야전에서 고생하는 동안 교육을 받았기 때문에 진급을 포함한 여
타의 혜택에서 제외되어야 한다고 주장하는 분들이 있다. 이같은 주장은 얼핏 보
면 매우 합리적인 듯 보인다. 다시 말해 공평한 듯 보인다. 그러나, 이는 공산주
의에서 말하는 평등의 원칙에 근거하고 있다. 민주사회에서는 개개인의 능력간에
는 차이가 있다고 생각하며, 모든 사람에게 동일한 기회를 부여하고 게중에서 우
수한 자를 발굴하여 교육을 시켜서 이들로 하여금 조직을 이끌어갈 수 있도록
하고 있다.

34) 필자가 미국에서 공부를 할 당시, 전산과에 토시 미누라(Toshi Minoura)라는
일본인 교수가 있었다. 그는 동경 대학을 졸업하고, 미 스텐포드 대학에서 박사
학위를 취득한 분이었다. 미누라 교수는 "일본이란 사회는 동경대 출신 몇 명이
주도하고 나머지는 그저 시키는 대로 따라 하는 사람들에 불과하다"고 수업시간
에 누차 말하곤 하였다. 오늘날 경제 대국 일본이 어려움을 겪는 이유가 아닌가
생각한다. 정보화시대에도 우수한 사람들이 선도해 나가야 함은 틀림없다. 그러
나, 여기서는 나머지 사람들이 단순한 추종자가 아니다. 이들 또한 나름의 능력
을 갖고 있어야 한다. 산업화시대에는 리더를 중심으로 피라미드 구조를 형성하
지만, 정보화시대에는 관계 형성이 네트워크 구조도서, 상호 협조적이고 보완적
인 관계를 유지해야 한다. 오늘날의 사회는 몇몇 선도자가 국가 또는 조직의 흐
름을 좌우할 수 있는 시대가 아니다.

대를 대표하는 기업에 제너럴 모터가 있다. 그 곳에서는 대부분의 사람들이 기계처럼 반복적으로 동일한 일을 수행하고 있다. 자동차에 바퀴를 장착하는 사람은 하루 종일 바퀴만을 장착하는 일을 담당하고 있다. 이는 특별한 교육을 요하는 일도 아니고 누구로부터 배울 필요도 없는 성격의 일이다. 단순히 경험에 근거하여 반복적으로 일할 뿐이다. 바퀴를 만드는 과정에서도 개개인은 자신이 맡은 일을 반복적으로 수행하고, 개개인의 조그만 노력이 결집되어 바퀴가 생산된다. 바퀴 · 라디에이터 · 엔진 등을 장착하는 개개인의 노력이 모여서 한 대의 자동차가 생산된다.

이들 조직에서 차원 높은 일을 담당하는 분이란 자동차 또는 개개의 부품(바퀴 · 엔진 등)을 설계하는 분들이다. 이들 몇몇의 노력에 근거해 자동차의 골격이 형성되면 나머지는 앞에서 언급한 바대로 반복적인 일이었다. 이들 일은 창의성을 필요로 하는 것이 아니기 때문에, 이같은 업무를 담당하는 분들은 미안한 이야기지만 반강제적이고도 억압적으로 다루는 것이 보다 효과적일 수도 있었다. 전통적으로 권위주의적이고도 계층적인 인간관계를 형성하고 있는 소련 · 한국 그리고 일본과 같은 국가가 산업화 과정에서 비교적 잘 적응할 수 있었던 것은 이같은 이유 때문이다. 소위 말해, 산업화 사회에서는 몇몇 선각자가 개념을 정립하고, 대부분의 사람들은 이들 개념에 근거하여 단순히 행동하기만 하면 되었다.

산업화시대 당시의 민간 조직은 이처럼 반복적이고도 단순한 형태로 운영되었는데, 군도 예외는 아니었다. 당시 군은 민간에서 만들어 준 무기(항공기 · 탱크 · 함정 · 통신시설 등)를 운영 및 유지하는 조직이었다. 장비의 운영 및 유지는 반복적이고도 단순한 성격의 일이기 때문에 군 요원들에게 필요한 것은 교육(Education)이 아니고 훈련(Training)이었다. 따라서 타군과 비교할 때 비교적 전문성이 요구된다는 공군조차도 이들 체계를 운영 및 유지하는 일은 하사관 및 병들이 담당(항공기의 조종은 제외)하였고, 장교는 부하를 관리하는 성격의 업무를 또는 상급 부대와 관련된 기획 및 계획을 담당하였다. 당시의 군에서 창조적인 능력을 요구하는 부서는 전쟁을 기획 및 계획하는 곳 정도인데, 한국군의 경우 단독으로 전쟁을 수행하기보다는 미군과 연합작전을 수행해야 한다는 속성으로 인해 전쟁의 기획 및 계획에서의 잘못도 어느 정도는 수용할 수 있는 성격의 것이었다. 따라서, 한국군의 경우 뛰어난 지적 능력을 요구하는 부분이 그다지 많은 편은 아니었다. 이같은 논리가 지나친 표현이라고 주장하는 분도 있을 것이다. 그러나 교육을 받게되면 진급에서 불이익을 받는 경우가 없지 않았다는 점에서 볼 때 당시의 군은 전문성 내지는 고도의 지식을 필요로 하는 집단이 아니었다. 다시 말해 군은 교육이 아니고, 훈련이 요구되는 집단이었다.

국방력의 건설, 그리고 현존 체계를 운영 및 유지하는 것이 군의 임무라고 할 때 건설 또한 매우 간단하였다. 무기 또는 지휘통제체계를 획득하는 과정에서 군이 한 일은 이들 개개의 요구 성능을 제시하는 것이었다.[35] 예를 들면, 항공기의 순간 추력, 무기의 재원, 항속 거리 등이 그 것이다. 사실 전쟁이론에 근거하여 획득해야 만이 그 효과를 십분 발휘할 수 있다는 측면에서 무기의 획득 또한 고도의 전문성이 요구되는 일이었다. 그러나, 이들은 전문성이 없이 처리해도 적어도 겉으로는 표시가 나지 않는 그러한 성격의 일이었다. 전쟁이 일어난다는 보장도, 전쟁

---

35) 당시의 지휘통제체계는 음성 통신망에 근거하고 있었다. 음성 통신망에 근거한 지휘통제체계를 건설하는 과정에서 소요되는 군의 노력은 데이터 통신망에 근거한 지휘통제체계를 건설하는 경우와는 비교할 수 없을 정도로 미미하다. 예전의 을지훈련에서는 기획 · 인사 · 정보 · 작전 그리고 군수를 대표하는 중령 또는 대령 급 참모들이 지휘관을 보좌하여 음성 통신망을 이용해 작전을 수행하였는데 당시 지휘관을 보좌하기 위한 자료는 참모의 기억속에 또는 Binder에 저장되어 있는 상태였다. 그러나, 오늘날에는 지휘통제와 관련된 자료가 컴퓨터에 저장되어 있고 이들 내용을 데이터 통신망을 이용해 주고받는다는 데 문제의 심각성이 있다.

이 유발되는 경우 싸워서 진다는 보장도 없을 뿐 아니라 전쟁에서 패배하였다고 할지라도 전쟁 개념에 입각해 무기를 획득하지 않았기 때문이라고 단정지을 수 없는 상황이었기 때문이다. 더욱이 무기 획득을 위한 '사용자 요구능력(ROC: Required Operational Capability)'을 결정하고 이들 무기가 군에 들어오기까지에는 수년의 시간이 소요되기 때문에 획득과정에서 의사를 결정한 분이 이미 군에 없는 경우가 대부분이었다. 이같은 다수의 이유로 인해 근육(항공기 · 탱크 · 함정)을 중심으로 군을 건설할 때는 커다란 어려움 없이 국방력을 건설할 수 있었다.

산업화시대의 군에서는 ROC를 충족하는 무기를 외국으로부터 구입하거나 국내의 방위산업체를 통해 이들 무기를 개발토록 하였는데, 획득된 무기가 ROC에 미달하는 경우에도 표면적으로는 크게 문제가 되지 않았다. 예를 들어, 적 화력에 의한 공격에 대해 탱크가 견딜 수 있어야 하는 정도가 1000이어야 하는데, 시험 · 평가해보니 900이란 수치가 나왔다고 가정하자. 이들 무기의 경우에는 이를 간파할 수 있는 사람도 많지 않을 뿐 아니라, 견딜 수 있는 정도가 900이었기 때문에 심각한 문제가 발생한다고 단정지을 수도 없었다. 다시 말해, 산업화시대의 산물인 항공기 · 탱크 · 함정은 극단적으로 표현하면 그 외형을 비슷하게 유지하고 있다면 어느 정도의 잘못된 사항은 간과할 수도 있는 그러한 성격의 것이었다.

산업화시대의 군은 창의성이 아닌 경험에 근거한 조직이기 때문에 군에 근무한 횟수에 따라서 개개인의 능력에 차이가 있었다. 업무의 성격이 단순하다 보니 개인의 지적 능력보다는 그곳에 어느 정도 종사하였는가에 따라 전문성이 돋보였다. 소위보다는 중위가 중위보다는 소령이 보다 뛰어난 문제 해결 능력을 발휘할 수 있었던 것은 이같은 이유 때문이다. 당시에는 자신의 생각보다는 상급자의 지시에 근거해 업무를 처리하는 것이 훨씬 효과적이고도 생산적이었다. 더욱이 산업화 군에서는 경험에 근거해 생활하고 대부분 장교의 경험이 유사하기 때문에 일정 계급에 도달하게 되면 이들의 능력에는 거의 차이가 없었다. 다시 말해 초급 장교 시절에는 능력의 측면에서 어느 정도 차이가 있을 수도 있지만 시간이 지나게 되면, 이들의 능력간에는 별 차이가 없었다.

그러나 시대는 변하고 있다. 오늘날에는 경험만으로 군을 운영할 수 없게 되었다. 정보화시대인 오늘날, 개인과 개인, 군과 군 그리고 국가와 국가간 능력의 격차는 1배 내지는 2배가 아니고 1991년도의 걸프전 당시 '외형적인 모습으로는 전 세계에서 4번째의 군사 강국이었던 이라크'와 비교할 때 미군의 능력이 적어도 1000배는 되었을 것이라는 페리 국방장관의 말처럼 수천 배 또는 경우에 따라서는 수만 배의 격차로 벌어지게 되었다.

3. 정보화시대의 군

정보화시대를 대표하는 것에 '인터넷(Internet)'이 있다. 전 세계 대부분의 연구소와 대학들을 컴퓨터 통신망으로 연결하고 있는 인터넷에 저장되어 있는 정보의 양은 가히 경이적이다. 예를 들어, 오늘날 신문에 심심지 않게 등장하는 '정보전(Information Warfare)'이란 명칭으로 자료를 찾게 되면 이 분야의 석학들이 작성해 놓은 수천 건의 논문을 인터넷에서 어렵지 않게 찾아볼 수 있다. 또 다른 예로 자신이 F-16 항공기의 특정 문제에 대해 알기를 원한다고 가정해보자. 만약, 인터넷을 사용하는 방법과 영어에 능통하다면 그 내용을 인터넷 게시판에 광고할 수 있을 것이다. 이 경우 F-16에 관한 전 세계의 전문가들로부터 자신이 알고 싶은 사항에 대해 조언을 받을 수 있을 것이다. 그 내용이 미국의 입장에서 보면 비밀로 분류하고 있는 것일 수도 있다. 어떻게 비밀로 분류될 정도로 중요한 사항에 대해 조언을 받을 수 있을 것인가? 고 의문이 생길 수도 있다. 사람이란 자신이 알고 있는 사항을 과시하고자 하는 욕망이 있다는 점과, 전세계 곳곳에는 과거 F-16과 관련해 일했던 분 또는 현재 일하고 있는 전문가가 엄청나게 많다는 것을 알아야 한다. 인터넷을 통해 자신의 신분이 밝혀지는 것도 아닌데, 수많은 F-16 전문가 중 한 명이라도 질문에 답변을 하지 않겠는가? 미 해병대는 자군이 비밀이라고 분류하고 있는 자료들이 인터넷상에 엄청나게 분포되어 있다는 점을 발견하곤 인터넷에서 자료를 수집하기 위한 팀을 별도로 편성해 운영하고 있는 실정이다. [36]

오늘날 영어에 능통하고 컴퓨터를 이용할 줄 아는 사람의 경우에는 어렵지 않게 관심 분야의 전문가가 될 수 있는 그러한 세상이 되었다. 인터넷의 시조인 '알파넷(Arphanet)'의 설립 목적이 자료의 공유였다는 점과, 이들 자료가 영어로 작성되어 있다는 점에서 볼 때 미국과 서유럽 국가들이 오늘날 강세를 보이고 있는 이유와 여타의 국가들, 특히 아시아 국가들이 심각한 경제 불황에 직면해 있는 이유를 알 수 있을 것이다. 영어를 모르는 사람들의 경우에는 이들 자료가 전혀 도움이 될 수 없기 때문에 이같은 자료를 접해 소화할 수 있는 분과 그렇지 못한 사람 간에는 엄청난 격차가 벌어지는 그러한 세상이 되었다. 이처럼 인터넷에 저장되어 있는 자료를 활용할 수 있는 개인의 경우 자군에 엄청난 이득을 가져다 줄 것임은 자명한 이치다. 또한 구성원 대부분이 인터넷의 자료를 활용할 수 있는 군대의 전투력이 여타의 군에 비교해 엄청날 정도로 우수할 것이라는 점도 쉽게 이해할 수 있을 것이다. 개인의 능력 정도는 '도토리 키 제기'에 불과하다는 논리는 산업화시대에나 적용될 수 있는 성질의 것이다.

1991년도의 걸프전에서 목격한 바와 같이 정보화시대에는 개인뿐만 아니고 국가와 국가간에도 엄청날 정도의 격차가 벌어지고 있다. 미 합

---

36) Alvin & Heide Toffler, Op.Cit, p 162.

참차장을 역임한 바 있는 예르미아는 "정보화 군과 산업화 군과의 싸움은 한편은 눈을 뜨고 장기를 두고 다른 한편은 눈을 감고 장기를 두거나, 또는 한편은 한번에 몇 수씩 두는 반면에 다른 한편은 한번에 오직 한 수만을 두는 것과 같다. 다시 말해, 이들 군의 싸움은 전혀 비교할 수 없을 정도다."고 말하고 있다. 1991년도의 걸프전 당시 다국적군의 인명 피해는 150명 미만이었던 반면에 이라크 군의 인명 피해는 수십만에 달하였다. 당시의 전쟁에서 이처럼 비교할 수 없을 정도의 미미한 피해를 입으면서 다국적군이 압승할 수 있었던 것은 걸프전은 인공위성·AWACS·JSTARS와 같은 최신의 정보 능력을 보유하고 있던 미군이란 정보화 군과 항공기·함정 및 탱크에 기반을 둔 이라크란 산업화 군간의 격돌이었기 때문이었다.[37)]

   그러나 정보화 군을 건설하는 과정에서는 정보기술 뿐 아니라 군의 교리·작전개념 등과 같은 무형의 요소가 필수적인데, 탱크 및 항공기에 장착되는 엔진 및 라디에이터의 설계 및 생산은 업체에 의뢰할 수 있지만 이들 무형의 요소는 삼성 컴퓨터 또는 현대 전자와 같은 업체가 정립해 줄 수 없다는 데에 문제의 심각성이 있다. 탱크·항공기 및 함정을 중심으로 한 산업화시대의 군에서는 이같은 개념적인 일을 하지 않더라도 표면적으로는 그 결과가 크게 노출되지 않기 때문에[38)] 그리고 한국군이 미군과 연합작전을 수행한다는 사실로 인해 우리 군은 개념보다는 운영의 영역에 보다 관심을 표명한 측면도 없지 않다. 탱크의 설계를 어느 누구나 할 수 없는 바와 같이 군의 작전개념 및 교리를 정립하고, 이들 개념을 자군의 컴퓨터 환경에 맞도록 구현하는 일은 경험의 세계가 아닌

---

37) Eliot A. Cohen, "A Revolution in Warfare", Foreign Affairs, March/April 1996, Volume 75 No. 2, p. 53.

38) 전략적인 목적으로 활용할 때 그 효과가 십분 발휘되는 항공력을 제1차 세계대전 이전의 전쟁 개념에 근거해 전술적 목적으로 활용하겠다고 해도 크게 문제가 될 것은 없는 듯 보인다. 다시 말해, 문제점이 크게 노출되지 않는다.

지식의 세계다. 따라서, '군의 연장자'가 보다 잘 처리할 수 있는 성격의 일이 아니다. 더욱이, 군 업무를 추진하는 과정에서는 '지휘 라인' 또는 '업무 라인' 상에 있는 상급자들에게 그 내용을 이해시켜야 한다는 데 문제의 심각성이 있다. F-16 전투기를 타보지 않은 사람들에게 수많은 시간을 할애하여 F-16에 대해 설명한들 이들을 이해시키지 못할 것임은 당연하다. '코끼리를 본 적도 없는 분'들에게 코끼리를 설명할 수 없는 바와 같이, 개념이 없는 분들에게 전문적인 영역의 일을 이해시킬 수는 없는 노릇이다.[39]

앞에서는 교리·작전개념 등과 같은 개념의 측면에서 정보화 군을 건설하는 과정에 적지 않은 어려움이 있다고 주장하였다. 군의 교리 및 작전개념을 업체가 만들어 줄 수 없다는 필자의 주장에 대해 이의를 제기할 분은 많지 않을 것이다. 그러나, 이들 개념을 군의 컴퓨터 및 데이터통신 환경으로 전환시키는 과정에서도 군에 고도의 전문성이 요구된다. 사실, '오늘날의 군에는 컴퓨터 및 데이터통신에 관한 고도의 전문성이 요구된다'고 말하면 이해할 수 있는 분이 많지 않을 것이다. 이같은 일은 업체가 할 수 있지 않은가 반문할 것이다. 이는 통신망까지도 거의 외부에서 만들어준 것을 운영해온 산업화시대의 군에 종사했던 분들이 제기할 수 있는 형태의 의문이다. 물론, 이들 중 업체가 할 수 있는 것도 없지 않다. 그러나, 작전개념 등과 같은 추상적인 형태의 개념을 업체가 구현할 수 있도록 하는 과정, 또는 군과 업체간의 교량 역할을 담당한다고 나 할 가? 말로 표현하기는 쉽지 않지만 군의 C4I체계를 건설하는 과정에서는 정보기술의 측면에서도 고도의 전문성이 요구된다. 그

---

39) 지난 2년간 필자는 그것을 알고 있는 분들은 당연하다고 여기는 사실도 그 사실을 경험하지 못한 또는 그것에 대한 개념이 없는 분들을 납득시키는 것이 얼마나 어려운 일인가를 절감하고 있다. 고도로 전문화된 오늘날의 사회에서 이는 모든 사람에게 적용되는 진리라는 것이 필자의 신념이다. 필자에게 F-16 항공기의 세계를 설명해도 필자는 이를 실감 있게 이해할 수 없을 것이다.

사례를 하나 들어보자.

1996년도 당시 필자의 연구 과제에는 '국방정보통신망 확보 방안'이 포함되어 있었다. 우연히, 필자의 석사 과정 논문뿐만 아니라 박사 과정 논문도 이 분야와 관련이 깊었다. 따라서, 필자는 이 문제에 관해 어느 정도의 전문성이 있었다. 음성통신의 시대와는 달리 데이터 통신망은 소요 예측이 아니고 '성능 분석에 의한 점증적인 방식'으로 건설해야 한다는 것이 필자의 주장이었다. 그러나, 최근까지 군 통신 분야에서 근무하신 분들은 음성통신의 영역을 담당하였기 때문에 데이터통신 분야에는 밝지 못한 측면이 있었다. 따라서, 이들은 소요 예측에 의한 통신망 건설을 주장하면서 국방 통신망의 소요를 예측하라고 필자에게 요구하였다. 기존의 주장이 너무도 강력해서 필자는 군 내부의 통신 분야 박사님들(10여 명), 민간 대학의 데이터통신 분야 교수님들(10여 명), 그리고 한국통신에서 통신망 건설에 종사하는 분들을 개별적으로 찾아 뵙고 '국방정보통신망 확보 방안'에 대해 토의하였다. 이분들은 명문대학을 졸업하신 뛰어난 실력을 겸비한 분들이었다. 그러나, 놀라운 사실은 이들 중 몇 분을 제외하고는 '국방정보통신망 확보 방안'에 대해 확신을 갖고 설명하지 못했다는 점이다. 문제는 통신이란 분야가 너무도 넓다는 점과, 이 분들이 전공한 내용과 '정보통신망 확보 방안'에 필요한 지식과는 거리가 멀었다는 점이었다. 근 1년간 과제를 제기하신 분들(과제를 제기하신 분들도 데이터통신 분야를 수년간 연구한 분들이었다)과 격론하면서도 이 분들을 설득시킬 수가 없었다. 그 후 어떤 극적인 계기로 인해 이 분들이 필자의 견해에 동의하였다. 바로 그 때 본인이 근무하고 있던 연구소에 국내 모 대학에서 데이터통신 분야의 박사 학위를 받은 분이 들어왔는데, 이 분이 연구한 분야는 석·박사 기간 7년 내내 '통신망 건설 방법'과 관련된 것이었다. 필자가 알고 있는 지식은 이 분에게는 너무나 당연하고도 원초적인 수준의 것이었다. 근 1년 동안 수많은 통신 분야 박사님들과 격론을 벌인 내용이 어떤 사람에게는 상식의 수준에 불과함을 깨닫는 그러한 순간이었다.

그후 진행된 사항은 여러분들의 상상에 맡긴다.

관련자 분들에게 실례가 될 수 있음에도 불구하고 구체적인 사례를 든 이유는 오늘날 국방의 상황이 매우 심각하다는 점을 의사결정권자들이 이해하는 데에 조금이라도 도움이 되었으면 하는 간절한 마음에서다. 오늘날 획득을 추진하고 있는 대부분의 국방체계는 컴퓨터 소프트웨어 및 데이터통신과 밀접한 관계가 있는데, 이들 체계를 획득하는 과정에서는 앞에서 언급한 종류의 사례가 수없이 발생하고 있다. 다시 말해, 앞의 사례는 예외적인 경우가 아니고 일반적인 현상이라는데 문제의 심각성이 있다. 관련 분야에서 박사 학위를 취득한 분들 간에도 의견이 분분할 정도로 오늘날 국방의 문제가 고도의 전문성을 요구하는 것이라면 이들 문제를 듣고 의사결정권자들이 올바로 의사를 결정하기도 쉽지는 않을 것이다. "정보화시대에는 업무의 성격이 너무도 전문화되어 있기 때문에 타인의 업무를 여타의 사람이 대체할 수 없다."[40] 고 토플러는 말하고 있는데, 이는 오늘날의 군에 고도의 전문가가 필요하다는 점을 정확히 지적한 것이다.

오늘날 군 자료의 대부분은 컴퓨터에 입력되어 있는데, 이들 자료들이 데이터 통신망을 통해 전달되고 있다는 측면에서 통신망의 확보는 매우 중요한 문제다. 아무리 훌륭한 차를 보유하고 있다고 할지라도 도로가 없으면 사용할 수 없는 바와 마찬가지로 고가(高價)의 소프트웨어도 통신망이 확보되어 있지 않으면 전혀 소용이 없기 때문이다. 그러나 앞의 사례에서 보듯이 데이터 통신망의 건설은 음성 통신망의 경우와는 달리 간단한 문제가 아니다.

각군이 자군에 보다 많은 예산이 할당되어야 한다고 주장하고, 개개 군내에서는 여러 병과 및 특기가 자신들의 입장에서 논리를 전개하고 있는 국방이란 조직에서, 건설 과정에서 과거와는 전혀 다른 개념과 엄청날 정도의 예산이 요구되는 통신망을 확보할 수 있으려면 좁게는 국방부

---

40) Alvin & Heide Toffler, Op.Cit, p. 60.

의 관련자, 넓게는 재경원 및 국회를 설득할 수 있어야 하는데 이는 고도의 전문성이 요구되는 일이다. 확보된 예산을 갖고 망을 건설하는 과정에서도 엄청날 정도의 전문성이 군에 요구된다. 이같은 이유 때문에 전통적으로 보병·포병·기갑·공병 등과 결합해 작전을 수행하는 병과(兵科)라는 의미에서 야전성을 강조해오던 미 육군의 통신병과 또한 기술의 측면에서 고도의 '전문성'을 요구하고 있는 실정이다.[41] 이처럼 정보화시대의 군은 그 건설이 결코 쉽지 않다.

4. 결언

오늘날 우리 국가는 매우 어려운 상황에 처해 있다. IMF라는 생각지도 못한 불청객이 우리를 괴롭히고 있을 뿐 아니라 '새만금호', '시화호', '고속전철', '영종도 국제공항', '한보사태' 등과 같은 엄청난 일들이 국민들을 우울하게 하고 있다. '고속도로', '비료공장' 등을 건설할 당시인 3공 시절에는 전혀 생각할 수 없었던 사태가 빈번히 일어나고 있다. 국민의 의식이 이완되어서 그런 것인가? 물론 그런 측면이 없지도 않을 것이다. 그러나 이같은 문제가 발생하는 근본적인 원인은 산업화시대와는 달리 정보화시대의 체계 건설에는 고도의 전문성이 요구된다'는 점에서 찾아야 할 것이다. 다시 말해, 정보화시대에는 소처럼 묵묵히 일하기만 하는 것으로는 충분하지 않다. 정보화시대에는 전문성과 창의성이 요구된다.[42] 정직성과 도덕성, 그리고 자율성이 요구된다.[43]

---

41) Arthur C. Maxwell, "*Joint Training for Information Manager*", National Defence University, May 1996, pp. 14-17.

42) 불과 10여 년 전에 20대의 나이로 마이크로소프트 사를 창립한 빌 게이츠가 전 세계 제일의 갑부가 되었으며, 마이크로소프트 사의 자산이 산업화시대의 상징인 제너럴모터의 것을 능가하였다.

오늘날 우리 국가가 직면하고 있는 어려움에 못지 않게 우리 군 또한 적지 않은 시련에 직면하고 있다. 국방력을 건설하는 과정에서 다수의 문제점들이 노출되고 있다. 사람이 살아가는 과정에서 문제가 없을 수 없으며, 사업을 하다 보면 잘못되는 경우도 있다고 말하면서 자위할 수도 있다. 그러나 산업화시대와는 달리 오늘날의 국방력을 건설하는 과정에서는 고도의 전문성이 요구된다는 점과, 우리 군이 이러한 시대적 변화를 과연 인지하고 있는지 의문이 가는 경우가 종종 있다는 점에서 문제의 심각성이 있다.

'전쟁과 반전쟁(War and Anti-War)'이란 명저(名著)에서 토플러(Alvin Toffler)는 미 대기업체의 회장 가운데 석사 이상의 학위를 보유하고 있는 분이 18% 미만인 반면에 미군 준장의 88% 이상이 석사 이상의 학위를 소지하고 있다고 밝히면서, 미군이 겉치레와 형식을 좋아하는 집단인가? 라는 질문을 던지고 있다. 미군의 장군들에게 고학력이 요구되는 이유는 오늘날의 군에 고도의 전문성이 요구되기 때문이라는 것이 그의 주장이다. 그는 더욱이, "뛰어난 병사만이 우수한 무기를 다룰 수 있기 때문에 정보화시대의 군인은 지식으로 무장되어 있어야 한다."며 "교육을 받지 않은 군인은 '제1물결'의 전형적 전쟁 양상인 육박전(肉薄戰)에서 용감하게 싸울 수 있으며, '제2물결' 형태의 전쟁에서 용감히 투쟁하여 승리할 수 있지만, 무식한 근무자가 '제3물결' 형태의 기업에서 짐이 되는 것과 마찬가지로 '제3물결' 형태의 군에서는 부담스런 짐으로 작용하게 된다."[44]고까지 말하고 있다.

---

43) 한국에서 40여 년을 생활하신 프랑스 출신의 드봉 주교는 "한국이 권위주의적인 통치형태, 사치, 그리고 부정 부패를 근절하지 못하는 한 IMF를 벗어나기는 쉽지 않을 것이다."고 최근 말씀하신 바 있는데, 이는 정확한 표현이다.
　지난 20년간의 본인의 체험에 의하면 컴퓨터란 기계는 '진실'과 '자율성'을 좋아한다.

44) Alvin and Heide Toffler, "War and Anti-War", Little Brown, 1993.

오늘날 우리는 서울에서 불과 얼마 떨어져 있지 않은 곳에 호시탐탐(虎視耽耽) 남침을 노리는 북괴와 대치하고 있는 긴박한 상황에서 살고 있으면서도 이같은 현상을 피부로 느끼지 못하고 있는데, 이는 휴전선의 철책, "울릉도, 독도", 그리고 영공을 지키는 육 · 해 · 공군의 전투 요원들이 밤낮을 가리지 않고 수고해 주는 덕분일 것이다. 물론 이분들의 노고는 국민 모두가 깊이 감사해야 할 성질의 것이다. 그러나 이분들의 노고에 못지 않게 오늘날 그 중요성이 날로 높아지고 있는 분야가 있는데, 그것은 1991년도의 걸프전 당시 "산업화시대의 기준, 즉, 항공기 · 함정 · 탱크의 대수 그리고 이들의 성능이란 측면에서 전 세계 4위란 막강한 군사력을 보유하고 있던 이라크"와 비교할 때 미군의 군사력을 1000배 이상으로 신장시켜 준 제3물결 형태의 군사력 건설에 종사하고 있는 분들이다. 사실, 이는 특정 군인의 몫이 아니고, 군 전체가 전력을 다해 추구해야 할 성질의 것이다. 다시 말해, 우리 군은 현존 전력의 운영도 중요하지만 국방력 건설에 보다 큰 비중을 두어야 한다.

오늘날의 군에서 교육은 '사치품'이 아니고 필수적인 요소다. 군을 주도할 수 있을 정도의 우수한 자원을 선발해 이들에게 교육의 기회를 부여하고, 이들로 하여금 군을 위해 큰 일을 할 수 있도록 해야 한다. 진정으로 군의 전투력을 극대화하고자 한다면, 그리고 국민의 '혈세'를 절감할 의도가 있다면 군은 청년 장교들에게 보다 많은 교육의 기회를 부여하고, 이들에게 '희망과 용기 그리고 비전'을 제시해 줄 수 있어야 할 것이다. 오늘날과 같이 국방예산이 감소하는 시대에 '교육'이란 가장 먼저 절감해야 할 대상이 아니고 보다 증가시켜야 할 요소임을 명심해야 할 것이다.

혹자는 '북한에 의한 위협'을 눈앞에 둔 상태에서, 그리고 현존 전력을 유지할 수 있는 요원도 부족한 상황에서 다수의 장교를 교육 요원으로

---

pp. 73-74.

하는 것이 거의 불가능하다는 논리를 전개할 수도 있다. 이분들에게 말씀 드리고 싶은 것은 오늘날은 발상의 전환, 또는 '페러다임(Paradigm) : 세상을 바라보는 시각'의 전환이 끊임없이 요구되는 시대라는 점이다. 국가적 차원에서 '국방의 미래'를 설계하기 위한 기회와 능력을 청년 장교들에게 부여하는데 우리 군은 인색해서는 안될 것이며, 아마도, 이는 오늘날에 사는 군 선배 장교들의 가장 막중한 의무일 것이다.

4 국방력 건설은 왜 각군의 몫인가?

1. 서언

항공기·탱크 그리고 함정과 같은 산업화시대의 유산인 '근육(Muscle)'이 군의 전투력에 결정적인 요소로 작용하던 시대에는 '국방력 건설은 왜 각군의 몫인가?'라는 질문은 사실 우문(愚問)에 가까운 것이었다. 공군이 사용할 항공기의 획득에 해군이나 육군이 관여할 수 없는 바와 마찬가지로 육군의 탱크 사업에 해·공군이 영향력을 행사해서는 안된다는 것은 상식적인 일이었다. 다시 말해, 각군은 자군이 사용할 무기를 획득하는 과정에서 자군의 작전환경(땅·바다·하늘)에 관한 전문성을 십분 발휘해 거의 결정적인 역할을 담당하였다. 물론 「자군이 사용할 무기를 획득하는 과정에서 각군이 중요한 역할을 담당해야 한다」는 거의 상식에 가까운 진리를 어긴 경우가 없지는 않았지만 그 결과는 바람직하지 않았다.

예를 들면, 항공기 사업과 관련해 작전적 측면에서 한국 공군이 요구한 바와는 달리 여타 부서의 압력으로 인해 F-16을 구입할 수밖에 없었다며, 그 결과 수많은 문제가 있다는 등의 내용이 언론에 보도된 바가 있다.

얼마 전까지만 해도, 각군은 자군이 사용할 근육 뿐 아니라 '신경조직(지휘통제체계)'까지도 독자적 판단에 근거해 그 대부분을 획득하였다. 당시 군이 운용하는 신경조직이란 음성통신 또는 무선 통신에 기반을 둔 것이었다. 음성통신의 경우 군은 자군이 사용하는 회선을 여타의 군과 공유할 필요가 전혀 없었으며, 무선 통신의 경우도 작전환경(하늘·땅·

바다)에서 요구되는 주파수 대역의 차이로 인해 통신망을 공유할 수 없기 때문에 각군은 자군이 사용해야 할 통신 체계를 독자적으로 획득하였다.

1970년대 말 이후 데이터통신과 컴퓨터의 성능이 급격히 향상되면서 인공위성·AWCAS·JSTARS 등과 같은 '신경조직'이 군의 전투력을 획기적으로 개선하는 요소로 등장하게 됨에 따라 이들 체계들을 획득하는 문제가 중요한 사안으로 부상하고 있다.

사실, 데이터통신은 음성통신의 경우와는 달리 육·해·공군이 동일한 회선을 이용해 자료를 전송할 수 있다는 특성을 갖고 있다. 또한 항공기·탱크 그리고 함정과 같이 사용할 군이 분명히 구분되는 산업화시대의 산물과는 달리 인공위성·AWACS· JSTARS와 같은 정보화시대의 산물은 육·해·공 각군이 공유해 사용할 수 있는 성질의 것인 듯 보인다. 이같은 이유로 인해 이들 체계는 각군이 아닌 여타의 부서에서 획득하여 운영·유지하는 것이 매우 당연하고도 합리적인 것처럼 생각될 수 있다.

이외에도, 오늘날에는 군이 운용하는 인사체계·군수체계 등과 같은 것들이 컴퓨터와 데이터통신을 이용해 구현되고 있는데, 컴퓨터 및 데이터통신은 각군이라는 '경계'를 넘나드는 속성이 있다는 점으로 인해 이들 체계 또한 국방부 및 합참과 같은 상위 부서에서 획득할 수 있지 않은가고 생각하는 분들이 있다.

인사체계·군수체계 등과 같은 것은 제4부 제3장에서 언급한 바와 같이 당연히 각군 중심으로 건설해야 하며, 합동작전을 지원하기 위한 자원관리체계(인사·군수 등)는 각군이 건설한 체계를 통합(Integration)해 건설해야 할 것이다. 따라서 여기서는 인공위성·AWACS·JSTARS 등과 같은 정보수집 수단을 그 대상으로 할 것이다.

필자의 주장은 이들은 '합동'의 목적 다시 말해, 육·해·공군이 공동으로 사용할 수 있는 체계이기는 하지만 작전적 측면에서 보다 전문성이 있는 군이 획득 및 운용해야 한다는 것이다. 그리고 이들 체계를 작전적 측면에서 가장 전문성이 있는 군이 운용해도 '합동'의 목적으로 사용하는 데 전혀 문제될 것이 없으며, 오히려 이것이 보다 자연스런 현상임을 보일 것이다.

2. 이들 체계는 왜 각군이?

다음의 사례가 진실인지 그리고 관련된 사람이 누구인지는 중요한 것이 아니다. 아래 사례는 실제로 있었던 일일 수도 있고, 아니면 논리의 전개를 위해 일부로 만들어 낸 경우일 수도 있을 것이다. 중요한 것은 각군이 아닌 여타 부서에서 사업을 추진하는 경우 다음과 같은 시나리오가 발생할 가능성이 충분히 있다는 점이다.[45] 만약 그러하다면 이에 대

45) 오늘날 군 전투력의 주체가 무기에서 정보체계(Information System)로 전환되면서 지구상 유일의 강대국으로 미국이 부상하고 있는데, 소련이 급격히 몰락하고 있는 것은 미국이 고도로 '개방된 사회(Open Society)'인 반면에 소련의 경우는 극도로 '폐쇄된 사회(Closed Society)'이기 때문이다. 다시 말해, 미국에서는 대부분의 문제점을 자유롭게 공개하고 거기에 대한 대책을 강구하고 있는 반면 소련에서는 이같은 행위가 용납되지 않는다. 예를 들면, 미군에서는 자군이 운영하는 컴퓨터 체계를 컴퓨터 바이러스 또는 특정의 침투수단을 이용해 공격한 후 개개 부서의 문제점을 공개하고 이에 때한 대책을 강구함으로서 유사시에 대비하고 있다. 폐쇄된 사회에서는 자신이 소속되어 있는 부서의 컴퓨터 체계에 문제가 있다는 점이 노출되면 이를 자연스럽게 받아들이고 그 대책을 강구하기보다는 관련된 사람들을 문책 또는 처벌하는 경우가 다반사다. 따라서, 이같은 사회에서는 자신이 재직하고 있는 동안에는 있는 문제점도 은폐하는 경향이 있기 때문에 근본적 차원에서 문제를 해결할 수가 없다. 한국사회 및 한국군의 개방화는 소련의 경우에 비교할 수 없을 정도로 매우 높다. 그러나 주변국(일본, 중국) 등이 정보화를 적극적으로 추구하고 있는 오늘날 '발생 가능성이 있는 문제점'을 규명하고 올바른 대책을 강구하는 일이야 말로 정보화시대에 임하는 올바른 자세일 것이다.

한 대책을 강구해야 하는데, 이 경우 문제 해결을 위한 최선의 방안은 외국의 경우와 마찬가지로 작전적 측면에서 이들 체계에 대해 가장 전문성이 있는 군이 획득·운영·유지해야 한다는 것이 필자의 주장이다.[46]

가상 시나리오: 199X년도 어느 날 각군이 아닌 모 부서에서 추진하고 있던 정보 수집체계 사업을 담당하고 있는 분들과 A라는 사람이 자리를 같이 한 적이 있다. 모임의 요지는 자신들이 하는 사업에 대해 X 연구소가 기술을 지원해 줄 수 없는가 였다. 당사자들의 표현에 따르면 당시의 사업은 무기(항공기·탱크·함정)와는 성격이 크게 다르다는 것이었다. 다시 말해, 공군의 MCRC 사업과 마찬가지로 우리의 실정에 맞게 그리고 상황에 따라 소프트웨어를 끊임없이 바꾸어 주어야 할뿐만 아니라 여러 체계를 선정한 후 이들 체계를 통합해야 하는데, 이같은 점을 주위 분들이 충분히 이해하고 있지 못할 뿐 아니라 이들 문제를 해결할 수 있는 인력이 주변에 없다는 것이었다. 따라서, 당시 XXXX 등과 같은 국방정보체계 사업에 기술을 지원하고 있던 X 연구소가 해당 사업에 대한 기술지원을 지속적으로 해줄 수 없는가에 대해 당사자들은 관심을 갖고 있었다.

당시 X 연구소는 전군지원예산에 관한 내용들을 지원하고 있었는데, 언급되고 있는 사업은 방위력 개선에 관한 것이었다. 따라서, 방위력 건설을 전담하고 있는 Y 연구소에 지원을 의뢰해야 할 것이 아닌가 고 A

---

46) 미국에서는 2개군 이상이 관련되는 사업의 경우 건설된 체계를 가장 많이 획득할 군 또는 작전적 측면에서 가장 전문성이 있는 군이 이들 체계 건설의 집행기구(Executive Agency) 역할을 담당. 예를 들면 맥나마라 국방부 장관 당시 해·공군이 함께 사용할 전투기인 TF-111 항공기의 집행기구는 공군이었으며, 슐레신저 국방부 장관 당시 육·해·공군 및 해병대가 공통으로 사용하는 합동작전을 위한 통신체계인 JTIDS체계의 건설 과정에서도 공군이 집행기구의 역할을 담당하였는데, 전자의 경우는 작전적 전문성의 측면에서 그리고 후자는 공군이 가장 많은 체계를 획득할 것이라는 생각에서였다. 출처: 권연근 번역, "미래전 어떻게 싸울 것인가", 연경문화사, p 238 & 372, 1999.

는 의견을 제기하였는데, 이는 당연한 것이었다. 이에 대해, Y 연구소 또한 무기를 주로 다루어왔기 때문에 MCRC처럼 끊임없이 소프트웨어를 바꾸어줄 뿐만 아니라 다양한 체계를 통합해 진행하는 본 사업을 충분히 이해하고 있지 못하며, Y 연구소의 경우에는 연구·개발이 아닌 기술지원 성격의 일에 대해서는 적극적이지 않기 때문에 기술지원을 기대하기가 곤란한 실정이라는 답변이었다.

당시의 체계가 컴퓨터 소프트웨어와 전자공학에 대한 전문지식이 요구되는 것이라면 문제 해결을 위해 제시할 수 있는 두 번째 방안은 관련 체계와 관련해 민간대학에 용역을 줄 수 없는가 일 것이다.

답변인즉 그러한 사업이 있다는 것을 노출하는 것 자체도 쉽지 않은 일이라는 것이었다. 따라서, 그 사실을 과장을 통해 상급 부서에 정식으로 보고될 수 있도록 해야 할 것이 아닌가 고 질문할 수 있을 것이다.

과장님은 장기간 주요 무기체계(항공기·함정·탱크)와 관련된 사업을 담당해 오신 분이기 때문에 사업의 특성을 설명해도 그 이해가 쉽지 않은 실정이라는 답변이었다.[47]

주변에 문제 해결 능력이 있는 전문가가 부재하고, 연구소로부터 충분한 지원을 받을 수도 없으며, 민간에 용역연구를 시키는 것도 불가능하고, 정보체계의 특성을 해당 과장도 올바로 이해할 수 없는 상황이라면 문제 해결을 위한 또 다른 대안은 무엇인가?

오늘날 군의 핵심체계 중에는 공군 MCRC의 경우에서 볼 수 있듯이

---

47) 지금까지 우리 군이 수행해온 사업의 대부분은 항공기·탱크·함정과 같은 주요 무기체계에 대한 것이었다. 국방부차원에서 지난 몇 년간의 근무를 통해 얻은 결론은 주요 무기체계를 다루어 왔던 분들이 또 다른 성격의 체계(예: 정보체계)를 접하게 되면 과거의 관행에 근거해 생각하는 경향이 매우 크다는 점이며, 이 같은 관행은 좀처럼 바꿀 수가 없다는 점이다. 이는 생각보다 매우 심각한 문제다. 어느 정도 나이가 든 분에게 컴퓨터와 관련된 체계를 맡기는 것보다는 그분으로 하여금 자식을 낳도록 하여 그 자식이 성장될 때를 기다려서 그에게 일을 맡기는 것이 보다 좋다는 견해를 표명하는 분들도 우리 주변에는 없지 않다.

작전적 상황을 고려하여 관련 소프트웨어를 끊임없이 바꾸어 주어야 하는 경우가 다반사인데, 정보수집과 관련된 체계도 예외는 아니다. 필자는 이들 문제를 해결하기 위한 유일한 대안은 작전적 측면에서 가장 전문성이 있는 군으로 하여금 획득 및 운영을 담당토록 하고, 이들 체계에서 수집한 정보는 통신망을 통해 공유하는 것이 최선의 방안임을 밝힐 것이다.

먼저, 이들 체계의 획득 및 운영을 담당할 적합한 사람이 없다는 점을 살펴보자. 여기서의 적합한 '1람'란 컴퓨터 소프트웨어 및 전자공학 등과 같은 분야에 밝을 뿐만 아니라 어느 정도의 어학 능력, 그리고 작전적 측면에서 체계에 대한 전문성을 겸비하고 있음을 의미하는데, 이같은 경력은 각군의 정보화 분야에서 다년간 건설(소프트웨어 개발)에 종사했던 경험 또는 민간 대학에서의 교육을 통해서 얻어질 수 있는 성질의 것들이다. 소위 말해, 이들 문제를 해결하려면 우리 군에서 오늘날 전문직으로 분류하고 있는 사람들이 필요하다.

문제는 군인 또한 인간이기 때문에 여타의 조직에서와 마찬가지로 '승진'에 대한 강한 욕구 내지는 자신의 전문성을 발휘하기를 원하고 있다는 점이다. 만약 특정 분야에 관해 타인과는 구분되는 나름의 전문성을 갖추고 있다면, 정보화시대로 접어들면서 획득의 문제가 중요성을 더해가고 있는 오늘날의 군에서 이같은 사람을 필요로 하는 곳은 다수 있을 것이다. '승진'에 보다 큰 비중을 두는 경우에는 오늘날 군 진급에 관해 결정적인 영향력을 행사하고 있는 해당 군에서 근무하고 싶을 것이며, 자신의 전문성 향상에 보다 큰 비중을 두는 경우에는 보다 높은 차원에서 업무를 처리하기 때문에 본인의 역량을 지속적으로 크게 발전시킬 수 있는 국방부 및 합참과 같은 곳의 전문직 또는 연구소와 같은 곳에서 근무하기를 바랄 것이다. 오늘날의 군에서 전문성을 구비한 사람들의 대부분이 각군의 전투발전 기관, 그리고 국방부 및 합참의 전문직위 부서 또는 연구소에서 근무하고 있는 것은 이같은 이유 때문이다. 따라서, 각군이 아닌 여타의 군 부서에서 사업을 추진하는 경우에는 지속적인 '전문성 확보'가 용이하지 않다는 점에서 체계 획득이 잘못될 가능성이 매우 높다.

이들 체계의 획득은 각군이 주도해야 함을 밝혔는데, 그러면 어느 군이 체계 획득 및 운영 과정에서 주도적인 역할을 해야 할 것인가? 이에 대한 답은 미국의 경우처럼 작전적 측면에서 전문성이 있는 군이 주도해야 한다는 점이다. 작전적 측면에서 전문성이 없는 군이 이들 체계의 획득 및 운영 과정에 깊이 관여하게 되면 문제가 발생할 수 있다는 점을 주요 무기체계(항공기·탱크·함정)의 경우를 그 사례로 들어 설명해 보자.

함정·탱크·항공기의 획득에 관한 오늘날의 관행을 무시하고 해군이 탱크 사업을 담당한다면 어떠한 결과가 벌어질까? 분명히 탱크는 해군 총장의 관심 사항이 아니다. 해군이 탱크 사업과 함정 사업을 주관하고 있다면 함정의 획득에 종사하는 분이 탱크 사업에 종사하는 분보다는 해군에서 승진할 가능성이 당연히 높을 것이다. 따라서, 해군의 경우 어느 정도 어학 능력과 기술 및 작전적 전문성을 구비한 분이라면 당연히 탱크보다는 함정을 획득하는 분야에서 근무하기를 원할 것이다. 이외에도, 탱크에 관한 한 작전적 측면에서 전문성을 보유하고 있는 군은 해군이 아니기 때문에 기술적 측면에서 어느 정도 잠재 능력이 있다고 할지라도 육군이 아닌 여타의 군에서 탱크의 획득에 관여하게 되면 탱크의 전문가 입장에서 보면 당연한 것도 간과될 수밖에 없는 그러한 사태가 발생할 가능성도 있다. 더욱이, 각군은 자군의 작전환경에 대한 전문성과 기술적 측면에서 능력을 보유하고 있는 분들을 다수 확보하고 있는 실정이다. 오늘날 육·해·공 각군이 자군이 사용할 주요 무기체계(탱크·함정 및 항공기)를 획득하는 과정에서 주도적인 역할을 담당하고 있고, 담당해야 하는 것은 이같은 이유 때문이다. 이와 마찬가지로, 각군이 공통으로 활용할 수 있어 보이는 듯 생각되는 정보수집 체계의 획득 및 운영 또한 이들 체계를 가장 많이 활용할 것으로 생각되는 군 또는 작전적 측면에서 전문성이 있는 군이 담당하지 않으면 안된다.

두 번째의 의문은 각군이 아닌 여타의 부서에서 주도하고 국방 연구소 또는 민간 연구소로부터 지원을 받으면 되지 않은가 고 생각할 수 있을 것이다. 이것 또한 불가능한데, 그 이유는 오늘날 땅·바다·하늘이라는 작전환경에 대해 전문성을 견지하고 있는 부서는 육·해·공 각군이며 작전적 측면에서의 전문성을 고려하지 않은 상태에서 군의 체계를 바라볼 수 없다는 점 때문이다. 또한 연구소는 체계의 수명이 종료되는 순간까지 끊임없이 유지 및 보수해 주는 형태의 업무를 담당한다는 것이 현실적으로 불가능하다. 따라서, 가장 바람직한 해결안은 작전적 측면에서 전문성이 있는 군이 사업을 주도하고 연구소의 도움을 받을 수 있도록 하는 것이다.

3. 특정군이 획득 및 운영하는 경우에도 정보를 공유할 수 있을 것인가?

미군의 사례가 훌륭한 답변이 될 수 있을 것이다. 미군의 경우 AWACS를 포함한 대부분의 정보수집 자산을 운영하고 있는 군은 공군 이지만 통신망을 이용해 정보를 원활히 공유하고 있다.

[그림 1]은 JSTARS 및 AWACS와 같은 감지체계를 통해 확보한 정보가 JTIDS라는 통신망을 통해 육군의 공지전투 과정을 지원할 수 있음을 보여주고 있다.[48] [그림 2]는 E-3A에서 수집한 정보를 육·해·공군이 JTIDS라는 통신망을 통해 공유하고 있는 모습을 보여주고 있다.[49]

---

48) Richard E. Volz, Jr, *"Army JTIDS: A C3 Case Study"*, Naval Postgraduate School, March 1991, p. 108.

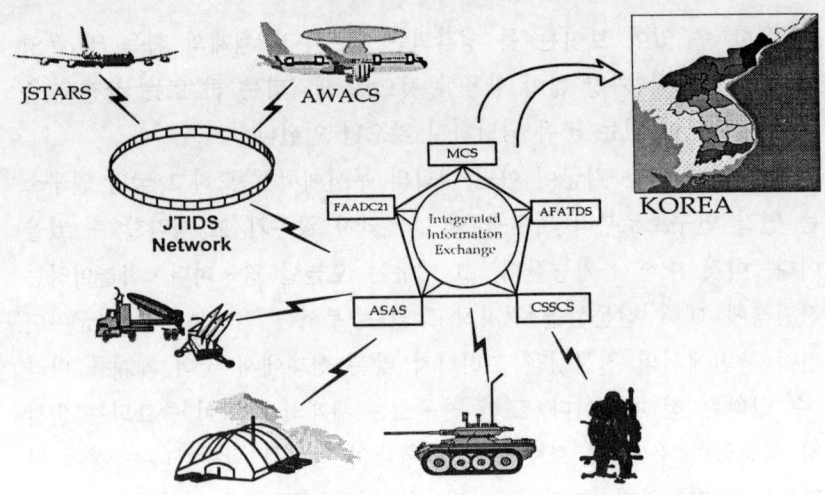

[그림 1] 미래 공지전투에서 JTIDS의 활용

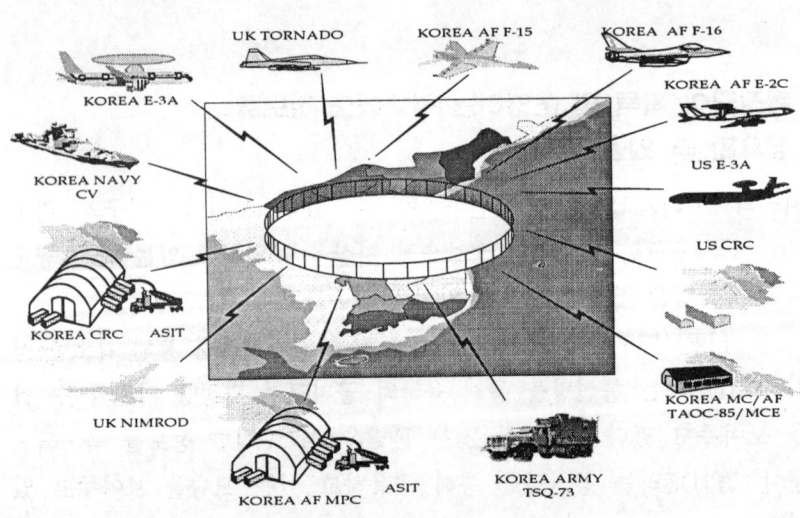

[그림 2] JTIDS의 활용

---

49) Ibid., p 48.

4. 결언

인공위성, AWACS 등과 같은 감지체계, 첨단의 지휘통제체계, 그리고 정밀유도무기를 상호 연계하면 그 위력은 가히 폭발적이라고 미 합참 차장을 역임한 바 있는 오웬(William A. Owens) 제독은 말하고 있다. 오늘날 우리 군이 정보수집 능력을 확보하고자 하는 것은 이같은 이유 때문이다. 이들 정보수집 체계의 획득 및 유지는 주요 무기체계(항공기·탱크 및 함정)의 경우와는 근본적으로 다르다.[50] 소위 말해 기술 및 작전적 측면에서 고도의 전문성이 지속적으로 지원될 수 있어야 하는데, 오늘날의 군에서 전문성을 확보하고 있는 곳은 각군이기 때문에 정보수집 체계의 획득 및 유지도 작전적 측면에서 전문성이 있는 군을 주축으로 함이 바람직하며, 획득된 체계에서 수집된 정보는 통신망을 통해 공유해야 할 것이다.

---

50) 주요 무기체계의 경우는 군의 입장에서 보면 '사용자 요구사항(ROC: Required Operational Capability)'를 충족하는 체계를 단순히 구입하는 것에 불과하다. 그러나, 정보수집 수단 또는 공군의 MCRC와 같은 체계는 체계통합 (System Integration) 성격의 사업이다. 다시 말해, 여러 다양한 체계를 선정한 후 이들 체계를 통합하는 성격의 사업이다. 체계를 획득한 후에도 작전적 측면을 고려하여 관련 소프트웨어를 끊임없이 갱신해 주어야 하는 성격의 사업이다.

참 고 문 헌

공군본부, 공군지, 1996년 겨울호.

권영근, "미래전 어떻게 싸울 것인가", 연경문화사, 1999. 1.

권영근, 박병섭, "합동 C4I체계 발전연구", 국방정보체계연구소, 1997. 12.

권영근, 이행호, "공군 C4I체계 발전연구", 국방정보체계연구소, 1998. 12.

권태영 외 19명 공저, "21세기 군사혁신과 한국의 국방비전", 한국국방연구원, 1998. 8.

Alan D. Campan외 3명 공저, "*CyberWar: Security, Strategy and Conflict in the Information Age*", AFCEA, 1996. 12.

Alexander P. De Seversky, "*Victory Through Air Power*", Garden City Publishing Co, 1943.

Alvin and Heide Toffler, "*War and Anti-War*", Little Brown, 1993.

Arthur G. Maxwell, JR, "*Joint Training for Information Manager*", National Defence University, May 1996.

Barry R. Schneider, "*Battlefield of the Future*", Air University Press, 1996.

Coakley, T.P, "*Command and Control for War and Peace*", National Defence University, January 1992.

Dorothy E. Denning, "*Information Warfare and Security*", Addison

Wesley, Jan 1999.

Edward Waltz, *"Information Warfare: Principles and Operations"*, Artech House, Dec 1998.

Eliot A. Cohen, *"A Revolution in Warfare"*, Volume 75 No.2, pp 37-54, Foreign Affairs, March/April 1996.

Frank M. Synder, *"Command and Control"*, National Defence University, 1993.

Giulio Douhet, *"The Command of the Air"*, Coward-McCANN, 1942.

Gregory S. Hollister, *"Multilevel Security: How it fits in the Strategic Vision C4I For the Warrior"*, USAWC, 1993.

John A. Warden III 외 다수 공편, *"Battlefield of the Future"*, Air University Press, 1995.

John A. Warden III, *"The Air Campaign"*, National Defence University, 1989.

Martin C. Libicki, *"What is Information Warfare?"*, National Defence University, August 1995.

Martin Van Creveld, *"Command in War"*, Cambridge: Harvard Univ Press, 1985.

Michael Philsbury, *"Chinese Views of Future Warfare"*, National Defence University, April 1997.

Orr, G.E, *"Combat Operations C3I: Fundamentals and Interactions"*, Air University Press, July 1983.

참고문헌

Phillip S. Meilinger, *"The Paths of Heaven: The Evolution of the Airpower Theory"*, Air University Press, 1997.

Rear Adm. J. C. Wylie, *"Military Strategy: A General Theory of Power Control"*, New Brunswick, NJ: Rutgers Unive Press. 1966.

Richard O. Hundley, *"Past Revolutions, Future Transformations"*, RAND, 1999.

Richard P. Hallion, *"Storm Over Iraq: Air Power and the Gulf War"*, Smithsonian Institution Press, 1992.

Robert A. Hernandez, *"The Global Command and Control System: The Command and Control System for all Joint Task Forces"*, Naval War College, March 1994.

Ropelewski, Robert, *"Command, Control Priorities Shift, Steady Funding Persists"*, Signal, May 1996.

Ryan Henry, *"The Information Revolution and International Security"*, The CSIS Press, 1998.

Samuel P. Huntington, *"The Soldier and the State"*, Cambridge: Harvard Univ. Press, 1981.

Semaphore Series, *"Information Warfare: The First Wave"*, Signal, May 1996.

Semaphore Series, *"Information Warfare: The Second Wave"*, Signal, June 1996.

Semaphore Series, *"Information Warfare: The Third Wave"*, Signal, July 1996.

Stuart E. Johnson and Martin C. Libicki "*Dominant Battlespace Knowledge*", National Defence University, April. 1996.

Thomas A. Keaney, "*Gulf War Air Power Summary Report*", U. S Government Printing Office, 1993.

發 表 論 文 出 處

p22, 군사혁신, *Jeffrey Mckitrick外 5명*.

p61, 전쟁양상의 혁신, *Eliot A. Cohen*.

p86, 군사혁신: 정보의 측면, *Alan D. Campen*.

p133, 정보전-사이버워(Cyberwar)-넷워(Netwar), *Geotge Stein*.

p155, 정보전: 그 효과와 우려, *Jame W. Mclendon*.

p190, 정보작전(Information Operation), **권영근**.

p214, 21세기에 대비한 항공이론, *John A. Warden*.

p245, 병행전과 Hyperwar, *Richard Szafranski*.

p276, 현대 항공력 이론(전략적 마비), **권영근**.

p323, 정보화 시대의 지휘통제, **권영근**.

p359, 항공력에 관한 갈등(공지전투), **권영근**.

p385, 합동전력 발휘를 위한 지휘통제체계 구축방안, **권영근**.

p417. 지휘통제체계 사례연구(공군), **권영근**.

p464. 한국군 C4I구현을 위한 "정보화 잠재능력", **권영근**.

p489. 오늘날의 군에는 왜 고도의 전문성이 요구되는가?, **권영근**.

p504. 국방력 건설은 왜 각군의 몫인가?, **권영근**.

미래전과 군사혁신(Future Warfare and Revolution in Military Affaris)

초판 1쇄 발행 | 1999년 7월 30일
초판 2쇄 발행 | 2006년 6월 30일

편 저 | 권영근
펴낸이 | 이정수
펴낸곳 | 연경문화사

출판등록 제1-995호
121-840 서울시 마포구 서교동 394-25 동양한강트레벨 1403호
전화 : (02)332-3923/4   팩스 : (02)332-3928

ⓒ 1999 권영근

정가 15,000원

ISBN 89-8298-020-2   93390

*잘못 만들어진 책은 바꾸어 드립니다.